市政工程丛书
Municipal Engineering Series

钢围堰工程
技术指南

安关峰 梁立农 编著

中国建筑工业出版社

图书在版编目（CIP）数据

钢围堰工程技术指南 / 安关峰，梁立农编著 . — 北京：中国建筑工业出版社，2019.10
（市政工程丛书）
ISBN 978-7-112-24133-0

Ⅰ. ①钢… Ⅱ. ①安…②梁… Ⅲ. ①钢—围堰—工程技术—指南 Ⅳ. ① TV551.3-62

中国版本图书馆 CIP 数据核字（2019）第 185097 号

责任编辑：李玲洁　田启铭
书籍设计：付金红　柳　冉
责任校对：姜小莲

市政工程丛书
钢围堰工程技术指南
安关峰　梁立农　编著
*
中国建筑工业出版社出版、发行（北京海淀三里河路9号）
各地新华书店、建筑书店经销
北京雅盈中佳图文设计公司制版
北京缤索印刷有限公司印刷
*
开本：787×1092 毫米　1/16　印张：24$\frac{1}{2}$　字数：535 千字
2020 年 1 月第一版　2020 年 1 月第一次印刷
定价：169.00 元
ISBN 978-7-112-24133-0
　　　（34619）

编委会

主　　编：安关峰　梁立农

编　　写：黄旺明　徐　宏　刁志刚　万田保　谢卓雄　黄森华

主编单位：广州市市政集团有限公司

参编单位：广东省交通规划设计研究院股份有限公司
　　　　　中铁大桥局集团有限公司
　　　　　中铁一局集团有限公司
　　　　　中铁隧道局集团有限公司
　　　　　中铁大桥勘测设计院集团有限公司

前　言

　　钢围堰工程是广泛应用于铁路、市政、公路、水利、港口、海洋等工程构筑物建造时使用的临时工程。由于建造构筑物位置处的水文、地质、气象、航道等条件的不同，根据采用钢结构的围堰形式和施工方法，钢围堰可分为钢板桩围堰、钢套箱围堰、钢吊箱围堰、钢管桩围堰、其他钢围堰。其中，其他钢围堰包括插板（型钢）钢围堰、混凝土底板吊箱围堰、钢筋混凝土底节的套箱围堰以及钢板桩、钢套箱、钢管桩组合形成的钢围堰。

　　近年来，在建设事业飞速发展的促进下，桥梁工程施工技术不断创新，多座特大型桥梁（如港珠澳大桥、舟山大桥、苏通大桥、杭州湾大桥、东海大桥等）的兴建，标志着我国桥梁施工技术已达到世界先进水平。同时，深水基础施工的技术也日益走向世界前沿。众所周知，深水水域中建造大型承台过程中，成桩和围堰施工会面临许多复杂的技术难点，水下施工的难度大，对设备及各项材料的要求极高，工程中遇到水下施工情况，一般会考虑将水下施工环境转化为陆地施工环境，在水下施工范围周边建设防水围堰结构。此外，穿越水域的隧道（如武汉东湖隧道、广州流花湖隧道等）也经常使用钢围堰。钢围堰施工完毕后可再次循环使用，符合国家土木行业绿色发展要求。

　　由于围堰结构受工程的水文地质、基础形式、施工技术等的影响，每项工程的围堰结构都有所不同，施工单位一般参考相关的规范和实际经验进行设计和编制适应自己企业的专项施工方案，并没有现成的钢围堰结构设计、施工技术规范供其参考。因此根据住房和城乡建设部《关于印发〈2015年工程建设标准规范制订、修订计划〉的通知》（建标〔2014〕189号）的要求，广州市市政集团与江苏德丰建设集团有限公司经过3年艰苦努力主编完成了《钢围堰工程技术标准》GB/T 51295—2018（2018年12月1日起实施）。标准审定专家组认为《标准》结构合理、内容完整、可操作性强，与现行相关标准相协调，达到国内领先水平。一方面，限于标准编制体例、格式要求，仍有许多技术问题需要详细阐述；另一方面，由于钢围堰工程涉及风险因素多，施工难度大，涵盖技术范围广，业内不少同行对钢围堰系列技术尚不熟悉，基于市场需求，亟须掌握相关技术，因此，结合《钢围堰工程技术标准》（本书中简称"本标准"），特编制了《钢围堰工程技术指南》（以下简称《指南》），以加强对标准的贯彻执行，推动钢围堰工程发展。

《指南》共分为 8 章。主要内容是：第 1 章绪论、第 2 章钢围堰基本规定、第 3 章钢围堰设计、第 4 章钢板桩围堰施工、第 5 章钢套箱围堰施工、第 6 章钢吊箱围堰施工、第 7 章钢管桩围堰施工以及第 8 章钢围堰监测。

本书内容丰富、图文并茂，可以作为建设单位、施工单位、监理单位实施钢围堰工程的依据，同时方便工程技术人员、管理人员的理解与使用。

本书可供钢围堰工程设计、施工单位和建设单位的相关人员、质量监督人员使用，也可作为高等院校工程专业的教学科研参考书。

本书在编著过程中在图形绘制、资料收集方面得到广州市市政集团张蓉、王谭、侯照保、李远文等硕士与路桥华南项目柴伟总工的大力帮助，在图片处理、排版方面得到广州市市政工程协会吴景辉、钟亮等工程师的大力帮助，在此表示衷心感谢！

本《指南》在使用过程中，敬请各单位总结和积累资料，随时将发现的问题和意见寄交广州市市政集团有限公司，以供今后再版修订时参考。通信地址：广州市环市东路 338 号银政大厦，邮编：510060；E-mail：13318898238@126.com。

编委会

2019 年 1 月

目　录

001　第1章　绪论
001　1.1　钢围堰综述
006　1.2　国内外研究现状及存在的问题
011　1.3　钢围堰发展趋势

013　第2章　钢围堰基本规定
013　2.1　概述
013　2.2　勘察基本规定
014　2.3　设计基本规定

016　第3章　钢围堰设计
016　3.1　一般规定
017　3.2　方案设计
019　3.3　钢围堰设计计算内容
023　3.4　结构分析
091　3.5　钢围堰构造设计
103　3.6　钢围堰设计实例

141　第4章　钢板桩围堰施工
141　4.1　概述
143　4.2　施工规定
145　4.3　场地条件
147　4.4　钢板桩施打方法
161　4.5　钢板桩施打关键技术

174　4.6　钢板桩围堰内支撑安装技术

175　4.7　钢板桩围堰渗漏水处理技术

177　4.8　钢板桩围堰封底混凝土浇筑技术

178　4.9　钢板桩围堰验收

180　4.10　钢板桩围堰拆除技术

184　4.11　深水逆作法钢板桩围堰技术

192　4.12　钢板桩引孔技术

207　4.13　工程实例

213　**第5章　钢套箱围堰施工**

213　5.1　概述

216　5.2　施工规定

218　5.3　钢套箱围堰现场组拼就位技术

226　5.4　钢套箱围堰异位组拼后整体运输就位技术

233　5.5　钢套箱围堰验收

234　5.6　浮运施工双壁钢围堰技术

240　5.7　大型双壁钢围堰气囊法断缆下水技术

251　**第6章　钢吊箱围堰施工**

251　6.1　概述

252　6.2　施工规定

253　6.3　钢吊箱围堰现场组拼就位技术

261　6.4　超大型钢吊箱围堰水上整体拼装、下放技术

273　6.5　钢吊箱围堰异位组拼后整体运输就位技术

296　6.6　大型钢吊箱围堰整体船运吊装技术

306　**第7章　钢管桩围堰施工**

306　7.1　概述

307　7.2　钢管桩围堰施工的规定

308　7.3　钢管桩制作

321　7.4　钢管桩沉桩

351　7.5　打桩问题及对策

354　7.6　围檩及内支撑安装

355　7.7　基坑开挖和围堰内回填、封底

356　7.8　钢管桩围堰成型后施工验收

356　7.9　工程实例

360　**第8章　钢围堰监测**

360　8.1　概述

360　8.2　监测内容与方法

364　8.3　数据处理与应用

364　8.4　监测管理

364　8.5　监测实例

379　**参考文献**

第1章 绪论

1.1 钢围堰综述

近年来，在祖国建设事业飞速发展的促进下，桥梁工程施工技术不断创新，多座特大型桥梁（如港珠澳大桥、舟山大桥、苏通大桥、杭州湾大桥、东海大桥等）的兴建，标志着我国桥梁施工技术已达到世界先进水平。同时，深水基础施工的技术也日益走向世界前沿。众所周知，深水水域中建造大型承台过程中，成桩和围堰施工会面临许多复杂的技术难点，水下施工的难度大，对设备及各项材料的要求极高，工程中遇到水下施工情况，一般会考虑将水下施工环境转化为陆地施工环境，在水下施工范围周边建设防水围堰结构。此外，穿越水域的隧道（如武汉东湖隧道、广州流花湖隧道等）也经常使用钢围堰。钢围堰施工完毕后可再次循环使用，符合国家土木行业绿色发展要求。

防水围堰结构有多种，每种围堰都有自己的特点和适用条件，需根据地质、水文、材料价格以及设备情况等比选而定。目前我国公路桥梁深水基础施工中，由于围堰结构合理、施工简便、经济实用，钢板桩、钢套箱、钢吊箱和钢管桩围堰成为主要的挡水结构和施工方法（图 1.1-1~ 图 1.1-4）。

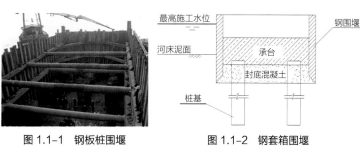

图 1.1-1 钢板桩围堰   图 1.1-2 钢套箱围堰

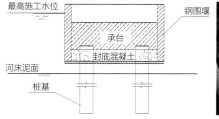 

图 1.1-3 钢吊箱围堰   图 1.1-4 钢管桩围堰

钢板桩、钢套箱、钢吊箱和钢管桩围堰是临时的挡水结构物，一般由施工单位自行设计、加工、下放等，在施工过程中容易出现结构设计不合理等情况，同时由于深水基础的施工难度大、条件复杂，近年来相继出现过不同类型的事故。如2006年10月4日，广州市南沙区广州市轨道交通4号线工程，由于挖掘机违章作业，不慎猛烈撞击钢板桩，造成钢板桩受外侧淤泥土压力作用向基坑内严重倾斜变形，围檩钢支撑与钢板桩因受外力影响，焊缝拉开，基坑三面的围檩钢支撑和斜支撑掉落。事故造成1人死亡，3人受伤。2013年10月12日，在建的重庆丰都长江二桥4号桥因为浮吊船起重大臂断裂撞击钢围堰致其倾倒，使钢围堰突然失稳，整体断裂向上游倾覆，造成在围堰中作业的10名工人和岸边1名群众遇难，2人受伤。

1. 钢板桩在深水基础的施工过程中主要遇到下列问题：

（1）结构设计不合理。选用的结构形式不佳，使得内部空间不够，妨碍了内部承台的施工，在施工过程中对结构多次进行改造，延长了工期，增加了成本，严重阻碍了施工进度，给施工单位带来了巨大的损失。

（2）围堰抽水后，止水效果不佳，妨碍内部施工。一般遇到这种情况，需要投入大量的人力物力，对漏水的地方进行封堵和排水。

（3）结构物的强度、刚度、稳定性不足。在最高水位差的时候，若挡水结构物强度及刚度不够，会造成结构物被压扁，既所谓的"包饺子"，或者结构物整体上浮失稳，造成人员财产损失，影响施工进度。

（4）钢板桩侧倾和基坑底土隆起及地面裂缝。在软土地区，设计的嵌固深度不够，因而桩后地面下沉，坑底土隆起，此时必须做好封底处理、基底作压密注浆，减少挖土机及运土车等在钢板桩侧行走，避免增加了土的地面荷载，导致桩顶侧移。

2. 钢套箱围堰又称为着床型围堰，一般为双壁型，在水深较浅时也可采用单壁结构形式，其平面形状有圆形、矩形和异形等。施工过程中，一些关键工艺对结构影响较大：

（1）预制加工。结构的预制加工精度直接影响后续的拼装、下放等工作，必须要做好加工精度的控制。

（2）对接控制。为方便施工，常常将围堰在高度方向分成若干节，每节在水平方向又分为若干个互不连通的独立隔舱。首节围堰的下水方法一般采用在近岸处的浮式拼装平台上组拼首节围堰，然后用大型起重船将其吊运至墩位处的导向船组中，然后将其下放入水中，或者采用在岸边组拼好首节围堰，以简易滑道下水自浮，再牵引送入导向船组之中。其余各节的下水接高，一般采用大型起重船将在浮式拼装平台上组拼好的分节整体吊运至墩位，与已入水自浮的下节围堰对接的方法。采用该种方法实行对接需要大型起重机械，位置控制要求较高，工程中不易掌握。

（3）封底。封底的质量直接关系到承台施工的成败。大型深水围堰的围护面积可达千余平方米，封底厚度达几米甚至近十米，封底所用混凝土可达数千方。施工中经常出现封底混凝土标高不准、厚度不均、抽水时易出现穿孔或击穿等问题。

3. 钢吊箱钢围堰又称为非着床型围堰。吊箱围堰和钢套箱围堰区别在于前者有底板，后者无底板，其他设计、施工工艺基本相同。通常当承台底面距河床面较高，或承台以下为较厚的软弱土层且水流深急时，为了方便承台施工、节省钢围堰材料的投入，均采用有底钢吊箱围堰。

4. 钢管桩围堰具有截面模量、刚度大，具有很强的抗弯能力，支撑简单方便，施工速度快，制作、加工、安装、插打方便灵活等特点，但在施工过程中也有以下不足之处：

（1）锁口止水性要求高。

（2）管桩下沉时相互挤压，使锁口间产生施工附加力而加大施工难度。

（3）相对用料多。

5. 其他形式围堰

（1）钢管桩和钢板桩组合围堰。

（2）单、双壁组合钢围堰。

（3）钢－混凝土组合围堰。

此外，由于围堰结构受工程的水文地质、基础形式、施工技术等的影响，每项工程的围堰结构都有所不同，施工单位一般参考相关的规范和实际经验进行设计，编制适应自己企业的专项施工方案，并没有现成的钢围堰结构设计、施工技术规范供其参考。因此编制钢围堰工程技术规范显得尤其重要，钢围堰工程技术规范应该针对目前工程上最常用的钢板桩、钢套箱、钢吊箱和钢管桩围堰工程的勘察设计、施工与验收作出规范性的条文规定，对钢围堰的设计、施工和验收流程有重大的指导意义，可以保证施工进度、施工安全，减少工程事故的发生，具有重要的现实意义与社会、经济效益。

围堰指在工程建设中，为建造永久性构筑物而修建的临时性围护结构。钢围堰指在工程建设中采用钢结构建造的围堰。市政、公路、水利、港口、海洋等工程构筑物建造时使用的钢围堰临时工程。由于建造构筑物位置处的水文、地质、气象、航道等条件的不同，依据采用钢结构的围堰形式和施工方法，钢围堰可分为钢板桩围堰、钢套箱围堰、钢吊箱围堰、钢管桩围堰、其他钢围堰。其中其他钢围堰包括插板（型钢）钢围堰、混凝土底板吊箱围堰、钢筋混凝土底节的套箱围堰以及钢板桩、钢套箱、钢管桩组合形成的钢围堰。

1）插板（型钢）钢围堰，钢围堰刃脚以下使用插板，是为了使钢围堰刃脚与河床之间的空隙减小到可以堵塞严密，灌注封底混凝土时混凝土不从钢围堰里面流出去。在以往施工中也曾用过宽度较大的插板，但由于河床面高低不平，插板遇到河床高的地方便无法继续往下插放，致使河床面低的地方，插板与河床面间仍有较大的空隙，达不到阻止封底混凝土由钢围堰里面流出去的目的，而且为下放插板，还需在钢围堰上安装顶压装置，使用起来很不方便。在河床高低不平的情况下，为使插板能插到河床面，将插板的宽度变窄，使插板随河床面的高低不平，插入不同的深度，达到插板与河面接触。随着插板宽度变小，为使插板下放固定后，相互间不漏混凝土，且操作简单，插板间连接采用钢板桩之间连接的原理，但比钢板桩的连接制造简单、方便、经济，施工现场就能加工。具体做法是：把一块长钢板（钢板的宽度为插板的宽度，钢板的长度为插板的长度）的两边各焊上一根角钢，即两插板相连边的角钢肢相扣（图1.1-5）。通过此种连接方法，在插板下插的过程中，正在下插的插板就在与已插好的插板处的连接之中了。插板插到河床面，便与先插入的插板自然连接好了，不但能阻止封底混凝土的外漏，而且加工制造简单、经济、操作方便。

图 1.1-5　插板连接方式

2）钢-混凝土组合结构围堰，是指围堰底节壁板或底板采用钢筋混凝土结构、上部采用钢结构壁板的组合式围堰。

当底部为有底的钢筋混凝土吊箱（图1.1-6~图1.1-8）时，其主要适用于结构形式相同数量较多的深水高桩承台基础，可以节省大量底板钢材。采用浇筑水下混凝土进行封底施工方案时，预制的钢筋混凝土底板应设置分仓隔墙板，隔墙板与底板同时预制。

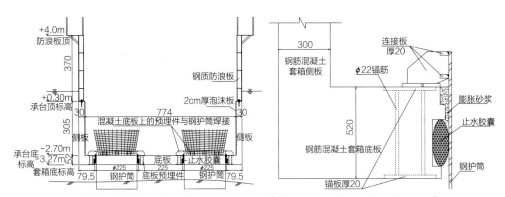

图 1.1-6　钢-混组合吊箱围堰结构示意图（底板和底节侧板为钢筋混凝土预制）

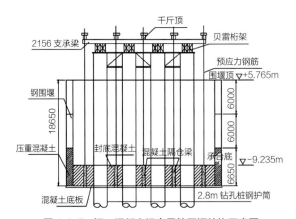

图 1.1-7　钢-混凝土组合吊箱围堰结构示意图

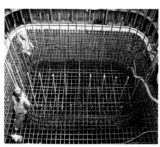  

图 1.1-8　钢 - 混凝土组合吊箱围堰施工实景图（底板为钢筋混凝土预制）

隔墙板的设置可以有效提高钢筋混凝土板的刚度，也有利于降低预制底板的厚度，同时便于封底混凝土的分区浇筑。

　　围堰上部钢结构壁板不作为承台施工的混凝土模板，仅为接高混凝土壁板作为挡水结构，施工完成后可以拆除。承台结构尺寸较小时，可以进行整体预制拼装后用浮吊进行安装；承台结构尺寸较大时，应结合施工位置处的实际情况采用，如季节性的河流中的大型基础，河床无覆盖层或覆盖层浅薄时，可以先筑岛形成陆地或利用低水位时期露滩后在原位进行钢筋混凝土围堰底节预制下沉，在高水位来临前安装上部钢结构围堰壁板。

　　当底部为无底的钢筋混凝土套箱（图 1.1-9、图 1.1-10）时，其主要适用于浅水区或季节性露滩的河流，且河床地质以黏土、沙质土、卵砾石或风化程度较高的软质岩为主的低桩承台基础，以便于顺利下沉至设计标高。

　　钢筋混凝土套箱需要吸泥下沉至设计标高后封底，抽水后才能在围堰内形成干施工环境；有钢筋混凝土底板的吊箱围堰可以采取水下混凝土封底、底板与钢护筒之间填塞充气胶囊等措施止水，抽水后在围堰内形成干施工环境。

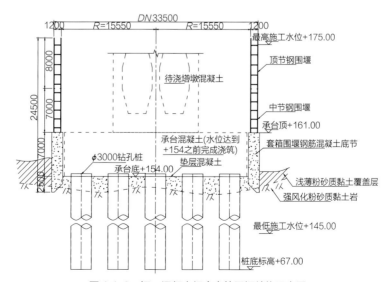

图 1.1-9　钢 - 混凝土组合套箱围堰结构示意图

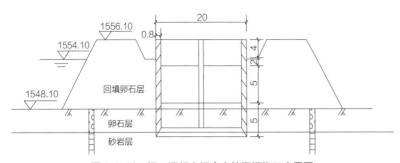

图 1.1-10　钢－混凝土组合套箱围堰施工实景图

3）组合钢围堰，包括单双壁钢竖向组合围堰、钢板桩与钢套箱平面组合围堰、钢板桩与钢管桩平面组合围堰、钢管桩与钢套箱平面组合围堰等形式。

4）单双壁钢围堰，是采用单壁钢围堰和双壁钢围堰相结合的形式，主要适用于水位较深的工程。设计出发点考虑水位较深，上部水压力较小，采用单壁钢围堰；下部水压力较大，采用双壁钢围堰。但由于围堰高度较大，分节较多，相应施工技术较为复杂，目前国内相关的工程实例不多。结合单壁钢围堰和双壁钢围堰设计要点，同时考虑计算变截面处的设计验算。通过合理增加内支撑等措施，来促使单双壁协同工作。单壁钢围堰和双壁钢围堰各有优势：双壁钢围堰具有刚度大、内支撑用量少的特点，同时双壁钢围堰防渗效果良好；单壁钢围堰具有用料省、装拆方便和施工工期短的特点，同时承台施工完毕后拆除侧板又可作为施工模板。实际工程中需要针对实际情况进行对比选择。

双圆组合形构造的受力情况较矩形和圆端形更为合理，整体结构的稳定性也更强。

1.2　国内外研究现状及存在的问题

1.2.1　国内深水基础围堰研究及应用状况

自武汉长江大桥首次采用钢板桩修建桥梁深水基础承台成功之后，钢板桩在 20 世纪 50—60 年代我国的桥梁深水基础修建中得到广泛应用。但是钢板桩围堰施工周期长，对水位要求高，因此在深水基础施工中受到种种限制。为了克服这些困难，中国的工程师们在 20 世纪 70 年代修建九江长江大桥时，首创钢套箱双壁钢围堰，这在简化施工工序、缩短工期方面有了新的突破。

双壁钢围堰的优势主要体现于以下几个方面：一是双壁钢壳具有较高强度足以承受内外压差；二是在施工过程中直到封底混凝土之前的工序都十分简便，并且在施工中度洪和抽水都不受水位限制，所以没有施工季节限制；三是施工不受水深限制；四是双壁钢围堰下沉后可以作为钻孔桩基础的辅助施工设施，也可以进行承载；五是不同地质的同一座桥梁的施工中可以使用统一的办法进行深水基础修建，这在很大程度上更利于设备利用以及双壁钢围堰本身上部分的重复使用，在降低施工成本的同时方便了施工的管理。

双壁钢围堰技术自九江长江大桥第一次运用以来，据不完全统计，国内桥梁建设中不下 30 座桥都成功使用了双壁钢围堰技术（表 1.2-1）。

使用双壁钢围堰桥梁一览表   表1.2-1

序号	桥名	双壁钢围堰截面形式	时间
1	九江长江大桥	圆形	1992 年
2	武汉长江二桥	圆形	1995 年
3	武汉军山长江公路大桥	异形、矩形	2001 年
4	黄石长江大桥	圆形	1995 年
5	铜陵长江桥	圆形	1995 年
6	南京长江第二大桥	圆形	2001 年
7	芜湖长江大桥	圆形	2000 年
8	安庆长江公路大桥	圆形	2004 年
9	荆沙长江公路大桥	圆形	2002 年
10	西陵长江大桥	圆形	1996 年
11	隆叙铁路泸州长江特大桥	圆形	2002 年
12	渝怀铁路阿蓬江大桥	圆形	2003 年
13	达成铁路渠江大桥	圆形	1994 年
14	达成铁路流江河大桥	圆形	1994 年
15	湘黔铁路复线渠江大桥	圆形	1996 年
16	湘黔铁路复线渠江高桥	圆形	1996 年
17	黎湛铁路复线郁江大桥	圆形	1999 年
18	呼准铁路黄河特大桥	圆形	2005 年
19	南昆铁路左江大桥	圆形	1992 年
20	京九铁路泰和赣江大桥	圆形	1995 年
21	徐连线中运河特大桥	圆形	1997 年
22	福州市青州闽江大桥	圆形	2003 年
23	杭州下沙大桥	尖端形	2002 年
24	钱江四桥	圆形	2004 年
25	长沙湘江北大桥	圆形	1994 年
26	京福高速公路沙县青州沙溪特大桥	圆形	2004 年

序号	桥名	双壁钢围堰截面形式	时间
27	蚌埠朝阳路淮河公路大桥	圆形	2002 年
28	蚌埠淮河铁路特大桥	圆形	2002 年
29	湖南常德沅水大桥	圆形	1986 年
30	虎门大桥辅航道桥	圆形	1997 年

1956~1957 年在苏联专家指导下，由大桥局主持，大桥一处做过装配式钢筋混凝土锁口管柱试验，并将这一成果应用在丹江水库大坝的防渗墙基础中，达到了防渗要求。当时还想将这一新技术推广应用到水利工程中的大坝防渗墙、码头岸墙、码头基础和桥梁基础。由于混凝土抗拉性能差，钢筋混凝土锁口管柱制造工艺要求高，加上当时国家钢材缺乏的制约，这一技术未继续进行研究和应用。日本把锁口钢管桩（日本称为钢管板桩）的新技术广泛应用在岸墙、护岸、防波堤、围堰、挡土墙基础等工程中，于1981 年编制了《钢管板桩井筒基础的设计和施工》。从此，锁口钢管桩围堰在深水基础工程中的应用越来越广泛。

1.2.2 国外深水基础围堰研究及应用状况

罗马作为古代文明最重要的发祥地，在古代建筑方面也具有开创性的发明。围堰就是罗马人最先采用的结构物施工方法之一。为了在水中修建桥墩或桥台，罗马人使用淤泥、碎石在桥墩或桥台位置修筑水密性的堤坝，这就是最原始的围堰。后来为了提高围堰的坚固性，罗马人又使用单排木桩或双排木桩，在木桩的结合处抹上黏性泥巴。随着材料的发展，钢板桩逐步替代了木桩，钢板逐步替代了黏性泥巴。罗马建筑师维特鲁威（Polio Vitruvius）早在耶稣出生 25 年前在其广为人知的著作《建筑十书》（De Architectura）中就对围堰有比较深刻的研究。

伴随着工业革命的到来，在欧洲和美洲掀起了公路、桥梁和码头等的大规模建设。各种施工机械如抽水机、打桩机、钻机、吊车等的出现也促使深水基础的施工成为可能。据德国克莱斯迈尔（Dr. Ing. Hans-Dieter Clasmeier）在其《圆形隔栅围堰和双壁围堰比较》（Comparison between Circular Cell Cofferdams and Double Wall Cofferdams）一文中指出，现代的围堰可能是在 20 世纪初从钢板桩演变而来。在施工中将打入水中的钢板桩进行横向连接并锁定就成了强度较高的现代围堰。同样，将打入水中平行的两列钢板桩进行横向以及纵向连接和锁定，并在两层之间的间隙填入砂石或其他合适的材料就成了双壁围堰的雏形。

由于技术的逐步成熟和发展，为了增强围堰的稳定性和强度，在国外，越来越多的施工者采用双壁钢围堰（Double Wall Cofferdam，简称 DWC）来建设深水桥梁基础、长度较短的码头和其他水中结构物的施工。现在的双壁钢围堰的高度累计可达 25m，宽度可达 30m，甚至更多。

通常国外使用的双壁钢围堰有两种类型：一种是国内普遍采用的即上述介绍的用钢板围焊的双壁钢围堰，只是使用比较少而已；另一种是钢板桩双壁钢围堰，即将打入水中平行的两列钢板桩进行横向以及纵向连接和锁定，并在两层之间的间隙填入砂石或其他合适的材料就成了双壁钢围堰。钢板桩双壁钢围堰作为双壁钢围堰的一种类型在欧洲和美洲，以及亚洲的日本和中国台湾地区应用最为广泛，但是中国大陆的应用实例则较少。钢板桩双壁钢围堰技术的优势十分明显，主要体现在：运输方便、去除了双壁钢围堰在下沉时的纠偏、导向和锚碇等工作、去除了双壁钢围堰施工中的水下拆除和切割程序、省去了对大型水上施工设备以及缆索吊机的使用、省去了现场的焊接工作、围堰形状可以根据承台形状进行改变、使用后的钢板桩具有较高的重复利用率等，而其不足主要体现在标高、防渗透能力、适用范围三个方面，虽然如此，钢板桩双壁钢围堰也不失为桥墩深水施工中可以选择的具有应用价值的施工技术。

如位于美国加利福尼亚州的卡奎内兹海峡大桥（Carquinez Strait Bridge）采用了在陆地上预先制作双壁钢围堰，然后采用驳船浮运就位来施工桥墩基础。该双壁钢围堰就是上述的第一种类型。

卡奎内兹海峡大桥，跨越萨克拉门托河（Sacramento River），3 跨，长 1056.13m。该桥有两个塔，每个塔由 12 根钻孔桩支撑，桩基承台在海面以下。由于水太深，无法使用常规的围堰。作为承包商的 FCI 公司和加利福尼亚克利夫兰布里奇（Cleveland Bridge）公司则采用了在陆地上预先制作的双壁钢围堰，然后采用驳船浮运就位。由于采用双壁钢围堰技术不仅使施工更加方便、更安全，而且效率更高。这座桥在 2003 年比合同工期提前 3 个月完成。再如，美国阿拉斯加州注入阿拉斯加湾的科珀河（Copper River）上的科珀河桥、美国佐治亚州不伦瑞克（Brunswick）港口的悉尼拉尼尔大桥（Sidney Lanier Bridge）、哥斯达黎加跨越滕皮斯克河（Tempisque River）的大桥等也是采用了钢板桩双壁钢围堰进行桥墩基础施工。

美国南卡罗莱纳州科珀河桥是由 HNTB（Howard，Needles，Tammen and Bergendoff）公司设计，是南卡罗莱纳州查尔斯顿（Charleston）地区 I-526 马克 - 克拉克高速公路（Mark Clark Expressway）上的重要桥梁，于 1992 年完工并投入使用。该桥也是南卡罗莱纳州主跨最大的桥，主跨 243.84m，边跨各 121.92m。由于水流量较大，水深达 12.192m，其下还有厚达 7.62m 的淤泥，所以承包商在桥墩的施工过程中采用了钢板桩双壁钢围堰，并用驳船将双围堰框架浮运到位。

悉尼拉尼尔大桥位于美国佐治亚州不伦瑞克港口附近。由于老桥在大型轮船进港时，桥面上必须禁止车辆通行。为了解决这个问题，佐治亚州运输部决定在既有桥附近修建一座新桥。该桥为双塔斜拉桥，桥总长 762m，主跨长 381m。由于该桥处在港口附近，双塔基础所处位置水非常深，因此承包商采用了钢板桩双壁围堰进行施工。该桥在 2003 年竣工并投入使用。哥斯达黎加滕皮斯克河大桥是中国台湾援建，跨越滕皮斯克河的大桥，连接哥斯达黎加和尼科亚（Nicoya）半岛，为双塔斜拉桥，塔高 78m。桥总长 780m，由两部分组成。一部分为 260m 的斜拉桥，另一部分为 520m 的引桥。该工程由台湾 RSEA 工程公司按交钥匙方式总承包，已于 2003 年 3 月竣工投入使用。该桥的下部结构包括 2 个沉井基础桥台、8 个双壁钢围堰钻孔桩墩基础，桩为直径 1.5m 的钻孔灌注桩。该桥的施工难点在于：桥的基础所处水深达 24m，涨潮和退潮时水位落差达 3m，水流流速达 3m/s。因此承包商采用了双壁钢围堰和沉井来施工下部结构。在开始钻孔桩施工之前，在每个钻孔桩桥墩基础位置修建 16m×12m 的钢板桩双壁钢围堰。围堰的高度比涨潮时的最高潮位高出大约 1m。最长的桩长 27m，共计 117 根桩，总长 2142m。桩基承台均为 14m×11m×2.5m。该桥建成后成为中美洲地区第一座斜拉桥和最长的桥。

在国外，围堰不仅用于结构物的新建，而且也经常用于既有结构物的修复。由于日本在近年地震频繁，旧有结构物下部结构的加固和修复也常常用到围堰。位于日本东京附近的 OKU 大桥在神户大地震期间受到损坏，该桥是 Arakawa-ward Higashioku 8-chome 到 Adachilard kodai 1-chome 国家干道（Okubashidoori 高速公路）上的重要桥梁，为了缩短维修所需的时间，尽快恢复交通，承包商在桥梁下部结构的修复和加固中就采用了钢板桩双壁钢围堰。由于施工方法得当，承包商只用了不到 5 个月的时间就完成了全部工作。

国外桥梁深水围堰多采用双壁钢围堰，重视钢围堰防渗失效和稳定失效方面的研究。比如桩头偏移过大，或者支撑与壁板脱离等问题。

1. 防渗技术：工程施工需要控制围堰板间和沿着河岸开阔地区的渗漏，同时尽可能减少液压水头，降低围堰内的水位。围堰在使用前要经过抽水检测和评价，满足设计水位的要求才可以应用于工程实践中。森贝内利等人（P. Groppo Sembenelli 和 G. Sembenelli）在工程实践中应用喷射注浆堵漏技术，以及喷射注浆护壁下的岩石常规注浆技术，使得围堰在 40~70m 的水头压力下稳定工作超过了 2 年。

围堰挡水系统的设计十分重要，其设计要兼顾锁口的设计和基坑的深度。挡水包括阻挡和控制围堰区域的所有地下和地表水位，这是保证基坑和围堰安全的重要因素。本梅巴雷克（N. Benmebarek）等人提出了 20 节点有限差分法等几种计算渗流失效问题的方法，应用这些方法来研究由于上游沙土渗流引起的围堰失效问题。基于这种分析，可以确定钢板桩围堰下土的紊流和上浮引起渗流失效的条件和经过。加伊尔（J. S. Gahir）和望月（A. Mochizuki）研究了 1.4 km 长的海底隧道工程有关围堰的设计和施工问题，在该工程中对围堰进行了全程观测。

2. 稳定性分析：侃（M.R.A.Khan）和武邑（J.Takemura）对洪积厚层土上双壁钢管围堰的稳定性进行了一系列严格的试验。在一个规则的容器内依次放置黏土层和细砂层，围堰模型由两片钢板组成，在顶部和底部分别架设圈梁。加载测试后的结果显示，围堰壁板的剪切变形是围堰失效的控制因素。

围堰稳定性的关键问题是解决场地土砂的移动和围堰自身与附属结构的稳定问题。格兰特（G. E. Grant）等人应用物理试验和原位研究的手段对美国俄亥俄州悉尼大河的围堰移动问题进行了仔细的研究，结果显示围堰的位移受河床沉淀物移动质量和速度的影响，围堰的失效位置与围堰的水平高度具有相应的关系。

勒法（I. D. Lefas）和乔治雅努（V. N. Georgiannou.）通过建立一个简化的二维模型研究了大直径钢板桩围堰的双层内圈梁的设计问题。结果表明圈梁以小于 90° 的方向受到一个较小的不规则扰动荷载时，会产生附加弯矩和剪力。在承受较大的扰动荷载时，其响应如同一个固定梁，需要分析验算较大的弯矩和剪力。

1.3　钢围堰发展趋势

1.3.1　制造方面

在双壁钢围堰制造方面，新的突破成为可能。一改双壁钢围堰全焊接结构，采取每节用螺栓联结、拼装，这样，拼装和拆除方便，加快施工进度，免除了水下切割这一施工环节，节约了成本。若是能解决双壁钢围堰每节中的每块连接也能采取栓接，则可采取工厂制作，加工精度高，拆除更加方便，回收利用率也大有提高。但是，就此方面的改进，关键问题是要解决栓接部位的防渗漏问题。随着材料科学的发展，这一问题相信也能迎刃而解。一种设想是采取栓接接缝嵌橡胶止水条；二是栓接接缝涂抹化学膨胀防水剂来止水。结构形式多样化发展已付诸实现。因地制宜，使得双壁钢围堰的运用灵活多样。结合桥墩的构造需要，以及地质、水文的差异性，双壁钢围堰的截面形式由最初的圆形，已发展了其他几种形式，诸如武汉军山长江大桥的异型双壁钢围堰、矩形双壁钢围堰和杭州下沙大桥的尖端形双壁钢围堰。

在双壁钢围堰技术的制造中可以进行突破的方面主要有改变双壁钢围堰技术中的焊接结构，通过用螺栓来进行双壁钢围堰的拼装和连接，从而实现施工速度的加快，同时也能够在桥墩深水施工中去除水下切割这一环节，提高施工成本控制效果。在此过程中容易出现也十分需要注意的问题是螺栓处的渗漏问题，但是随着科技的发展，渗漏问题可能能够通过橡胶止水条或者防水剂来解决。当前的双壁钢围堰技术已经实现了结构方面的多样化，可以根据桥墩深水施工的实际需要以及施工处的实际环境来改变双壁钢围堰界面形式，这对提高双壁钢围堰技术应用的灵活性具有重要的推动意义。

1.3.2　新领域的运用

双壁钢围堰不仅用于桥梁基础的新建，也尝试用于既有桥梁的修复。日本东京附近的 OKU 大桥修复即是一例。由于日本在近年地震频繁，既有结构物下部结构的加固和修复也常常用到双壁钢围堰。位于日本东京附近的 OKU 大桥在神户大地震期间受到损坏，因该桥连接 Arakawa-Ward Higashiokus 8-chome 到 Adachi-ward Kodail 1-chome 国家干道（Okubashidoori 高速公路），为了缩短维修所需的时间，尽快恢复交通，承包商在桥梁下部结构的修复和加固中就采用了钢板桩双壁围堰。

　　双壁钢围堰技术功能的发挥也并不仅仅局限在桥梁的建设和修复中，它在其他领域也能够作出卓越的贡献，如在虎门大桥中的双壁钢围堰是被作为防撞设施出现的。

第2章　钢围堰基本规定

2.1　概述

钢围堰工程实施前应研究主体工程的设计和地形地质及水文勘察资料，工程勘察前应收集地形、地物、地质、管线、水文、气象、航运、港口、码头、动植物、土壤状况等资料，并进行校核、验证。必要时应进行补充勘察和现场调查及相关资料的收集，包括工程所在地的地形测量、地质勘察、水文勘察、工程环境与施工条件调查等内容。补充勘察除应符合《岩土工程勘察规范》GB 50021—2001（2009 年版）规定外，内容及深度应满足钢围堰设计与施工的要求。应根据勘察资料，结合实际情况进行钢围堰方案对比论证，初步建议围堰形式。

2.2　勘察基本规定

钢围堰勘察应遵循下列规定：

1. 钢围堰工程实施前应进行勘察、现场调查、收集相关资料。

2. 工程勘察前应收集地形、地质、水文、气象、航运、港口、码头、动植物、土壤状况等资料，并进行校核、验证。

3. 工程勘察应包括钢围堰工程所在地的地形测量、地质勘察、水文勘察、工程环境与施工条件调查等内容。

4. 勘察除应符合《岩土工程勘察规范》GB 50021—2001（2009 年版）规定外，勘察内容及深度应满足钢围堰设计与施工的要求。

5. 应根据勘察资料，结合实际情况进行钢围堰方案对比论证，初步建议围堰形式。

6. 应查明钢围堰工程影响范围内的地形、地貌特征，岩土类型、分布、工程特性，基岩构造、风化程度及深度，提出岩土物理力学指标，并对地基的稳定性和承载力进行评价。

7. 应查明不良地质作用的成因、类型、性质、空间分布范围、发生和诱发条件、发展趋势及危害程度，并应提出防治措施建议。

8. 应查明地下水的类型、埋藏条件、水位变化幅度与规律，预测地下水对施工的影响，并应提出施工时地下水控制措施的建议。

9. 对水中钢围堰应着重查明影响其施工的岩层、孤石和其他障碍物的分布及外形尺寸。

10. 当存在具有水头压力差的粉细砂、粉土地层时，应评价产生潜蚀、流沙、管涌的可能性，并应提出控制措施和建议。

11. 应查明内河河道水流的流速、流量、洪水位、浪高、冻结深度，水温、河床的冲刷深度、淤积和变迁情况，河床表面平整度和障碍物。

12. 应查明感潮内河和海域的潮位、潮流、潮汐、风导致的海流、洋流等参数。

13. 当存在冰凌时，应查明冰凌的起止时间、流冰速度、流冰水位、冰块尺寸、冰层厚度，如有冰坝、冰塞等灾害应提出应对措施和建议。

14. 应查明通航水域的航道等级、航道位置、航迹线、航速、通航净空要求。

15. 应评估钢围堰施工对邻近建（构）筑物的影响，对岸坡稳定性、水流及河床冲刷的影响，并应提出建议。

2.3 设计基本规定

1. 钢围堰应根据现行国家标准《工程结构可靠性设计统一标准》GB 50153—2008规定的设计原则，采用以概率理论为基础的极限状态设计方法，按分项系数的设计表达式进行设计。

2. 钢围堰应满足下列功能要求：

（1）保证围堰周边建（构）筑物、地下管线、道路、堤岸的安全和正常使用；

（2）保证围堰内主体结构的施工方便与安全。

3. 钢围堰工程应根据主体工程实际情况进行专项设计，并应根据主体结构的施工工期规定其设计使用年限。

4. 钢围堰结构安全等级划分应符合表 2.3-1~ 表 2.3-3 的规定。

钢板桩、钢管桩围堰安全等级划分　　　　表2.3-1

围堰安全等级	主体工程安全等级	平面尺寸A（m²）	围堰高度H（m）	围堰水深h_w（m）	围堰深度范围砂层、淤泥层厚度h_s（m）	使用年限	失事后果
一级	一级	$A \geq 500$	$H \geq 10$	$h_w \geq 8$	$h_s \geq 5$	>2	特别严重
二级	一级或二级	$100 \leq A < 500$	$5 \leq H < 10$	$4 \leq h_w < 8$	$3 \leq h_s < 5$	1~2	严重
三级	三级	$A < 100$	$H < 5$	$h_w < 4$	$h_s < 3$	<1	一般

钢套箱围堰安全等级划分   表2.3-2

围堰安全等级	主体工程安全等级	平面尺寸A（m^2）	围堰高度H（m）	围堰水深h_w（m）	刃脚以上覆盖层厚度h_s（m）	使用年限	失事后果
一级	一级	$A \geqslant 500$	$H \geqslant 20$	$h_w \geqslant 15$	$h_s < 3$	> 2	特别严重
二级	一级或二级	$100 \leqslant A < 500$	$10 \leqslant H < 20$	$8 \leqslant h_w < 15$	$3 \leqslant h_s < 6$	$1\sim2$	严重
三级	三级	$A < 100$	$H < 10$	$h_w < 8$	$h_s > 6$	< 1	一般

钢吊箱围堰安全等级划分   表2.3-3

围堰安全等级	主体工程安全等级	平面尺寸A（m^2）	吊箱高度H（m）	浪高h_w（m）	使用期水位差ΔH（m）	使用年限	失事后果
一级	一级	$A \geqslant 500$	$H \geqslant 12$	$h_w \geqslant 3$	$\Delta H \geqslant 5$	> 2	特别严重
二级	一级或二级	$100 \leqslant A < 500$	$8 \leqslant H < 12$	$1 \leqslant h_w < 3$	$3 \leqslant \Delta H < 5$	$1\sim2$	严重
三级	三级	$A < 100$	$H < 8$	$h_w < 1$	$\Delta H < 3$	< 1	一般

> 注：1 钢围堰结构安全等级按主体工程安全等级、围堰规模、水文地质条件、使用年限及失事后果等所确定等级中的最高级别定级；
>
> 2 当二级、三级围堰有特殊要求而采用新型结构时，其结构设计级别可提高一级。

5. 钢围堰设计时，水位、风、波浪重现期及设计波高累积频率应符合表 2.3-4 的规定。

钢围堰风、波浪及水位重现期   表2.3-4

水位重现期（年）	风重现期（年）	波浪重现期（年）	设计波高累计频率标准F（％）
20	20	20	5

> 注：水位、风、波浪重现期、设计波高累积频率可结合实际工程重要性、施工工期长短、施工具体季节、气象复杂程度、失事后果严重性进行专题论证后确定。

6. 钢围堰原材料、构件、半成品和成品的质量应符合国家现行有关标准的规定，并应满足设计要求。

7. 钢围堰宜采用 B 级以上钢材，封底混凝土强度等级不宜低于 C25。

8. 钢围堰施工时应建立健全质量管理体系，制定各项施工管理制度。

9. 钢围堰施工及使用期间应进行监测。

10. 钢围堰工程应根据设计文件及主体工程的施工组织设计编制专项施工方案，经审批后方可实施。

11. 对气象、水文、航运等建设条件复杂的大型、深水钢围堰工程的设计方案和施工方案应通过专家论证，必要时应采用模型试验验证。

第3章 钢围堰设计

3.1 一般规定

钢围堰设计应包括方案设计、结构设计与构造设计。

1. 钢围堰结构应进行承载能力极限状态和正常使用极限状态两类极限状态设计。

2. 计算作用在围堰结构上的土压力时，应根据围堰结构与土体的位移情况和采取的施工措施等因素，确定土压力计算模式，分别按静止土压力、主动土压力、被动土压力及与围堰侧向变形条件相应的土压力计算；计算水压力时宜根据地下水的渗流条件和水文条件合理确定地下水位。

3. 钢围堰在高度方向上宜采用等强度概念分节设计。

4. 钢围堰应根据其施工和使用的时间长短、环境腐蚀类型等因素进行防腐设计。

5. 在季节性冻土地区，围堰结构设计应根据冻胀、冻融对围堰结构受力和围堰侧壁的影响采取相应的措施。

6. 钢围堰设计的抽水水位和速率应综合施工进度安排、结构的安全性及经济性等因素经计算确定。

7. 土压力及水压力计算、土的各类稳定性验算时，土压力和水压力的分算、合算方法及相应的土的抗剪强度指标选取应符合下列规定：

（1）对地下水位以上的黏性土、黏质粉土，土的抗剪强度指标应采用三轴固结不排水抗剪强度指标 c_{cu}、φ_{cu} 或直剪固结快剪强度指标 c_{cq}、φ_{cq}，对地下水位以上的砂质粉土、砂土、碎石土，土的抗剪强度指标应采用有效应力强度指标 c'、φ'。

（2）对地下水位以下的黏性土、黏质粉土，可采用土压力、水压力合算方法；此时，对正常固结和超固结土，土的抗剪强度指标应采用三轴固结不排水抗剪强度指标 c_{cu}、φ_{cu} 或直剪固结快剪强度指标 c_{cq}、φ_{cq}，对欠固结土，宜采用有效自重压力下预固结的三轴不固结不排水抗剪强度指标 C_{uu}、φ_{uu}；淤泥、淤泥质土等饱和软黏土宜采用三轴不固结不排水抗剪强度指标 c_{uu}、φ_{uu}。

（3）对地下水位以下的砂质粉土、砂土和碎石土，应采用土压力、水压力分算方法；此时，土的抗剪强度指标应采用有效应力强度指标 c'、φ'，对砂质粉土，缺少有效应力强度指标时，也可采用三轴固结不排水抗剪强度指标 c_{cu}、φ_{cu} 或直剪固结快剪强度指标 c_{cq}、φ_{cq} 代替，对砂土和碎石土，有效应力强度指标 φ' 可根据标准贯入试验实测击数和水下休止角等物理力学指标取值；土压力、水压力采用分算方法时，水压力可按静水压力计算；当地下水渗流时，宜按渗流理论计算水压力和土的竖向有效应力；当存在多个含水层时，应分别计算各含水层的水压力；

（4）当有可靠的地方经验时，土的抗剪强度指标可根据室内、原位试验得到的其他物理力学指标，按经验方法确定。

8. 双排钢板桩内部填料应进行压实，压实后填料的内摩擦角宜通过试验确定，在没有试验数据时，可按现行行业标准《码头结构设计规范》JTS 167《码头结构施工规范》JTS 215 的规定取值。

9. 当需进行地下水控制时，应根据场地工程地质和水文地质条件、围堰周边环境要求及支护结构形式选用截水、降水、集水明排方法或其组合。地下水控制设计应满足围堰周边建（构）筑物、地下管线、道路等沉降控制值的要求。地下水控制设计和施工可按现行行业标准《建筑基坑支护技术规程》JGJ 120 规定执行。

3.2 方案设计

钢围堰方案设计应综合考虑制造、运输、施工和拆除等各阶段的需求，并根据工程特点初拟结构形式，根据相应行业的结构设计规范初拟构件尺寸、支撑梁间距及平面布置，绘制钢围堰总图，并初步确定制造、运输、施工和拆除方案。

钢围堰方案设计时有下列要求：

1. 钢围堰方案设计应与其制造、运输、施工和拆除等工序结合，应明确加工方案、运输方案、施工方案和拆除方案。

2. 钢围堰设计应满足主体结构要求，并应符合下列规定：

（1）围堰侧壁与主体结构的净空间和地下水控制应满足主体结构及其防水的施工要求；

（2）当采用锚杆时，锚杆的锚头及腰梁不应妨碍主体结构施工；

（3）当采用内支撑时，内支撑及腰梁的设置应便于主体结构及其防水的施工，上下道支撑宜设置剪刀撑。

3. 钢围堰设计应规定围堰结构各构件施工顺序及其相应的围堰开挖深度。

4. 钢围堰设计文件应包括计算书，工程数量表，设计说明，总平面布置图，单个围堰平面图，纵、横剖面图，构件大样图，监测点布置图，地质剖面图，围堰安装施工流程图及相关配套施工图纸。

5. 钢围堰顶部设计高程比设计最高水位应高出 0.5~1.0m，海域施工的围堰顶部高程尚应计入相应等级波浪重现期最大波浪高度一半的影响。

6. 钢围堰设计选型应包括下列因素：

（1）主体结构形式及其施工方法；

（2）工程场地的地质、水深、水位及水流速度、冬季冻融及冰凌的影响，河床在施工过程中冲刷深度的影响，海域尚应计入潮汐、波浪的影响；

（3）河床覆盖层厚度、承载能力、透水性和土体侧摩阻力等；

（4）围堰结构施工工艺的可行性和经济性；

（5）施工场地条件、施工设备、施工季节、施工工期及进度安排；

（6）通航、环保要求、施工风险、结构的安全性及经济性等因素。

7. 钢围堰设计时可按表 3.2-1 中的适用条件进行选型。

各类钢围堰的适用条件　　　　　　　　　　　　　　　表3.2-1

项目	钢板桩围堰	钢套箱围堰	钢吊箱围堰	钢管桩围堰
覆盖层	覆盖层较厚的浅水水域	覆盖层较薄或地基承载力较高，基础底标高位于河床内或略高于河床	河床存在较厚的软弱土层，或基础底面距离河床面较高	河床覆盖层含有大量漂石、砾石或存在水下障碍物，其他类型钢围堰下沉困难；并适用于河床为砂类土、黏性土、碎（卵）石类土和风化岩等水中深基坑开挖防护施工
水流条件	流速较小，小于 2m/s	可适用于较大流速，大于 2m/s	可适用于较大流速，大于 2m/s	流速较小，小于 2m/s
水深	水深宜控制在 10m 以内	水深宜控制在 40m 以内，深水低桩承台均可采用	适用于水深较大的高桩承台或构筑物	水深宜控制在 15m 以内
钢材用量	较少	相比钢板桩围堰，用钢量要大	相比钢板桩围堰，用钢量要大	用钢量介于钢板桩围堰与钢套箱、钢吊箱围堰之间
适用的构筑物	低桩承台，围堰外形可根据基础外形而相应采用矩形、圆形、圆端形，并根据水位或基坑深度及地质情况设置内部支撑或锚杆	水中低桩承台，围堰外形可根据水流速度、基础平面形状、水深情况选择圆形、矩形、圆端形；根据围堰下沉深度、下沉难易程度、荷载情况选择单壁、双壁或单双壁组合式	深水高桩承台，围堰外形可根据水流速度、基础平面形状选择圆形、矩形、圆端形；单壁、双壁结构的选择，应根据水压差及支撑情况确定	低桩承台，围堰外形可根据基础外形而相应采用矩形、圆形，圆端形，并根据水位或基坑深度及地质情况设置内部支撑或锚杆
制造难度	制作简单，难度较小	制作复杂，难度相对较大	制作复杂，难度相对较大	制作难度介于钢板桩围堰和钢套箱、钢吊箱围堰之间

8. 对特殊情况，根据实际工程要求，可采用组合钢围堰，包括单双壁竖向组合钢围堰、钢板桩与钢套箱平面组合围堰、钢板桩与钢管桩平面组合围堰、钢管桩与钢套箱平面组合围堰等形式。

3.3 钢围堰设计计算内容

钢围堰设计计算应考虑围堰内构筑物和钢围堰的施工工艺，按照方案设计中确定的围堰方案，依据勘察报告提供的围堰所在位置的水下地形、水文条件、土层分布、土的物理力学性能指标、周边环境情况等进行。

围堰设计内容通常包括围堰结构设计和工艺设计等，其设计计算需要重点控制：

1. 确保围堰结构承载力和稳定性，保证围堰结构在使用过程中的安全；

2. 围堰结构变形应在可控范围内，应满足围堰内构筑物施工要求；

3. 当围堰结构周边有重要建筑物或管线时，应确保周边构筑物和管线的安全，应防止围堰结构产生影响构筑物正常使用功能的变形。

为了满足上述要求，钢围堰结构在正确选型后，必须通过结构计算及稳定性验算，合理确定构件尺寸及围护结构的嵌固深度。

3.3.1 极限状态设计分析工况

钢围堰结构应按下列两种设计状况进行极限状态设计：

1. 短暂状况应做承载能力极限状态设计和正常使用极限状态设计；

2. 偶然状况应做承载能力极限状态设计。

承载能力极限状态设计时应按下列情况计算分析：

1. 钢围堰结构构件或连接因超过材料强度而破坏，或因过度变形而不适于继续承受荷载，或出现压屈、局部失稳；

2. 钢围堰结构和土体发生整体倾覆或滑动；

3. 钢围堰底因隆起而丧失稳定；

4. 钢围堰底土体持力层因丧失承载能力而破坏；

5. 锚杆因土体丧失锚固能力而拨动；

6. 地下水渗流引起的土体渗透破坏；

7. 钢围堰抗浮或抗沉失效；

8. 钢围堰浮运时失稳下沉。

正常使用极限状态设计时应按下列情况计算分析：

1. 钢围堰结构变形过大影响主体结构正常施工的或造成周边建(构)筑物、地下管线、道路等不能正常使用的；

2. 因地下水位下降、地下水渗流或施工因素而造成的土体变形引起周边建(构)筑物、地下管线、道路等不能正常使用的；

3. 影响主体结构正常施工的地下水渗流或钢围堰渗（漏）水。

3.3.2 作用分类、组合

作用分类及组合应符合下列规定:

1. 作用在钢围堰上的重力及其冲击力、土压力、风力、静水压力、动水压力、波浪力及施工荷载等,应按不同工况进行组合,并应按其最不利组合,结合实际工况进行结构计算。各种作用应按本指南第 3.4.5 节取值。

2. 钢围堰结构设计采用的作用应分为永久作用、可变作用、偶然作用三类,其分类应符合表 3.3-1 的规定。

3. 钢围堰结构应按作用分类就其出现的最不利组合进行计算。

作用分类 表3.3-1

作用分类	作用名称
永久作用	结构重力
	附属设备和附属结构重力
	土压力
	静水压力
	浮力
	预加力
可变作用	流水压力
	冲击力
	风荷载
	温度作用
	冰压力
	波浪力
	靠船力
	施工临时荷载
偶然作用	船舶或漂流物撞击力

注:设计中计入的其他作用可根据其性质按表 3.3-1 进行分类。

4. 结构设计应计算结构上可能同时出现的作用,按承载能力极限状态、正常使用极限状态进行作用组合,并应按下列原则取其最不利组合效应进行设计:

(1)当只在结构上可能同时出现的作用时,宜进行组合。当结构需作不同受力方向的验算时,则应采用不同方向的最不利的作用组合效应进行计算。

（2）当可变作用的出现对结构或结构构件产生有利影响时，该作用不应参与组合。实际不可能同时出现的作用或同时参与组合概率很小的作用，宜按表3.3-2规定。

可变作用不同时组合   表3.3-2

作用名称	不与该作用同时参与组合的作用
冰压力	流水压力、波浪力、船靠力
船靠力	冰压力

3.3.3 承载能力极限状态设计

当钢围堰结构按承载能力极限状态设计时，对短暂设计状况应采用作用的基本组合，对偶然设计状况应采用作用的偶然组合，并应符合下列规定：

1. 基本组合下，钢围堰结构构件或连接因超过材料强度或过度变形的承载能力极限状态设计，应满足下列公式要求：

$$S_{ud} \leqslant R_{ud} \tag{3.3-1}$$

$$S_{ud} = \gamma_0 S(\sum_{i=1}^{m} \gamma_{Gi} G_{ik}, \quad \gamma_{Q1}\gamma_L Q_{1k}, \quad \psi_c \sum_{j=2}^{n} \gamma_{Lj}\gamma_{Qj} Q_{jk}) \tag{3.3-2}$$

$$S_{ud} = \gamma_0 S(\sum_{i=1}^{m} G_{id}, \quad Q_{1d}, \sum_{j=2}^{n} Q_{jd}) \tag{3.3-3}$$

$$R_{ud} = R_u(f_d, a_d) \tag{3.3-4}$$

式中 S_{ud}——承载能力极限状态下作用基本组合的效应设计值，采用永久作用设计值与可变作用设计值相组合；

   γ_0——钢围堰结构重要性系数，对安全等级为一级、二级、三级的围堰结构，其结构重要性系数分别不应小于 1.1、1.0、0.9；

   $S(\cdot)$——作用组合的效应函数；

   γ_{Gi}——第 i 个永久作用的分项系数；

   G_{ik}、G_{id}——第 i 个永久作用的标准值和设计值；

   γ_{Q1}、γ_{Qi}——分别为最大的 1 个和第 j 个可变作用分项系数；

   Q_{1k}、Q_{1d}——最大的可变作用标准值和设计值；

   Q_{jk}、Q_{jd}——作用组合中除最大的可变作用外的其他第 j 个可变作用的标准值和设计值；

   Ψ_c——在作用组合中除最大的可变作用外的其他可变作用的组合值系数；

   γ_{Lj}——第 j 个可变作用的结构设计使用年限荷载调整系数；

   R_{ud}——基本组合下结构构件的承载力设计值；

   $R_u(\cdot)$——基本组合下构件承载力函数；

   f_d——材料强度设计值；

   a_d——几何参数设计值，当无可靠数据时，可采用几何参数标准值。

2. 偶然组合下，钢围堰结构构件或连接因超过材料强度或过度变形的承载能力极限状态设计，应满足下列公式要求：

$$S_{ad} \leqslant R_{ad} \qquad (3.3-5)$$

$$S_{ad} = S(\sum_{i=1}^{m} G_{ik},\ A_d,\ (\psi_{f1}或\psi_{q1})\ Q_{1k}, \sum_{j=2}^{n} \psi_{qj} Q_{jk}) \qquad (3.3-6)$$

$$R_{ad} = R_a(\gamma_f, \gamma_a, f_k, a_k) \qquad (3.3-7)$$

式中　　S_{ad}——承载能力极限状态下作用偶然组合的效应设计值，S_{ad} 为永久作用标准值与可变作用某种代表值及一种偶然作用设计值相组合；与偶然作用同时出现的可变作用，可根据观测资料和工程经验取用频遇值或准永久值。

A_d——偶然作用的设计值。

Ψ_{f1}——最大的可变作用频遇值系数。

$\Psi_{f1}Q_{1k}$——最大的可变作用频遇值。

Ψ_{q1}、Ψ_{qj}——最大的和第 j 个可变作用的准永久值系数。

$\Psi_{q1}Q_{1k}$、$\Psi_{qj}Q_{jk}$——最大的和第 j 个可变作用的准永久值。

R_{ad}——偶然组合下结构构件的承载力设计值。

$R_a(\cdot)$——偶然组合下构件承载力函数。

γ_f——结构材料、岩土性能的分项系数。

γ_a——结构或构件几何参数的分项系数。

f_k——材料强度标准值。

a_k——几何参数标准值。

3. 作用标准值组合下，钢围堰整体滑动、钢围堰底隆起失稳、钢围堰构件嵌固段推移、锚杆拨动、钢围堰结构倾覆与滑移、钢围堰抗浮或抗沉失效、土体渗透破坏等稳定性计算和验算，应满足下式要求：

$$\frac{R_{kd}}{S_{kd}} \geqslant K \qquad (3.3-8)$$

式中　R_{kd}——抗滑力、抗浮力、抗滑力矩、抗倾覆力矩、锚杆极限抗拔承载力等平衡作用标准值组合的效应设计值；

S_{kd}——滑动力、浮力、滑动力矩、倾覆力矩等不平衡作用标准值组合的效应设计值；

K——安全系数。

3.3.4　正常使用极限状态设计

正常使用极限状态计算应符合下列规定：

1. 当钢围堰结构按正常使用极限状态设计时，应根据不同的设计要求，采用作用的频遇组合、准永久组合或标准组合，对构件的抗裂应力、裂缝宽度、挠度、位移、沉降进行验算，使各项计算值不超过国家现行相关标准的相应限值。

2. 作用标准组合下，钢围堰结构水平位移、钢围堰周边建（构）筑物和地面沉降等，应满足下式要求：

$$C_{kd} \leqslant C \tag{3.3-9}$$

式中　C_{kd}——作用标准值组合的位移、沉降等效应设计值；

　　　　C——钢围堰结构水平位移、钢围堰周边建（构）筑物和地面沉降的限值。

短暂状况构件应力计算应符合下列规定：

1. 标准组合下，钢围堰结构中的构件尚应按下列公式进行短暂状况的应力计算：

$$S_{kd} \leqslant \sigma_{kd} \tag{3.3-10}$$

$$S_{kd} = S(\sum_{i=1}^{m} G_{ik}, \sum_{j=1}^{n} Q_{jk}) \tag{3.3-11}$$

式中　S_{kd}——作用标准组合的效应设计值。各种作用采用标准值时，不计入荷载组合系数。

　　　　σ_{kd}——作用标准组合的正截面压应力和斜截面的主压应力限值。

2. 抗疲劳计算应分析有无疲劳荷载并采用实际的疲劳应力幅，其结果应符合国家现行相关标准规定。

3.4　结构分析

3.4.1　结构分析的基本原则

结构分析应符合下列规定：

1. 应根据钢围堰的具体施工工艺，进行制造、运输、施工、使用和拆除等各个施工阶段的结构分析计算，确保结构安全。

2. 结构分析中采用的基本假定、模型和边界条件、参数的选择，应能反映结构施工过程和使用中的实际受力状态，其精度应能满足结构设计要求。必要时，应采用三维空间结构模型进行分析计算。

3. 钢围堰结构受力分析可按线弹性理论进行，当结构的变形不能被忽略时，应计入各类非线性对结构受力的影响。

4. 当钢围堰结构按平面结构分析时，应按围堰各部位的开挖深度、周边环境条件、地质条件等因素划分设计计算剖面。对每一计算剖面，应按其最不利条件进行计算。

5. 钢围堰结构设计时，应根据工程经验分析判断计算参数取值和计算分析结果的合理性。

钢围堰是一个由岩土与围堰结构组成，并相互作用的复杂结构体系。结构分析时应根据周边条件，合理确定结构模型与边界约束条件。在确定模型边界约束时应重点注意地形地质、荷载组合及施工条件对约束条件的影响。

地形地质引起的边界条件变化导致钢围堰各单元荷载及位移约束条件的不同，如钢围堰结构跨越地形变化（河床倾斜：一侧埋深较浅、一侧埋深较深）、地质变化（土质差异明显、岩面倾斜等）、水流冲刷（冲刷前后引起地形变化）。

荷载组合引起的边界条件变化包括：钢围堰结构受到由不同的永久荷载、可变荷载、偶然荷载组合的作用效应。荷载组合作用力直接作用于围堰结构，使其发生变形或产生位移。由于钢围堰结构平面尺寸较大，各单元荷载组合差异明显，引起荷载组合的边界约束条件也不同，如钢围堰的迎水面与背水面所受流水压力不同。

施工阶段引起的边界条件变化包括：钢围堰施工阶段改变可引起围堰各单元位移及荷载边界约束条件明显改变。如增加内支撑前与增加内支撑后、钢围堰抽水前与抽水后，单元位移、荷载边界约束条件不同。

围堰岩土结构体系的受力分析可按线弹性理论进行，但是当结构的变形不能被忽略或体系材料进入了明显非线性阶段时，则应计入各类非线性对结构受力的影响。围堰体系主要包括岩土材料非线性、钢围堰结构非线性及边界约束方程非线性三个方面。岩土材料非线性包括土的大变形和材料黏弹塑性的本构等内容。具体来说土的变形特性除应该包括一定荷载下变形发展过程的固结问题和最终变形量的压缩问题外，还应包括土从加载至破坏全过程的应力与变形关系。土的变形特性随着土的特性（粒度、湿度、密度、结构）、应力特征、温度条件与时域条件等的变化会有复杂的表现。土的多孔多向性、非均质性、非连续性、非各向同性、黏摩共存性等使得土在本构关系所表现出黏弹塑性、剪切胀缩性、应力交叉性、弹塑变形耦合性，以及它们共同组合影响的复杂性。因此土的变形分析需在力学基本原理和方法的基础上考虑土的多孔、松散介质的力学特性，运用非线性弹性模型（E-u 模型、K-G 模型等）、弹塑性模型（Cam-clay 模型、"南水"模型、Lade-Duncan 模型等）等定性、定量的方法来分析。在结构分析中应根据分析对象的特点进行必要的简化，选择与之对应的非线性本构模型。分析时应根据围堰周边岩土体特征并结合地区经验，合理取用。

钢围堰结构非线性可分为材料非线性、几何非线性、边界约束方程非线性。材料非线性指钢围堰的材料本构方程是非线性的，从而导致基本控制方程的非线性。在研究钢围堰的正常使用状态时，采用线性的方法来研究，但研究围堰的极限承载力等，需采用非线性的本构关系进行研究，也就是考虑材料进入塑性阶段。几何非线性是指任何具有弹性的结构在外部和（或）内部作用改变时，结构都将发生弹性变形。变形后结构达到新的位置，形成新的平衡条件。因此对结构建立平衡状态方程，应该按照内部和（或）外部作用后的新位置来建立，也就是说建立平衡方程需考虑结构的变形状态，这样一来所有的结构实际上都是几何非线性的。对于一般结构由于在内外部作用下，总体位移是微小的，结构变形引起的刚度变化，对计算结果不会产生不能接受的影响。但是对有些问题，采用不考虑变形影响来建立平衡方程，往往会得出与实际完全不符的结论，此时需考虑结构非线性的影响。边界约束方程非线性是指工程中，常遇到某些支座或约束只能受拉或受压，而结构在内外作用下，这些支座或约束的状态开始并不能直接确定，需要通过试算才能确定。围堰结构中一旦有某些支座退出或参与工作，那么结构可能发生体系上的变化，开始建立的平衡方程显然不再适用，因此这类问题也是非线性问题，比材料和几何非线性问题更特殊。

钢围堰结构形式有圆形、圆端形、矩形。钢围堰结构为圆形、圆端形时，钢围堰在承压受力时与拱形类似，具有环向应力效应。当外部荷载不大，钢围堰变形较小时，环向应力效应对结构有利，按《钢围堰工程技术标准》GB/T 51295—2018 计算设计偏保守；当外部荷载较大，钢围堰在受到较小应变即发生大变形时，环向应力效应对结构不利，此时应引起注意。钢围堰结构为矩形时，钢围堰转角处，垂直的钢围堰面板间具有支撑力，按《钢围堰工程技术标准》GB/T 51295—2018 设计计算偏保守。

由三维简化平面条形的过程不可避免地忽略钢围堰不同受力单元的荷载差异及结构强度差异，不利于从结构整体分析钢围堰的受力与变形。钢围堰结构仅从最不利情况进行整体设计，将导致材料及施工成本浪费。《钢围堰工程技术标准》GB/T 51295—2018 可供从业人员对围堰结构局部及边界条件相对简单的围堰结构进行控制计算。对于边界条件复杂的大型围堰结构需要结合有限元分析计算，以保证围堰结构的安全、经济、合理。

为避免抗剪强度试验数据离散型较大所带来的设计不安全或不合理，需将土的剪切试验强度指标与其他室内及原位试验的物理力学参数进行对比分析，判断其试验指标的可靠性，防止误用。当差异较大或缺少符合实际基坑开挖条件的试验方法时，应结合类似工程经验和相邻、相近场地的岩土勘察试验数据并通过可靠的综合分析判断后合理取值。缺少经验时，应取偏于安全的试验方法得出的抗剪强度指标。

钢围堰工程设计时，应考虑由于施工过程中对土的强度产生的多种影响因素，并根据地区经验对土的强度指标作必要调整：当进行围堰降水使土体产生固结，或因围堰内有工程桩基等对围堰支护结构的工作状态有利等因素存在时，计算相应的土压力所采用的抗剪强度指标一般不予调整。围堰内侧被动区加固处理时，加固区强度指标应根据试验或当地经验确定。对非饱和土应考虑围堰施工过程中，土层含水量变化对土的强度的影响。对硬黏土及泥岩、页岩应注意围堰开挖暴露后，可能发生的软化、崩解。对软土地区、暴露时间较长的围堰，应考虑软土强度随时间的变化。

这里有一点应引起重视，正如上面所提，围堰施工降水，将使土体产生固结，对围堰稳定性一般是有利的，但是对围堰外的结构物则一般是不利的，在评估围堰外结构物安全时，应结合围堰实际施工，按对围堰外结构物最不利的情况考虑，确定围堰土层参数、荷载等。

3.4.2　计算工况

钢围堰结构应对其吊装、运输、安装、使用、拆除等全寿命过程进行下列等工况结构分析，并应按下列工况中最不利作用效应进行围堰结构设计：

1. 围堰开挖至围堰底时的工况；

2. 围堰封底工况；

3. 围堰封底后抽水完成工况；

4. 对支撑式和锚拉式围堰结构，围堰开挖至各支撑或各层锚杆施工面时的工况；

5. 在主体结构施工过程中的换（拆）撑工况；

6. 对水平内支撑式围堰结构，围堰各边水平荷载及边界条件不对称的各种工况；

7. 对双排及格形钢板桩围堰的填土或注水拆除工况；

8. 对双壁钢围堰浮运、吊装、接高、下沉等工况。

钢围堰支护结构的有些构件，如锚杆和支撑，是随支护结构开挖过程逐步设置的，基坑需按锚杆或支撑的位置逐层开挖。支护结构设计工况，是指设计时拟定的锚杆和支撑与支护结构开挖的关系，设计好开挖与锚杆或支撑设置的步骤，对每一开挖过程支护结构的受力进行分析。因此，支护结构施工和开挖时，只有遵循设计的开挖步骤才能满足符合设计受力状况的要求。一般情况下，支护结构开挖到基底时受力与变形最大，但有时也会出现开挖中间过程或围堰内主体结构施工过程，支护结构变形和受力最大，支护结构构件的截面或锚杆抗拔力应按最不利情况确定。

3.4.3　围堰结构分析的简化原则

钢围堰分析计算时，其断面的受力分析计算图式可按周边每单位长度钢围堰受力为单元，可不计入相邻单元之间的作用力，并应根据结构的具体形式与受力、变形特性等按各种不利工况采用下列方法分析：

1. 支撑式围堰结构，可将整个结构分解为围堰结构、内支撑结构分别进行分析；围堰结构宜采用平面杆系结构弹性支点法进行分析；内支撑结构可按平面结构进行分析，围堰结构传至内支撑的荷载应取围堰结构分析时得出的支点力；对围堰结构和内支撑结构分别进行分析时，应计算其相互之间的变形协调。

2. 锚拉式围堰结构，可将整个结构分解为围堰结构、锚拉结构（锚杆及腰梁、冠梁）分别进行分析；围堰结构宜采用平面杆系结构弹性支点法进行分析；作用在锚拉结构上的荷载应取围堰结构分析时得出的支点力。

3. 悬臂式围堰结构，宜采用平面杆系结构弹性支点法进行分析。

4. 当有可靠经验或受力及边界条件复杂时，或对围堰精确分析计算时，应采用空间结构分析方法进行围堰结构整体分析或采用结构与土相互作用的分析方法对围堰结构和土体进行整体分析。

钢围堰支护结构应根据具体形式与受力、变形特性等采用下列分析方法：第1~3款方法的分析对象为钢围堰支护结构本身，不包括土体。土体对支护结构的作用视作荷载或约束。这种分析方法将支护结构看作杆系结构，一般都按线弹性考虑，是目前最常用和成熟的支护结构分析方法。

支撑式围堰结构，按结构分解简化原则，首先将结构的挡土构件部分取作分析对象，按梁计算。挡土结构宜采用平面杆系结构弹性支点法进行分析。分解出的内支撑结构按平面结构进行分析，将挡土结构分析时得出的支点力作为荷载反向加至内支撑上。值得注意的是，将支撑式结构分解为挡土结构和内支撑结构分别独立计算时，在其连接处是应满足变形协调条件的。当计算的变形不协调时，应调整在其连接处简化的弹性支座的弹簧刚度等约束条件，直至满足变形协调。

对于挡土结构端部嵌入土中，土对结构变形的约束作用与通常结构支承不同，土的变形影响不可忽略，不能看作固支端。锚杆作为梁的支撑，其变形的影响同样不可忽略，也不能作为铰支座或滚轴支座。因此，挡土结构按梁计算时，土和锚杆对挡土结构的支撑应简化为弹性支座，应采用本节规定的弹性支点法计算简图。

锚拉式围堰结构，其结构的分解简化原则与支撑式围堰结构相同。

悬臂式围堰结构是支撑式和锚拉式围堰结构的特例，对挡土支护结构而言，只是将锚杆或支撑所简化的弹性支座取消即可。

本条第 4 款是针对空间结构体系和针对围堰结构与土为一个整体的分析方法。

实际的围堰支护结构一般都是空间结构。空间结构的分析方法复杂，当有条件时，希望根据受力状态的特点和结构构造，将结构分解为简单的平面结构进行分析。但会遇到一些特殊情况，按平面结构简化难以反映实际结构的工作状态。此时，需要按空间结构模型分析。但空间结构的分析方法复杂，不同问题要不同对待，难以作出细化的规定。通常，需要在有经验时，才能建立合理的空间结构模型。按空间结构分析时，应使结构的边界条件与实际情况足够接近，这需要设计人员有较强的结构设计经验和水平。

考虑结构与土相互作用的分析方法是岩土工程中先进的计算方法，是岩土工程计算理论和计算方法的发展方向，但需要可靠的理论根据和试验参数。可在已有成熟方法计算分析结果的基础上用于分析比较，不能滥用。采用该方法的前提是要有足够的工程经验来把握。

3.4.4 内支撑结构计算要求

1. 内支撑结构分析应符合下列规定：

（1）水平对撑和水平斜撑，应按偏心受压构件进行计算；支撑的轴向压力应取支撑间距内挡土构件的支点力之和；腰梁或冠梁应按以支撑为支座的多跨连续梁计算，计算跨度可取相邻支撑点的中心距；当拼接点按铰接计算时，钢梁（腰梁或冠梁）受压计算长度宜取相邻支撑点中心距的 1.5 倍，现浇混凝土腰梁或冠梁的支座弯矩可乘以 0.8~0.9 折减调幅系数，跨中弯矩应相应增加。

（2）矩形支护结构的正交平面杆系支撑，可分解为纵横两个方向的结构单元，并应分别按偏心受压构件进行计算。

（3）平面杆系支撑、环形杆系支撑，可按平面杆系结构采用平面有限元法进行计算；

在建立的计算模型中，约束支座的设置应与支护结构实际位移状态相符，内支撑结构边界向支护结构外位移处应设置弹性约束支座，向支护结构内位移处不应设置支座，与边界平行方向应根据支护结构实际位移状态设置支座。

（4）内支撑结构应进行竖向荷载作用下的结构分析；当设有立柱时，在竖向荷载作用下内支撑结构宜按空间框架计算，当作用在内支撑结构上的竖向荷载较小时，内支撑结构的水平构件可按连续梁计算，计算跨度可取相邻立柱的中心距。

（5）竖向斜撑应按偏心受压杆件进行计算。

（6）立柱截面的弯矩应包括竖向荷载对立柱截面形心的偏心弯矩；对单向布置的平面支撑体系，尚应包括支撑轴向力的 1/50 的横向力对立柱产生的弯矩；土方开挖时，应计入作用于立柱的侧向土压力引起的弯矩。

（7）当有可靠经验时，宜采用三维结构分析方法，对支撑、腰梁与冠梁、挡土构件进行整体分析。

2. 当进行内支撑结构分析时，应符合下列规定：

（1）由挡水、土构件传至内支撑结构的水平荷载；

（2）内支撑结构自重，当内支撑作为施工平台时，尚应计入施工荷载；

（3）当温度改变引起的内支撑结构内力不可忽略不计时，应计入温度应力；

（4）当内支撑立柱下沉或隆起量较大时，应计入内支撑立柱与挡土构件之间的差异沉降产生的作用。

实际工程中支撑、冠梁及腰梁、立柱、围护结构和围堰外土体等连接成一体并形成空间结构。因此，在一般情况下应考虑支撑体系在平面上各点的不同变形与围护结构的变形协调作用而优先采用整体分析的空间分析方法。但是，支护结构的空间分析方法由于建立模型相对复杂，部分模型参数的确定也没有积累足够的经验，因此，目前将空间支护结构简化为平面结构的分析方法和平面有限元法应用较为广泛，有条件时宜采用空间有限元分析方法。

温度变化会引起钢支撑轴力改变，但由于对钢支撑温度应力的研究较少，目前对此尚无成熟的计算方法。温度变化对钢支撑的影响程度与支撑构件的长度有较大的关系，根据经验，对长度超过 40m 的支撑，认为可考虑 10%~20% 的支承内力变化。

目前，内支撑的计算一般不考虑支撑立柱与挡土构件之间、各支撑立柱之间的差异沉降，但支撑立柱下沉或隆起，会使支撑立柱与钢围堰结构之间，立柱与立柱之间产生一定的差异沉降。当差异沉降较大时，在支撑构件上增加的偏心距，会使水平支撑产生次应力。因此，当预估或实测差异沉降较大时，应按此差异沉降量对内支撑进行计算分析并采取相应措施。

3.4.5 围堰作用计算

围堰结构承受作用是多种多样的，最常见的有结构重力、土压力、地面超载、水压

力（包括静水压力、动水压力）、浮力、波浪力、风压力等。合理确定围堰结构上的作用
是围堰结构计算重点，也是保证计算结果正确性的根本。由于围堰结构的主要功能是起
支挡作用，因而在众多作用中应重点考虑水平作用的影响，一般应考虑下列因素：

（1）围堰内外土的自重（包括地下水或地表水）；

（2）围堰周边既有和在建的建（构）筑物荷载；

（3）围堰周边施工材料和设备荷载；

（4）围堰周边道路车辆荷载；

（5）冻胀、温度变化、流水压力、冲击力、风荷载、冰压力、波浪力、靠船力及其
他因素产生的作用。

虽然作用种类繁多，但基本上仍可分成三类，即永久作用、可变作用及偶然作用。
本节按永久、可变、偶然作用的顺序，详细列出常见的各种作用的计算方法。

1. 永久作用

（1）结构重力

结构自重是永久作用，又称为永久荷载（恒荷载），是由于结构自身重力产生的竖向
荷载。恒载可以由构件尺寸和材料的重力密度直接计算。结构重力计算时，材料容重可
按表 3.4-1 取用；对于附属设备和附属建筑的自重或材料容重，可按所属专业的设计值
或所属专业现行规范、标准中的规定取用。

常用材料的重力密度   表3.4-1

材料种类	重力密度（kN/m³）
钢	78.5
钢筋混凝土	25.0~26.0
混凝土或片石混凝土	24.0
碎石	21.0
填土	17.0~18.0
填石	19.0~20.0

（2）土压力

土压力是作用在围堰结构上的主要荷载。土压力的确定应考虑场地的工程地质条件，
钢围堰结构相对于土体的位移，地面坡度，地面堆载，邻近建筑及施工设备的影响，地
下或地表水位及其变化，钢围堰结构体系的刚度及施工方法等影响因素。土压力的计算
可采用朗肯土压力理论、库仑土压力理论或有限元理论。

实际上，土压力是挡土结构物与土体相互作用的结果，根据位移变形的大小一般可
以分为静止土压力、主动土压力和被动土压力。大部分情况下，土压力介于主动土压力
和被动土压力之间。在影响土压力大小及其分布的诸因素中，挡土结构物的位移是关键
因素，图 3.4-1 给出了土压力与挡土结构物位移间的关系，从图中可以看出，挡土结构

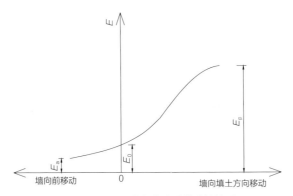

图3.4-1 土压力与挡土墙位移的关系

物达到被动土压力所需的位移远大于导致主动土压力所需的位移。

自然状态土体内水平应力，可认为与静止土压力相等。土体侧向应变会改变其水平应力状态。最终的水平应力，随着应变的大小和方向可呈现出两种极限状态（主动极限平衡状态和被动极限平衡状态）之间的任何状况。钢围堰结构处于主动极限平衡状态时，受主动土压力作用，是侧向土压力的最小值，通常只需要较小的移动率 Y/H（水位位移/墙体高度）即可达到。钢围堰结构处于被动极限平衡状态时，受被动土压力作用，是侧向土压力的最大值，通常需要较大的移动率 Y/H 才能达到，具体可参见表3.4-2。

围堰移动或转动达到极限平衡状态时的 Y/H 大小　　　　表3.4-2

土质类型和条件	移动率 Y/H	
	被动	主动
密实无黏性土	0.02	0.001
松散无黏性土	0.06	0.004
密实黏性土	0.02	0.010
松散黏性土	0.04	0.020

注：Y—水平位移；H—围堰高度。

1）静止土压力

作用于围护结构上的静止土压力，如同半空间线弹性体在土自重和竖向均布荷载作用下，无侧向变形的水平侧压力 P_{0k}。

$$P_{0k} = \sigma_{0k} K_{0,i} \qquad (3.4-1)$$

式中　P_{0k}——围堰结构外侧，第 i 层土中计算点的静止土压力强度标准值（kPa）；

　　　σ_{0k}——计算点的土中竖向应力标准值（kPa），按公式（3.4-41）、公式（3.4-42）计算；

　　　$K_{0,i}$——分别为第 i 层土的静止土侧压力系数；

静止土压力系数 K_0 值随土体密实度、固结程度的增加而增加。对于正常固结土，静止侧压力系数可在侧压力仪或有特殊装置的三轴压缩仪中测定，在无试验资料的条件下，也可用下列经验公式。

$$K_{0,i} = 1 - \sin\varphi'_i \qquad (3.4\text{-}2)$$

式中　φ'_i——第 i 层土有效内摩擦角（°）。

2）朗肯土压力

朗肯理论是从弹性半空间的应力状态出发，由土的极限平衡理论推导得到。在弹性均质的半空间中、任一竖直面都是对称面，则其上的剪应力为 0。因此任一地表下深度为 Z 之处的竖向应力为 σ_z、水平应力为 σ_x：

$$\sigma_z = \sigma_{0k} \qquad (3.4\text{-}3)$$

$$\sigma_x = K_{0,i}\sigma_{0k} \qquad (3.4\text{-}4)$$

在自然状态下，$K_{0,i}$ 一般小于 1，则 $\sigma_z > \sigma_x$。所以，σ_z 为大主应力，σ_x 为小主应力，用莫尔圆把土中应力与土的抗剪强度绘于图上，如图 3.4-2 中的圆 II。当土体沿水平方向伸展，使 σ_x 逐渐减小，莫尔圆逐渐扩大而达到极限平衡状态时，则土体进入朗肯主动极限平衡状态，如图 3.4-2 中的圆 I 所示。相似地，当土体沿水平方向挤压，使 σ_x 逐渐增加，并超过 σ_z，莫尔圆逐渐扩大而达到极限平衡时，则土体进入朗肯被动极限平衡状态，如图 3.4-2 中的圆 III 所示。

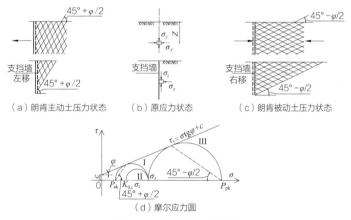

（a）朗肯主动土压力状态　　（b）原应力状态　　（c）朗肯被动土压力状态

（d）摩尔应力圆

图 3.4-2　朗肯极限平衡状态

当在弹性均质半空间体内，插入一竖直、光滑的墙面，由于它既无摩擦又无位移，那么它不会影响土中原有的应力状态。当墙面向左移动，则将使右半边土体处于伸展状态，此时将如上述，作用于墙背的土压力逐渐减小，进而达到朗肯主动土压力状态。反之，当墙面向右移动，则将使右半边土体处于挤压状态，作用于墙背的土压力逐渐增加，进而达到朗肯被动土压力状态。

在朗肯主动土压力状态有 $\sigma_1 = \sigma_z$，而 σ_3 即为主动土压力；在朗肯被动土压力状态有：$\sigma_3 = \sigma_z$，而 σ_1 即为被动土压力。根据摩尔应力圆与抗剪强度线的几何关系，可得主动土压力 P_{ak} 与被动土压力 P_{pk} 计算公式如下：

$$P_{ak} = \sigma_{ak}K_{a,i} - 2c_i\sqrt{K_{a,i}} \qquad (3.4\text{-}5)$$

$$K_{a,i} = \tan^2\left(45 - \frac{\varphi_i}{2}\right) \tag{3.4-6}$$

$$P_{pk} = \sigma_{pk}K_{p,i} + 2c_i\sqrt{K_{p,i}} \tag{3.4-7}$$

$$K_{p,i} = \tan^2\left(45 + \frac{\varphi_i}{2}\right) \tag{3.4-8}$$

式中　P_{ak}、P_{pk}——第 i 层土中计算点的主、被动土压力强度标准值（kPa），当 $P_{ak} < 0$ 时，应取 $P_{ak}=0$；

　　　σ_{ak}、σ_{pk}——分别为计算点的土中竖向应力标准值（kPa），按公式（3.4-41）、公式（3.4-42）计算；

　　$K_{a,i}$、$K_{p,i}$——分别为第 i 层土的主动土压力系数、被动土压力系数；

　　　c_i、φ_i——分别为第 i 层土的黏聚力（kPa）、内摩擦角（°）。

3）库伦土压力

库仑土压力理论（图3.4-3）基本假定如下：

①墙后土体为均质各向同性的无黏性土；

②挡土墙是刚性的，墙体很长，属于平面应变问题；

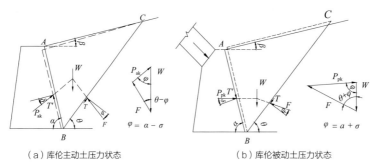

（a）库伦主动土压力状态　　　　　　　　　（b）库伦被动土压力状态

图3.4-3　库伦土压力计算图示

③土体表面为一平面，与水平面成 β 角。

④主动状态：墙体在土压力作用下，向前变位，使土体达到极限平衡，形成滑裂面 $\overline{BC}$；被动状态：墙体在外荷的作用下，向土体方向变位，使土体达到极限平衡，形成滑裂 $\overline{BC}$。

⑤在滑裂面上的力满足极限平衡关系

$$T = N\tan\varphi \tag{3.4-9}$$

⑥在墙背上的力满足权限平衡关系：

$$T' = N'\tan\delta \tag{3.4-10}$$

式中　φ——土的内摩擦角；

　　　δ——土与墙之间的墙背摩擦角。

根据楔形体的平衡关系可得：

$$P_{ak} = \frac{\sin(\theta - \varphi)}{\sin(\alpha + \theta - \varphi - \delta)} \overline{W} \qquad (3.4\text{--}11)$$

$$P_{pk} = \frac{\sin(\theta + \varphi)}{\sin(\alpha + \theta + \varphi + \delta)} \overline{W} \qquad (3.4\text{--}12)$$

$$\overline{W} = \frac{1}{2} \gamma \overline{AB} \cdot \overline{AC} \sin(\alpha + \beta) \qquad (3.4\text{--}13)$$

式中　　γ——土层重力密度；

　　$\overline{W}$——滑楔自重；

　　θ——滑裂面 $\overline{BC}$ 的倾角；

　　α——墙背的倾角。

其中 $\overline{AC}$ 是 θ 的函数，所以上述 P_{ak}、P_{pk} 都是 θ 的函数。随着 θ 的变化，其主动土压力必然产生在使 P_{ak} 为最小的滑楔面上；而被动土压力必然产生在使 P_{pk} 为最大的滑裂面上。由此，将 P_{ak}、P_{pk} 分别对 θ 求导，求出最危险的滑裂面，即可得库仑主动与被动土压力：

$$P_{ak} = \frac{1}{2} \gamma h^2 K_a \qquad (3.4\text{--}14)$$

$$P_{pk} = \frac{1}{2} \gamma h^2 K_p \qquad (3.4\text{--}15)$$

K_a、K_p 分别为库仑主动与被动土压力系数，它们是 α、β、φ 与 δ 的函数：

$$K_a = \frac{\sin^2(\alpha + \varphi)}{\sin^2 \alpha \sin^2(\alpha - \delta)\left[1 + \sqrt{\dfrac{\sin(\varphi - \beta)\sin(\varphi + \delta)}{\sin(\alpha + \beta)\sin(\alpha - \delta)}}\right]^2} \qquad (3.4\text{--}16)$$

$$K_p = \frac{\sin^2(\alpha - \varphi)}{\sin^2 \alpha \sin^2(\alpha + \delta)\left[1 - \sqrt{\dfrac{\sin(\varphi + \beta)\sin(\varphi + \delta)}{\sin(\alpha + \beta)\sin(\alpha + \delta)}}\right]^2} \qquad (3.4\text{--}17)$$

库仑土压力的方向均与墙背法线成 δ 角。但必须注意主动与被动土压力与法线所成的 δ 角方向相反，见图 3.4-3。作用点在没有超载的情况，均为离墙踵高 $h/3$ 处。

当墙顶的土体表面作用有分布荷载 q（以单位水平投影面的荷载强度考虑），如图 3.4-4 所示，则滑楔自重部分应增加超载项，即：

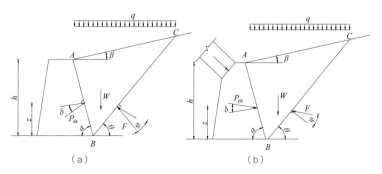

图 3.4-4　具有地表分布荷载的库仑土压力情况

$$\overline{W} = \frac{1}{2}\gamma \overline{AB} \cdot \overline{AC}\sin(\alpha+\beta) + q\overline{AC}\cos\beta = \frac{1}{2}\gamma \overline{AB} \cdot \overline{AC}\sin(\alpha+\beta) \cdot \left[1 + \frac{2q\sin\alpha\cos\beta}{\gamma h\sin(\alpha+\beta)}\right]$$

（3.4-18）

若令 $K_q = 1 + \dfrac{2q\sin\alpha\cos\beta}{\gamma h\sin(\alpha+\beta)}$，则

$$\overline{W} = \frac{1}{2}K_q\gamma \overline{AB} \cdot \overline{AC}\sin(\alpha+\beta)$$

（3.4-19）

此时主、被动土压力可表示为

$$P_{ak} = \frac{1}{2}\gamma h^2 K_a K_q$$

（3.4-20）

$$P_{pk} = \frac{1}{2}\gamma h^2 K_p K_q$$

（3.4-21）

其土压力的方向仍与墙背法线成 δ 角。由于土压力呈梯形分布，因此作用点位于梯形形心，离墙踵高为

$$h_z = \frac{h}{3} \cdot \frac{1 + \dfrac{3}{2} \cdot \dfrac{2q}{\gamma h}}{1 + \dfrac{2q}{\gamma h}}$$

（3.4-22）

库仑土压力理论是根据无黏性土导出的，没有考虑黏性土的黏聚力，因此，当墙体结构后用黏性土作为填料时，在工程实践上常采用换算的等效内摩擦角 φ_D 来进行计算。等效内摩擦角计算方法很多，这里仅列出两种以供参考。

①根据土的抗剪强度相等，若竖向应力 $\sigma_z = \gamma h$，则

$$\varphi_D = \arctan(\tan\varphi + \frac{c}{\gamma h})$$

（3.4-23）

②根据朗肯土压力公式，取土压力相等，则

$$\varphi_D = \frac{\pi}{2} - 2\arctan[\tan(\frac{\pi}{4} - \frac{\varphi}{2}) - \frac{2c}{\gamma h}]$$

（3.4-24）

应注意，上述所提的换算方法并不能反映土压力计算中各项因素之间的复杂关系，一般说来仅仅是点强度或压力等效而已，且不同的换算方法还存在着较大的差异，因此在选取等效方法时应慎重。

4）钢围堰土压力计算原则

前面分别讲述了静止土压力，朗肯主、被动土压力及库仑主、被动土压力，这些土压力计算方法均有各自的适用范围及优缺点，就钢围堰而言，由于一般钢围堰结构刚度均相对较小（如钢板桩），在堰外荷载作用一般变形均可以满足主动土压力的条件，因此堰外土压力一般情况可采用主动土压力。当围堰刚度较大（如堰内设置多道钢支撑等），围堰整体变形较小或需要严格限制围堰结构的水平位移时，围堰结构外侧的土压力宜取静止土压力。在考虑围堰极限稳定时由于已经涉及结构破坏状态，此时围堰内侧可采用被动土压力。

主、被动土压力可采用朗肯土压力或库伦土压力。库仑土压力计算公式是以平面滑裂面为基础导得的，与实际的曲面滑裂面有一定的差异。在主动状态下，由于滑裂面曲度较小，采用平面滑裂面来代替，偏差不大；但在被动状态，两者差异较大，采用平面滑裂面将会引起较大的误差，且其误差随着 δ 的加大而增加。更有学者指出当 φ 较大时，被动土压力将偏大较多。另一方面库伦土压力是基于无黏性土推导得到的，不适用于黏性土，当用于黏性土时需采用等效摩擦角进行换算，即使可以使用基于黏性土推导的库伦土压力公式计算，但其计算过程也十分烦琐，况且库伦土压力是通过楔形体极限平衡所得出的，也较难应用于分层土。在朗肯土压力计算理论中，假定墙背是垂直光滑的，填土表面为水平，因此，与实际情况有一定的出入且由于墙背摩擦角 $\delta = 0$，则将使计算土压力 P_{ak} 偏大，而 P_{pk} 偏小，计算结果偏于保守，但考虑到朗肯土压力计算方法的假定概念明确，与库伦土压力理论相比具有能直接得出土压力的分布，亦可方便应用于分层土，从而适合结构计算的优点，受到工程设计人员的普遍接受，因此建议主动土压力及被动土压力均采用朗肯土压力计算。

在土压力影响范围内，有时不可避免地存在相邻建筑物地下墙体等稳定界面时，此时可采用库仑土压力理论计算界面内有限滑动楔体产生的主动土压力，同一土层的土压力可采用沿深度线性分布形式，围堰结构与土之间的摩擦角宜取零。

有可靠经验时，可采用围堰结构与土相互作用的方法计算土压力。考虑结构与土相互作用的土压力计算方法，理论上更科学，从长远考虑该方法应是岩土工程中支挡结构计算技术的一个发展方向。但是，目前考虑结构与土相互作用的土压力计算方法在工程应用上尚不够成熟，现阶段只有在有经验时才能采用。

除了上述内容以外，在土压力计算时的各土层计算厚度，对成层土还应满足以下要求：

①当土层厚度较均匀、层面坡度较平缓时，宜取邻近勘察孔的各土层厚度，或同一计算剖面内各土层厚度的平均值；

②当同一计算剖面内各勘察孔的土层厚度分布不均时，应取最不利勘察孔的各土层厚度；

③对复杂地层且距勘察探孔较远时，应通过综合分析土层变化趋势后确定土层的计算厚度；

④当相邻土层的土性接近，且对土压力的影响可忽略不计或有利时，可归并为同一计算土层。

天然形成的成层土，各土层的分布和厚度是不均匀的。为尽量使土压力的计算准确，应按土层分布和厚度的变化情况将土层沿基坑划分为不同的剖面分别计算土压力。但场地任意位置的土层标高及厚度是由岩土勘察相邻钻探孔的各土层层面实测标高及通过分析土层分布趋势，在相邻勘察孔之间连线而成。即使土层计算剖面划分得再细，各土层的计算厚度还是会与实际地层存在一定差异，规定划分土层厚度的原则，其目的是要求做到计算的土压力不小于实际的土压力。

　　总的来说挡土结构上的土压力计算是个比较复杂的问题，从土压力理论上讲，根据不同的计算理论和假定，可以得出多种土压力计算方法。由于每种土压力计算方法都有各自的适用条件与局限性，也就没有一种统一的且普遍适用的土压力计算方法，设计人员在计算时应谨记各种土压力的特点与适用范围，切勿生搬硬套。

　　5）分层土压力计算

　　土压力计算时常常会遇到分层土的情况，一般可采用以下两种方法。

　　①加权法

　　多层土土压力其中一种简化的计算方法是将各层土的重力密度、内摩擦角按土层厚度进行加权平均：

$$\gamma_{\mathrm{m}} = \frac{\sum \gamma_i h_i}{\sum h_i} \tag{3.4-25}$$

$$\varphi_{\mathrm{m}} = \frac{\sum \varphi_i h_i}{\sum h_i} \tag{3.4-26}$$

$$c_{\mathrm{m}} = \frac{\sum c_i h_i}{\sum h_i} \tag{3.4-27}$$

　　然后近似地把它们当作均质土进行计算，该方法计算简单，既可用于朗肯土压力计算，也可用于库伦土压力计算，但计算结果可靠性较差，受土质差异影响大，其整体压力分布与实际情况相差较大，一般仅适用于估算。

　　②分层土朗肯土压力

　　正如前面叙述的那样，朗肯土压力计算是基于单元体极限状态导出的，在计算时，该点的朗肯土压力仅与其上覆压力及土的抗剪强度有关，因此十分适用于分层土压力的计算。但应注意采用朗肯土压力计算时，土层分界面上（图3.4-5）由于上下土层的抗剪强度指标不同，因此土压力的分布有突变：

　　a点：

$$p_{\mathrm{a1}} = -2c_1\sqrt{k_{\mathrm{a1}}} \tag{3.4-28}$$

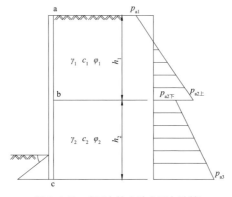

图3.4-5　成层土的主动土压力计算

拉应力区不应考虑，拉应力区高度：

$$h_0 = \frac{2c_1}{\gamma_1\sqrt{k_{a1}}} \qquad\qquad (3.4\text{--}29)$$

b 点上（第一层土中）：

$$p_{a2\text{上}} = \gamma_1 h_1 K_{a1} - 2c_1\sqrt{k_{a1}} \qquad\qquad (3.4\text{--}30)$$

b 点下（第二层土中）：

$$p_{a2\text{下}} = \gamma_1 h_1 K_{a2} - 2c_2\sqrt{k_{a2}} \qquad\qquad (3.4\text{--}31)$$

c 点：

$$p_{a3} = (\gamma_1 h_1 + \gamma_2 h_2)\,K_{a2} - 2c_2\sqrt{k_{a2}} \qquad\qquad (3.4\text{--}32)$$

$$K_{a1} = \tan^2\!\left(45 - \frac{\varphi_1}{2}\right) \qquad\qquad (3.4\text{--}33)$$

$$K_{a2} = \tan^2\!\left(45 - \frac{\varphi_2}{2}\right) \qquad\qquad (3.4\text{--}34)$$

6）水土分算与合算

地下水位以下的水土总压力计算，有"水土分算"与"水土合算"两种方法。根据土的有效应力原理，理论上对各种土均采用水土分算方法计算土压力更合理，但实际工程应用时，黏性土的孔隙水压力计算问题难以解决，因此对黏性土采用总应力法更为实用，可以通过将土与水作为一体的总应力强度指标反映孔隙水压力的作用。另外，一些黏性土基坑挡土构件实测水、土压力结果也表明，黏性土基坑水、土压力小于水土分算结果，如若采用水土分算进行设计，将增大造价。目前国内基坑规范普遍遵循砂性土分算，黏性土合算原则，因此钢围堰标准中也采用了相同准则，规定：

①对地下水位以下的黏性土、黏质粉土，可采用土压力、水压力合算方法；

②对地下水位以下的砂质粉土、砂土和碎石土，应采用土压力、水压力分算方法。

综合水土压力分算与合算原则，钢围堰结构外侧的主动土压力强度标准值、围堰结构内侧的被动土压力强度标准值宜按下列公式计算（图 3.4-6）：

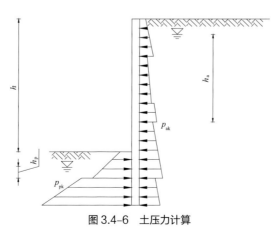

图 3.4-6　土压力计算

①对地下水位以上或水土合算的土层

$$P_{ak} = \sigma_{ak}K_{a,i} - 2c_i\sqrt{K_{a,i}} \qquad (3.4-35)$$

$$K_{a,i} = \tan^2(45 - \frac{\varphi_i}{2}) \qquad (3.4-36)$$

$$P_{pk} = \sigma_{pk}K_{p,i} + 2c_i\sqrt{K_{p,i}} \qquad (3.4-37)$$

$$K_{p,i} = \tan^2(45 + \frac{\varphi_i}{2}) \qquad (3.4-38)$$

式中 P_{ak}——围堰结构外侧，第 i 层土中计算点的主动土压力（水土压力）强度标准值（kPa），当 $P_{ak}<0$ 时，应取 $P_{ak}=0$；

σ_{ak}、σ_{pk}——分别为围堰结构外侧、内侧计算点的土中竖向应力标准值（kPa），按公式（3.4-41）、公式（3.4-42）计算；

$K_{a,i}$、$K_{p,i}$——分别为第 i 层土的主动土压力系数、被动土压力系数；

c_i、φ_i——分别为第 i 层土的黏聚力（kPa）、内摩擦角（°）；

P_{pk}——围堰结构内侧，第 i 层土中计算点的被动土压力（水土压力）强度标准值（kPa）。

②对于水土分算的土层

$$P_{ak} = (\sigma_{ak} - u_a)K_{a,i} - 2c_i\sqrt{K_{a,i}} + u_a \qquad (3.4-39)$$

$$P_{pk} = (\sigma_{pk} - u_p)K_{p,i} + 2c_i\sqrt{K_{p,i}} + u_p \qquad (3.4-40)$$

式中 u_a、u_p——分别为围堰结构外侧、内侧计算点的水压力（kPa）。

7）土中竖向应力标准值计算

在公式（3.4-35）、公式（3.4-37）、公式（3.4-39）、公式（3.4-40）中均需要计算围堰结构内、外侧计算点的土中竖向应力标准值 σ_{ak}、σ_{pk}。在一般情况下，竖向应力为土及土中水自重产生的竖向总应力，但当存在地面超载、局部压力等局部荷载时，竖向应力应增加由局部荷载引起的附加荷载，其计算公式如下：

$$\sigma_{ak} = \sigma_{ac} + \sum \Delta\sigma_{ak,j} \qquad (3.4-41)$$

$$\sigma_{pk} = \sigma_{pc} + \sum \Delta\sigma_{pk,j} \qquad (3.4-42)$$

式中 σ_{ac}——围堰结构外侧计算点，由土及土中水自重产生的竖向总应力（kPa）；

σ_{pc}——围堰结构内侧计算点，由土及土中水自重产生的竖向总应力（kPa）；

$\Delta\sigma_{pk,j}$、$\Delta\sigma_{ak,j}$——围堰结构内、外侧第 j 个附加荷载作用下计算点的土中附加竖向应力标准值（kPa），应根据附加荷载类型，按下面要求分类计算确定：

①围堰结构内、外侧均布附加荷载作用下的土中附加竖向应力标准值应按下式计算（图3.4-7）：

$$\Delta\sigma_k = q_0 \qquad (3.4-43)$$

式中 q_0——围堰结构内、外侧均布附加荷载标准值（kPa），当水位高于地表时应计入地表以上部分水压力。

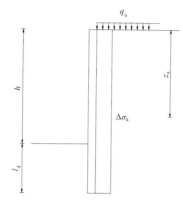

图 3.4-7　围堰外侧均布竖向附加荷载作用下的土中附加竖向应力计算

②围堰结构内、外侧局部附加荷载作用下的土中附加竖向应力标准值可按下列规定计算：

a. 对条形基础下的附加荷载（图 3.4-8）：

当 $d+a/\tan\theta \leq z_a \leq d+（3a+b）/\tan\theta$ 时，

$$\Delta\sigma_k = \frac{p_0 b}{b+2a} \qquad (3.4-44)$$

当 $z_a < d+a/\tan\theta$ 或 $z_a > d+（3a+b）/\tan\theta$ 时，取 $\Delta\sigma_k = 0$。

式中　p_0——基础底面附加压力标准值（kPa）；

$\quad\quad$ d——基础埋置深度（m）；

$\quad\quad$ b——基础宽度（m）；

$\quad\quad$ a——围堰结构外边缘至基础的水平距离（m）；

$\quad\quad$ θ——附加荷载的扩散角（°），宜取 $\theta=45°$；

$\quad\quad$ z_a——围堰结构顶面至土中附加竖向应力计算点的竖向距离（m）。

b. 对矩形基础下的附加荷载（图 3.4-8）：

当 $d+a/\tan\theta \leq z_a \leq d+（3a+b）/\tan\theta$ 时，

$$\Delta\sigma_k = \frac{p_0 bl}{(b+2a)(l+2a)} \qquad (3.4-45)$$

当 $z_a < d+a/\tan\theta$ 或 $z_a > d+（3a+b）/\tan\theta$ 时，取 $\Delta\sigma_k = 0$。

式中　b——与围堰边垂直方向上的基础尺寸（m）；

$\quad\quad$ l——与围堰边平行方向上的基础尺寸（m）。

c. 对作用在地面的条形、矩形附加荷载，按本条第 a、b 款计算土中附加竖向应力标准值 $\Delta\sigma_k$ 时，应取 $d=0$（图 3.4-8）。

③当围堰结构顶部低于地面，其上方采用放坡或土钉墙时，围堰结构顶面以上土体对围堰结构的作用宜按库仑土压力理论计算，也可将其视作附加荷载并按下列公式计算土中附加竖向应力标准值（图 3.4-9）：

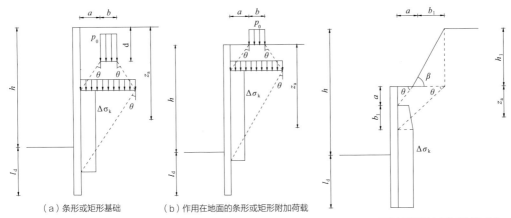

（a）条形或矩形基础   （b）作用在地面的条形或矩形附加荷载

图 3.4-8 围堰外侧均布附加荷载作用下的土中附加竖向应力计算

图 3.4-9 围堰顶部以上采用放坡或土钉墙时土中附加竖向应力计算

a. 当 $a/\tan\theta \leqslant z_a \leqslant (a+b_1)/\tan\theta$ 时

$$\Delta\sigma_k = \frac{\gamma h_1}{b_1}(z_a - a) + \frac{E_{ak1}(a + b_1 - z_a)}{K_a b_1^2} \qquad (3.4\text{-}46)$$

$$E_{ak1} = \frac{1}{2}\gamma h_1^2 K_a - 2ch_1\sqrt{K_a} + \frac{2c^2}{\gamma} \qquad (3.4\text{-}47)$$

b. 当 $z_a > (a+b_1)/\tan\theta$ 时，

$$\Delta\sigma_k = \gamma h_1 \qquad (3.4\text{-}48)$$

c. 当 $z_a < a\tan\theta$ 时，

$$\Delta\sigma_k = 0 \qquad (3.4\text{-}49)$$

式中 z_a——围堰结构顶面至土中附加竖向应力计算点的竖向距离（m）；

a——围堰结构外边缘至放坡坡脚的水平距离（m）；

b_1——放坡坡面的水平尺寸（m）；

θ——扩散角（°），宜取 $\theta=45°$；

h_1——地面至围堰结构顶面的竖向距离（m）；

γ——围堰结构顶面以上土的天然重度（kN/m³），对多层土取各层土按厚度加权的平均值；

c——围堰结构顶面以上土的黏聚力（kPa），按本书 3.1 节第 7 条的规定确定；

K_a——围堰结构顶面以上土的主动土压力系数，对多层土取各层土按厚度加权的平均值；

E_{ak1}——围堰结构顶面以上土的自重所产生的单位宽度主动土压力标准值（kN/m）。

（3）静水压力

作用于围堰四周的静水压力可按下列公式计算：

$$u_a = \gamma_w h_{wa} \qquad (3.4\text{-}50)$$

$$u_p = \gamma_w h_{wp} \qquad\qquad (3.4\text{-}51)$$

式中　u_a、u_p——分别为围堰结构外侧、内侧计算点的水压力（kPa）；

　　　　h_{wa}——围堰外侧地下水位至主动土压力强度计算点的垂直距离（m）。对承压水，地下水位取测压管水位；当有多个含水层时，应取计算点所在含水层的地下水位。

　　　　h_{wp}——围堰内侧地下水位至被动土压力强度计算点的垂直距离（m）。对承压水，地下水位取测压管水位。

（4）水浮力

基础底面位于透水性地基上的钢围堰，当验算稳定时，应考虑设计水位的浮力；当验算地基应力时，可仅考虑低水位的浮力，或不考虑水的浮力；基础嵌入不透水性地基的钢围堰不考虑水的浮力；作用在钢围堰底面的浮力，应考虑全部底面积；当不能确定地基是否透水时，应以透水或不透水两种情况与其他作用组合，取其最不利者。水的浮力标准值可按下式计算：

$$F_w = \gamma_w V_w \qquad\qquad (3.4\text{-}52)$$

式中　F_w——水浮力（kN）；

　　　　V_w——结构排开水的体积（m³）。

2. 可变作用

（1）流水压力计算

1）作用于钢围堰迎水面的流水压力 F_{wl} 可按下式计算：

$$F_{wl} = KA \frac{\gamma_w V^2}{2g} \qquad\qquad (3.4\text{-}53)$$

式中　F_{wl}——流水压力标准值（kN）；

　　　　K——形状系数，按表 3.4-3 取值；

　　　　A——阻水面积（m²），计算至一般冲刷线处；

　　　　V——设计水流速度（m/s）；

　　　　g——重力加速度（m/s²）。

2）流水压力合理的着力点，假定在设计水位线以下 0.3 倍水深处。

钢围堰形状系数

表3.4-3

形状	K
方形	1.5
矩形（长边与水流平行）	1.3
圆形	0.8
尖端形	0.7
圆端形	0.6

（2）风荷载计算

1）施工阶段的设计风速可按下式计算：

$$V_{sd} = \eta V_d \qquad (3.4-54)$$

式中　V_{sd}——为不同重现期下的设计风速（m/s）；

　　　　η——风速重现系数，按表3.4-4选用；

　　　　V_d——设计基准风速（m/s）。

风速重现期系数　　　　　　　　　　表3.4-4

重现期（年）	5	10	20	30	50	100
η	0.78	0.84	0.88	0.92	0.95	1

2）钢围堰上作用的风荷载，在风作用下钢围堰的静风荷载可按下式计算：

$$F_H = \frac{1}{2}\rho V_g^2 C_H A_n = \frac{\rho}{2}G_v^2 V_{10}^2 (\frac{z}{10})^{2\alpha} C_H A_n \qquad (3.4-55)$$

式中　ρ——空气密度（kN/m³），取为1.25；

　　　　V_g——静阵风风速（m/s）；

　　　　α——地表粗糙度系数，按表3.4-5取用；

　　　　z——围堰水面以上高度（m），按表3.4-5取用；

　　　　G_v——静阵风系数，按表3.4-6规定取用；

　　　　C_H——钢围堰的阻力系数，按表3.4-7取用；

地表分类　　　　　　　　　　表3.4-5

地表类别	地表状况	地表粗糙度系数α	围堰水面以上高度z（m）
A	海面、海岸、开阔水面、沙漠	0.12	0.01
B	田野、乡间、丛林、平坦开阔地及低层建筑物稀少地区	0.16	0.05
C	树木及低层建筑物等密集地区、中高层建筑物稀少地区、平缓的丘陵地	0.22	0.3
D	中高层建筑物密集地区、起伏较大的丘陵地	0.30	1.0

静阵风系数G_v　　　　　　　　　　表3.4-6

水平加载长度（m）地表类别	<20	60	100
A	1.29	1.28	1.26
B	1.35	1.33	1.31
C	1.49	1.48	1.45
D	1.56	1.54	1.51

注：水平加载长度为钢围堰全长。

钢围堰的阻力系数 C_H 表3.4-7

截面形状	t/b	钢围堰的高宽比			
		1	2	4	6
风向 $\square$ ^t_b	≤ 1/4	1.3	1.4	1.5	1.6
风向 $\square$ ^t_b	1/3，1/2	1.3	1.4	1.5	1.6
风向 $\square$ ^t_b	2/3	1.3	1.4	1.5	1.6
风向 $\square$ ^t_b	1	1.2	1.3	1.4	1.5
风向 $\square$ ^t_b	3/2	1.0	1.1	1.2	1.3
风向 $\square$ ^t_b	2	0.8	0.9	1.0	1.1
风向 $\square$ ^t_b	3	0.8	0.8	0.8	0.9
风向 $\square$ ^t_b	≥ 4	0.8	0.8	0.8	0.8
→◇ 正方形或八角形 →○		1.0	1.1	1.1	1.2
○ 十二边形		0.7	0.8	0.9	0.9
光滑表面圆形 若 $DV_0 ≥ 6m^2/s$		0.5	0.5	0.5	0.5
1. 光滑表面圆形，若 $DV_0 < 6m^2/s$ 2. 有粗糙面或带凸起的圆形		0.7	0.7	0.8	0.8

A_n——构件顺风向投影面积（m^2）;

V_{10}——结构基本风速（m/s），为开阔平坦地貌条件下，地面以上 10m 高度处，100 年重现期的 10min 平均年最大风速。

3）作用在钢围堰的风荷载可按地面或水面以上 0.65 倍钢围堰高度处的风速值确定。

（3）温度作用计算

1）钢围堰当计入温度作用时，应根据当地具体情况、结构物使用的材料和施工条件等因素计算由温度引起的结构效应。

2）材料的线膨胀系数可按表 3.4-8 取用。

3）当计算钢围堰结构因均匀温度作用引起外加变形或约束变形时，应从受到约束

线膨胀系数 表3.4-8

结构种类	线膨胀系数（以摄氏度计）
钢结构	0.000012
混凝土和钢筋混凝土结构	0.000010

时的结构温度开始，计入最高温度和最低有效温度的作用效应。

（4）冰对钢围堰产生的冰压力计算

1）冰压力标准值应按下式计算：

$$F_i = mC_t b t R_{ik} \qquad (3.4{-}56)$$

式中　F_i——冰压力标准值（kN）。

　　　m——钢围堰迎冰面形状系数，按表 3.4–9 取用。

　　　C_t——冰温系数，按表 3.4–10 取用。

　　　b——钢围堰迎冰面投影宽度（m）。

　　　t——计算冰厚（m）。

　　　R_{ik}——冰的抗压强度标准值（kN/m²），取当地冰温 0℃时的冰抗压强度；当缺乏
　　　　　　实测资料时，对海冰取 R_{ik}=750kN/m²；对河冰、流冰开始时，最高流冰水
　　　　　　位取 R_{ik}=450kN/m²。

钢围堰迎冰面形状系数 m 表3.4–9

系数 ＼ 迎冰面形状	平面	圆弧形	尖角形的迎冰面角度				
			45°	60°	75°	90°	120°
m	1.00	0.90	0.54	0.59	0.64	0.69	0.77

冰温系数 C_t 表3.4–10

冰温（℃）	0	–10及以下
C_t	1.0	2.0

注：1 表列冰温系数可直线内插；

　　2 对海冰，冰温取结冰期最低冰温；对河冰，取解冻期最低冰温。

2）当冰块流向钢围堰轴线的角度 $\varphi \leqslant 80°$ 时，钢围堰竖向边缘的冰荷载应乘以 $\sin\varphi$ 予以折减；

3）冰压力合力作用在计算结冰水位以下 0.3 倍冰厚处。

（5）波浪力计算

波浪力有水平力和浮托力两种作用效应，计算比较复杂，具体应参考《港口与航道水文规范》JTS 145—2015 的规定。

（6）船舶荷载

船舶荷载计算应按《港口工程荷载规范》JTS 144—1—2010 有关规定计算。作用在围堰结构上的船舶荷载应包括下列内容：

1）由风和水流产生的系缆力；

2）由风和水流产生的对围堰结构的挤靠力；

3）船舶靠近围堰结构时产生的撞击力；

4）系泊船舶在波浪作用下产生的撞击力等。

（7）施工临时荷载

应根据采用的施工方法和工艺的实际情况确定。

3. 偶然作用

位于通航河流中的钢围堰具有船舶撞击的风险，由于钢围堰施工及使用时间较短，是否需要考虑应根据风险的大小来研究确定。

当墙前波高大于 1m 时，应考虑波浪作用，但不考虑波浪对墙后地下水位的影响。计算用的波浪要素及波浪力的标准值，可按现行行业标准《港口与航道水文规范》JTS 145 及《防波堤设计与施工规范》JTS 154—1 的有关规定执行。

船舶或漂流物撞击力计算应符合下列规定：

（1）位于通航河流或有漂流物的河流中的钢围堰，漂流物横桥向撞击力标准值可按下式计算：

$$F = \frac{WV}{gT} \tag{3.4-57}$$

式中 F——漂流物横桥向撞击力标准值（kN）；

W——漂流物重力（kN），根据河流中漂流物情况，按实际调查确定；

V——水流速度（m/s）；

g——重力加速度（m/s^2）；

T——撞击时间（s），根据实际资料估计，在无实际资料时，取 1s。

（2）内河船舶的撞击作用点，应假定为计算通航水位线以上 2m 的钢围堰宽度或长度中点。海轮船舶撞击力作用点应根据实际情况确定。漂流物撞击力作用点应假定在计算通航水位线上钢围堰宽度的中点。

3.4.6 围堰结构计算——弹性支点法

围堰结构的计算方法很多，包括古典的静力平衡法、等值梁法、解析求解的弹性法、弹性支点法（平面 / 空间）、连续介质数值计算方法等。古典的静力平衡法、等值梁法均不考虑墙体及支撑变形，将土压力作为外力施加于围堰结构，然后通过求解水平方向合力及支撑点弯矩为零的方程得到结构内力。这些方法在早年设计中被广泛应用。由于这些方法未考虑墙体变形及墙体与土的相互作用，近年来已逐步被弹性地基梁法所代替。随着计算机的快速发展，基于有限元或有限差分的连续介质数值计算方法逐步被设计人员所重视，由于弹性地基梁法基本上未考虑土的强度问题，而将围护结构与土体一并离散化的连续介质数值计算方法，则既可解决土的强度问题，又可解决土的变形问题，是一种比较理想的数值分析方法。但由于在选定土体的计算模型、本构关系、计算参数以及计算方法等方面均较复杂，且计算经验也相对较少，所以目前尚处于研究探索的阶段，但是可以预期，随着人们对岩土体本构关系研究的逐步深入及配套实用计算方法的逐步积累，连续介质数值计算方法定将越来越受重视。

古典计算方法虽然存在不能反映结构变形对结构受力影响等不利因素，而且对于不同的结构形式通常也需引入不同的简化假定或使用不同的求解方法，但由于其计算原理简单，适合手算，在工程界仍广泛运用，因此在介绍弹性支点法前，首先简要介绍静力平衡法、等值梁法等。

1. 静力平衡法

（1）悬臂结构

如图 3.4-10 所示，古典板桩理论认为悬劈板桩在基坑底面以上外侧主动土压力作用下，板桩将向基坑内侧倾移，而下部则反方向变位，即板桩将绕基坑底以下某点〔如图 3.4-10（a）中 b 点〕旋转。点 b 处墙体无变位，故受到大小相等、方向相反的二力作用，其净压力为零。点 b 以上墙体向左移动，其左侧作用被动土压力，右侧作用主动土压力；点 b 以下则相反，其右侧作用被动土压力，左侧作用主动土压力。因此，作用在墙体各点的净土压力为各点两侧的被动土压力和主动土压力之差，其沿墙身的分布情况如图 3.4-10（b）所示，简化成线性分布后的悬臂板桩计算图式为图 3.4-10（c），即可根据静力平衡条件计算板桩的插入深度和内力。

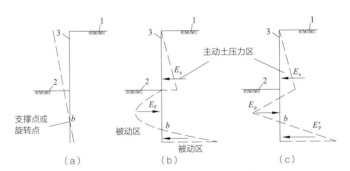

图 3.4-10　悬臂板的变位及土压力分布
1—地面；2—坑底；3—板桩结构

以均质土为例，主动土压力及被动土压力随深度呈线性变化，随着板桩的入土深度不同，作用在不同深度上各点的净土压力分布也不同。当单位宽度板桩墙两侧所受的净土压力相平衡时，板桩墙则处于稳定，相应的板桩入土深度即为板桩保证其稳定所需的最小入土深度。入土深度可根据静力平衡条件即水平力平衡方程和对桩底截面的力矩平衡方程联立求得。计算悬臂板桩的静力平衡法如图 3.4-11 所示。

1）计算桩底墙后主动土压力 P_{a3} 及墙前被动土压力 P_{p3}，求出压力零点 d 的位置；

2）计算 d 点以上的土压力合力 E_a 及位置；

3）计算 d 点处墙前主动土压力 P_{a1} 及墙后被动土压力 P_{p1}；

4）计算桩底点处墙前主动土压力 P_{a2} 及墙后被动土压力 P_{p2}；

5）根据作用在挡墙结构上的全部水平作用力平衡条件和绕挡墙底部自由端力矩总

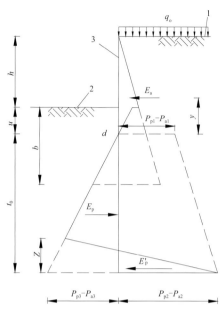

图 3.4-11　计算悬臂板桩的静力平衡法
1—地面；2—坑底；3—板桩结构

和为零的条件，可得以 t_0 和 Z 为未知数的平衡方程，两方程联立求解消去 Z，求得以 t_0 为未知数的 4 次方程，求解后可获得插入深度 t_0。把 t_0 代入平衡方程即可求出 Z，并可确定支护结构内力。

根据上述描述可见悬臂结构静力平衡法，计算量总体偏大，对有地下水及分层土的情况，实施难度较大。国内外学者经过研究进一步提出了一些简化计算方法，如 Blum 法，具体计算可查阅有关书籍。

（2）单撑（锚）结构

顶端有支撑（或锚拉）的支护结构与悬臂结构比较，两者受力情况是有差异的。顶端支撑的支护结构，由于顶端有支撑而不致移动，一般认为可简化为一铰接的简支点，至于埋入土体的部分，入土较浅时，可认为是自由支承；入土较深时，则可视为嵌固于土层中。对于入土较浅的情况，由于支护结构下端，可视为铰支点，可按静定结构求解内力，因此可采用静力平衡法求解。

此法先求墙在坑底以下的插入深度 t。其平衡条件是在插入深度为 t 时，令墙后的主动土压力对支撑点产生的力矩等于墙前被动土压力对支撑点产生的力矩。按此条件列出的平衡方程为 t^3 的函数，求解此方程式比较复杂，特别是在层状土中且有地下水的条件下。因此，一般均采用试算法。即先假定一个 t 值，然后分别求主动土压力与被动土压力对支撑点的力矩，两个力矩必须相等，否则重新假定一个 t 值，直至两个力矩相等为止。此时的 t 值，仅满足极限平衡条件，故应适当增大 t 值。

墙的插入深度确定之后，便可计算支撑力，此时由于按平衡条件下的墙插入深度已增大，按理，主动与被动土压力的合力均相应增大，而且被动土压力合力的增量大于主动土压力合力的增量，故支撑力将较插入深度增大前为小。为了偏于安全，可仍按插入深度增大前的主动与被动土压力合力计算支撑力，即

$$R_A = E_a - E_p \qquad (3.4\text{--}58)$$

式中　R_A——为支点反力；

　E_a、E_p——为墙后主动土压和墙前被动土压合力。

R_A 求得以后即可按静力平衡的方法求支护结构内力。值得注意的是，此法的前提条件是浅埋，而插入深度过小，则可围护结构变形与位移过大，甚至发生"踢脚"破坏，故采用此法应慎重。此外如果计算的插入深度较大则又与前提条件矛盾，且因 t 值增大系数较大时，墙的受力可能已不是自由支承，故在一般情况下宜采用等值梁法计算。

2. 等值梁法

（1）单撑（锚）结构

正如上面所提，当支护结构插入深度较大时，由于埋入土层一端已由自由支承转变为嵌固支承，结构已不是静定结构无法采用静力平衡法求解，此时一般可采用等值梁法（图 3.4-12）。

对于插入深度较大的单撑围护结构，由于墙下段的土压力不但大小未定，且方向也不确定，因此它是一种超静定结构。超静定结构的内力，光靠力的平衡条件是无法求解的，必须引入变形协调条件。如上所述，等值梁法是一种不考虑土与结构变形的近似计算方法，因此它必须对结构受力作出近似的假设，方可求解。

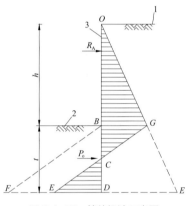

图 3.4-12　等值梁法示意图
1—地面；2—坑底；3—支挡结构

图 3.4-12 为一均质无黏性土的土压力分布示意图。图中 OE 为主动土压力，BF 为被动土压力，影线部分表示作用于墙上的净土压力，C 点的净土压力为零。今取墙 OBC 段为分离体，则 C 点将作用有剪力 P_0 及弯矩 M_c，实践表明，一般 M_c 不大。为此，等值梁法作出近似假设，令 $M_c=0$，也就是假设 C 点为一铰节点，只有剪力 P_0 而无弯矩，因此，也有人称等值梁法为假想铰法。当引入 C 点为铰点的假设之后，OBC 段成为静定梁，只要净土压力 $\triangle OGC$ 确定，即可按静力平衡条件求解 OBC 梁段的内力。黏性土的土压力分布不同于图 3.4-12，但计算方法是一样的。《建筑基坑支护技术规程》JGJ 120—1999 也就是采用了这一方法。

（2）多撑（锚）结构

如果将单道支撑的围护结构视为一次超静定结构，则多道支撑就是多次超静定结构，因此在用等值梁法计算多道支撑的围护结构时，常需引入新的假设条件，例如假定各支撑均承担半跨内的主动土压力的 1/2 分担法、假定逐层开挖支撑（锚杆）支点力不变法或假定各个支撑点均为铰接，即该处弯矩为零等方法。由于假定条件较多，不同的假定

条件其结果也往往不同，而且具体是否与实际情况相符，受诸多因素制约，因此建议仅用于估算结构最大弯矩，用以确定结构截面，受篇幅所限，本节不再详述，请参看有关书籍或文献。

3. 弹性支点法

正如前面所述等值梁法基于极限平衡状态理论，假定支挡结构前、后受极限状态的主、被动土压力作用，不能反映支挡结构的变形情况，亦即无法预先估计开挖对周围建筑物的影响，故目前一般仅作为支护体系内力计算的校核方法之一。弹性支点法又称弹性地基梁法，能够考虑支挡结构的平衡条件和结构与土的变形协调，分析中所需参数单一且土的水平抗力系数取值已积累了丰富的经验，并可有效地计入围堰开挖过程中的多种因素的影响，如作用在挡墙两侧土压力的变化，支撑内力随开挖深度增加的变化，支撑预加轴力和支撑架设前的挡墙位移对挡墙内力、变形变化的影响等，同时从支挡结构的水平位移可以初步估计开挖对邻近构筑物的影响程度，因而在实际工程中已经成为一种重要的设计方法和手段，展现了广阔的应用前景，并成为目前基坑设计的主流计算方法。考虑到钢围堰结构在本质上与基坑结构基本类似，因此亦采用弹性支点法作为围堰结构计算方法。围堰结构采用平面杆系结构弹性支点法时（图 3.4-13），应符合下列规定：

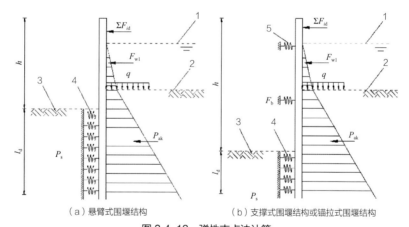

（a）悬臂式围堰结构　　　　　　（b）支撑式围堰结构或锚拉式围堰结构

图 3.4-13　弹性支点法计算
1—计算水位；2—河床或地面；3—围堰底；4—计算土反力的弹性支座；5—由锚杆或支撑简化而成的弹性支座

1）围堰结构应取延米结构进行计算；

2）堰内土与结构间通过地基侧向弹簧，反映桩土相互作用，分布土抗力总和应小于嵌固段被动土压力；

3）内支撑和锚杆对围堰结构的约束作用应按弹性支座计算；

（1）土的分布抗力

作用在挡土构件上的分布土抗力应符合下列规定：

1）分布土抗力可按下式计算：

$$p_\mathrm{s} = k_\mathrm{s}v + p_{\mathrm{s}0}$$

（3.4-59）

2）围堰构件嵌固段上的内侧土抗力应满足下式要求，当不满足时，应增加围堰构件的嵌固深度或取 $P_{sk}=E_{pk}$ 时的分布土压力：

$$P_{sk} \leqslant E_{pk} \qquad (3.4\text{-}60)$$

式中　p_s——分布土抗力（kPa）；

　　　k_s——土的水平反力系数（kN/m³）；

　　　v——围堰构件在分布土抗力计算点使土体压缩的水平位移值（m）；

　　　p_{s0}——初始分布土抗力（kPa），可按公式（3.4-35）或公式（3.4-39）计算，应将式中 p_{ak} 用 p_{s0} 代替、σ_{ak} 用 σ_{pk} 代替、u_a 用 u_p 代替，且不计 $2c\sqrt{K_a}$ 项；

　　　P_{sk}——围堰构件嵌固段上的围堰内侧土抗力标准值（kN），按公式（3.4-59）在嵌固段作积分计算；

　　　E_{pk}——围堰嵌固段上的被动土压力标准值（kN），按公式（3.4-37）或公式（3.4-40）在嵌固段作积分计算。

本条中土反力与土的水平反力系数关系采用线弹性模型，计算出的土反力将随位移 v 增加线性增长，但实际上土的抗力是有限的。如采用摩尔 – 库仑强度准则，则不应超过被动土压力，即以 E_{pk} 作为土反力的上限。

（2）土的水平反力系数

围堰内侧土的水平反力系数可按下式计算：

$$k_s = m_z(z - h) \qquad (3.4\text{-}61)$$

式中　m_z——土的水平反力系数的比例系数（kN/m⁴）；

　　　z——计算点距围堰顶的深度（m）；

　　　h——计算工况下的围堰开挖底面至围堰顶深度（m）。

（3）土的水平反力系数的比例系数

土的水平反力系数的比例系数宜按桩的水平荷载试验及地区经验取值，缺少试验和经验时，可按下式计算：

$$m_z = \frac{0.2\varphi^2 - \varphi + c}{v_b} \qquad (3.4\text{-}62)$$

式中　m_z——土的水平反力系数的比例系数（kN/m⁴）；

　　　c、φ——分别为土的黏聚力（kPa）、内摩擦角（°），按 3.1 节第 7 条的规定确定；

　　　v_b——挡土构件在围堰底处的水平位移值（mm），当此处的水平位移不大于 10mm 时，可取 v_b=10mm。

水平反力系数的比例系数 m 值的经验公式（3.4-62），是根据大量实际工程的单桩水平载荷试验，按公式 $m = \left[\dfrac{H_{cr}}{x_{cr}} \right]^{\frac{5}{3}} \Big/ b_0 (EI)^{\frac{2}{3}}$，经与土层的 c、φ 值进行统计建立的。目前有学者提出本公式较适用于土体，但对岩体如强风化岩则会偏小，并提出通过现场试验指标反算的弹性模量，计算土的水平反力系数，详细内容可参阅《深基坑支护结构的实用计算方法及其应用》（杨光华）。

（4）内支撑和锚杆对围堰结构作用力

内支撑和锚杆对围堰结构的作用力应按下列公式确定：

$$F_h = k_R(v_R - v_{R0}) + P_h \qquad (3.4-63)$$

当采用锚杆或竖向斜撑时：

$$P_h = P_p \cos\alpha b_a / s \qquad (3.4-64)$$

当采用水平对撑时：

$$P_h = P_p b_a / s \qquad (3.4-65)$$

当对不预加轴向压力的支撑：

$$P_h = 0 \qquad (3.4-66)$$

当采用锚杆时：

$$p_s = k_s v + p_{s0} \qquad (3.4-67)$$

当采用支撑时：

$$P_p = 0.5N_k \sim 0.8N_k \qquad (3.4-68)$$

式中　F_h——围堰结构计算宽度内的弹性支点水平反力（kN）；

k_R——围堰结构计算宽度内弹性支点刚度系数（kN/m），可按下述要求确定，详见弹性支点刚度系数一节；

v_R——围堰构件在支点处的水平位移值（m）；

v_{R0}——设置锚杆或支撑时，支点的初始水平位移值（m）；

P_h——围堰结构计算宽度内的法向预加力（kN）；

P_p——锚杆的预加轴向拉力值或支撑的预加轴向压力值（kN）；

α——锚杆倾角或支撑仰角（°）；

b_a——围堰结构计算宽度，取单位宽度（m）；

s——锚杆或支撑的水平间距（m）；

N_k——锚杆轴向拉力标准值或支撑轴向压力标准值（kN）。

（5）弹性支点刚度系数

正如前面所述，在弹性支点法中，内支撑和锚杆对围堰结构的约束作用应通过弹性支座计算，由于支撑与锚杆结构受力性状存在较大区别，因此其简化后的支撑刚度亦应分开计算。

1）支撑式围堰结构的弹性支点刚度系数宜通过对内支撑结构整体进行线弹性结构分析得出的支点力与水平位移的关系确定。对水平对撑，当支撑腰梁或冠梁的挠度可忽略不计时，计算宽度内弹性支点刚度系数可按下式计算：

$$k_R = \frac{\alpha_R E A b_a}{\lambda l_0 s} \qquad (3.4-69)$$

式中　λ——支撑不动点调整系数：支撑两对边围堰的土性、深度、周边荷载等条件相近，且分层对称开挖时，取 $\lambda=0.5$；支撑两对边围堰的土性、深度、周边荷载等条件或开挖时间有差异时，对土压力较大或先开挖的一侧，取 $\lambda=0.5\sim1.0$，且差异大时取大值，反之取小值；对土压力较小或后开挖的一侧，取 $1-\lambda$；当围堰一侧取 $\lambda=1$ 时，围堰另一侧应按固定支座计算；对竖向斜撑构件，取 $\lambda=1$。

α_R——支撑松弛系数，对混凝土支撑和预加轴向压力的钢支撑，取 $\alpha_R=1.0$，对不预加轴向压力的钢支撑，取 $\alpha_R=0.8\sim1.0$。

E——支撑材料的弹性模量（kPa）。

A——支撑截面面积（m^2）。

l_0——受压支撑构件的长度（m）。

S——支撑水平间距（m）。

计算时应特别注意 λ 与 l_0 的取值，公式是按对撑结构建立，当两侧土压力相同时，由于结构对称性，支撑变形零点在支撑中心，此时 $\lambda=0.5$，因此 l_0 应取受压杆的全长。从上述可以看出 λ 系数主要作用是为了反映支撑两侧受力条件差异，如基坑分左右幅开挖，假定支撑两侧土压力相等，但开挖先后时间不同，那么先开挖的一侧将向后开挖的一侧挤压，支撑整体将向后开挖一侧偏移，此时虽然支撑两侧压力相同，但其结果却表现出先开挖绝对位移较大，后开挖一侧绝对位移较小，反映在计算上就是先开挖一侧弹性支点刚度系数较小，而后开挖一侧弹性支点刚度系数较大。同理当两侧土压力不等时也可以通过类似的方法处理，此时应注意就对撑而言，支撑最终两侧的土压力是必须相等的，也就是说支撑最后的轴力由土压力较小一侧控制，因此土压力较大一侧的剩余土压力将由其他构件如钢板桩等分担，其表现出来的结果也是土压力大的一侧变形较大。

就公式（3.4-69）来说，这里至少有三点值得注意：第一，公式（3.4-69）仅仅只是一个概念性的公式，有时可能与实际情况不符，甚至相差甚远，比如继续用上述两侧存在土压力差的例子来说，当两侧土压力相差较大时，土压力较小的一侧可能向坑外变形，此时即使 $\lambda=0$ 也解决不了问题。关于此类问题的解决方法，国内已经有较多文献进行过讨论，由于该问题同时涉及土压力计算和简化模型的建立方法，已超过本书范围，在此不再进一步论述，详情可查阅相关文献。第二，公式中并未考虑冠梁及腰梁等构件的刚度贡献，使得支点的计算刚度与实际刚度可能有较大差别。第三，在计算支点刚度时未考虑支撑点与支撑间点的变形差异，而简化采用"平均"刚度的概念，也与实际不符。因此即使严格按上述公式计算，支点变形计算结果与实测结果也不可避免地存在差别，此时应通过调整支点刚度，以保证挡土构件的受力与现场相符。

2）锚拉式围堰结构的弹性支点刚度系数应按下列规定确定：

①弹性支点刚度系数宜通过基本试验数据按下式计算，锚杆抗拔试验参照《建筑基坑支护技术规程》JGJ 120—2012 附录 A 规定进行。

$$k_R = \frac{(Q_2-Q_1)b_a}{(S_2-S_1)S} \qquad (3.4\text{-}70)$$

式中　Q_1、Q_2——锚杆循环加荷或逐级加荷试验中 $Q\text{-}s$ 曲线上对应锚杆锁定值与轴向拉
　　　　　　　力标准值的荷载值（kN）；对锁定前进行预张拉的锚杆，取循环加荷试
　　　　　　　验中在相当于预张拉荷载的加载量下卸载后的再加载曲线上的荷载值。

　　　　S_1、S_2——$Q\text{-}s$ 曲线上对应于荷载为 Q_1、Q_2 的锚头位移值（m）；

　　　　　　S——锚杆水平间距（m）。

②缺少试验数据时，弹性支点刚度系数可按下式计算：

$$k_R = \frac{3E_s E_c A_p A_c b_a}{[3E_c A_c l_f + E_s A_p (l_a - l_f)]s}$$　　　　（3.4–71）

$$E_c = \frac{E_s A_p + E_m (A_c - A_p)}{A_c}$$　　　　（3.4–72）

式中　E_s——锚杆杆体的弹性模量（kPa）；

　　　E_c——锚杆的复合弹性模量（kPa）；

　　　A_p——锚杆杆体的截面面积（m^2）；

　　　A_c——注浆固结体的截面面积（m^2）；

　　　l_f——锚杆的自由段长度（m）；

　　　l_a——锚杆长度（m）；

　　　E_m——注浆固结体的弹性模量（kPa）。

③当锚杆腰梁或冠梁的挠度不可忽略不计时，应计入梁的挠度对弹性支点刚度系数的影响。

3.4.7　围堰结构变形计算

钢围堰变形是围堰结构计算的重要组成部分，结构分析时，按荷载标准组合计算的变形值应满足本标准 4.3.6 条规定。

钢围堰变形计算包括的内容很多，如钢围堰水平位移、周边土体水平位移及沉降等，涉及的计算参数及方法也是多种多样，例如计算坑边地表沉降 Peck 法，有限元法等。在众多位移中，桩水平位移与地表沉降最受关注，桩身的水平位移在弹性支点法已得到解决，这里提供其中一种针对钢板桩围堰地表沉降的估算方法，该方法是根据工程实践对 Peck 法进行修正和完善后的地面沉降简化计算方法。地面沉降变形估算公式如下：

$$\delta_V = k \alpha h$$　　　　（3.4–73）

式中　δ_V——变形量（m）；

　　　k——修正系数，对钢板桩取 $k=1.0$；

　　　α——地表沉降量与围堰开挖深度之比（％），可参照图 3.4–14 查取；

　　　h——围堰开挖深度。

应指出的是影响钢围堰结构及其周边土层变形的因素很多，目前暂无较为全面又可靠的计算方法，设计中应遵循定性与定量相结合的原则，结合地区经验合理确定计算方

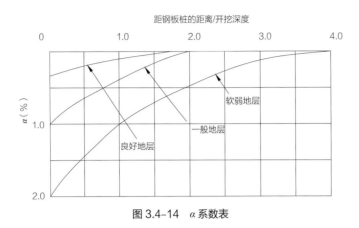

图 3.4-14　α 系数表

法与参数，对于复杂的钢围堰结构，亦可采用有限元进行变形量分析，确保结构变形值满足变形控制值。

3.4.8　围堰稳定性验算

本节主要陈述钢围堰稳定性验算的相关要求。钢围堰在承受围堰内外水土压力、施工荷载时，可能发生稳定性破坏，因此必须进行稳定性验算。《钢围堰工程技术标准》GB/T 51295—2018 中 4.5 节对常用钢围堰如钢板桩围堰、钢吊箱围堰、钢套箱围堰等结构的稳定性验算进行了详细规定，设计中应结合施工的情况，取最不利工况进行计算，保证围堰结构在施工过程中不发生失稳破坏。

钢板桩、钢套箱、钢管桩等钢围堰稳定性验算应包括整体稳定、抗倾覆、抗隆起、抗滑移、抗流土、抗管涌、抗突涌、抗下沉、抗上浮等稳定性验算。

钢围堰的主要功能是抵抗围堰外部水、土压力并提供围堰内部干燥的工作平台或混凝土的外模。在设计计算时，应考虑钢围堰本体的制造、运输、下沉、混凝土封底、抽水、承台浇筑以及拆除等各种施工工况，应考虑每一种工况的荷载或作用及其传力途径、每一种工况的边界条件等对钢围堰稳定性进行验算。本节结合相关行业规范，列出了一般钢围堰结构主要应考虑的稳定性问题，并提供了相应的简化计算公式及安全系数。考虑到钢围堰结构类型及施工工艺的多样性、作用及边界条件的复杂性，本节不一定能涵盖所有稳定性验算要求，对特别复杂的钢围堰工程应开展专项研究，确保工程安全。

1. 钢围堰整体稳定性验算

（1）验算内容

钢套箱、钢板桩、钢管桩等悬臂式及锚拉式钢围堰的整体稳定性（图 3.4-15）可采用圆弧滑动条分法按下列公式进行验算：

$$\min\{K_1, K_2, \cdots K_i, \cdots\} \geqslant K \qquad (3.4\text{-}74)$$

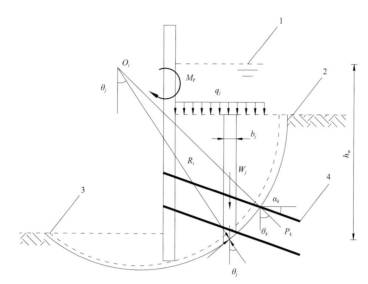

图 3.4-15 围堰结构整体稳定性验算图
1—计算水位；2—河床或地面；3—围堰底；4—锚杆

$$K_i = \frac{\sum_{j=1}^{n} c_j l_j + \sum_{j=1}^{n} [(q_j b_j + W_j)\cos\theta_j - u_a l_j]\tan\varphi_j + \sum_{k=1}^{m} P_k[\cos(\theta_k + \alpha_k) + \psi_v]/s_{x,k}}{\sum_{j=1}^{n} (q_j b_j + W_j)\sin\theta_j + M_p/R_i} \qquad (3.4\text{-}75)$$

$$\psi_v = 0.5\sin(\theta_k + \alpha_k)\tan\varphi_e \qquad (3.4\text{-}76)$$

$$l_j = b_j/\cos\theta_j \qquad (3.4\text{-}77)$$

式中　K——整体稳定性安全系数，一、二、三级安全等级围堰分别取 1.35、1.3、1.25。

K_i——第 i 个圆弧滑动体的抗滑力矩与滑动力矩的比值，抗滑力矩与滑动力矩之比的最小值通过搜索不同圆心及半径的所有潜在滑动圆弧确定。

l_j——第 j 条土条沿滑弧面的弧长（m）。

n——划分土条的个数。

b_j——第 j 条土条的宽度（m）。

q_j——第 j 条土条上的附加分布荷载标准值（kPa），当水位高于地面时应计入地面以上部分水压力。

u_a——第 j 条土条滑弧面上的水压力（kPa），当可不考虑渗流作用时，对地下水位以下的砂土、碎石土、砂质粉土，围堰外可取 $u_a = \gamma_w h_w$；滑弧面在地下水位以上或对地下水位以下的黏性土，取 $u_a = 0$。

W_j——第 j 条土条的自重标准值（kN），按天然重度计算。

θ_j——第 j 条滑弧中点的法线与垂直面的夹角（°）。

c_j、φ_j——分别为第 i 条土条滑动面上土的黏聚力（kPa）、内摩擦角（°），对多层土，不同土层分别取值。

m——锚杆道数。

θ_k——滑弧面在第 k 层锚杆处的法线与垂直面的夹角（°）。

α_j——第 k 层锚杆的倾角（°）。

P_k——第 k 层锚杆在滑动面以外的锚固段的极限抗拔承载力标准值与锚杆杆体受拉承载力标准值（$f_{ptk}A_p$）的较小值（kN）。

$s_{x,k}$——第 k 层锚杆的水平间距（m）。

ψ_v——计算系数。

φ_e——第 k 层锚杆与滑弧交点处土内摩擦角（°）。

f_{ptk}——预应力钢筋抗拉强度标准值（kPa），当锚杆杆体采用普通钢筋时，取普通钢筋的抗拉强度标准值。

M_p——水压力、波浪力、风力等标准值引起的滑动力矩（kN·m）。

R_i——第 i 个滑动圆弧半径（m）。

当挡土构件底端以下存在软弱下卧层时，整体稳定性验算滑动面中应包括由圆弧与软弱土层层面组成的复合滑动面。

（2）计算原理

围堰结构整体稳定性验算模式，以瑞典条分法边坡稳定性计算公式为基础，因围堰结构的平衡性和结构强度已通过结构分析解决，在截面抗剪强度满足剪应力作用下的抗剪要求后，挡土构件不会被剪断。因此，穿过挡土构件的各滑弧不需验算，即假定破坏面为通过围堰底以下的圆弧，以圆弧滑动土体为分析对象，分析平衡力矩。对于锚固式围堰结构在稳定力矩中加入了锚杆拉力对圆弧滑动体圆心的抗滑力矩项，假定滑动面上土剪力达到极限强度的同时，滑动面外锚杆也达到极限拉力。锚固段的极限抗拔承载力应按《建筑基坑支护技术规程》JGJ 120—2012 第 4.7.4 条确定。

悬臂式围堰结构仅需把本条公式中与锚杆相关项目去除即可。双层钢板桩围堰整体稳定性验算可参照现行《码头结构设计规范》JTS 167 与《码头结构施工规范》JTS 215 执行。

（3）安全系数

钢围堰结构整体稳定验算参照《建筑基坑支护技术规程》JGJ 120—2012 第 4.2.3 条及《港口工程地基规范》JTS 147—1—2010 第 6.3.3.1 条 –6.3.4.1 条确定。标准在编制过程中，对国内目前相近行业标准进行了大量统计，不同规范整体稳定安全系数取值见表 3.4–11。

（4）关于内支撑的作用

对于支撑式围堰结构的整体稳定性验算，各地区仍存在一定认识上的差异，如《建筑基坑支护技术规程》JGJ 120—2012 并未对支撑式支挡结构作出整体稳定性验算的具体要求；上海地区基坑规范则认为：考虑支撑作用时，在支撑失稳破坏前，通常不发生整体破坏，因此仅对设一道支撑的基坑进行整体稳定验算，对于多道内支撑时可不作

不同规范整体稳定性安全系数　表3.4–11

规范名称	上海市《基坑工程技术规范》DG/TJ 08—61—2010	《建筑地基基础设计规范》GB 50007—2011	《建筑基坑支护技术规程》JGJ 120—2012	《深圳市深基坑支护技术规范》SJG 05—2011	《建筑基坑工程技术规范》YB 9258—97	《港口工程地基规范》JTS 147—1—2010
安全系数	重力式1.45，放坡开挖1.3，板式1.25	1.3	重力式1.3，放坡1.3、1.25，悬臂、锚拉板式1.35、1.3、1.25	放坡、重力式1.2，锚拉板式、钢板桩1.35、1.3、1.25	一般1.1~1.2，黏性土不计渗流1.4	土坡及地基稳定按圆弧滑动简单条分法1.1~1.43

验算，而天津地区规范则认为应考虑支撑作用。因此本次标准编制暂未列出支撑式围堰结构整体稳定性验算公式，各地区可结合本地区经验进行验算。

（5）其他应注意的问题

当进行钢围堰整体稳定性计算时，由于钢围堰结构多为临水结构，堰外水位可能出现高于堰外地表的情况，此时整体稳定计算与一般基坑整体稳定性计算稍有区别，围堰稳定性计算时应考虑堰外地表以上部分水的侧向压力对整体稳定性的影响，并把该影响计入公式 M_p 中。当围堰施工采用水下浇筑混凝土封底时，亦应考虑堰底以上水的侧压力影响。

2. 钢围堰抗倾覆稳定性验算

（1）验算内容

钢套箱围堰应进行整体及局部抗倾覆验算，钢板桩、钢管桩围堰应进行局部抗倾覆验算，并应符合下列规定：

1）钢套箱围堰整体抗倾覆应以背水面脚趾为中心（图3.4–16），按下式计算：

$$\frac{(G_1 + G_2 + F_{fk})R - F_w R_w + E_p h_p}{E_a h_a + F_{wl} h_{wl} + \sum F_{id} h_{id}} \geq K \quad (3.4–78)$$

式中　K——抗倾覆稳定系数，取1.5；

　　G_1——钢围堰自重标准值（kN）；

　　G_2——围堰上部其他结构自重标准值（kN），包括围堰结构内腔中预灌注的混凝土

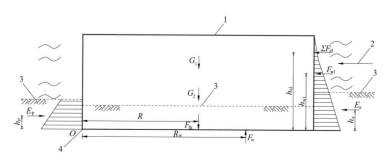

图 3.4–16　钢套箱围堰整体抗倾覆稳定性验算图
1—钢套箱围堰；2—水流方向；3—河床或地面；4—围堰脚趾

及其他起稳定作用的自重等；

E_a、E_p——钢围堰外主动、被动土压力合力标准值（kN）；

F_{fk}——钢围堰与土层的摩擦力合力标准值（kN）；

F_{wl}——钢围堰受到的静水压力合力标准值（kN）；

F_w——钢围堰受到的水浮力标准值（kN），当围堰底位于透水层上时，计入波浪浮托力的影响；

ΣF_{id}——动水压力、风荷载、波浪力、冰压力、系缆力等可变荷载合力标准值（kN）；

h_a——围堰结构底端与 E_a 作用点的距离（m）；

h_p——围堰结构底端与 E_p 作用点的距离（m）；

h_{wl}——围堰结构底端与 F_{wl} 作用点的距离（m）；

h_{id}——围堰结构底端与 ΣF_{id} 作用点的距离（m）；

R——重心位置到围堰背水面脚趾力矩（m）；

R_w——浮力合力重心到围堰背水面脚趾力矩（m）。

2）悬臂式围堰结构局部抗倾覆（图 3.4–17）应按下式计算：

$$\frac{E_p h_p}{h_{id} \sum F_{id} + h_a E_a + h_{wl} F_{wl}} \geq K \qquad (3.4–79)$$

式中 K——抗倾覆稳定安全系数，一、二、三级安全等级围堰分别取 1.35、1.3、1.25。

3）支撑式或锚拉式钢板（管）桩、钢套箱围堰结构局部抗倾覆应以最下道支撑（或锚拉点）为转动轴（图 3.4–18），按下列公式计算：

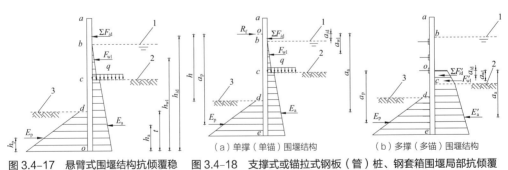

图 3.4–17　悬臂式围堰结构抗倾覆稳　　图 3.4–18　支撑式或锚拉式钢板（管）桩、钢套箱围堰局部抗倾覆
定性计算图　　　　　　　　　　　　　稳定性验算图

1—计算水位；2—河床或地面；3—围堰底　　　　　　1—计算水位；2—河床或地面；3—围堰底

①单撑（单锚）围堰结构

$$\frac{E_p a_p}{a_{id} \sum F_{id} + a_a E_a + a_{wl} F_{wl}} \geq K \qquad (3.4–80)$$

②多撑（多锚）围堰结构

$$\frac{E_p a_p}{E'_a a_a + F'_{wl} a_{wl} + \sum F'_{id} a_{id}} \geq K \qquad (3.4–81)$$

式中　K——抗倾覆稳定系数，一、二、三级安全等级围堰分别取 1.35、1.3、1.25；

　　　E'_a——围堰最下道支点以下的主动土压力合力标准值（kN）；

　　　E_p——被动土压力合力标准值（kN）；

　　　F'_{wl}——围堰最下道支点以下的静水压力合力标准值（kN）；

　　　$\Sigma F'_{id}$——围堰最下道支点以下的动水压力等可变荷载合力标准值（kN）；

a_a、a_p——围堰外侧主动土压力、内侧被动土压力合力作用点至支点的距离（m）；

　　　a_{id}——支撑或锚杆作用点与 ΣF_{id} 或 $\Sigma F'_{id}$ 作用点的距离（m）；

　　　a_{wl}——支撑或锚杆作用点与 F_{wl} 或 F'_{wl} 作用点的距离（m）。

　　4）悬臂式双排钢板桩围堰局部抗倾覆（图 3.4-19）应按下式计算：

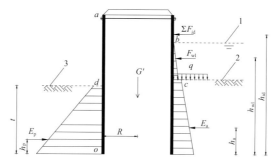

图 3.4-19　双排钢板桩围堰结构抗倾覆稳定性计算图
1—计算水位；2—河床或地面；3—围堰底

$$\frac{E_p h_p + G'R}{h_{id} \sum F_{id} + h_a E_a + h_{wl} F_{wl}} \geq K \qquad (3.4-82)$$

式中　K——抗倾覆稳定安全系数取 1.3；

　　　G'——围堰及上部其他结构自重与浮力的合力标准值（kN）；

　　　R——围堰及上部其他结构自重与浮力的合力作用点距前排桩的距离（m）。

（2）计算原理

　　本条主要明确了钢围堰结构的抗倾覆验算。一般来说，对钢围堰结构均应进行整体抗倾覆和局部抗倾覆验算，但对于钢板桩、钢管桩围堰而言，其构件之间侧向联系较弱，其倾覆破坏主要发生在受力最不利的围堰局部，因此除了围堰结构位于陡坡等特殊情况外一般可不考虑整体倾覆，因此标准着重强调了钢套箱结构的整体抗倾覆验算。当按本条进行钢套箱的局部倾覆验算时由于验算公式是按条带稳定考虑的，未考虑如圆形钢套箱等结构的对局部条带的侧向约束作用，其计算结果可能不合理。

　　第一款：钢套箱围堰在进入河床深度较浅时，可能在横向外荷载的作用下发生整体倾覆。此时须进行钢围堰整体抗倾覆验算。钢围堰抗倾覆验算中可考虑钢围堰与土之间的摩擦力，以围堰脚趾为转动点计算时，摩擦力合力 F_{jk} 偏安全假定与重力共线。

　　第二款：悬臂式围堰结构无撑无锚，完全依靠钢板桩、钢管桩等的入土深度保持围堰的稳定。一般用于开挖深度不大的围堰工程中。可变荷载合力、静水压力、主动土压力、

被动土压力等对 O 点取力矩，要求抵抗力矩大于倾覆力矩。

第三款：对于锚拉式及支撑式钢板（管）桩、钢套箱围堰，应以最下道支撑为转动轴心对局部抗倾覆进行验算。对于多撑多锚围堰结构验算时应注意，主动土压力、静水压力、可变荷载等仅计算最下道支撑以下的部分。

第四款：悬臂式双排钢板桩围堰结构的计算方法与基坑重力式挡土结构计算方法基本相同，由于这类围堰结构厚度一般较大，其自重对抗倾覆稳定性的有利作用不应忽略。

（3）安全系数

虽然本条内容均为抗倾覆，但由于不同的结构形式失稳破坏时存在一定的差异，因此其安全系数取值也有所差别。

第一款：钢套箱抗倾覆失稳破坏情况与沉井、挡土墙等结构较为类似，因此其安全系数亦应相近，不同规范安全系数详见表3.4-12。

不同规范的抗倾覆稳定性安全系数　　　　　　　表3.4-12

规范名称	《建筑边坡工程技术规范》GB 50330—2013	《给水排水工程钢筋混凝土沉井结构设计规程》CECS 137: 2015	《沉井与气压沉箱施工规范》GB/T 51130—2016	国标及各地方基坑设计规范
安全系数	重力式挡土墙，1.6（不计被动土抗力）	沉井，1.5	沉井与沉箱，1.5	重力式约1.1~1.3

结合不同规范的抗倾覆安全系数取值（表3.4-12），建议一般情况下钢围堰结构整体抗倾覆安全系数不宜低于1.5。

针对第二款、第三款的抗倾覆验算，目前各地区基坑规范（表3.4-13）按其重要性，抗倾覆安全系数取值一般为1.15~1.25，考虑到钢围堰结构在水中施工难度较大，安全性要求较高，且各种作用的变异性要大，因此适当提高安全度很有必要，局部抗倾覆验算参考《板桩码头设计与施工规范》JTS 167—3—2009及《建筑地基基础设计规范》GB 50007—2011等规范（表3.4-13）及实际工程实例（图3.4-20）拟定，一、二、三级安全等级围堰抗倾覆安全系数宜分别取1.35、1.3、1.25。

第四款：悬臂式双排钢板桩围堰结构倾覆失稳破坏与基坑重力式挡土墙基本相同，参照表3.4-13拟定双排钢板桩围堰结构抗倾覆安全系数宜取1.3。双排桩钢围堰除了按本条第三款验算抗倾覆稳定性外，尚应取拉杆位置作为转动轴心，按最不利工况进行抗倾覆稳定验算（图3.4-21），具体计算可参照有关规定执行。

不同规范抗倾覆稳定性安全系数　　　　　　　表3.4-13

规范名称	《板桩码头设计与施工规范》JTS 167—3—2009	《建筑地基基础设计规范》GB 50007—2011	《建筑基坑支护技术规程》JGJ 120—2012	《深圳市深基坑支护技术规范》SJG 05—2011
安全系数	1.35~1.86（施工阶段按分项系数法折算后的安全系数）	1.3	重力式1.3,单点支撑（锚拉）式、双排桩1.25、1.2、1.15	重力式1.3,单点支挡板式、双排桩1.25、1.2、1.15

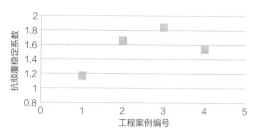

图 3.4-20　钢板（管）桩围堰工程抗倾覆稳定安全系数统计分布图

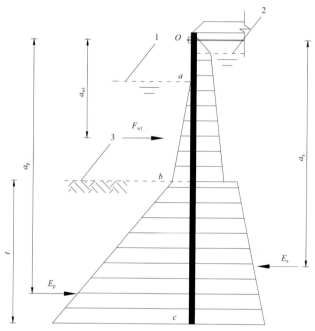

图 3.4-21　双排钢板桩围堰结构以拉杆为转动轴心抗倾覆稳定性验算示意图
1—堰内计算水位；2—双排钢板桩围堰内部计算水位；3—河床或地面

3. 钢围堰抗滑移稳定性验算

（1）验算内容

钢套箱、双排钢板桩等结构抗滑移稳定性应按下式验算：

1）钢套箱围堰整体抗滑移（图 3.4-22）应按下式计算：

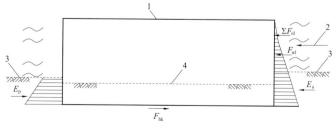

图 3.4-22　钢套箱围堰结构抗滑移稳定性计算图
1—计算水位；2—河床或地面；3—河底；4—围堰底

$$\frac{E_{\mathrm{p}}+F_{\mathrm{hk}}}{\sum F_{id}+E_{\mathrm{a}}+F_{\mathrm{wl}}}\geqslant K \qquad (3.4-83)$$

$$F_{\mathrm{hk}}=(G_1+G_2-F_{\mathrm{w}})f \qquad (3.4-84)$$

式中 K——水平抗滑移安全系数，取 1.3；

E_{a}、E_{p}——钢围堰外侧主动、被动土压力合力标准值（kN）；

F_{hk}——钢围堰与基底土层的摩擦力合力标准值（kN）；

f——围堰结构底与土的摩擦系数。

2）悬臂式双排钢板桩围堰抗滑移（图 3.4–23）应按下式计算：

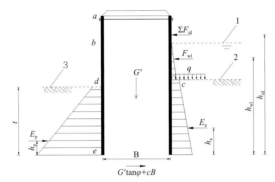

图 3.4–23 双排钢板桩围堰结构抗滑移稳定性计算图
1—计算水位；2—河床或地面；3—围堰底

$$\frac{E_{\mathrm{p}}+G'\tan\varphi+cB+Q_{\mathrm{k}}}{E_{\mathrm{a}}+F_{\mathrm{wl}}+\sum F_{id}}\geqslant K \qquad (3.4-85)$$

$$Q_{\mathrm{k}}=\tau A \qquad (3.4-86)$$

式中 K——抗水平滑移安全系数，取 1.2；

B——围堰宽度（m）；

G'——计算滑动面以上围堰及上部其他结构自重与浮力的合力标准值（kN）；

Q_{k}——计算滑动面上双排钢板桩抗剪强度标准值（kN），当取桩底作为计算滑动面时，Q_{k} 取 0；

τ——钢板桩的抗剪强度标准值（kPa）；

A——滑动面上钢板桩总截面面积（m²）；

E_{a}、E_{p}——计算滑动面以上钢围堰外侧主动、被动土压力合力标准值（kN）；

c、φ——分别为计算滑动面上土的黏聚力（kPa）、内摩擦角（°）。

（2）计算原理

钢围堰水平受力不平衡时可产生水平滑动。当水平向力平衡时钢围堰处于稳定状态。

钢板桩、钢管桩围堰结构入土深度较大，一般不会发生整体滑动，考虑到钢套箱围堰入土深度较浅，故本条要求对其作整体抗滑移验算，其滑移稳定分析方法与水工沉井等结构基本类似。

　　围堰结构底与土的摩擦系数，主要与钢套箱刃脚和接触土层的摩擦及土层本身性质有关，目前暂没有统一的取值标准，建议通过试验确定，当有类似工程经验时亦可按经验取值。目前对多种工程的摩擦系数取值进行了资料收集，详见表 3.4-14。

不同规范及文献摩擦系数表　　　　　　　　　　　　　　　　　　表3.4-14

规范名称	《铁路桥涵地基和基础设计规范》TB10002.5—2005	《顶管施工技术及验收规范》（试行）	《顶管施工技术》（余彬泉等编著）	《盾构施工技术》（陈馈等主编）
结构材料	一般为圬工结构	混凝土管或钢管	混凝土管或钢管	钢结构
摩擦系数	基底的摩擦系数，0.25(软塑黏土)~0.7(硬质岩)	管道表面与其周围土层之间的摩擦系数，0.2~0.4（湿土）；0.4~0.6（干土）	顶管工程管与土的摩擦系数，$\tan\frac{\varphi}{2}$（φ 为土层的内摩擦角）	土层与盾壳的摩擦系数，$\frac{1}{2}\tan\varphi$（φ 为土层的内摩擦角）

　　从上表可以看出，摩擦系数与接触土层的性质密切相关，一般土层强度越高，摩擦系数也越大。钢结构与一般圬工结构相比由于表面性质不同，与土发生接触时，摩擦系数略小。因此当无地区经验或试验资料时围堰结构底（钢刃脚）与土的摩擦系数可略保守取 $\tan\frac{\varphi}{2}$。

　　悬臂式双排钢板桩围堰抗滑移验算参照了《干船坞水工结构设计规范》JTJ 252—87 第 9.1.8 条拟定，取桩底面作为计算滑动面，当前后板桩入土深度不同时，应取通过入土深度较浅的板桩桩底标高的水平面为计算滑动面，此时计算滑动面以下的板桩的抵抗作用不予考虑，只作安全储备。另外，尚应取围堰坑底面作为计算滑动面进行验算。

　　（3）安全系数

　　钢套箱整体抗滑移安全系数参照《给水排水工程钢筋混凝土沉井结构设计规程》CECS 137：2015 等规范（表 3.4-15）及工程实例拟定。建议一般情况下钢围堰结构整体抗滑移稳定安全系数不应低于 1.3。

　　悬臂式双排钢板桩围堰水平抗滑移安全系数参考《建筑基坑支护技术规程》JGJ 120—2012 及《干船坞水工结构设计规范》JTJ 252—87 等（表 3.4-16）规定宜取大于 1.2。

不同规范抗滑移稳定性安全系数　　　　　　　　　　　　　　　　表3.4-15

规范名称	《建筑边坡工程技术规范》GB 50330—2013	《给水排水工程钢筋混凝土沉井结构设计规程》CECS 137：2015	《沉井与气压沉箱施工规范》GB/T 51130—2016
安全系数	重力式挡土墙，1.3	沉井，1.3	沉井与沉箱，1.3

不同规范水平抗滑移稳定性安全系数　　　　表3.4-16

规范名称	上海市《基坑工程技术规范》DG/TJ08—61—2010	《建筑基坑工程技术规范》YB 9258—97	《建筑基坑支护技术规程》JGJ 120—2012	《深圳市深基坑支护技术规范》SJG 05—2011	《干船坞水工结构设计规范》JTJ 252—87
安全系数	重力式 1.2 基坑边长小于 20m，取 1.0	重力式按库伦土压力水土分算 1.1~1.2 水土合算 1.4	重力式 1.2	1.2	设计组合 1.2~1.3；校核组合 1.1~1.2

4. 双排钢板桩围堰内部剪切稳定性验算

（1）验算内容

双排钢板桩围堰内部剪切稳定性应按下列公式进行验算（图3.4-24）并确定堰体的宽度，宽度初值可取双排钢板桩围堰高度的 0.9~1.2 倍。

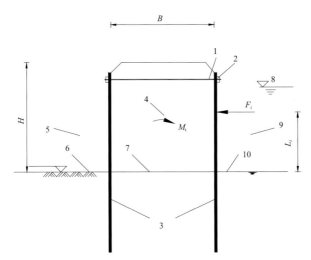

图 3.4-24　双排钢板桩围堰内部剪切稳定验算图
1—拉杆；2—围檩；3—拉森钢板桩；4—回填土；5—内侧（背水面）；
6—开挖面；7—计算底面；8—水位；9—外侧（迎水侧）；10—泥面

$$\frac{M_t}{M_r} \geq K \quad\quad\quad (3.4\text{-}87)$$

$$M_t = \frac{1}{6}\gamma_t b_a B^2 H\left(3\tan^2\varphi_t - \frac{B}{H}\tan^3\varphi_t\right) \quad\quad\quad (3.4\text{-}88)$$

$$\gamma_t = \frac{\sum \gamma_{ti} h_{ti}}{H} \quad\quad\quad (3.4\text{-}89)$$

$$M_r = \sum F_i L_i \quad\quad\quad (3.4\text{-}90)$$

式中　K——内部剪切稳定安全系数宜取 1.65；

　　　M_t——堰体内填料对围堰计算底面处产生的抵抗力矩标准值（kN·m）；

　　　M_r——计算底面以上堰体背后水平荷载对计算底面处产生的倾覆力矩标准值

（kN·m）；

F_i——作用于围堰迎水侧水平力合力标准值（kN）；

L_i——F_i 作用点至计算底面的距离（m）；

B——围堰体宽度（m）；

b_a——计算单位宽度（m）；

H——堰体计算底面至顶部的距离（m）；

γ_t——堰体内填料的平均重度（kN/m³）；

γ_{ti}——第 i 层填料的重度标准值（kN/m³）；

h_{ti}——第 i 层填料的高度（m）；

φ_t——堰体内填料的内摩擦角（°）。

（2）计算原理

当对双排桩围堰迎水侧或背水侧进行计算时，由于填土的宽度有限，采用经典的土压力理论计算则高估了土压力值，过于保守，需要考虑有限宽度范围的土压力折减，本节采用柯敏斯法计算抵抗力矩。

（3）安全系数

在确定安全系数时，参考了《格形钢板桩码头设计与施工规范》JTJ 293—98 的取值。原规程采用极限状态法进行验算，当采用柯敏斯法进行验算时抗力系数 γ_R 取 1.25，由于本规范采用安全系数法进行验算，因此需对安全系数取值进行换算，在综合考虑原规程的荷载分项系数以后，取内部剪切稳定安全系数宜取 1.65。

（4）抵抗力矩推导

双排钢板桩围堰内部剪切稳定采用了格形墙体的内部剪切稳定性验算公式，关于格形墙体的内部剪切稳定性验算有多种方法，如太沙基法、北岛昭一法、柯敏斯法等，这几种方法因假设填料内的破裂面不同，而有所不同。标准中参照《格形钢板桩码头设计与施工规范》JTJ 293—98，采用柯敏斯法计算填料的抵抗力矩（图 3.4-25），其公式具体推导如下：

假定在外力作用下，与格仓底成 φ_t 角度范围内填料每一层土均达到抗剪极限，则取 dz 微土层受力如下：

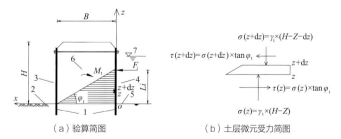

图 3.4-25 双排钢板桩围堰内部剪切稳定抵抗力矩计算简图

1—拉森钢板桩；2—开挖面；3—内侧（背水面）；4—外侧（迎水侧）；5—泥面；6—回填土；7—水位

距离底面 z 的土层微元 x 方向受力平衡方程如下：

$$Fx(z) = \tau(z)\left(B - \frac{z}{\tan\varphi_t}\right) - \tau(z+\mathrm{d}z)\left(B - \frac{z+\mathrm{d}z}{\tan\varphi_t}\right) \quad （3.4-91）$$

$$\tau(z) = \sigma(z)\tan\varphi_t \quad （3.4-92）$$

$$\sigma(z) = \gamma_t(H - z) \quad （3.4-93）$$

把式（3.4-92）与式（3.4-93）代入式（3.4-91）并略去高阶无穷小，可得：

$$Fx(z) = \gamma_t(H + B\tan\varphi_t - 2z) \quad （3.4-94）$$

对与格仓底成 φ_t 角度范围内填料逐层水平力对 O 点取矩可得公式（3.4-88）：

$$M_t = \int_0^{B\tan\varphi_t} \gamma_t(H + B\tan\varphi_t - 2z)z\mathrm{d}z = \frac{1}{6}\gamma_t B^2 H\left(3\tan^2\varphi_t - \frac{B}{H}\tan^3\varphi_t\right)$$

5. 钢围堰抗隆起稳定性验算

（1）验算内容

钢板桩、钢套箱、钢管桩等钢围堰抗隆起稳定性应根据钢围堰深度分为按地基承载力法与圆弧滑动面法验算，并应符合下列规定：

1）钢围堰在进行清底到封底混凝土施工前，采用 c、φ 值进行抗隆起稳定性验算时（图 3.4-26）应按下列公式计算：

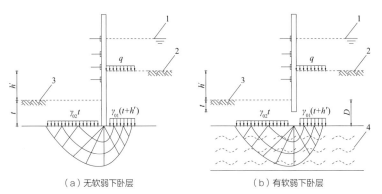

图 3.4-26　钢围堰地基承载力法抗隆起稳定性验算图
1- 计算水位；2- 河床或地面；3- 围堰底；4- 软弱下卧层

$$\frac{\left(\gamma_{02}tN_q + cN_c\right)}{\left[\gamma_{01}(t+h') + q\right]} \geqslant K \quad （3.4-95）$$

$$N_q = e^{\pi\tan\varphi}\tan^2\left(45 + \varphi/2\right) \quad （3.4-96）$$

$$N_c = (N_q - 1)/\tan\varphi \quad （3.4-97）$$

式中　K——抗隆起稳定性安全系数。一、二、三级安全等级围堰分别取 1.8、1.6、1.4；

γ_{01}——围堰外地表至围堰底各土层天然重度标准值的加权平均值（kN/m^3）；

γ_{02}——围堰内坑底至围堰底各土层天然重度标准值的加权平均值（kN/m^3）；

　　　　t——围堰结构入土深度（m），当围堰结构底面以下有软弱下卧层时，围堰底的
　　　　　　抗隆起稳定性验算部位应包括软弱下卧层。软弱下卧层的隆起稳定性可按
　　　　　　公式（3.4-95）验算，式中 γ_{01}、γ_{02} 应取软弱下卧层顶面以上土的重度，t
　　　　　　以 D 代替；

　　　h'——围堰外河床或地面与围堰内坑底的距离（m）；

　　　q——围堰外河床或地面的附加分布荷载标准值（kPa），当水位高于河床或地面
　　　　　　时应计入河床或地面以上的水压力；

　N_q、N_c——地基土的承载力系数；

　c、φ——分别为围堰底的地基土黏聚力（kPa）、内摩擦角（°）。

　　2）钢围堰在进行清底到封底混凝土施工前，采用 τ_0 值进行抗隆起稳定性验算时（图
3.4-26）应按下式计算：

$$\frac{\left(\gamma_{02}t+\tau_0 N_c\right)}{\left[\gamma_{01}\left(t+h'\right)+q\right]}\geqslant K \tag{3.4-98}$$

式中　K——抗隆起稳定性安全系数。一、二、三级安全等级围堰分别取 1.6、1.5、1.4；

　　　N_c——地基土的承载力系数，N_c=5.14；

　　　τ_0——由十字板试验确定的总强度（kPa）。

　　3）带有内支撑的钢围堰在进行清底到封底混凝土施工前，采用此 c、φ 值按圆弧滑
动模式绕最下道内支撑（或锚拉）点的抗隆起稳定性验算时（图 3.4-27），应按下列公
式计算：

$$\frac{M_{\mathrm{RLk}}}{M_{\mathrm{SLk}}}\geqslant K \tag{3.4-99}$$

$$M_{\mathrm{RLk}}=M_{\mathrm{sk}}+\sum_{j=1}^{n_2}M_{\mathrm{RLk}j}+\sum_{m=1}^{n_3}M_{\mathrm{RLk}m} \tag{3.4-100}$$

$$M_{\mathrm{SLk}}=M_{\mathrm{SLk}q}+\sum_{i=1}^{n_1}M_{\mathrm{SLk}i}+\sum_{j=1}^{n_4}M_{\mathrm{SLk}j} \tag{3.4-101}$$

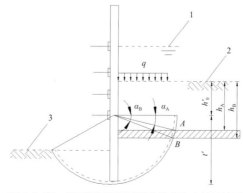

图 3.4-27　钢围堰圆弧滑动法抗隆起稳定性验算图
1—计算水位；2—河床或地面；3—围堰底

$$M_{\mathrm{RLk}j}=\int_{\alpha_A}^{\alpha_B}\left[\begin{array}{l}\left(q_{1\mathrm{fk}}+\gamma t'\sin\alpha-\gamma h_A+\gamma h_0'\right)\sin^2\alpha\tan\varphi+\\\left(q_{1\mathrm{fk}}+\gamma t'\sin\alpha-\gamma h_A+\gamma h_0'\right)\cos^2\alpha K_a\tan\varphi+c\end{array}\right]t'^2\mathrm{d}\alpha \qquad (3.4\text{--}102)$$

$$M_{\mathrm{RLk}m}=\int_{\alpha_A}^{\alpha_B}\left[\begin{array}{l}\left(q_{2\mathrm{fk}}+\gamma t'\sin\alpha-\gamma h_A+\gamma h_0'\right)\sin^2\alpha\tan\varphi+\\\left(q_{2\mathrm{fk}}+\gamma t'\sin\alpha-\gamma h_A+\gamma h_0'\right)\cos^2\alpha K_a\tan\varphi+c\end{array}\right]t'^2\mathrm{d}\alpha \qquad (3.4\text{--}103)$$

$$M_{\mathrm{SLk}q}=\frac{1}{2}qt'^2 \qquad (3.4\text{--}104)$$

$$M_{\mathrm{SLk}i}=\frac{1}{2}\gamma t'^2\left(h_B-h_A\right) \qquad (3.4\text{--}105)$$

$$M_{\mathrm{SLk}j}=\frac{1}{2}\gamma t'^3\left[\left(\sin\alpha_B-\frac{\sin^3\alpha_B}{3}\right)-\left(\sin\alpha_A-\frac{\sin^3\alpha_A}{3}\right)\right] \qquad (3.4\text{--}106)$$

$$K_a=\tan^2\left(\pi/4-\varphi/2\right) \qquad (3.4\text{--}107)$$

$$\alpha_A=\arctan\left[\frac{h_A-h_0'}{\sqrt{t'^2-\left(h_A-h_0'\right)^2}}\right] \qquad (3.4\text{--}108)$$

$$\alpha_B=\arctan\left[\frac{h_B-h_0'}{\sqrt{t'^2-\left(h_B-h_0'\right)^2}}\right] \qquad (3.4\text{--}109)$$

式中　K——抗隆起稳定性安全系数。一、二、三级安全等级围堰分别取 2.2、1.9、1.7；

　　M_{sk}——围堰的容许弯矩标准值（kN·m/m）；

　　M_{RLk}——抗隆起力矩标准值（kN·m/m）；

　　M_{SLk}——隆起力矩标准值（kN·m/m）；

　　$M_{\mathrm{RLk}j}$——围堰外最下道支撑以下第 j 层土产生的抗隆起力矩标准值（kN·m/m）；

　　$M_{\mathrm{RLk}m}$——围堰内开挖面以下第 m 层土产生的抗隆起力矩标准值（kN·m/m）；

　　$M_{\mathrm{SLk}q}$——围堰外地面荷载产生的隆起力矩标准值（kN·m/m）；

　　$M_{\mathrm{SLk}i}$——围堰外最下道支撑以上第 i 层土产生的隆起力矩标准值（kN·m/m）；

　　$M_{\mathrm{SLk}j}$——围堰外最下道支撑以下、开挖面以上第 j 层土的隆起力矩标准值（kN·m/m）；

　α_A、α_B——对应土层层顶和层底与最下道支撑连线的水平夹角（弧度）；

　　γ——对应土层的天然重度（kN/m³）；

　　t'——围堰在最下道支撑以下部分的深度（m）；

　c、φ——滑裂面上地基土的黏聚力（kPa）、内摩擦角（弧度），对多层土，不同土层分别取值；

　　h_0'——最下道支撑距河床或地面的距离（m）；

　h_A、h_B——对应土层的层顶和层底埋深（m）；

　　$q_{1\mathrm{fk}}$——围堰外对应土层的上覆土压力标准值（kPa）；

q_{2fk}——围堰内对应土层的上覆土压力标准值（kPa）；

n_1——围堰外最下道支撑以上的土层数；

n_2——围堰外最下道支撑以下至围堰底的土层数；

n_3——围堰内开挖面以下至围堰底的土层数；

n_3——围堰外最下道支撑至开挖面之间的土层数。

4）带有内支撑的钢围堰在进行清底到封底混凝土施工前，采用十字板试验确定土的总强度 τ_0 时，钢围堰抗隆起稳定性验算（图 3.4-28）应以围堰最下道支撑或围堰底为转动轴心按下式计算：

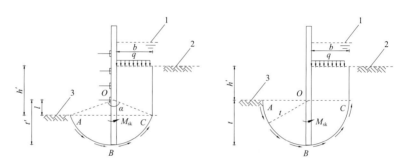

图 3.4-28　钢围堰圆弧滑动法抗隆起稳定性验算图
1—计算水位；2—河床或地面；3—围堰底

$$\frac{M_{sk} + \tau_0 \cdot l_{ABC} \cdot R_t}{(q + \gamma h')b^2 / 2} \geq K \tag{3.4-110}$$

$$b = \sqrt{R_t^2 - l^2} \tag{3.4-111}$$

式中　K——抗隆起稳定性安全系数，一、二、三级安全等级围堰分别取 1.5、1.4、1.3；

l_{ABC}——滑动圆弧 ABC 的长度（m）；

R_r——滑动圆弧半径（m），取最下道支撑点至围堰结构底端的距离 t'，当无支撑时取围堰坑底至结构底端的距离 t；

l——最下道支撑至坑底的距离（m）；

b——滑动圆弧 BC 对应的水平宽度（m）；

h'——围堰外河床或地面与围堰内坑底的距离（m）；

τ_0——由十字板试验确定的总强度（kPa）。

（2）计算原理

钢围堰抗隆起稳定性验算大致分为两类，一类是按浅基础验算饱和软黏性土的极限承载力能否满足，另一类是以围堰底最下道支撑为圆心，以圆心至围堰底为半径的滑弧，对圆心点取力矩，以抗滑力矩与滑动力矩的比值验算稳定安全系数能否满足。

第一款、第二款：钢围堰抗隆起稳定性验算采用地基极限承载力的 Prandtl（普朗德尔）极限平衡理论公式，但 Prandtl 理论公式的有些假定与实际情况存在差异，具体应用有一定局限性。一方面如：对无黏性土，当嵌固深度为零时，计算的抗隆起安全系数为零，而实际上在一定基坑深度内是不会出现隆起的。因此，当围堰嵌固深度很小时，不能采用该公式验算坑底隆起稳定性。另一方面应注意由于本公式源于浅基础地基承载力计算，因此对于深度较大的情况可能并不适合。除此以外本公式忽略了支护结构底以下滑动区内土的重力对隆起的抵抗作用，抗隆起安全系数与滑移线深度无关，对浅部滑移体和深部滑移体得出的安全系数是一样的，与实际情况有一定偏差。基坑外挡土构件底部以上的土体重量简化为作用在该平面上的柔性均布荷载，并忽略了该部分土中剪应力对隆起的抵抗作用。对浅部滑移体，如果考虑挡土构件底端平面以上土中剪应力，抗隆起安全系数会有明显提高；当滑移体逐步向深层扩展时，虽然该剪应力抵抗隆起的作用在总抗力中所占比例随之逐渐减小，但滑动区内土的重力抵抗隆起的作用则会逐渐增加。如在抗隆起验算公式中考虑土中剪力对隆起的抵抗作用，挡土构件底端平面土中竖向应力将减小。这样，作用在挡土构件上的土压力也会相应增大，会降低支护结构的安全性。因此，本规程抗隆起稳定性验算公式，未考虑该剪应力的有利作用。

需要说明的是，抗隆起稳定性计算是一个复杂的问题，设计者应意识到，当按本规程抗隆起稳定性验算公式计算的安全系数不满足要求时，虽然不一定发生隆起破坏，但可能会带来其他不利后果。

第三款：内支撑钢围堰的圆弧滑动面验算模式参考《基坑工程技术规范》DG/TJ 08—61—2010 规定拟定，开挖面以下的围堰能起到帮助抵抗坑底土体隆起的作用，并假定土体沿围堰底面滑动，认为围堰底面以下的滑动面为圆弧。产生隆起的力为土体重量及地表荷载。抵抗滑动的力则为滑动面上的土体抗剪强度及围堰抗弯强度，在计算滑动面上的抗剪强度时采用公式 $\tau = \sigma \tan\varphi + c$。$\sigma$ 来源于土体重力等产生的在竖向应力及水平向应力，滑动面上的水平侧压力值介于主动土压力和静止土压力之间，在开挖深度较大情况下，根据经验，近似地取主动土压力更合理。

当采用本款公式计算时，应注意公式是在假定最下道支撑位置比堰外地面低，且堰内无水条件下推导得到的。由于本标准 4.5.6 条第 3 款公式实际上是采用了以最下道支撑点为圆心的圆弧滑动法，因此与本标准 4.5.1 条整体稳定性分析一样，当支撑点高于堰外地面，且堰外水位高于地面或堰内水位高于坑底时应在 M_{SLk} 计入静水压力对隆起稳定性的影响，具体计算方法参照 4.5.1 条，此处不再进行详细推导。

第四款：采用十字板试验确定土的总强度的圆弧滑动面验算模式参考了《深圳市深基坑支护技术规范》SJG 05—2011 等规范拟定。十字板试验确定土的总强度相当于直接得知滑动圆弧上的土体抗剪强度。对滑弧上的抗剪强度进行积分即可得滑动面上的抗剪力矩，为了简化，计算公式中假定了滑弧上抗剪强度相同，故直接采用了滑弧长度计算。

双排钢板桩围堰抗隆起稳定性验算（图 3.4-29）宜参照本条进行，当有可靠经验时亦可采用其他方法进行验算。

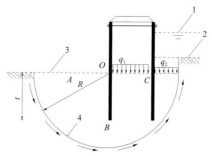

图 3.4-29　双排钢板桩围堰结构抗隆起稳定性计算示意图
1—堰外计算水位；2—河床或地面；3—围堰底；4—最不利滑弧

（3）安全系数

1）地基承载力法

现行基坑规范对抗隆起安全系数的取值均有所不同。《基坑工程技术规范》DG/TJ08—61—2010 与《建筑基坑支护技术规程》JGJ 120—2012 中对抗隆起的计算都采用了 Prandtl 理论公式，抗隆起安全系数较大。《建筑基坑工程技术规范》YB 9258—97 与《深圳市深基坑支护技术规范》SJG 05—2011 也是采用了 Prandtl 理论公式，但都是利用了十字板试验结果作为抗剪强度值，省去了 c、φ 值计算，故抗隆起安全系数取值较小。本节分别提供了利用 c、φ 值和 τ_0 值两种计算方法。按地基承载力进行抗隆起验算，参考国内相关规范（表 3.4-17）及实际工程实例（图 3.4-30）拟定，一、二、三级安全等级围堰，当采用 c、φ 值验算时抗隆起安全系数宜分别取 1.8、1.6、1.4，当采用 τ_0 值验算时抗隆起安全系数宜分别取 1.6、1.5、1.4。

不同规范抗隆起稳定性安全系数（地基承载力法）　　　　表3.4-17

规范名称	上海市《基坑工程技术规范》DG/TJ08—61—2010	《建筑地基基础设计规范》GB 50007—2011	《建筑基坑工程技术规范》YB 9258—97	《建筑基坑支护技术规程》JGJ 120—2012	《深圳市深基坑支护技术规范》SJG 05—2011
地基承载力法安全系数	板式围堰 2.5、2.0、1.7（采用 c、φ 值计算）	1.6（采用 τ_0 值计算）	1.4（采用 τ_0 值计算）	1.8、1.6、1.4（采用 c、φ 值计算）	三级 1.2

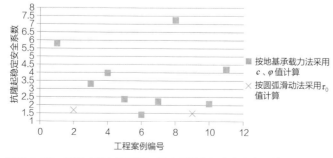

图 3.4-30　钢板（管）桩围堰工程案例抗隆起稳定安全系数统计分布图

2）圆弧滑动面法

表3.4-19列出了国内多本规范或规程圆弧滑动法抗隆起稳定性验算安全系数，从表中可以看出现行规范中以c、φ值为计算参数求得的抗隆起安全系数均较大，而十字板试验抗剪强度求得的抗隆起安全系数相对较小，两者应相互区别，因此按圆弧滑动法抗隆起验算时，参考国内相关规范（表3.4-18）及实际工程实例（图3.4-30），本节拟定，一、二、三级安全等级围堰，当采用c、φ值验算时抗隆起安全系数宜分别取2.2、1.9、1.7，当采用τ_0值验算时抗隆起安全系数宜分别取1.5、1.4、1.3。

不同规范抗隆起稳定性安全系数（滑动圆弧面法）　　　　　　表3.4-18

规范名称	上海市《基坑工程技术规范》DG/TJ 08—61—2010	《建筑地基基础设计规范》GB 50007—2011	《建筑基坑工程技术规范》YB 9258—97	《建筑基坑支护技术规程》JGJ 120—2012	《深圳市深基坑支护技术规范》SJG 05—2011
滑动圆弧面法安全系数	支撑、锚拉板式围堰2.2、1.9、1.7（采用c、φ值计算）	1.4（采用τ_0值计算）	1.3（采用τ_0值计算）	支撑、锚拉板式2.2、1.9、1.7（采用c、φ值计算）	一、二级1.4、1.3（采用τ_0值计算）

围堰的嵌固深度除应满足本节的规定外，对悬臂式围堰，尚不宜小于0.8倍围堰深度；对单撑（单锚）围堰，尚不宜小于0.3倍围堰深度；对多撑（多锚）围堰，尚不宜小于0.2倍围堰深度。

嵌固深度构造要求规定，围堰结构的最小嵌固深度是保持围堰结构稳定的基本保证。

6. 钢围堰抗流土、抗管涌、抗突涌稳定性验算

（1）验算内容

钢围堰应进行抗流土、抗管涌、抗突涌稳定性验算，并应符合下列规定：

1）钢围堰抗流土、抗管涌稳定性验算（图3.4-31）应按下列公式计算：

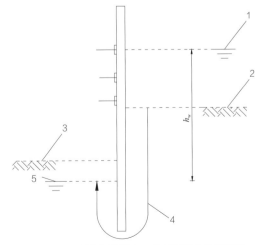

图3.4-31　钢围堰抗流土、抗管涌稳定性验算图
1—计算水位；2—河床或地面；3—围堰底；4—渗流路径；5—坑内水位

$$\frac{i_{\mathrm{cr,f}}}{i} \geqslant K_{\mathrm{f}} \qquad (3.4\text{-}112)$$

$$i = h_{\mathrm{w}} / L \qquad (3.4\text{-}113)$$

$$L = \sum L_{\mathrm{h}} + \sum L_{\mathrm{v}} \qquad (3.4\text{-}114)$$

$$i_{\mathrm{cr,f}} = \frac{(G_{\mathrm{s}}-1)}{(1+e)} \qquad (3.4\text{-}115)$$

式中　K_{f}——抗流土、管涌稳定性安全系数，取 2.0；

$\quad\quad i$——围堰底土的渗流水力坡度；

$\quad\quad h_{\mathrm{w}}$——围堰内外土体的渗流水头（m），取围堰内外水位差；

$\quad\quad L$——最短渗流路径流线总长度（m）；

$\quad\quad \sum L_{\mathrm{h}}$——渗流路径水平段总长度（m）；

$\quad\quad \sum L_{\mathrm{v}}$——渗流路径垂直段总长度（m）；

$\quad\quad i_{\mathrm{cr,f}}$——围堰底土体的流土临界坡度；

$\quad\quad G_{\mathrm{s}}$——围堰底土的颗粒比重；

$\quad\quad e$——围堰底土体天然孔隙比。

2）开挖面以下存在承压含水层且其上部存在不透水层时，钢围堰抗突涌稳定性验算（图 3.4-32）应按下列公式计算：

$$\frac{\sum \gamma_i h_i}{P_{\mathrm{wk}}} \geqslant K \qquad (3.4\text{-}116)$$

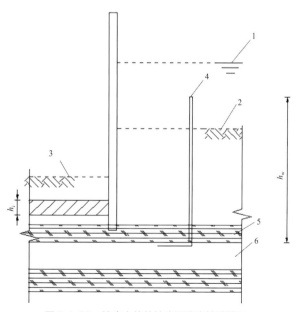

图 3.4-32　坑底土体的抗突涌稳定性验算图
1—计算水位；2—河床或地面；3—围堰底；4—承压水测管水头；5—不透水层；6—承压水含水层

$$P_{wk} = \gamma_w h_w \qquad (3.4\text{--}117)$$

式中 K——抗突涌稳定性安全系数，取 1.1；

　　　 γ_i——承压水层顶面至围堰底间各土层的重度标准值（kN/m³）；

　　　 γ_w——水的重度标准值（kN/m³）；

　　　 h_i——承压水层顶面至围堰底间各土层的厚度（m）；

　　　 h_w——承压水层顶面承压水水头高度（m）；

　　　 P_{wk}——承压水层顶部的水压力标准值（kPa）。

（2）计算原理

1）抗流土、抗管涌稳定性

钢围堰结构均为临水结构，水位高，因此在围堰开挖过程中，在渗透力的作用下易产生土体的渗透破坏。本条以渗流水力梯度 i 不大于地基土的临界水力梯度 $i_{cr,f}$ 来判别坑底土体的抗渗流稳定性。$i_{cr,f}$ 通常由坑底土体的性质确定。确定 i 的方法较多，工程上常用的有基于平面稳定渗流的直线比例法、流网法、阻力系数法和电模拟实验法等。对于钢板桩支护体系的基坑，其防渗地下轮廓线形状比较简单，为便于计算，又满足工程设计要求，标准与国内大多基坑规范一致，均采用了直线比例法。虽然国内基坑规范在计算 i 时所采用的方法相同，但其结果却仍有一定差别，其主要原因是不同规范对渗流长度进行了增大或折减，如上海基坑规范把 ΣL_v 乘以一个 1.5~2.0 的系数，而国标规范则把坑底至水位间的渗流长度乘以 0.8，并同时降低了安全系数取值。考虑到钢围堰结构周边水位较高，且钢板桩水平厚度较薄，因此从安全角度考虑，不考虑水平渗流与竖直渗流上的差异，其计算方式与深圳市基坑规范基本相同。

需指出的是，由于本节计算 i 值的方法，没有考虑基坑形状对渗流的影响，也没有考虑坑周土不透水层的深度，以及地基土的不均匀性等因素，不能用来计算基坑渗流水量。对于基坑内外地下水位的取值，宜考虑降雨、水位季节性变化以及施工降水等的影响。

2）抗突涌稳定性

本条基于考虑上覆土层重量与承压含水层中承压水头的平衡，判别坑底抗承压水头的稳定性，并偏于安全忽略上覆土层与围护结构的摩阻力影响。钢围堰结构一般为临水结构，水位普遍较高，坑底防突应作重点考虑。

7. 钢围堰整体下沉稳定性验算

（1）验算内容

钢套箱围堰整体下沉稳定性验算应符合下列规定：

1）当钢套箱围堰内土体挖至刃脚以下、刃脚底面支撑反力为零时，可按下列公式计算下沉系数：

$$K_{s0} = \frac{G_1 - F_w}{F_{fk}} \qquad (3.4\text{--}118)$$

$$F_{fk} = u(h_f - 2.5)q \qquad (3.4\text{--}119)$$

式中 K_{s0}——钢套箱围堰下沉系数，取值宜为 1.05~1.25；

G_1——钢套箱围堰自重标准值（包括外加助沉重量的标准值）（kN）；

F_w——钢套箱围堰下沉中水浮力标准值（kN）；

F_{fk}——钢套箱围堰侧壁总摩阻力标准值（kN）；

u——钢围堰下端面周长（m）；

h_f——钢围堰入土深度（m）；

q——钢围堰外壁单位面积摩阻力标准值按土层厚度取加权平均值（kPa），其沿深度变化为距离地面 5m 范围内按三角形分布（图 3.4-33），其下为常数。当缺乏资料时，可根据土的性质、施工措施按表 3.4-19 选用。

2）钢套箱围堰在软弱土层中下沉，当下沉系数大于 1.5 或在下沉过程中遇到特别软弱土层时，应按下列公式进行下沉稳定性验算（图 3.4-34）：

$$K_{st,s} = \frac{G_1 - F_w}{F_{fk} + R_b} \tag{3.4-120}$$

$$R_b = R_1 + R_2 \tag{3.4-121}$$

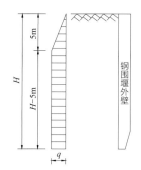
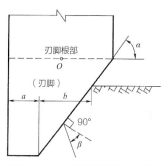

图 3.4-33　摩阻力标准值 q 沿堰壁外侧分布　　图 3.4-34　刃脚根部位置示意图

钢围堰下沉过程中与土层的摩阻力标准值　　　　表3.4-19

序号	土类	摩阻力标准值（kPa）
1	流塑状态黏性土	10~15
2	可塑、软塑状态黏性土	12~25
3	硬塑状态黏性土	25~50
4	砂性土	12~25
5	卵石	15~30
6	砾石	15~20
7	软土	10~12
8	泥浆套	3~5

注：1. 必要时，摩阻力标准值可根据实测资料或实践经验确定；
　　2. 泥浆套为灌注在堰壁外侧的触变泥浆，是一种助沉材料；
　　3. 气幕减阻时，可按表中摩阻力乘 0.5~0.7 系数。

$$R_1 = U\left(a + \frac{b}{2}\right) \cdot f_{ak} \qquad (3.4\text{-}122)$$

$$R_2 = A_1 \cdot f_{ak} \qquad (3.4\text{-}123)$$

式中 $K_{st,s}$——下沉稳定系数，取 0.8~0.9；

F_w——水浮力标准值（kN）；

R_b——钢套箱围堰端部刃脚、支撑和底梁下地基土的极限承载力之和（kN）；

R_1——刃脚踏面及斜面下土的支撑力（kN）；

U——侧壁外围周长（m）；

a——刃脚踏面宽度（m）；

b——钢套箱围堰刃脚入土斜面的水平投影（m）；

f_{ak}——软弱土层的极限承载力标准值（kPa），当无极限承载力试验资料时，可按表 3.4-20 选用；

R_2——支撑和底梁下土的支承反力（kN）；

A_1——支撑和底梁的总支承面积（m²）。

软弱土层极限承载力标准值（kPa）　　　　　　　表3.4-20

土的种类	极限承载力
泥炭	60~70
淤泥	80~100
淤泥质黏土	100~120

（2）计算原理及安全系数

钢围堰入土过程要确保均匀下沉，保证平面高差不超过 20cm。围堰一般均要求切入河床良好的持力层。下沉系数表示钢围堰自重克服堰壁摩阻力下沉，当下沉系数为 1.0 时，钢围堰处于平衡状态；当下沉系数大于 1.0 时，钢围堰开始下沉，下沉系数越大，下沉速度越快。下沉系数参考《地基与基础》第三版（顾晓鲁等编）和《给水排水工程钢筋混凝土沉井结构设计规程》（CECS 137：2015）取值为 1.05~1.25，位于淤泥质土层中取小值，其他土层中取大值。

当钢围堰下沉系数大于 1.50 或下沉过程中遇有软弱土层时，有可能会发生钢围堰突沉事故。为防止突沉或下沉标高难以控制，应进行下沉稳定验算。

下沉稳定系数是衡量沉井是否会发生突沉或超沉的重要数据，当围堰下沉稳定系数 $K_{st,s}$ 等于 1.0，表明围堰地基已达到极限状态。下沉稳定系数不满足要求时，需提高 R_b（如进行地基加固，或考虑沉降差，按倾斜理论计算钢围堰内力）使下沉稳定系数降下来。

8. 钢套箱、钢吊箱围堰在浮运过程中稳定性验算

钢套箱、钢吊箱围堰在浮运过程中应验算横向和纵向稳定性。

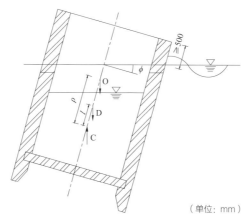

（单位：mm）

图 3.4-35　水中浮运钢围堰
D—重心；C—浮心；O—定倾中心

　　钢围堰浮体在浮运阶段的稳定倾斜角 ϕ（图 3.4-35）不大于 6°，并需满足（$\rho-l$）> 0 的要求。ϕ 角应按下式计算：

$$\phi=\tan^{-1}\frac{M}{\gamma_\mathrm{w}V(\rho-l)} \tag{3.4-124}$$

$$\rho=\frac{I}{V} \tag{3.4-125}$$

式中　ϕ——钢围堰在浮运阶段的倾斜角；

　　　M——外力矩（kN·m）；

　　　V——排水体积（m³）；

　　　l——钢围堰重心至浮心的距离（m），重心在浮心之上为正，反之为负；

　　　ρ——定倾半径（m），即定倾重心至浮心的距离；

　　　I——钢围堰浸水截面面积对斜轴线的惯性矩（m⁴）；

　　　γ_w——水的重力（kN·m³）。

　　保证浮式钢围堰的稳定性，钢围堰的倾斜角不得大于 6°，不致产生施工不安全感。浮式钢围堰的稳定性验算，可参阅《公路桥涵施工技术规范》JTG/T F50—2011、《船舶静力学》及《船舶的完整稳性规则》。

　　浮运钢围堰水上运输可用浮运拖带法、半潜驳或浮船坞干运法。无运输经验时，应对下潜装载、船运和下潜卸载的作业阶段进行下列验算：

　　（1）半潜驳或浮船坞的吃水、稳性、总体强度、甲板强度和局部承载力；

　　（2）在风、浪、流作用下的船舶运动响应和浮运钢围堰自身的强度、稳性等。

　　9. 钢围堰稳定性验算其他要求

　　钢围堰下沉到位后应进行各工况的竖向地基承载力验算，并应进行无底钢围堰封底混凝土下部的竖向地基承载力验算，应进行双排钢板桩桩底之间的地基承载力验算并应满足国家现行相关标准的要求，当不满足时应进行地基加固设计。

应根据河床、水流速度等情况，分别进行钢围堰冲刷计算及冲刷前、后的结构的分析计算。

3.4.9 围堰构件计算

1. 钢围堰封底混凝土抗浮、抗沉验算

（1）验算内容

1）钢围堰封底混凝土抗浮验算，根据实际可能出现的最高水位，应按下列公式计算：

$$K_f = \frac{G_c + F_1 + F_2}{F_w + P_{uc}} \tag{3.4-126}$$

$$F_w = \gamma_w h_w A_n \tag{3.4-127}$$

$$G_c = \gamma_c V_c \tag{3.4-128}$$

$$F_1 = \min(G_z, \tau_1 S_1) \tag{3.4-129}$$

$$F_2 = \min(\tau_2 S_2, G_g + \tau_3 S_3) \tag{3.4-130}$$

式中 K_f——抗浮安全系数，宜取为 1.15；

F_w——水的浮力标准值（kN）；

P_{uc}——波峰时的波浪浮托力（kN）；

γ_w——水的容重（kN/m³）；

h_w——围堰内外水头差（m）；

A_n——扣除钢护筒面积后基底净面积（m²）；

G_c——封底混凝土自重（kN）；

G_z——所有桩基钢护筒及桩基自重（kN）；

G_g——钢围堰自重（kN）；

γ_c——混凝土容重（kN/m³）；

V_c——基底净体积，应扣除钢护筒部分（m³）；

τ_1、τ_2、τ_3——桩基钢护筒与封底混凝土的粘结力、钢围堰与封底混凝土的粘结力、钢板桩及钢管桩与入土深度范围内土层的摩阻力（kPa），应分别按表 3.4-21、表 3.4-22 取值，钢套箱围堰不计侧摩阻力；

S_1、S_2、S_3——所有桩基钢护筒与封底混凝土接触面积、钢围堰与封底混凝土接触面积、钢板桩及钢管桩围堰入土深度范围外侧接触面积之和（m²）；

F_1——取 G_z、桩基钢护筒与封底混凝土摩阻力的最小值（kN）；

F_2——取 $G_g + \tau_3 S_3$、钢围堰与封底混凝土摩阻力的最小值（kN）。

2）承台施工过程中应进行封底混凝土抗沉验算，封底混凝土抗沉应满足下式要求：

$$\frac{F_1 + F_2 + F_w}{G_c + F_s + P_{ut}} \geq K_c \tag{3.4-131}$$

式中 K_c——抗沉安全系数，宜取为 1.10；

F_s——施工期作用在封底混凝土上的承台自重及施工期最大活载（kN）；

P_{ut}——波谷时方向向下的波浪力（kN）。

（2）计算原理

封底混凝土抗浮、抗沉及强度验算应分阶段考虑，并应注意各工况水位的不利情况。承台浇筑阶段与封底阶段相比，除应考虑围堰、封底混凝土自重等作用外尚应考虑承台浇筑的自重对封底混凝土的影响。当向下的荷载大于水浮力时，应注意摩阻力的反向，并考虑抗沉的安全储备。波峰时的波浪浮托力计算可参考《港口与航道水文规范》JTS 145—2015 的规定。

因钢套箱围堰施工工法原因，钢套箱围堰与外侧原状土的粘结作用较弱，在抗浮及抗沉计算中偏安全考虑，忽略该部分摩擦力。故表 3.4-21 中仅提供钢板桩、钢管桩围堰结构与混凝土的粘结力取值，粘结力标准值结合现有工程经验（图 3.4-36）宜取为 100~200kPa。施工时，钢吊箱围堰与桩基间基本采用拉压杆或桁架等进行连接，该处受力复杂，对封底混凝土抗浮、抗沉影响较大，宜采用有限元分析。

钢围堰与封底混凝土之间的粘结力标准值 τ_1、τ_2（kPa）　　　　　　表3.4-21

序号	土类	粘结力标准值（kPa）
1	封底混凝土	100~200

钢板桩围堰、钢管桩围堰与土层之间的摩阻力标准值 τ_3（kPa）　　　表3.4-22

序号	土类	状态	摩阻力标准值（kPa）
1	黏性土	$1.5 \geqslant I_L \geqslant 1$	15~30
		$1 > I_L \geqslant 0.75$	30~45
		$0.75 > I_L \geqslant 0.5$	45~60
		$0.5 > I_L \geqslant 0.25$	60~75
		$0.25 > I_L \geqslant 0$	75~85
		$0 > I_L$	85~95
2	粉土	稍密	20~35
		中密	35~65
		密实	65~80
3	粉砂、细砂	稍密	20~35
		中密	35~65
		密实	65~80
4	中砂	中密	55~75
		密实	75~90
5	粗砂	中密	70~90
		密实	90~105

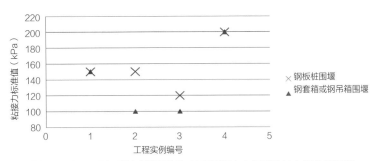

图 3.4-36　不同工程实例钢围堰与封底混凝土之间的粘结力标准值取值

（3）安全系数

钢围堰为重要结构，一旦发生上浮与下沉，后果严重。抗浮安全系数结合各行业规范（表 3.4-23）和现有工程经验（图 3.4-37）宜取为 1.15。抗沉安全系数结合现有工程经验（图 3.4-38）宜取为 1.10。

不同规范对封底混凝土抗浮安全系数取值　　　　　　　　表3.4-23

规范名称	《沉井与气压沉箱施工规范》GB/T 51130—2016	《给水排水工程钢筋混凝土水池结构设计规程》CECS 138：2002	《地铁设计规范》GB 50157—2013 条文说明 11.6.3	《水工挡土墙设计规范》SL 379—2007
安全系数	1.15	1.15	上海地铁：1.1 广州、南京、深圳和北京地铁：1.15	1.10

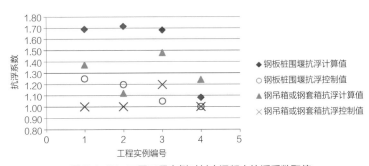

图 3.4-37　不同工程实例对封底混凝土抗浮系数取值

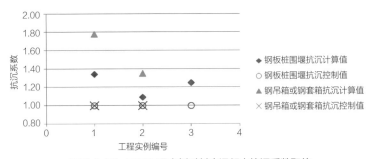

图 3.4-38　不同工程实例对封底混凝土抗沉系数取值

封底混凝土的主要作用是保证围堰封底抽水后提供主体结构的安全、不透水的环境，并保证第一次承台混凝土浇筑时，封底混凝土不下沉，封底混凝土抗沉安全系数宜取为 1.10。

波谷时方向向下的波浪力计算可参考《港口与航道水文规范》JTS 145—2015 的规定。

2. 钢围堰封底混凝土厚度验算

钢围堰封底混凝土厚度除应满足抗浮、抗沉验算要求外，尚应按下式对封底混凝土结构进行强度验算：

$$h_{\mathrm{t}} = \sqrt{\frac{9.09 \cdot M_{\mathrm{pl}}}{b \cdot f_{\mathrm{t}}}} + h_{\mathrm{u}} \qquad (3.4\text{-}132)$$

式中　h_{t}——钢围堰水下封底混凝土厚度（mm）；

　　　M_{pl}——每米宽度最大弯矩的标准值（N·mm）；

　　　b——计算宽度（mm），取 1000mm；

　　　f_{t}——混凝土的抗拉强度设计值（N/mm^2），按现行国家标准《混凝土结构设计规范》GB 50010 的规定取值；

　　　h_{u}——计入水下混凝土可能与围堰底泥土混掺的增加厚度，宜取 300~500mm。

封底混凝土板视具体情况可按均布荷载作用下四边简支的单向或双向板进行验算，计算跨度按最大桩距或桩与围堰之间距离确定，也可按有限元进行计算。

封底素混凝土厚度计算公式，采用现行国家标准《混凝土结构设计规范》GB 50010—2010（2015 年版）中有关矩形截面素混凝土受弯构件承载力公式，推导如下：

$$M \leqslant \frac{\gamma f_{\mathrm{ct}} b h^2}{6} \implies h \geqslant \sqrt{\frac{6M}{\gamma f_{\mathrm{ct}} b}} \qquad (3.4\text{-}133)$$

$$\gamma = \left(0.7 + \frac{120}{h}\right) \gamma_{\mathrm{m}} \qquad (3.4\text{-}134)$$

式中　M——弯矩标准值；

　　　γ——混凝土构件的截面抵抗矩塑性系数

　　　γ_{m}——混凝土构件的截面抵抗矩塑性影响系数基本值，可按正截面应变保持平面的假定，并取受拉区混凝土应力图形为梯形、受拉边缘混凝土极限拉应变为 $2f_{\mathrm{tk}}/E_{\mathrm{c}}$ 确定。对于封底混凝土矩形截面，γ_{m} 取 1.55。

　　　h——封底混凝土厚度（mm）：当 $h<400$ 时，取 $h=400$；当 $h>1600$ 时，取 $h=1600$。

　　　f_{ct}——素混凝土抗拉强度设计值，根据《混凝土结构设计规范》GB 50010—2010（2015 年版），取 $f_{\mathrm{ct}}=0.55f_{\mathrm{t}}$，$f_{\mathrm{t}}$ 为混凝土轴心抗拉强度设计值。

将各项取值代入，可得：

$$h \geqslant \sqrt{\frac{9.09M}{bf_t}}$$ （3.4-135）

考虑混凝土和泥土互相掺杂的封底附加厚度后，实际封底素混凝土厚度可按下式计算：

$$h \geqslant \sqrt{\frac{9.09M}{bf_t}} + h_u$$ （3.4-136）

封底混凝土板的边缘应按各行业现行规范进行冲剪验算，冲剪处的封底厚度应在设计图中注明，计算厚度应扣除附加厚度。

封底混凝土板的边缘处剪力较大，考虑到素混凝土强度较低，应进行冲剪验算。

3. 支撑构件计算

（1）支撑构件计算基本规定

1）混凝土支撑构件及其连接的受压、受弯、受剪等承载力验算应符合现行国家标准《混凝土结构设计规范》GB 50010—2010（2015年版）的规定。

2）钢支撑结构构件及其连接的受压、受弯、受剪、局部承压及平面内和平面外稳定、局部稳定和节点连接验算等应符合现行国家标准《钢结构设计标准》GB 50017的规定。

3）支撑的承载力计算应计入施工偏心误差的影响，偏心距取值不宜小于支撑计算长度的1/1000，且对混凝土支撑不宜小于20mm，对钢支撑不宜小于40mm。

构件初始偏心距的取值应根据施工控制的实际精度确定，参照《天津市建筑基坑工程技术规程》DB29—202—2010可取支撑计算长度的2‰~3‰。

（2）支撑构件的受压计算长度

1）水平支撑在竖向平面内的受压计算长度，当不设置立柱时，应取支撑的实际长度；当设置立柱时，应取相邻立柱的中心间距；

2）水平支撑在水平平面内的受压计算长度，对无水平支撑杆件交会的支撑，应取支撑的实际长度；对有水平支撑杆件交会的支撑，应取与支撑相交的相邻水平支撑杆件的中心间距；当水平支撑杆件的交会点不在同一水平面内时，水平平面内的受压计算长度宜取与支撑相交的相邻水平支撑杆件中心间距的1.5倍；

3）竖向斜撑应按第2条的规定确定受压计算长度。

预加轴向压力的支撑，预加力值宜取支撑轴向压力标准值的0.5~0.8倍，并应与本书3.4.6节计算的支撑预加轴向压力一致。

预加轴向压力可减小基坑开挖后支护结构的水平位移、检验支撑连接结点的可靠性。但如果预加轴向力过大，可能会使支挡结构产生反向变形、增大基坑开挖后的支撑轴力。根据以往的设计和施工经验，预加轴向力取支撑轴向压力标准值的0.5~0.8倍较合适。但特殊条件下，不一定受此限制。

4. 立柱的计算

立柱的承载力计算应符合下列规定：

（1）在竖向荷载作用下，当内支撑结构按框架计算时，立柱应按偏心受压构件计算；

（2）开挖面以下立柱的竖向和水平承载力应按单桩承载力验算；

（3）当内支撑结构的水平构件按连续梁计算时，立柱应按轴心受压构件计算。

立柱的受压计算长度应符合下列规定：

（1）单层支撑的立柱、多层支撑底层立柱的受压计算长度应取底层支撑至基坑底面的净高度与立柱直径或边长的 5 倍之和；

（2）相邻两层水平支撑间的立柱受压计算长度应取此两层水平支撑的中心间距；

（3）立柱的基础应满足抗压和抗拔的要求。

5. 钢套箱围堰堰壁与刃脚计算

（1）验算内容

1）堰壁应按工况进行竖向抗拉强度、水平向的总体和局部强度验算。

2）刃脚应进行向外、向内竖向弯曲和水平向内弯曲的强度验算。

（2）计算原理

钢套箱围堰堰壁与刃脚计算可按下述内容进行：

1）矩形钢套箱下沉过程中堰壁竖直方向的受力分析可按下列规定进行：

①当排水挖土下沉时，钢套箱底节假定支承在四个支点"1"上（图 3.4–39），验算其竖向弯曲：

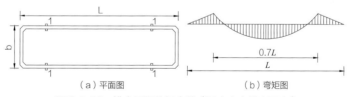

（a）平面图   （b）弯矩图

图 3.4–39　排水下沉的钢套箱（图中内支撑未示意）

②当不排水挖土下沉时，由于挖土不均匀，钢套箱底节假定支承在长边的中心支点"2"上或支承在短边两端的四角支点"3"上（图 3.4–40），验算其竖向弯曲：

③当钢套箱被四周土体摩阻力所嵌固而刃脚下的土已被挖空时，应验算堰壁竖向抗拉强度。

④等截面堰壁摩阻力可假定在河床面以下沿钢围堰埋深高度按三角形分布，即在刃脚底面处为零，在河床面处为最大。此时，最危险的截面在钢套箱埋深高度 $\frac{h}{2H}$ 处（图 3.4–41），最大竖向拉力 $P_{\max}$ 为：

$$P_{\max} = (\frac{h}{2H})^2 G_{\mathrm{k}} \qquad (3.4–137)$$

式中　G_{k}——刚套箱围堰自重标准值。

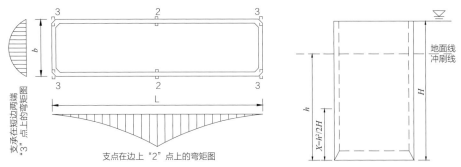

图 3.4-40　不排水挖土下沉的钢套箱（图中内支撑未示意）　图 3.4-41　等截面堰壁竖向受拉计算图

2）矩形钢套箱下沉过程中堰壁水平方向的受力分析可按下列规定进行：

①钢套箱下沉至设计标高，刃脚下的土已被掏空，在水压力和土压力作用下把堰壁作为水平框架来验算。

②采用泥浆套下沉的钢套箱，泥浆压力大于水压力和土压力等水平荷载时，堰壁压力应按泥浆压力计算；采用空气幕下沉的钢套箱，堰壁压力与普通钢套箱的计算相同。

③刃脚根部以上高度等于该处壁厚的一端堰壁的水平方向验算，除计入该段堰壁范围内的水平荷载外，尚应考虑由刃脚悬臂传来的水平剪力（图 3.4-42）。

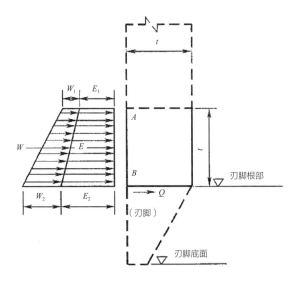

图 3.4-42　刃脚根部以上高度等于堰壁厚度的一段堰壁框架荷载分布图

作用在该段堰壁上的平均荷载 q：

$$q = W + E + Q \qquad (3.4-138)$$

$$W = \frac{W_1 + W_2}{2} \cdot t \qquad (3.4-139)$$

$$W_1 = \lambda h_1 \gamma_w \qquad (3.4-140)$$

$$W_2 = \lambda h_2 \gamma_w \quad (3.4-141)$$

$$E = \frac{E_1 + E_2}{2} \cdot t \quad (3.4-142)$$

式中　q——作用在堰壁高度 t 段上的均布荷载（kN/m）。

　　　W——作用在堰壁高度 t 段上的水压力（kN/m）。

　　　W_1——作用在刃脚根部以上，高度 t 范围内截面 A 上的单位水压力（kPa）。

　　　W_2——作用在刃脚根部截面 B 上的单位水压力（kPa）。

　　　t——堰壁厚度（m）。

　h_1、h_2——验算截面 A 和 B 距水面的高度（m）。

　　　λ——折减系数，排水挖土时，井内无水压，井外水压视土质而定，砂类土 $\lambda=1.0$；黏性土 $\lambda=0.7$；不排水挖土时，井外水压以 100% 计，$\lambda=1.0$，井内水压以 50% 计，$\lambda=0.5$。

　　　E——作用在 t 段堰壁上的土侧压力（kN/m）。

　　　E_1——作用在刃脚根部以上，高度 t 处 A 截面的单位土侧压力（kPa）。

　　　E_1——作用在刃脚根部 B 截面的单位土侧压力（kPa）。

　　　Q——由刃脚传来的水平力（kN/m），其值等于作用在刃脚悬臂梁上的水平力乘以分配系数 α，α 按公式（3.4-153）计算。

W 作用点距离刃脚根部为 $\dfrac{W_2 + 2W_1}{W_2 + W_1} \cdot \dfrac{t}{3}$，$E$ 作用点距离刃脚根部为 $\dfrac{E_2 + 2E_1}{E_2 + E_1} \cdot \dfrac{t}{3}$。根据公式（3.4-138）求出 q 值，即可按框架分析刃脚根部以上 t 高度内截面作用效应。

④其余各段堰壁的计算，可按堰壁断面的变化将堰壁分成数段，取每一段中控制设计的堰壁（位于每一段最下端的单位高度）进行计算。作用在框架上的均布荷载 $q=W+E$。然后用同样的计算方法求得水平框架内截面的作用效应。

3）圆形或圆端形的无支撑钢套箱下沉过程中水平内力可按下列规定计算：

①当下沉区域土质均匀、不存在特别软弱的土质时，可按不同高度截取闭合圆环计算，并假定在互成 90° 的两点处土的内摩擦角差值为 4°~8°。内力可按下列公式计算（图 3.4-43）：

$$N_A = P_A r_c (1 + 0.7854\omega') \quad (3.4-143)$$

$$N_B = P_A r_c (1 + 0.5\omega') \quad (3.4-144)$$

$$M_A = -0.1488 P_A r_c^2 \omega' \quad (3.4-145)$$

$$M_B = -0.1366 P_A r_c^2 \omega' \quad (3.4-146)$$

$$\omega' = \frac{P_B}{P_A} - 1 \quad (3.4-147)$$

式中　N_A——A 截面上的轴力（kN/m）；

　　　r_c——钢套箱堰壁的中心半径（m）；

N_B——B 截面上的轴力（kN/m）；

M_A——A 截面上的弯矩（kN·m/m），以堰壁外侧受拉取负值；

M_B——B 截面上的弯矩（kN·m/m）；

P_A、P_B——堰壁外侧 A、B 点的水平向土压力（kN/m²）。

②当下沉区域有较厚的杂填土、土质变化复杂或钢套箱下沉深度内存在软弱土层可能发生突沉时，宜采用考虑钢套箱倾斜理论的分析方法计算内力。具体内力计算可参考规范《给水排水工程钢筋混凝土沉井结构设计规程》（CECS 137：2015）附录 B。

③单孔圆端形钢套箱（图 3.4-44），在下沉过程中堰壁的内力，可沿堰壁不同高度截取闭合环形按平面结构计算。计算时假定堰壁在同一水平环上的水、土压力 q 均匀分布，各截面的内力系数可按表 3.4-24 取值。

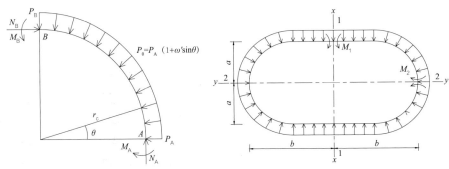

图 3.4-43　圆形无支撑钢套箱堰壁计算　　图 3.4-44　单孔圆端形无支撑钢套箱堰壁计算简图

圆端形平面框架内力系数　　　　　　表3.4-24

内力形式 \ a/b		1.0	0.9	0.8	0.7	0.6	0.5	0.4	0.3	乘数
单孔	M_1	0	0.072	0.166	0.293	0.484	0.759	1.247	2.235	qa^2
	M_2	0	−0.045	−0.115	−0.227	−0.405	−0.741	−1.378	−2.821	qa^2

注：1. 最大正弯矩 M_{ymax} 在 $y=H_1/q$ 处；
　　2. 弯矩 M 值，"+"表示里皮受拉；"−"表示外皮受拉。

4）钢套箱下沉过程中作为悬臂梁向外弯曲时刃脚的计算：

①参考《给水排水工程钢筋混凝土沉井结构设计规程》（CECS 137：2015），假定刃脚内侧切入土中约 1m，而在水面以上或堰壁全部下沉就位后还露出一定高度。其受力如图 3.4-45 所示。

②沿堰壁的水平方向取一个单位宽度，并按公式（3.4-139）、公式（3.4-142）的方法计算作用在刃脚上的水压力 W 和土侧压力 E，其中 E_1、E_2 分别为刃脚上端和底面的土侧压力，W_1、W_2 分别为刃脚上端和底面的水压力。

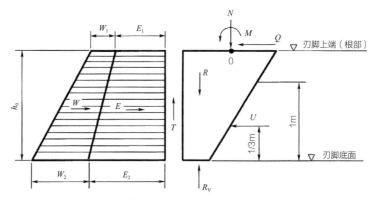

图 3.4-45　刃脚受力图示

在计算刃脚向外弯曲时，参考《给水排水工程钢筋混凝土沉井结构设计规程》（CECS 137：2015），作用在刃脚外侧的计算侧土压力和水压力的总和，不应大于静水压力的 70%，否则就按 70% 的静水压力计算。

③作用在堰壁外侧单位宽度上的摩阻力 T 按下列公式计算，取其较小值，目的为求得反力 R_v（图 3.4-46）最大值：

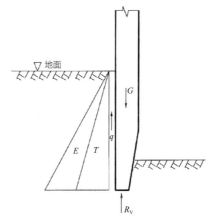

图 3.4-46　堰壁摩阻力 T 及刃脚下土的反力 R_v

$$T = \mu E = \tan\varphi E = 0.5E \qquad （3.4-148）$$
$$T = q \cdot A \qquad （3.4-149）$$

式中　μ——摩擦系数，$\mu = \tan\varphi$；

　　　φ——土内摩擦角，一般土在水中的内摩擦角可采用 26°30′，$\tan 26°30′ = 0.5$；

　　　q——土与堰壁间的单位摩阻力，按表 3.4-19 选用；

　　　A——钢套箱侧面与土接触的单位宽度上的总面积（m^2），$A = 1 \times h_0 = h_0$（h_0 为刃脚斜面的高度，以 m 计）；

　　　E——作用在堰壁上每米宽度的总土压力（kN/m）。

刃脚底单位周长上土的竖向反力 R_v，可按下列公式计算（图 3.4-46）：

$$R_V = G - T \qquad (3.4\text{--}150)$$

式中　G——沿钢套箱外壁单位周长上的钢套箱重力，其值等于该高度钢套箱的总重除
　　　　　以钢套箱的周长；在不排水挖土下沉时，应在钢套箱总重中扣去淹没水中
　　　　　部分的浮力。

　　　　T——沿堰壁单位周长上钢套箱侧面总摩阻力。

　　刃脚下土的反力 R_V 的作用点计算（图 3.4-47）：假定作用在刃脚斜面上的土反力
的方向与斜面上法线成 β 角，为土反力与刃脚斜面的外摩擦角。

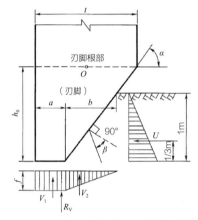

图 3.4-47　刃脚下土的反力 R_V 的作用点计算

　　④作用在刃脚斜面上的土反力分解成水平力 U 与垂直力 V_2，刃脚底面上的垂直反力
为 V_1，则：

$$R_V = V_1 + V_2 \qquad (3.4\text{--}151)$$

$$\frac{V_1}{V_2} = \frac{f \cdot a}{\frac{1}{2} f \cdot b} = \frac{2a}{b} \qquad (3.4\text{--}152)$$

式中　a——刃脚踏面宽度（m）；

　　　　b——刃脚入土斜面的水平投影（m）；

　　　　f——竖直反力强度（kN/m）。

　　解以上联立方程式即可求得 V_1 和 V_2。假定 V_2 为三角形分布，则 V_1 和 V_2 的作用点
距刃脚外壁之距离分别为 $\frac{a}{2}$ 和 $a + \frac{b}{3}$，即可求得 V_1 和 V_2 的合力 R_V 的作用点。

　　⑤作用在刃脚斜面上的水平力 U 可按下式计算：

$$U = V_2 \tan(\alpha - \beta) \qquad (3.4\text{--}153)$$

式中　α——刃脚斜面与水平面所成的夹角（°）；

　　　　β——刃脚斜面与土的外摩擦角，可按等于土的内摩擦角，硬土可取 30°，软土
　　　　　可取 20°；

假定 U 为三角形分布，则 U 的作用点在距刃脚底面 $\frac{1}{3}$ m 高处。

⑥刃脚内填混凝土时重力 g 按下式计算：

$$g = \gamma_h \cdot h_0 \frac{t+a}{2} \qquad (3.4\text{-}154)$$

式中　γ_h——混凝土重度（kN/m³），若不排水下沉，应扣除水的浮力；

　　　h_0——刃脚斜面的高度（m）。

⑦作用在刃脚外侧的摩阻力 T'，仍按公式（3.4-149）计算，但取其较大值，使刃脚弯矩最大。

⑧刃脚既视作悬臂梁，又视作一个封闭的水平框架，因此作用在刃脚侧面上的水平力将由两种不同作用来共同承担，其分配系数可按公式（3.4-158）、公式（3.4-159）计算。

⑨求得作用在刃脚上的所有外力的大小、方向和作用点以后，可求得刃脚根部处截面上每单位周长堰壁内的轴向压力 N、水平剪力 Q 及对刃脚根部截面重心 O 点的弯矩 M（图 3.4-45），并据此计算刃脚强度。

5）钢套箱下沉过程中作为悬臂梁向内弯曲时刃脚的计算：

①假定钢套箱沉到设计标高，刃脚下的土已挖空，作用在刃脚外侧的外力，沿钢套箱周边取以单位周长计算如图 3.4-48 所示。

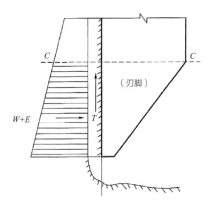

图 3.4-48　刃脚向内弯曲计算

②计算刃脚外侧的土压力和水压力。土压力按公式（3.4-142）计算。水压力计算，当不排水下沉时，堰壁外侧水压力按 100% 计算，堰壁内侧水压力一般按 50% 计算，也可按施工中可能出现的水头差计算；当排水下沉时，在透水不良土中，外侧水压力可按静水压力的 70% 计算。这里土压力和水压力的总和不受悬臂梁向外弯曲时刃脚计算中规定的"不超过 70% 的静水压力"的限制。

③由于刃脚下的土已掏空，故刃脚下的垂直反力 R_v 和刃脚斜面水平反力 U（图 3.4-47）均等于零。

④作用在堰壁外侧的摩阻力公式（3.4-148）和公式（3.4-149）计算，取较小值。

⑤刃脚重力 g 与公式（3.4–154）相同。

⑥根据以上计算的所有外力，可以算出刃脚根部处截面上每单位周长（外侧）内的轴向力 N、水平力 Q 及对截面重心轴的弯矩 M。并据此计算刃脚强度。

6）刃脚作为水平框架计算时，其水平方向的弯曲验算应符合下列规定：

①当钢套箱下沉到设计标高，刃脚下的土已被掏空时，刃脚将受到最大的水平力。图 3.4–49 表示刃脚上沿堰壁水平方向截取的单位高度水平框架，作用在这个水平框架上的外力计算与上述求算刃脚向内弯曲强度的方法相同。但水平向只分担作用在水平框架上的荷载，故作用在水平框架全周上的均布荷载为刃脚上的最大水平力乘以分配系数 β。

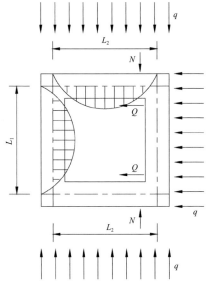

图 3.4–49　矩形钢围堰刃脚上的水平框架

作用在矩形钢套箱上的最大弯矩 M、轴向力 N 及剪力 Q 可按下式近似公式计算：

$$M = \frac{ql_1^2}{16} \tag{3.4–155}$$

$$N = \frac{ql_2}{2} \tag{3.4–156}$$

$$Q = \frac{ql_1}{2} \tag{3.4–157}$$

式中　q——作用在刃脚框架上的水平均布荷载（kN/m）；

　l_1、l_2——钢套箱外壁的最大和最小计算跨径（m）。

根据以上计算的 M、N 和 Q，设计刃脚。

②钢套箱刃脚上作用的水平力分配系数可按下列近似方法计算。

刃脚沿竖向视为悬臂梁，其悬臂长度等于斜面部分的高度。当内隔墙的底面距刃脚底面为 0.5m 或大于 0.5m 而采用竖向承托加强时，作用于悬臂部分的水平力可乘以分配系数 α：

$$\alpha = \frac{0.1l_1^4}{h_1^4 + 0.05l_1^4} \leqslant 1.0 \qquad （3.4-158）$$

式中　l_1——支承在内隔墙间的外壁最大计算跨径（m）；

　　　h_1——刃脚斜面部分的高度（m）。

刃脚水平方向可视为闭合框架，当刃脚悬臂的水平力分配系数 α 时，作用于框架的水平力应乘以分配系数 β：

$$\beta = \frac{h^4}{h_1^4 + 0.05l_2^4} \qquad （3.4-159）$$

式中　l_2——支承在内隔墙间的外壁最小计算跨径（m）；

　　　h_1——刃脚斜面部分的高度（m）。

3.5　钢围堰构造设计

3.5.1　钢板桩围堰构造设计

1. 钢板桩围堰构造设计应符合的规定

（1）钢板桩围堰按结构可分为单排、双排和格形钢板桩围堰。

（2）钢板桩围堰可由钢板桩、围檩、支撑、立柱、封底混凝土等构件组成，各构件加工制作应满足设计要求。

（3）钢板桩围堰支撑、立柱构造设计应符合现行行业标准《建筑基坑支护技术规程》JGJ 120 的规定。

（4）钢板桩各项性能指标应符合现行国家标准《热轧钢板桩》GB/T 20933 的相关规定。

（5）围檩、立柱宜采用型钢拼接，必要时型钢之间应增加连接缀板。大型圆形钢板桩围堰可采用钢筋混凝土围檩。

（6）内支撑可采用钢管、型钢或桁架结构，布置应合理。支撑应稳定，必要时可设置剪刀撑或缀板等加强措施，或将若干支撑之间通过剪刀撑连接成整体。

（7）异形桩可采用标准桩切割组焊。

（8）钢板桩墙的抗弯刚度应根据钢板桩类型、锁口的咬合及约束程度对钢板桩铭牌值折减。

（9）钢板桩围堰内壁宜比基础承台宽 1.0~1.5m。

2. 钢板桩性能与分类

钢板桩各项性能指标应符合现行国家标准《热轧钢板桩》GB/T 20933—2014 的相

关规定。按照截面划分有 U 形、Z 形钢板桩、直线型钢板桩、组合式钢板桩（图 3.5-1）。

　　U 形、Z 形钢板桩、直线形钢板桩截面尺寸、截面面积、理论重量及截面特性见表 3.5-1~ 表 3.5-3。

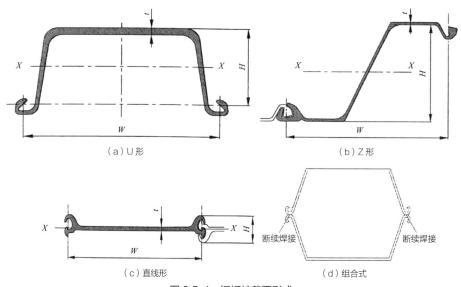

（a）U形　　　　　　　　　　　　　　　（b）Z形

（c）直线形　　　　　　　　　　（d）组合式

图 3.5-1　钢板桩截面形式

U形钢板桩截面尺寸、截面面积、理论重量及截面特性　　　　表3.5-1

型号（宽度×高度）	有效宽度W（mm）	有效高度H（mm）	腹板厚度t（mm）	单根材				每米板面			
				截面面积（mm²）	理论重量（kg/m）	惯性矩I_x（cm⁴）	截面模量W_x（cm³）	截面面积（cm²）	理论重量（kg/m²）	惯性矩I_x（cm⁴）	截面模量W_x（cm³）
PU400×100	400	100	10.5	61.18	48.0	1240	152	153.0	120.1	8740	874
PU400×125	400	125	13.0	76.42	60.0	2220	223	191.0	149.9	16800	1340
PU400×170	400	170	15.5	96.99	76.1	4670	362	242.5	190.4	38600	2270
PU500×210	500	210	11.5	98.7	77.5	7480	527	197.4	155.0	42000	2000
PU500×210	500	210	15.6	111.0	87.5	8270	547	222.0	175.0	52500	2500
PU500×210	500	210	20.0	131.0	103.0	8850	562	262.0	206.0	63840	3040
PU500×225	500	225	27.6	153.0	120.1	11400	680	306.0	240.2	86000	3820
PU600×130	600	130	10.3	78.70	61.8	2110	203	131.2	103.0	13000	1000
PU600×180	600	180	13.4	103.9	81.6	5220	376	173.2	136.0	32400	1800
PU600×210	600	210	18.0	135.3	106.2	8630	539	225.5	177.0	56700	2700
PU600×217.5	600	217.5	13.9	120.3	92.2	9100	585	200.6	153.7	52420	2410

Z形钢板桩截面尺寸、截面面积、理论重量及截面特性　　　表3.5-2

型号（宽度×高度）	有效宽度W（mm）	有效高度H（mm）	腹板厚度t（mm）	单根材				每米板面			
				截面面积（cm²）	理论重量（kg/m）	惯性矩I_x（cm⁴）	截面模量W_x（cm³）	截面面积（cm²）	理论重量（kg/m²）	惯性矩I_x（cm⁴）	截面模量W_x（cm³）
PZ575×260	575	260	8.8	74.0	58.1	8223	628	128.7	101.0	14300	1100
PZ575×260	575	260	10.8	86.4	67.9	9340	719	150.3	118.1	16250	1250
PZ575×350	575	350	9.2	78.4	61.5	16100	920	136.3	107.0	28000	1600

直线形钢板桩截面尺寸、截面面积、理论重量及截面特性　　　表3.5-3

型号（宽度×高度）	有效宽度W（mm）	有效高度H（mm）	腹板厚度t（mm）	单根材				每米板面			
				截面面积（cm²）	理论重量（kg/m）	惯性矩I_x（cm⁴）	截面模量W_x（cm³）	截面面积（cm²）	理论重量（kg/m²）	惯性矩I_x（cm⁴）	截面模量W_x（cm³）
PI500×88	500	88	9.5	78.6	61.7	184	46	157.1	123.0	396	89
PI500×88	500	88	11.0	86.5	68.0	175	45	173.0	136.0	350	90
PI500×88	500	88	12.0	90.5	71.1	180	45	181.0	142.2	360	90
PI500×88	500	88	12.7	93.5	73.4	180	46	187.0	146.8	360	92

注：直线形钢板桩锁口拉伸力不得低于 2000kN/m，最大值可达 5000kN/m。

3. 单排桩围堰

　　单排桩围堰是钢板桩围堰中最常见的形式，即依次插入钢板桩（或钢板桩与钢管、组合墙等组合结构）形成连续的墙体来承受和传递水平荷载的结构，单排桩围堰根据开挖深度可设计成悬臂钢板桩围堰、单层及多层支撑（锚）钢板桩围堰。图 3.5-2~图 3.5-4 为典型的单层钢板桩围堰剖面图，图 3.5-5 为钢板桩拉锚体系透视图，图 3.5-6 为钢板桩内支撑体系透视图。

　　一般在能设置支撑或拉锚的项目中优先采用单层钢板桩围堰结构形式。设计时，需确保钢板桩有足够的插入深度、足够的强度和刚度，且支撑体系满足强度、刚度及稳定性要求，封底混凝土满足强度要求。

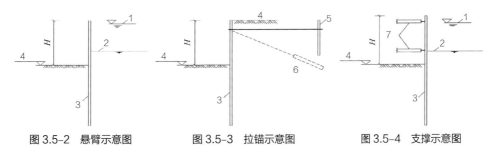

　　图 3.5-2　悬臂示意图　　　　图 3.5-3　拉锚示意图　　　　图 3.5-4　支撑示意图

1—水位；2—泥面；3—拉森钢板桩；4—开挖面；5—锚桩；6—锚杆；7—支撑

图 3.5-5　钢板桩拉锚体系透视图　　　　　图 3.5-6　钢板桩内支撑体系透视图

图 3.5-7~ 图 3.5-9 为典型的单层钢板桩围堰施工照片。

图 3.5-7　悬臂式　　　　　图 3.5-8　拉锚式　　　　　图 3.5-9　支撑式

4. 双排钢板桩围堰

双排钢板桩围堰是设置两排钢板桩，钢板桩之间填土（或砂），两排钢板桩之间通过围檩和拉杆连接而形成重力式的挡土、挡水体系。双排钢板桩主要用在没有条件设置支撑（拉锚）的场地中，如内河的截流围堰、水工结构的水域范围内围堰。图 3.5-10 为典型的双排钢板桩围堰。与单排桩设计相比，不但要设计钢板桩的长度、验算其刚度及强度，而且需要设计双排桩之间的宽度、验算围堰的整体稳定性及内部剪切稳定性，同时需要设计拉杆及围檩。

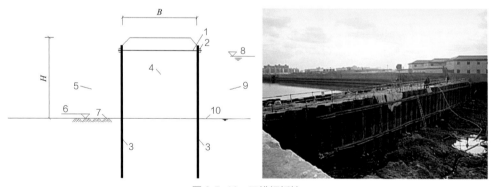

图 3.5-10　双排钢板桩

1—拉杆；2—围檩；3—拉森钢板桩；4—回填土；5—内侧（背水面）；
6—开挖面；7—计算底面；8—水位；9—外侧（迎水侧）；10—泥面

双排钢板桩围堰填料应采用级配良好、摩擦角大的无黏性土，慎用排水不良的黏性土。堰体内软弱的淤泥宜进行换填或加固处理。为增加抗剪切能力，可采用土工织物袋装砂土回填。为减小堰体内的水头压力，可在背水侧设置排水孔。

5. 格形钢板桩围堰

格形钢板桩围堰（图 3.5-11、图 3.5-12）是由直线型钢板桩拼接而成的圆形、鼓形的格体，格体之间相互连接，格体内填充砂、石料，在锁口抗拉强度保证的前提下，依靠其自身的重力稳定性实现挡土、挡水的功能。该类型围堰中的钢板桩不是抗弯构件，而是抗拉构件。通常用在大面积的水域围堰，且钢板桩入土深度受到限制，如基岩表面等。设计时，初步确定了格形的直径（宽度）时，需验算钢板桩的抗拉强度、格体内部剪切稳定，以及把格体作为重力式挡土墙看待而进行抗滑移、抗倾覆、圆弧滑动及地基承载力验算。格形围堰的设计可参照规范《格形钢板桩码头设计与施工规范》JTJ 293—98。

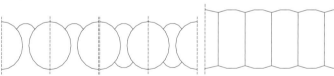

图 3.5-11　圆格形围堰壁　　　　　　图 3.5-12　鼓形围堰壁

6. 支撑布置

优化支撑布置可形成较大作业空间（图 3.5-13），宜避免采用大截面结构构件，应尽量减少对河床清理、水下混凝土封底以及主体结构施工的影响。

由于钢围堰处于江河等水中，需抵御涨落潮、水流冲击、施工船只停靠挤压等不利影响，还需具备一定的抵御漂浮物撞击能力，所以内支撑体系应具备较高的安全度，其整体稳定、局部稳定、构件节点的焊缝等连接

图 3.5-13　钢板桩围堰支撑布置

均应按具有一定的安全储备进行设计。

内支撑可采用工字钢等型钢或钢管，各构件之间应连接可靠，同时支撑的布置应考虑其便于安装、拆除以及构筑物施工。

7. 钢板桩墙的抗弯刚度折减

钢板桩墙的抗弯刚度在施工中是一个变化的值，其范围介于单根钢板桩抗弯刚度与理想桩墙抗弯刚度之间，不可直接选取钢板桩铭牌中桩墙的刚度作为设计参数，而需对其进行折减。同样，钢板桩墙的允许弯矩也不可直接选取钢板桩铭牌值，而应按照取钢板桩铭牌值 30%~70% 进行折减。钢板桩变形小时，抗弯折减系数取小值，钢板桩变形大时，抗弯折减系数取大值。

钢板桩的刚度随着其变形增加而逐步从单根钢板桩刚度向理想桩墙刚度变化提高，因此设计时不可直接选取钢板桩铭牌中桩墙的刚度作为设计参数，需进行折减，否则计算出钢板桩变形量较实际偏小而不安全。同样，钢板桩的实际允许弯矩也低于钢板桩铭牌中桩墙的允许弯矩，因此根据钢板桩铭牌中桩墙的允许弯矩值进行设计也不安全。

3.5.2 钢套箱围堰构造设计

1. 钢套箱围堰构造设计应符合的规定

（1）钢套箱围堰按结构可分为双壁钢套箱围堰和单壁钢套箱围堰。

（2）钢套箱围堰可由侧板、围檩、内支撑、立柱和封底混凝土组成，构件加工制作应满足设计要求。

（3）钢套箱围堰侧板可由壁板、竖向加劲肋、横向加劲肋或横向隔板组成。

（4）钢套箱围堰侧板的拼缝应连接可靠、严密、不漏。

（5）双壁钢围堰侧板的内、外壁板间应设置水平桁架或实腹式横隔板，必要时应设置竖向隔舱板，隔舱间应严密、不漏。

（6）双壁钢套箱围堰底部宜设置刃角，刃角宜采用混凝土填充密实。单壁钢套箱围堰侧板底部结构应进行适当加强。

（7）钢套箱围堰围檩、立柱、内支撑应符合本书 3.5.1 节的规定。

（8）当钢套箱围堰采用整体浮运就位时，干舷高度不宜小于 3.0m，浮运速度不宜大于 1.0m/s，并应验算其浮运时的浮体稳定性、拖航及顶推作用点的结构强度和刚度等。

（9）双壁钢套箱围堰水中定位的锚碇系统应进行专项方案设计，围堰定位时系缆点的局部结构应进行强度和刚度验算。

（10）当钢套箱围堰采用整体或整节段吊装就位时，应选择合理的吊装方式，并应进行吊装系统设计，吊装的计算荷载应计入冲击效应，冲击系数应取 1.1。吊耳、吊具的安全系数不应小于 3.0，工具索安全系数不应小于 5.0。

（11）钢套箱围堰内腔平面尺寸应根据围堰安装方法、定位精度及基础平面尺寸确定。

（12）钢套箱围堰设计宜设置下沉导向装置。

2. 单双壁套箱围堰确定

钢套箱围堰适用于承台底面低于河床的承台施工。侧板和封底混凝土是钢套箱围堰的主要阻水结构，可兼作承台侧模和底模。

钢套箱围堰一般有单壁套箱围堰和双壁套箱围堰两种，其结构的选定根据水压差及支撑情况等经计算比较后确定。当水压差大于 10m 以上时，一般选用双壁钢套箱围堰。

单壁钢套箱围堰或非圆形双壁钢套箱围堰均需根据计算设置一层或多层内环梁和内支撑体系；当圆形双壁钢套箱围堰顶需要设置施工平台时，应根据施工荷载需要设置内环梁和内支撑体系。

双壁钢套箱与单壁钢套箱的比选参见表 3.5–4。

<table>
<tr><td colspan="3" style="text-align:center">双壁钢套箱与单壁钢套箱的比选　　　　　　　　　　　　表3.5–4</td></tr>
<tr><td>方案名称</td><td>单壁钢套箱围堰</td><td>双壁钢套箱围堰</td></tr>
<tr><td>优点</td><td>1. 用钢量小；
2. 加工简单；
3. 拼装方便</td><td>1. 能自浮，可整体浮运定位及姿态调整；
2. 可通过隔舱水位调整围堰下沉时的重力；
3. 刚度大，可在岸上整体拼装后浮运至墩位；
4. 能适应深水，大流速，大尺寸承台；
5. 可兼作承台的防撞结构和钻孔施工平台</td></tr>
<tr><td>缺点</td><td>1. 结构单薄，刚度小，易变形漏水；
2. 不能借助浮力进行定位、调整；
3. 深水、大流速，大尺寸承台以及入土较深的水中基础不适用</td><td>1. 用钢量大；
2. 加工制造和拼装工序复杂；
3. 整体浮运时对航道和拖航设备要求高</td></tr>
</table>

3. 钢套箱围堰侧板构造

围堰侧板构造如图 3.5–14 所示。

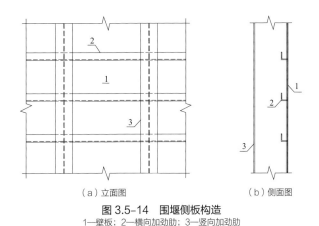

（a）立面图　　　　　　　（b）侧面图
图 3.5–14　围堰侧板构造
1—壁板；2—横向加劲肋；3—竖向加劲肋

双壁钢围堰侧板的内、外壁板间设置水平桁架或横隔板的目的是使内、外壁板组成整体共同受力（图 3.5–15）。水平桁架腹杆一般采用型钢，并与横向隔板焊接，横隔板采用钢板加工制作，水平桁架间距不宜大于 1.5m。围堰尺寸较大或围堰壁舱内需要浇筑混凝土时，围堰的双壁侧板内应设置竖向隔舱板，以对围堰壁舱进行分仓，并增加侧板的刚度。

刃角构造大样可参见图 3.5-16，实物见图 3.5-17。

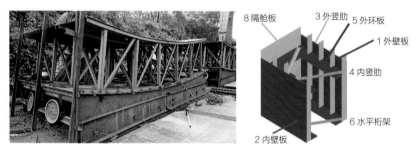

图 3.5-15 钢套箱围堰构造实物图与透视图

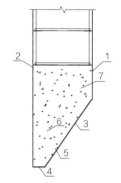

图 3.5-16 双壁钢套箱围堰刃角构造图
1—内壁板；2—外壁板；3—刃脚壁板；4—刃脚底部封板；
5—壁板加劲肋；6—内外壁板连接桁架；7—刃脚填充混凝土

图 3.5-17 刃脚

4. 钢套箱围堰平面尺寸确定

插打式钢套箱围堰的平面尺寸宜比基础平面尺寸大 0.5~1.0m，吸泥下沉式钢套箱围堰的平面尺寸宜比基础平面尺寸大 0.8~2.0m，围堰内壁作为模板且围堰有精确定位措施时可大 0.1~0.2m。钢套箱围堰吸泥下沉容易产生平面偏差、扭转及倾斜，为确保模板、支架安装空间，故应放大尺寸；吸泥下沉式钢套箱围堰下沉深度越大，则取值越大。

3.5.3 钢吊箱围堰构造设计

1. 钢吊箱围堰构造设计应符合的规定

（1）钢吊箱围堰按结构可分为双壁钢吊箱围堰与单壁钢吊箱围堰。

（2）钢吊箱围堰结构可由底板龙骨、底板、侧板、内支撑、吊挂系统及封底混凝土等组成。

（3）钢吊箱围堰侧板及内外壁板的结构形式应符合本书 3.5.2 节规定。

（4）钢吊箱围堰底板根据施工条件可选用钢结构底板或钢筋混凝土预制底板。

（5）钢吊箱围堰侧板之间、侧板与底板之间的拼缝应连接可靠、严密不漏，侧板宜设置连通孔。

（6）钢吊箱围堰内支撑应符合本书 3.5.1 节的规定。

（7）钢吊箱围堰吊杆可采用精轧螺纹钢、钢吊带、型钢等多种形式，其力学指标应满足设计要求。

（8）钢吊箱围堰底板顶面设计高程应根据承台底面高程及封底混凝土厚度确定。

（9）钢吊箱围堰设计的内外水压差应综合施工计划、施工时间、汛期或涨落潮位、结构安全及经济性等因素经计算确定。

（10）钢吊箱围堰应按吊装、浮运、下沉、封底、抽水、基础混凝土浇筑、拆除等主要工况进行设计计算。

（11）钢吊箱围堰整体浮运就位、水中定位锚碇、整体或整节段吊装应符合本书 3.5.2 节规定。

（12）当小型或不采用整体吊装的钢吊箱围堰设计时，宜利用钻孔作业平台搭设围堰的拼装平台，并应利用钻孔桩钢护筒作为下放钢围堰的支撑桩。

（13）钢吊箱围堰的吊挂系统可采用桩基钢护筒支撑、桩基中预埋立柱支撑等多种形式。预埋立柱的强度和刚度及预埋深度应满足受力计算要求。

（14）钢吊箱围堰内腔平面尺寸应符合本书 3.5.2 节的规定。

2. 钢吊箱围堰选择

钢吊箱围堰适用于承台底面高于河床的承台施工。侧板、底板和封底混凝土是钢吊箱围堰的主要阻水结构，可兼作承台施工模板。

吊箱围堰一般有单壁吊箱围堰和双壁吊箱围堰两种，其结构的选定根据水压差及支撑情况等经计算比较后确定。当水压差大于 10m 以上时，一般选用双壁钢吊箱围堰（图 3.5-18）。

图 3.5-18　双壁钢吊箱围堰

单壁钢吊箱围堰或非圆形双壁钢吊箱围堰均需根据计算设置一层或多层内环梁和内支撑体系；当圆形双壁钢吊围堰顶需要设置钻孔施工平台时，应根据钻孔施工需要设置内环梁和内支撑体系。

双壁钢吊箱与单壁钢吊箱的比选可参考表 3.5-4。

3. 钢吊箱围堰侧板确定

钢吊箱围堰侧板可由壁板、竖向加劲肋、横向加劲肋或横向隔板组成。

4. 钢吊箱围堰内壁尺寸确定

钢吊箱围堰内壁尺寸宜比基础大 0.1~0.2m。围堰壁板作为承台模板时，应考虑围堰准确定位的条件以及对承台位置的影响。

3.5.4 钢管桩围堰构造设计

1. 钢管桩围堰构造设计应符合的规定

（1）钢管桩围堰按锁口结构及构造可分为 C-O 型、I-C 型、[-I 型钢围堰。

（2）钢管桩围堰结构可由锁口钢管桩、围檩、内支撑、封底混凝土等组成。

（3）钢管桩的材质、性能和尺寸应符合产品的相应规定。钢管径厚比应满足下式要求：

$$\frac{D_0}{t_s} \leq 100\frac{235}{f_y} \tag{3.5-1}$$

式中　D_0——钢管外径（mm）；

t_s——钢管壁厚（mm）；

f_y——钢材的屈服强度（MPa）。

（4）钢管桩围堰锁口应符合下列规定：

1）应根据土层地质情况和止水要求确定锁口形式；

2）应对锁口采取可靠的止水处理措施；

3）锁口焊缝受力计算应符合现行国家标准《钢结构设计标准》GB 50017 的规定，锁口焊缝计算长度宜取整个焊缝长度的 1/2。

（5）钢管桩顶部和底部宜设置加强箍，并应采用与钢管桩材质相同的钢板满焊，加强箍的纵缝应和卷焊桩管的纵缝错开 90°，加强箍的厚度与原管壁叠合后的径厚比不宜大于 40。

（6）在锁口槽口下端可焊接一定坡度的挡板，防止插打过程中渣土进入锁口槽口部位。

（7）钢管桩围堰转角部位可在其钢管桩外侧土层设计有效合理的加固方案。

（8）当采用振动打桩时，应对钢管桩打入时的夹持点及帽头的受力进行验算。

（9）钢管桩围堰围檩、立柱、内支撑制作布设和异形桩制作应符合本书 3.5.1 节规定。

（10）锁口钢管桩围堰内腔平面尺寸应符合本书 3.5.1 节的规定。

2. 钢管桩围堰锁口构造

锁口钢管桩围堰适用于河床为砂类土、黏性土、碎（卵）石类土和风化岩等水中深基坑开挖防护施工。

钢管桩围堰锁口构造有下列三种类型（图 3.5-19~ 图 3.5-21）：

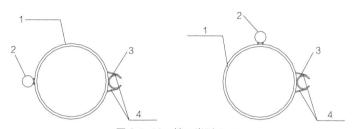

图 3.5-19 锁口类型 C-O
1—钢板桩；2—O 形锁口；3—C 形锁口；4—连接板

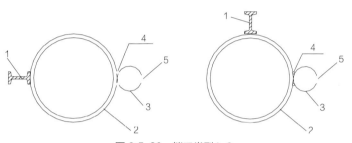

图 3.5-20 锁口类型 I-C
1—工字钢；2—大直径钢管；3—小直径钢管；4—钢筋；5—缺口

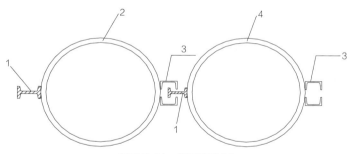

图 3.5-21 锁口类型 [-I
1—工字钢；2—第一圆形钢管桩；3—槽钢；4—第二圆形钢管桩

（1）C-O 型锁口钢管桩，钢管桩外周两侧连接一小直径 C 型开口钢管锁口和一 O 型普通钢管锁口，相邻钢管桩间通过 C 型锁口与 O 型锁口间锁口连接形成整体。

（2）I-C 型锁口钢管桩，钢管桩的外圆周两侧连接有一工字钢和一小直径 C 型开口钢管锁口，相邻钢管桩间通过 C 型锁口与 I 型锁口间锁口连接形成整体。

（3）[-I 型锁口钢管桩：钢管桩的外圆周两侧连接有一工字钢锁口和一对扣槽钢组合型钢 "[]" 型开口锁口，相邻钢管桩间通过两类锁口连接形成整体。

3. 锁口防水设计

锁口的设计时应保证锁口能止水。

（1）要保证锁口有足够强度不开裂。对锁口强度验算时可作如下假定：

1）两根桩在同一平面内对称倾斜 1/100，造成锁口一端受拉，一端受压。

2）在平面外，两根桩相反方向各倾斜 1/100，锁口受弯、扭、剪。

3）一根下沉带动相邻桩下沉，锁口受剪。

4）管桩锤击下沉时旋转使锁口受扭，旋转力按锤击力的 10%。以上各计算力的大小均以锤击力为基数。

（2）锁口焊缝受力计算应符合现行国家标准《钢结构设计标准》GB 50017 的规定，锁口焊缝计算长度宜取整个焊缝长度的 1/2。考虑到钢管桩嵌入基底以下深度和开挖后悬臂深度基本各占钢管桩长度一半左右，基坑底面以上部分焊缝是否渗漏水对基坑施工十分重要，插打过程中鉴于锁口接触形式，在钢管桩发生偏斜时已插打钢管桩锁口顶部焊缝受力最为不利，越往下受力越小，超过一半深度几乎不受影响。同时考虑到新插打钢管桩垂直度检查在打入深度一半时检查，打入深度小于 1/2 时出现卡桩或者垂直度偏差大时，需要拔出钢管桩检查其锁口焊缝是否完好，调整钢管桩竖向位置重新插打。所以取焊缝计算长度为整条焊缝 1/2 验算符合施工实际。

（3）要使锁口有空腔可灌浆堵漏。

（4）围堰在封底混凝土后抗倾覆力计算时要考虑锁口内浆体黏着力，封底混凝土与围堰外侧压力对桩端的嵌固力。

锁口位置渗漏水应采取填塞棉絮、锯末、黏土混合物等防水材料预防处理，或采用防水袋注浆处理（图 3.5-22~ 图 3.5-24）。

图 3.5-22　锁口清洗

图 3.5-23　锁口插入注浆管及布袋

图 3.5-24　锁口止水灌浆到位

在水较深、流速较大地区，因锁口与周围水位连通，直接注浆则浆液会流入水中而无法固结，起不到止水作用。考虑防水效果好、施工方便，推荐采用防水布袋灌浆法。一般采用比锁口直径稍大，与锁口长度相等防水布袋作为浆液的外包物，限制其外流。防水布袋套在注浆管的外面，随着注浆管一起放入锁口内，注浆管可采用硬塑料管，直径小于锁口尺寸，以易于插入为宜，可重复使用。防水布袋一般采用不透水油布加工而成，袋内一般采用低强度高流动性的水泥浆，可掺入膨润土、黏土等。防水布袋直径应比锁口稍大，其良好的柔度保证了锁口内能被充分填充，达到良好的止水效果。

具体施工时布袋安装应防止绞缠，且布袋长度需确保浆体一次性灌注到位；灌注过程应确保严格按试验浆体配比。灌注速度不宜过快，过程中要仔细观察浆体的稠度、灌注速度、防水布袋的变化等，发现问题时及时采取补救措施。

围堰角部外侧土体应加固设计。钢管桩围堰在转角处受力状态复杂，钢管弯矩和应力相对较大，因此应在转角位置的钢管桩外侧地层进行注浆加固。根据地质情况，注浆管应设置在钢管桩外侧，转角处加固范围不宜小于 3 倍桩径。注浆材料应选择水下地基土层加固材料，通过注浆试验设计合理的注浆材料、注浆间距、注浆压力和注浆措施。

3.6　钢围堰设计实例

3.6.1　钢板桩围堰设计实例

1. 工程概况

（1）工程简介

大沙水道桥为 1200m 跨径的双塔单跨钢箱梁悬索桥。

西塔承台顶标高为 +4.0m，底标高为 -2.0m，厚度 6.0m，承台尺寸：顺桥向 25m，横桥向 82.55m。承台采用 C40 混凝土，承台封底采用 1.3m 厚 C30 水下混凝土，封底混凝土方量约 2727m^3。承台结构形式如图 3.6-1 所示。

立面
侧面
C40承台
C20封底混凝土
6.000
4.000
-2.000
-3.300
-67.000
150
200
600
130
500
2491
7491
2000
平面
R1420
1201
382
8255
注：本图除标高以m计外其余均以cm计。

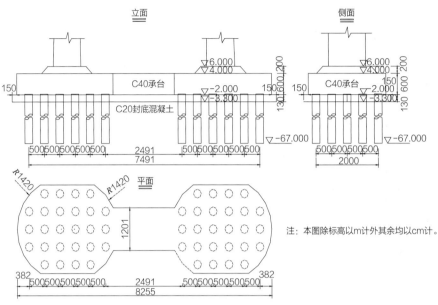

图 3.6-1　西塔承台构造图

（2）水文地质条件

现场实测水位涨潮时取为 +2.6m，最高通航水位 +3.124m。

承台位置河床标高最低处为 +0.0m，计算地质情况选取补勘报告 DXTCQZK4 孔，地质参数按勘察报告取有关岩土参数建议值，地质参数详见图 3.6-2。

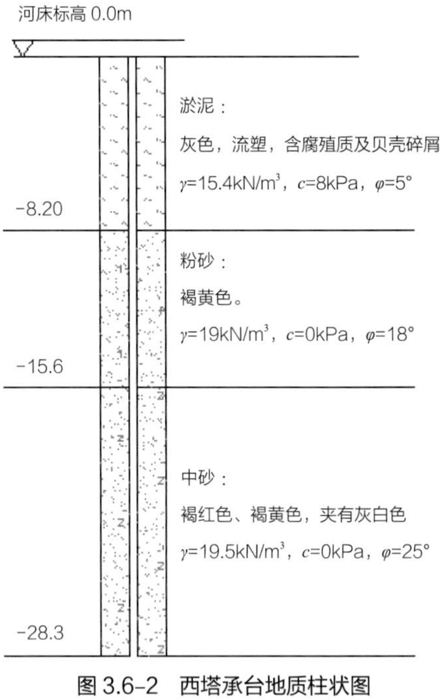

河床标高 0.0m
淤泥：
灰色，流塑，含腐殖质及贝壳碎屑
γ=15.4kN/m³，c=8kPa，φ=5°
-8.20
粉砂：
褐黄色。
γ=19kN/m³，c=0kPa，φ=18°
-15.6
中砂：
褐红色、褐黄色，夹有灰白色
γ=19.5kN/m³，c=0kPa，φ=25°
-28.3

图 3.6-2　西塔承台地质柱状图

（3）承台施工工艺概述

1）钢板桩围堰打设完毕，安装围檩和内支撑（+2.1m 处）。

2）围堰内吸泥除土至标高 –3.3m，平均挖土厚度为 3.3m，找平。

3）浇筑 1.3m 厚水下封底混凝土，封底顶标高至 –2.0m，混凝土达到强度后，围堰内抽水。

4）破桩头、绑扎第一层承台钢筋，立模板浇筑第一层承台混凝土。

5）拆除内支撑，绑扎第二层承台钢筋，立模板浇筑第二层承台混凝土。

6）承台施工完毕后，安装防撞护舷，拔除钢板桩。

（4）钢板桩围堰构造

钢板桩采用 WRU23 型钢板桩，长度为 18m。钢板桩围堰的平面尺寸为 85.55m×28m，布设一层内支撑，内支撑标高为 + 2.1m。横向支撑采用 $\phi820×10$ 钢管，角撑采用 $\phi630×10$ 钢管，围檩采用 2HN600×200 型钢。钢板桩底标高为 –14.0m，顶标高为 +4.0m。钢板桩围堰构造如图 3.6–3 所示。

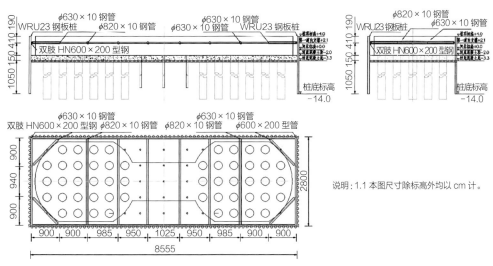

图 3.6–3　西塔承台钢板桩围堰及内撑布置图

2. 钢板桩围堰稳定性验算

（1）计算工况

为了保证施工安全，钢围堰结构必须结合施工工序，对最不利工况进行稳定性验算。根据施工工序介绍，本钢围堰主要可分为以下四个工况：

工况一：钢板桩合龙形成围堰后，安装内支撑（内支撑标高 +2.1m），围堰内吸泥除土至 –3.3m 标高处（假定此时围堰内水位为 +2.1m，堰外最高潮水位 +2.6m）。

工况二：浇筑水下 1.3m 厚封底混凝土，封底顶标高至 –2.0m，封底混凝土强度满足要求后，抽水。

工况三：浇筑承台第一层混凝土至 +0.5m（第一层承台混凝土浇筑厚度为 2.5m），

当其达到规定强度后，拆除原有内支撑。

工况四：围堰围蔽后退潮，堰内未吸泥，钢板桩内侧水位取 +2.1m，外侧水位取值为 +0.0m。从上述 4 个工况可以看出，由于本围堰采用了水下混凝土封底的施工方法。在封底后由于结构桩基与封底混凝土及钢围堰结构形成了一个整体，整体稳定性及刚度均较大，且本围堰总体深度较浅，因此最不利工况应出现封底施工以前，针对本案例，应对工况一、工况四进行验算。结合地质情况及施工工序，工况一应进行整体稳定性验算、抗倾覆稳定性验算、抗隆起稳定性验算、抗突涌稳定性验算；工况四，则可对整体稳定性、抗倾覆稳定性、抗隆起稳定性进行验算即可。工况一与工况四计算简图及地质情况如图 3.6-4（a）、3.6-4（b）所示。

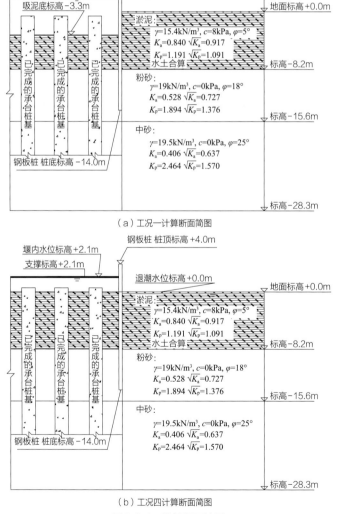

图 3.6-4　计算断面简图

（2）计算条件

1）稳定性计算中堰外土压力采用朗肯主动土压力，堰内土压力采用朗肯被动土压力，具体计算公式详见本书 3.4.5 节。

2）水土压力计算中淤泥采用水土合算，粉砂、中砂采用水土分算。

3）由于坑外水位因潮汐活动而有所变化，堰底为淤泥隔水层及粉砂层，钢板桩并未穿透砂层，因此砂层内水头应与堰外水头一致。水压计算不考虑渗流影响，按静水压计算。

4）不考虑桩基对堰底土体的约束作用，偏于安全进行验算。

（3）工况一围堰稳定性验算

1）整体稳定性验算

由于钢板桩穿透了淤泥层，进入下层粉砂层，整体稳定性按本书 3.4.8 节采用圆弧滑动条分法进行验算，验算简图如图 3.6–5 所示。

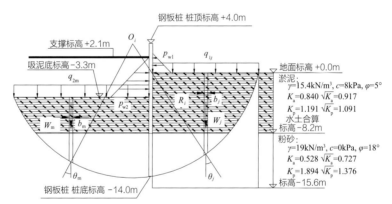

图 3.6–5　工况一整体稳定性计算简图

计算时不考虑支撑对整体稳定性的有利影响，具体计算见公式（3.4–74）~公式（3.4–77），本实例没有锚杆则采用公式（3.4–74），可简化如下：

$$K_i = \frac{\sum_{j=1}^{n} c_j l_j + \sum_{j=1}^{n}\left[(q_j b_j + W_j)\cos\theta_j - u_a l_j\right]\tan\varphi_j}{\sum_{j=1}^{n}(q_j b_j + W_j)\sin\theta_j + M_p / R_i}$$ （3.6–1）

由于需要寻找安全系数最小的最不利圆弧，因此整体稳定计算一般需通过程序进行，这里应注意在本案例中堰内、外水位均高于土体表面，当采用图 3.6–5 计算简图时应考虑地面以上的水压力的作用，这种作用有竖向作用，也有水平作用，图 3.6–5 中 $q_{1j}=p_{w1}=\gamma_w h_{w1}=10\times2.6=26\text{kPa}$，$q_{2m}=p_{w2}=\gamma_w h_{w2}=10\times2.1=21\text{kPa}$，竖向作用应计入 $q_j b_j + W_j$ 项，而水平作用则应计入 M_p，本例中 M_p 就等于水压力 p_{w1} 和 p_{w2} 合力对滑动圆弧中心 O_i 的矩。

经过计算本案例整体稳定性安全系数为 2.228 > 1.35，满足一级围堰技术标准要求。

2）抗倾覆稳定性验算

抗倾覆稳定性按本书 3.4.8 节进行，本实例设一道支撑，因此应按单撑围堰结构进行验算，即公式（3.4-80），各层土主动土压力与被动土压力计算如下：

①坑外主动土压力

第一层水（标高 +2.6~+0.0m）：

$\varphi_1=0°$，$c_1=0kPa$，$K_{a,1}=\tan^2(45°-\dfrac{\varphi_1}{2})=1$，$\sqrt{K_{a,1}}=1$；

$\sigma_{a1}^1=10\times0.5=5kPa$，$p_{a1}^1=\sigma_{a1}^1=5kPa$；

$\sigma_{a2}^1=10\times2.6=26kPa$，$p_{a2}^1=\sigma_{a2}^1=26kPa$；

$E_{a1}=（5+26）\times2.1/2=32.55kPa$，$a_{a1}=2.1-[2.1+\dfrac{1}{3}\times(0.0-2.1)\times\dfrac{5+2\times26}{5+26}]=1.287m$。

第二层淤泥（标高 +0.0~-8.2m）水土合算：

$\varphi_2=5°$，$c_2=8kPa$，$K_{a,2}=\tan^2(45°-\dfrac{\varphi_2}{2})=0.840$，$\sqrt{K_{a,2}}=0.917$；

$\sigma_{a1}^2=10\times2.6=26kPa$，$p_{a1}^2=\sigma_{a1}^2K_{a,2}-2c_2\sqrt{K_{a,2}}=7.168kPa$；

$\sigma_{a2}^2=10\times2.6+15.4\times8.2=152.28kPa$，$p_{a2}^2=\sigma_{a2}^2K_{a,2}-2c_2\sqrt{K_{a,2}}=113.243kPa$；

$E_{a2}=（7.168+113.243）\times8.2/2=493.693kPa$，$a_{a2}=2.1-(-5.304)=7.404m$。

第三层粉砂（标高 -8.2~-14.0m）水土分算：

$\varphi_3=18°$，$K_{a,3}=\tan^2(45°-\dfrac{\varphi_2}{2})=0.528$，$\sqrt{K_{a,3}}=0.727$；

$\sigma_{a1}^3=152.28kPa$，

$p_{a1}^3=(\sigma_{a1}^3-u_a)K_{a,3}-2c_3\sqrt{K_{a,3}}+u_a=(152.28-108)\times0.528+108=131.380kPa$；

$\sigma_{a2}^3=10\times2.6+15.4\times8.2+19\times5.8=262.48kPa$，

$p_{a2}^3=(\sigma_{a2}^3-u_a)K_{a,3}-2c_3\sqrt{K_{a,3}}+u_a=216.941kPa$；

$E_{a3}=（131.380+216.941）\times5.8/2=1010.131kPa$，$a_{a3}=13.437m$。

②坑内被动土压力

第一层水（标高 +2.1~-3.3m）：

$\varphi_1=0°$，$c_1=0kPa$，$K_{p,1}=\tan^2(45°+\dfrac{\varphi_1}{2})=1$，$\sqrt{K_{p,1}}=1$；

$\sigma_{p1}^1=10\times0=0kPa$，$p_{p1}^1=\sigma_{p1}^1=0kPa$；

$\sigma_{p2}^1=10\times5.4=54kPa$，$p_{p2}^1=\sigma_{p2}^1=54kPa$；

$E_{p1}=（0+54）\times5.4/2=145.80kPa$，$a_{p1}=2.1-[2.1+\dfrac{1}{3}\times(-3.3-2.1)\times\dfrac{0+2\times54}{0+54}]=3.6m$。

第二层淤泥（标高 -3.3~-8.2m）水土合算：

$\varphi_2=5°$，$c_2=8kPa$，$K_{p,2}=\tan^2(45°+\dfrac{\varphi_2}{2})=1.191$，$\sqrt{K_{p,2}}=1.091$；

$\sigma_{p1}^2=54kPa$，$p_{p1}^2=\sigma_{p1}^2K_{p,2}+2c_2\sqrt{K_{p,2}}=81.770kPa$；

$\sigma_{p2}^2 = 10 \times 5.4 + 15.4 \times 4.9 = 129.46\text{kPa}$，$p_{p2}^2 = \sigma_{p2}^2 K_{p,2} + 2c_2\sqrt{K_{p,2}} = 171.643\text{kPa}$；

$E_{p2} = (81.770 + 171.643) \times 4.9/2 = 620.862\text{kPa}$，$a_{p2} = 2.1 - (-6.040) = 8.14\text{m}$；

第三层粉砂（标高 –8.2~–14.0m）水土分算：

$\varphi_3 = 18°$，$K_{p,3} = \tan^2\left(45° + \dfrac{\varphi_3}{2}\right) = 1.894$，$\sqrt{K_{p,3}} = 1.376$；

$\sigma_{p1}^3 = 129.46\text{kPa}$，

$p_{p1}^3 = (\sigma_{p1}^3 - u_p)K_{p,3} + 2c_3\sqrt{K_{p,3}} + u_p = 148.645\text{kPa}$；

$\sigma_{p2}^3 = 10 \times 5.4 + 15.4 \times 4.9 + 19 \times 5.8 = 239.66\text{kPa}$，

$p_{p2}^3 = (\sigma_{p2}^3 - u_p)K_{p,3} + 2c_3\sqrt{K_{p,3}} + u_p = 305.512\text{kPa}$；

$E_{p3} = (148.645 + 305.512) \times 5.8/2 = 1317.055\text{kPa}$，$a_{p3} = 13.534\text{m}$。

钢板桩两侧土压力分布如图 3.6-6 所示。

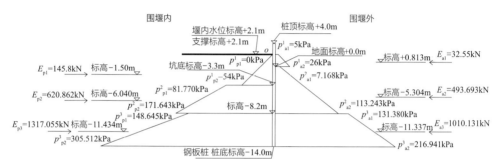

图 3.6-6　工况一抗倾覆稳定性计算简图

把上述计算结果代入公式（3.4-80），可得：

$$K = \frac{145.8 \times 3.6 + 620.862 \times 8.14 + 1317.055 \times 13.534}{32.55 \times 1.287 + 493.693 \times 7.404 + 1010.131 \times 13.437} = 1.355 > 1.35$$

根据计算结果本案例倾覆安全系数为 1.355，满足一级围堰抗倾覆标准。

3）抗隆起稳定性验算

①采用地基承载力法验算

本实例钢板桩穿透淤泥层，进入粉砂层，粉砂层以下为强度更高的中砂层，因此采用地基承载力法验算抗隆起时（图 3.6-7），可仅验算桩底平面。

堰外压力：$\overline{\gamma}_{01}(t + h') + q = 15.4 \times 8.2 + 19 \times 5.8 + 10 \times 2.6 = 262.48\text{kPa}$

堰内压力：$\overline{\gamma}_{02}t = 15.4 \times 4.9 + 19 \times 5.8 + 10 \times 5.4 = 239.66\text{kPa}$

地基土的承载力系数：$N_q = e^{\pi\tan\varphi}\tan^2\left(45° + \varphi/2\right) = 5.258$　$N_c = (N_q - 1)/\tan\varphi = 13.105$

把上述结果代入公式（3.4-95）：

$$\frac{\left(\overline{\gamma}_{02}tN_q + cN_c\right)}{\left[\overline{\gamma}_{01}(t + h') + q\right]} = \frac{239.66 \times 5.258 + 0 \times 13.105}{262.48} = 4.801 > 1.8$$

根据计算结果本案例抗隆起安全系数为 4.801，满足一级围堰抗隆起要求。

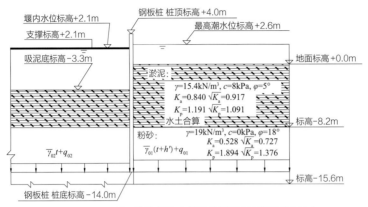

图 3.6-7　工况一抗隆起稳定性计算简图（地基承载力法）

②采用圆弧滑动法验算

本案例支撑高度较堰外地面高，且堰外水面与堰内水面均较地面高，因此在采用圆弧滑动法验算围堰抗隆起稳定性时（图 3.6-8），应考虑堰内外静水压对 M_{SLk} 的影响，为了简化计算，把堰外支撑高度以下部分的水作为一种特殊土层考虑，此时围堰外隆起力矩可按一般情况进行计算，而围堰内堰底以上部分水则需要计算静水压其对滑动圆心的力矩作用，并在总下滑力矩中扣除。

a. 隆起力矩标准值

围堰外地面荷载产生的隆起力矩标准值：$M_{SLkq} = \dfrac{1}{2}qt'^2 = 0\,\text{kN·m/m}$，式中 t'=16.1m。

围堰外最下道支撑以上第 i 层土产生的隆起力矩标准值：

$$M_{SLki} = \frac{1}{2}\gamma t'^2 (h_B - h_A) = 0.5 \times 10 \times 16.1^2 \times (0.5 - 0) = 648.025\,\text{kN·m/m}。$$

围堰外最下道支撑以下、开挖面以上第 j 层土的隆起力矩标准值：

$$\alpha_A = \arctan\left[\frac{h_A - h_0'}{\sqrt{t'^2 - (h_A - h_0')^2}}\right]，\text{式中 } h_0'=0.5\text{m} \qquad (3.6-2)$$

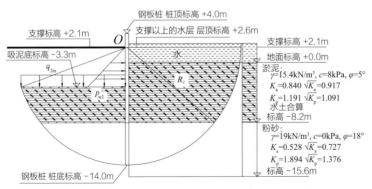

图 3.6-8　工况一抗隆起稳定性计算简图（圆弧滑动法）

$$\alpha_{B} = \arctan\left[\frac{h_{B} - h_0'}{\sqrt{t'^2 - \left(h_{B} - h_0'\right)^2}}\right] \tag{3.6-3}$$

$$M_{SLkj} = \frac{1}{2}\gamma t'^3\left[\left(\sin\alpha_{B} - \frac{\sin^3\alpha_{B}}{3}\right) - \left(\sin\alpha_{A} - \frac{\sin^3\alpha_{A}}{3}\right)\right] \tag{3.6-4}$$

本案例堰外支撑高度以下有两层土，分别为水和淤泥，把相关参数代入上式可得表 3.6-1 所列结果。

堰外土层隆起力矩计算结果表   表3.6-1

土层编号	土层类别	天然重度γ（kN·m）	层顶埋深h_{A}（m）	层底埋深h_{B}（m）	层顶夹角α_{A}（弧）	层底夹角α_{B}（弧）	M_{SLkj}（kN·m·m/m）
1	水	10	0.5	2.6	0	0.131	2710.185
2	淤泥	15.4	2.6	5.9	0.131	0.342	6199.203

围堰内堰底以上部分水对隆起力矩的影响，可以分成两部分计算，第一部分是堰底竖向水压 q_{2m} 对滑动圆心取矩；第二部分则是侧向水压对 p_{w2} 对滑动圆心取矩，具体计算如下：

$$M_{SLkj}' = 0.5 \times 54 \times 15.1^2 + 0.5 \times 54 \times 5.4 \times 3.6 = 6681.15\text{kN·m/m}$$

总隆起力矩：$M_{SLk} = M_{SLkq} + \sum_{i=1}^{n_1}M_{SLki} + \sum_{j=1}^{n_4}M_{SLkj} - M_{SLkj}' = 2876.263\text{kN·m/m}$；

b. 抗隆起力矩标准值

考虑到钢板桩强度较小，偏保守不计其抗力。

$$M_{sk} = 0\text{kN·m/m}$$

围堰外最下道支撑以下第 j 层土产生的抗隆起力矩标准值：

$$K_{a} = \tan^2\left(\pi/4 - \varphi/2\right)\text{；} \quad M_{RLkj} = \int_{\alpha_{A}}^{\alpha_{B}}\left[\begin{array}{l}\left(q_{1fk} + \gamma t'\sin\alpha - \gamma h_{A} + \gamma h_0'\right)\sin^2\alpha\tan\varphi + \\ \left(q_{1fk} + \gamma t'\sin\alpha - \gamma h_{A} + \gamma h_0'\right)\cos^2\alpha K_{a}\tan\varphi + c\end{array}\right]t'^2\text{d}\alpha \tag{3.6-5}$$

本次计算有三层土，分别为水、淤泥和粉砂，把相关参数代入上式可得表 3.6-2 所列结果。

堰外土层抗隆起力矩计算结果表   表3.6-2

土层编号	土层类别	天然重度γ（kN·m）	内摩擦角φ（°）	黏聚力C（kPa）	q_{1fk}（kPa）	层顶埋深h_{A}（m）	层底埋深h_{B}（m）	层顶夹角α_{A}（弧）	层底夹角α_{B}（弧）	侧压力系数K_{a}	M_{RLKj}（kN·m/m）
1	水	10	0	0	5	0.500	2.600	0.000	0.131	1.000	0.000
2	淤泥	15.4	5	8	26	2.600	10.800	0.131	0.694	0.840	2193.552
3	粉砂	19	18	0	152.28	10.800	16.600	0.694	1.571	0.528	15093.696

围堰内开挖面以下第 m 层土产生的抗隆起力矩标准值：

$$M_{RLkm}=\int_{\alpha_A}^{\alpha_B}\left[\begin{array}{c}\left(q_{2fk}+\gamma t'\sin\alpha-\gamma h_A+\gamma h_0'\right)\sin^2\alpha\tan\varphi+\\\left(q_{2fk}+\gamma t'\sin\alpha-\gamma h_A+\gamma h_0'\right)\cos^2\alpha K_a\tan\varphi+c\end{array}\right]t'^2\mathrm{d}\alpha \quad (3.6-6)$$

本次计算围堰内有两层土，分别为淤泥和粉砂，把相关参数代入上式可得如下结果（表3.6-3）。

堰内土层抗隆起力矩计算结果表　　　　　表3.6-3

土层编号	土层类别	天然重度γ（kN·m）	内摩擦角φ（°）	黏聚力C（kPa）	q_{1fk}（kPa）	层顶埋深h_A（m）	层底埋深h_B（m）	层顶夹角α_A（弧）	层底夹角α_B（弧）	侧压力系数K_a	M_{RLKm}（kN·m/m）
1	淤泥	15.4	5	8	54	5.900	10.800	0.342	0.694	0.840	1385.495
2	粉砂	19	18	0	129.46	10.800	16.600	0.694	1.571	0.528	13582.827

总抗隆起力矩为 $M_{RLk}=M_{sk}+\sum_{j=1}^{n_2}M_{RLkj}+\sum_{m=1}^{n_3}M_{RLkm}=32255.57\mathrm{kN\cdot m/m}$。

c. 抗隆起安全系数

钢围堰按圆弧滑动模式绕最下道支撑点的抗隆起稳定性安全系数如下：

$$\frac{M_{RLk}}{M_{SLk}}=\frac{32255.57}{2876.263}=11.214\geqslant2.2$$

根据计算结果本案例抗隆起安全系数为 11.214，满足一级围堰抗隆起要求。

4）抗突涌稳定性验算

本案例堰底为淤泥隔水层，应进行防突稳定性验算，具体验算公式采用公式（3.4-116），计算简图如图3.6-9。

$$K=\frac{\sum\gamma_ih_i}{P_{wk}}=\frac{10\times(2.1-(-3.3))+15.4\times4.9}{10\times(2.6-(-8.2))}=\frac{129.46}{108}=1.2$$

经过计算本案例抗突涌稳定性安全系数为 1.2 > 1.1，满足技术标准要求。

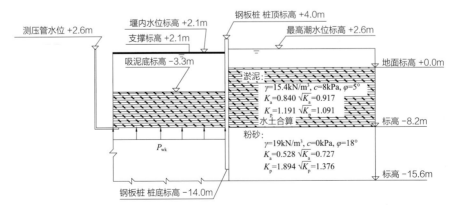

图 3.6-9　工况一抗突涌稳定性计算简图

（4）工况四围堰稳定性验算

1）整体稳定性验算

整体稳定性（图 3.6-10）计算同工况一，具体计算公式详见公式（3.4-74）~ 公式（3.4-77），本实例没有锚杆，不考虑支撑作用，计算过程与工况一相同，这里不再重复。

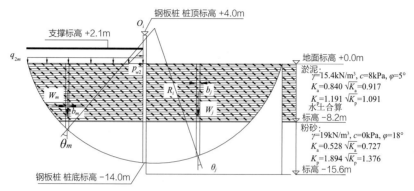

图 3.6-10　工况四整体稳定性计算简图

经过计算本案例整体稳定性安全系数为 3.626 > 1.35，满足一级围堰整体稳定性要求。

2）抗倾覆稳定性验算

抗倾覆稳定性仍按本书 3.4.8 节进行，由于本工况是验算钢板桩围蔽后，堰外水位因潮汐下降而引发的稳定问题，此时堰内钢支撑将不再起作用，因此按悬臂支挡结构考虑，具体见公式（3.4-79），各层土主动土压力与被动土压力计算如下。

①坑内主动土压力

第一层水（标高 +2.1~+0.0m）：

$\varphi_1 = 0°$，$c_1 = 0\text{kPa}$，$K_{a,1} = \tan^2\left(45° - \dfrac{\varphi_1}{2}\right) = 1$，$\sqrt{K_{a,1}} = 1$；

$\sigma_{a1}^1 = 10 \times 0 = 0\text{kPa}$，$p_{a1}^1 = \sigma_{a1}^1 = 0\text{kPa}$；

$\sigma_{a2}^1 = 10 \times 2.1 = 21\text{kPa}$，$p_{a2}^1 = \sigma_{a2}^1 = 21\text{kPa}$；

$E_{a1} = (0 + 21) \times 2.1/2 = 22.05\text{kPa}$，$h_{a1} = \left[2.1 + \dfrac{1}{3} \times (0.0 - 2.1) \times \dfrac{0 + 2 \times 21}{0 + 21}\right] - (-14) = 14.7\text{m}$。

第二层淤泥（标高 +0.0~−8.2m）水土合算：

$\varphi_2 = 5°$，$c_2 = 8\text{kPa}$，$K_{a,2} = \tan^2\left(45° - \dfrac{\varphi_2}{2}\right) = 0.840$，$\sqrt{K_{a,2}} = 0.917$；

$\sigma_{a1}^2 = 10 \times 2.1 = 21\text{kPa}$，$p_{a1}^2 = \sigma_{a1}^2 K_{a,2} - 2c_2\sqrt{K_{a,2}} = 2.968\text{kPa}$；

$\sigma_{a2}^2 = 10 \times 2.1 + 15.4 \times 8.2 = 147.28\text{kPa}$，$p_{a2}^2 = \sigma_{a2}^2 K_{a,2} - 2c_2\sqrt{K_{a,2}} = 109.043\text{kPa}$；

$E_{a2} = (2.968 + 109.043) \times 8.2/2 = 459.245\text{kPa}$，$h_{a2} = -5.394 - (-14) = 8.606\text{m}$。

第三层粉砂（标高 −8.2~−14.0m）水土分算：

$\varphi_3 = 18°$，$K_{a,3} = \tan^2\left(45° - \dfrac{\varphi_2}{2}\right) = 0.528$，$\sqrt{K_{a,3}} = 0.727$；

σ_{a1}^3=147.28kPa,

$p_{a1}^3 = (\sigma_{a1}^3 - u_a)K_{a,3} - 2c_3\sqrt{K_{a,3}} + u_a = 116.468\,\text{kPa}$;

σ_{a2}^3=10×2.1+15.4×8.2+19×5.8=257.48kPa,

$p_{a2}^3 = (\sigma_{a2}^3 - u_a)K_{a,3} - 2c_3\sqrt{K_{a,3}} + u_a = 202.029\,\text{kPa}$;

E_{a3}=（116.468+202.029)×5.8/2=923.641kPa，h_{a3}=2.640m。

②坑外被动土压力

第一层水（标高 +0.0~+0.0m）:

$\varphi_1=0°$，c_1=0kPa，$K_{p,1} = \tan^2\left(45° + \dfrac{\varphi_1}{2}\right) = 1$，$\sqrt{K_{p,1}} = 1$。

由于水深为 0，故无侧压力。

E_{p1}=0kPa，h_{p1}=0−（−14）=14m。

第二层淤泥（标高 +0.0~−8.2m）水土合算:

$\varphi_2=5°$，c_2=8kPa，$K_{p,2} = \tan^2\left(45° + \dfrac{\varphi_2}{2}\right) = 1.191$，$\sqrt{K_{p,2}} = 1.091$;

σ_{p1}^2=0kPa，$p_{p1}^2 = \sigma_{p1}^2 K_{p,2} + 2c_2\sqrt{K_{p,2}} = 17.456\,\text{kPa}$;

σ_{p2}^2=10×0+15.4×8.2=126.28kPa，$p_{p2}^2 = \sigma_{p2}^2 K_{p,2} + 2c_2\sqrt{K_{p,2}} = 167.855\,\text{kPa}$;

E_{p2}=（17.456+167.855）×8.2/2=759.775kPa，h_{p2}=−5.209−（−14）=8.791m。

第三层粉砂（标高 −8.2~−14.0m）水土分算:

$\varphi_3=18°$，$K_{p,3} = \tan^2\left(45° + \dfrac{\varphi_3}{2}\right) = 1.894$，$\sqrt{K_{p,3}} = 1.376$;

σ_{p1}^3=126.28kPa,

$p_{p1}^3 = (\sigma_{p1}^3 - u_p)K_{p,3} + 2c_3\sqrt{K_{p,3}} + u_p = (126.28 - 82)\times 1.894 + 82 = 165.866\,\text{kPa}$;

σ_{p2}^3=10×0+15.4×8.2+19×5.8=236.48kPa,

$p_{p2}^3 = (\sigma_{p2}^3 - u_p)K_{p,3} + 2c_3\sqrt{K_{p,3}} + u_p = 322.733\,\text{kPa}$;

E_{p3}=（165.866+322.733）×5.8/2=1416.937kPa，h_{p3}=2.59m;

钢板桩两侧土压力分布如图 3.6-11 所示。

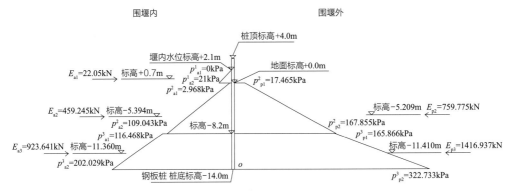

图 3.6-11　工况四抗倾覆稳定性计算简图

把上述计算结果带入公式（3.4-79），可得：

$$K = \frac{759.775 \times 8.791 + 1416.937 \times 2.59}{22.05 \times 14.7 + 459.245 \times 8.606 + 923.641 \times 2.64} = 1.541$$

根据计算结果本案例抗倾覆安全系数为 1.541，满足一级围堰抗倾覆标准。

3）抗隆起稳定性验算

本工况抗隆起稳定性验算采用地基承载力法（图 3.6-12），计算过程与工况一基本相同，仅验算桩底平面，具体计算结果如下：

堰内压力：$\overline{\gamma}_{01}(t+h') + q = 15.4 \times 8.2 + 19 \times 5.8 + 10 \times 2.1 = 257.48\text{kPa}$；

堰外压力：$\overline{\gamma}_{02}t = 15.4 \times 8.2 + 19 \times 5.8 = 236.48\text{kPa}$；

地基土的承载力系数：

$N_q = e^{\pi\tan\varphi}\tan^2(45° + \varphi/2) = 5.258$；

$N_c = (N_q - 1)/\tan\varphi = 13.105$

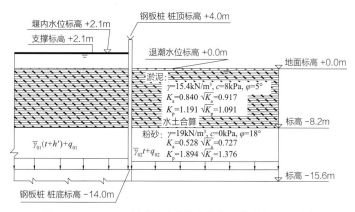

图 3.6-12　工况四抗隆起稳定性计算简图（地基承载力法）

把上述结果代入技术标准公式：$\dfrac{(\overline{\gamma}_{02}tN_q + cN_c)}{[\overline{\gamma}_{01}(t+h')+q]} = \dfrac{236.48 \times 5.258 + 0 \times 13.105}{257.48} = 4.829 > 1.8$

根据计算结果本案例抗隆起安全系数为 4.829，满足一级围堰抗隆起要求。

本工况主要验算堰外水位因潮汐下降而引发的稳定问题，此时堰内钢支撑将不起作用，因此应按悬臂支挡结构考虑，当有十字板剪强度时，可按公式（3.4-106）式进行圆弧滑动法抗隆起稳定验算，由于原勘察报告未作相关试验，故本案例不进行相关验算。实际上比较工况一的计算结果，可以看出，由于采用圆弧法计算所得安全系数富余量较大，按公式（3.4-106）验算时滑弧所穿越的土层与工况一完全相同，而且在一般情况下，由于十字板剪试验对原岩扰动较小，其强度相比常规实验室试验提供的抗剪强度稍高，因此可以预期其抗隆起稳定性也必可满足技术标准要求。

值得注意的是堰内水位高低对稳定性计算影响较大，如本例中假定了围堰内、外砂层内水位相同，对抗倾覆稳定性计算是有利的，当对抗突涌稳定性则是不利的，因此在实际计算时应根据土层水位实际情况进行计算，避免因水位取值不当造成结构失稳。

3. 封底混凝土验算

（1）验算工况

主墩承台围堰封底采用 1.3m 厚 C30 水下混凝土，封底混凝土一次性浇筑完成。封底混凝土验算以下三种工况：

工况一：封底混凝土抗浮验算

封底混凝土强度满足要求后，抽干围堰内的水，高潮位时，封底混凝土承受底部的浮力，验算封底混凝土的强度和围堰整体抗浮。

工况二：封底混凝土抗沉验算

第一层承台混凝土浇筑但未形成强度前，低潮位时，封底混凝土承受第一层承台钢筋混凝土与水压力差的作用，验算地基承载力。

工况三：封底混凝土厚度（强度）验算

钢围堰封底混凝土厚度除应满足抗浮、抗沉验算要求外，尚应按下式对封底混凝土结构进行强度验算。

（2）封底混凝土抗浮验算

1）桩基钢护筒与封底混凝土的摩擦力

$$F_1 = \min(G_z, \ \tau_1 S_1) \tag{3.6-7}$$

钢护筒直径为 2.7m，共计 52 根。

所有桩基钢护筒与封底混凝土接触面积 $S_1 = 52 \times \pi \times 2.7 \times 1.3 = 573.4 m^2$。

桩基钢护筒与封底混凝土的粘结力 τ_1 取 150kN/m²。

桩基钢护筒与封底混凝土的摩阻力：$F_1 = \min(G_z, \tau_1 s_1) = 150 \times 573.4 = 86011 kN$。

2）钢板桩围堰与封底混凝土的摩擦力

$$F_2 = \min(\tau_2 S_2, \ G_g + \tau_3 S_3) \tag{3.6-8}$$

钢板桩围堰与封底混凝土粘结力 $\tau_2 S_2$ 计算：

钢板桩围堰周长为 227.1m、封底混凝土的厚度为 1.3m。

钢围堰与封底混凝土接触面积 $S_2 = 227.1 \times 1.3 = 295.2 m^2$。

钢板桩围堰与封底混凝土的粘结力 τ_2 取 150kN/m²。

钢板桩围堰与封底混凝土的摩阻力：$F_2 = \min(\tau_2 S_2, \ G_g + \tau_3 S_3) = 150 \times 295.2 = 44285 kN$。

3）封底混凝土自重

$$G_c = \gamma_c V_c \tag{3.6-9}$$

钢板桩围堰内总面积：2395.4m²。

钢护筒全面积：$52 \times \pi/4 \times 2.7^2 = 297.7 m^2$。

封底混凝土面积：$S_c = （2395.4 - 297.7）= 2097.7 m^2$。

封底混凝土体积：$V_c = （2395.4 - 297.7）\times 1.3 = 2727 m^3$。

封底混凝土的容重 γ_c 取 24kN/m³。

$G_c=\gamma_c V_c=24 \times 2727=65447kN$。

4）水的浮力标准值（围堰外水位为实测水位涨潮时 +2.6m，围堰内水位为抽干水时 –3.3m）

$F_w=\gamma_w h_w A_n=10 \times （2.6-（-3.3））\times 2097.7=123763kN$。

5）钢板桩围堰封底混凝土抗浮验算

$$K_f=\frac{G_c+F_1+F_2}{F_w+P_{uc}}=\frac{65447+86011+44285}{123763}=1.58 \geqslant 1.15$$。

结论：封底混凝土抗浮验算满足规范要求。

（3）封底混凝土抗沉验算

1）施工期作用在封底混凝土上的承台自重及施工期最大活载 F_s：

封底混凝土底面面积 $A_1=2097.7m^2$。

承台底面面积 $A_2=1635m^2$，承台混凝土的容重 γ_c 取 $25kN/m^3$。

先浇筑第一层 2.5m 承台自重为 $F_s=1635 \times 2.5 \times 25=102188kN$。

2）水的浮力标准值（围堰外水位为实测水位低潮时，即河床标高 +0.0m，围堰内水位为抽干水时 –3.3m）：

$F_w=\gamma_w h_w A_n=10 \times （0-（-3.3））\times 2097.7=69223kN$。

3）钢板桩围堰封底混凝土抗沉验算：

$$K_c=\frac{F_1+F_2+F_w}{G_c+F_s+P_{ut}}=\frac{86011+44285+69223}{65447+102188}=1.19 \geqslant 1.10$$。

结论：封底混凝土抗沉验算满足规范要求。

（4）封底混凝土厚度（强度）验算

封底混凝土板视具体情况可按均布荷载作用下四边简支的单向或双向板进行验算，计算跨度按最大桩距或桩与围堰之间距离确定，也可按有限元进行计算。

将封底混凝土简化为双向板计算，板的支承采用四角点简支的形式。双向板块的计算模型如图 3.6-13 所示。

双向板的最大弯矩根据《建筑结构静力计算手册》（第二版）提供的方法（查表）进行计算：

$$M=K_m \times qL^2 \tag{3.6-10}$$

式中　M——板边或板中心的弯矩；

　　　K_m——弯矩系数；

　　　q——作用于板上的面荷载，$q=\gamma_w（h+t）-\gamma_c t=10 \times 5.9-24 \times 1.3=27.8kN/m^2$；

　　　L——取 L_x 或 L_y。

封底混凝土最大弯矩区域如图 3.6-14 所示。

对于 $L_x/L_y=5/7.5=0.67$，查询《建筑结构静力计算手册》（第二版），最大弯矩出现在自由边中点处，内插得最大弯矩系数 $K_m=0.07232$，$L=L_y=7.5m$，则最大弯矩为

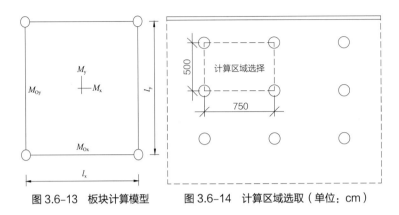

图 3.6-13　板块计算模型　　　　图 3.6-14　计算区域选取（单位：cm）

$$M=K_{\mathrm{m}} \times qL^2=0.07232 \times 27.8 \times 7.5^2=113.1\mathrm{kN \cdot m}。$$

根据本标准 4.6.3 条，钢围堰封底混凝土厚度按照公式（3.4-132）进行强度验算：

$$h_{\mathrm{t}} = \sqrt{\frac{9.09 \cdot M_{\mathrm{pl}}}{b \cdot f_{\mathrm{t}}}} + h_{\mathrm{u}}$$

式中　M_{pl}——每米宽度最大弯矩的标准值（N·mm）；

　　　　b——计算宽度（mm），取 1000mm；

　　　　f_{t}——混凝土的抗拉强度设计值（N/mm²），按现行国家标准《混凝土结构设计规范》GB 50010—2010（2015 年版）的规定取值，对封底 C30 混凝土取 f_{t}=1.43MPa；

　　　　h_{u}——计入水下混凝土可能与围堰底泥土混掺的增加厚度，宜取 300~500mm。

$$h_{\mathrm{t}} = \sqrt{\frac{9.09 \cdot M_{\mathrm{pl}}}{b \cdot f_{\mathrm{t}}}} + h_{\mathrm{u}} = \sqrt{\frac{9.09 \times 113.1 \times 10^6}{1000 \times 1.43}} + 300 = 1147.9\mathrm{mm} < 1300\mathrm{mm}。$$

结论：封底混凝土强度验算满足规范要求。

3.6.2　钢套箱围堰设计实例

1. 工程概况

香溪河大桥采用主跨为 470m 双塔双索面混合梁斜拉桥，桥面宽度 23m，双向四车道。其中 4 号主塔墩承台采用直径为 30m 的圆形承台，厚度 7m，承台底标高 +144.0m，墩位处河床面覆盖层顶标高 +136.0m 左右，桥位每年 6 月至 8 月处于低水位（+150.0m 以下），9 月中旬开始涨水，10 月中旬水位涨至 173.3m 左右。

根据施工组织设计，4 号墩基础施工采用先平台后围堰整体施工方案，平台采用门吊桩及钢护筒作为支撑体系，平台顶标高 +178.40m 左右；围堰采用双壁钢套箱结构，底节双壁侧板待水位下降后在钻孔平台下方进行拼装，拼完后整体下放至自浮状态，然后在其上继续拼装第二、三节双壁侧板，并浇筑封底砼，保证承台混凝土施工期间围堰设防水位不低于 +173.30m。钢套箱围堰总布置图如图 3.6-15，承台底钢护筒（桩位）布置如图 3.6-16 所示，双壁钢套箱围堰立面如图 3.6-17 所示。

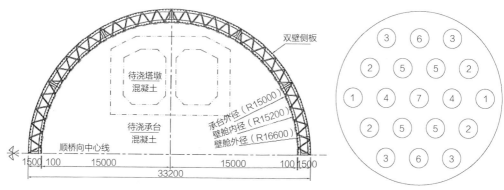

图 3.6-15　双壁钢套箱围堰断面图　　　　图 3.6-16　承台底钢护筒（桩位）布置示意图

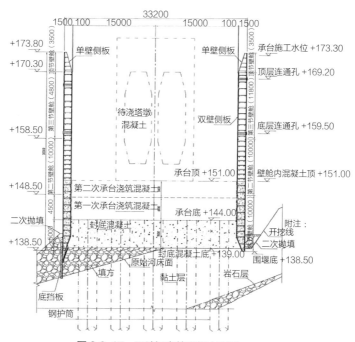

图 3.6-17　双壁钢套箱围堰立面图

为了保证施工安全，钢围堰结构必须结合施工工序，对最不利工况进行稳定性验算。根据施工工序介绍，本双壁钢套箱围堰主要可分为以下六个工况：

工况一：①待水位下降后利用长臂挖机将承台、围堰范围内河床开挖至 +138.5m，并在主跨侧回填；②在平台下方安装 2 组 20t 环向电动葫芦，用于底节围堰相关构件吊装工作；③待库区水位下降至 +159.0m 左右时，安装底节围堰拼装平台结构，随着水位不断下降，同时安装门吊桩底层连接系结构。

工况二：①利用浮吊配合电动葫芦拼装底节围堰双壁舱结构及导向装置；②利用龙门吊在平台上安装底节围堰提升下放系统（采用六点同步提升下放）；③待底节围堰拼装完成后，利用提升下放系统将底节围堰整体提升 1m，然后根据实际河床标高，在靠近主跨侧围堰周围焊接底挡板结构。

工况三：①待拼装平台割除完毕后利用提升下放系统将底节围堰下放至自浮状态，围堰内对称注水下沉一定深度；②继续利用浮吊，配合电动葫芦在底节围堰上拼装第二、三节围堰双壁舱结构及相应导向。现场需根据钻孔桩实际进度情况及水位变化情况决定是否需要在第三节围堰拼完后再进行封底，但必须保证承台施工设防水位不低于 +173.3m。

工况四：①待第三节围堰拼装完毕后，围堰壁舱内对称注水下沉至设计位置，对围堰内及周边河床填砂抛石至设计标高；②待钻孔桩施工结束后准备浇筑封底混凝土，现场需采取措施保证围堰在封底混凝土浇筑及养护期间不能因水位变化而引起上下浮动；③待封底混凝土达到设计强度后，再将围堰壁舱混凝土浇至标高 +151.0。

工况五（图 3.6-18）：①封底混凝土施工完毕后继续拼装顶节单壁围堰，保证承台施工设防水位达到 +173.30m（根据钻孔桩施工实际进展情况，顶节单壁围堰也可在封底混凝土施工之前进行安装）；②围堰内抽水，割除多余钢护筒，同时根据实际水位向围堰壁舱内注水；③分两次浇筑承台混凝土（第一次浇筑 4.0m，第二次浇筑 3.0m）。

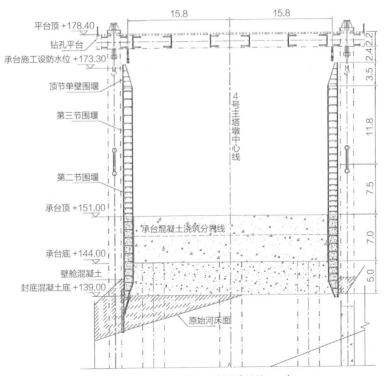

图 3.6-18　工况五施工工序图（单位：m）

工况六：①在承台上设置门吊辅助桩，与门吊桩之间连接，在保证门吊桩侧向稳定后拆除钻孔平台结构；②安装上游侧塔吊，利用龙门吊及塔吊施工塔墩结构。

在进行稳定计算前，首先应结合钢围堰施工步骤确定最不利工况，根据上述 6 个工况，由于在浇筑封底混凝土达到强度前，围堰结构整体固定在工作平台上，结合本案例钢套箱的入土深度，外荷载特点，因此从稳定性角度上看，最不利工况应为钢围堰封底完成，并进行堰内抽水的情况即工况五，此时钢围堰内外压差最大，较易引起钢围堰失稳。因此本案例针对该工况进行钢围堰的稳定性验算。根据规范要求，钢套箱应进行整体稳定验算、抗倾覆验算、抗滑移验算等验算。

　　由于本案例入土深度较浅，主体结构桩基较密，钢护筒较多，封底后主体结构桩基已经完成浇筑并与封底混凝土连成整体，因此基本不发生整体稳定失稳，故本案例主要进行抗倾覆、抗滑移等稳定验算。

　　计算条件：

　　（1）围堰施工期间，围堰结构主要承受结构自重、静水压力荷载及风荷载作用，由于处于三峡库区，水流速度很慢，可不考虑动水压力的影响。

　　（2）风荷载作用按本书 3.4.5 节计算，稳定计算时迎风面单位面积上横向风荷载强度为 0.38kN/m²。

　　（3）堰外水位按施工期最大设防水位考虑取 +173.3m，堰内水全部抽干，壁舱内水位 +162.0m，壁舱内混凝土高度 +151.0m，围堰底标高 +138.5m，封底标高 +139m。封底混凝土厚度为 5m，采用水下混凝土浇筑，考虑到水下封底混凝土施工质量不易保证，在本次计算其计算厚度按 4.8m 考虑。

　　（4）围堰内壁周长约 94.5m，外壁周长约 104.2m，钢围堰断面面积约 150m²，围堰内净空面积约为 707m²，钢护筒共 19 个，直径为 3.4m，则封底混凝面积约为 535m²。

　　（5）封底混凝土与单个护筒间的粘结力取 150kN/m²。

　　（6）基底主要为填土、粉质黏土及基岩。钢围堰自重为 10000kN，素混凝土重度按 24kN/m³，水重度取 10kN/m³。粉质黏土重度取 19kN/m³，内摩擦角取 10°，黏聚力为 10kPa。混凝土与基底摩阻系数取 0.3，钢刃脚与基底摩阻系数取 0.09（约为 tan5°）。

　　（7）从图 3.6-19 可见，由于钢围堰两侧水位相同，围堰底部分处于挖方、部分处于填方，且总体挖深很浅，并在堰外进行了局部回填，故认为堰外水平向水土压自相平衡，可不计其对围堰稳定性的影响，同时忽略土对围堰的竖向摩阻作用。

　　（8）偏安全不考虑桩基对堰底岩土的约束效应。

2. 钢套箱围堰稳定性验算

（1）抗倾覆稳定性验算

抗倾覆稳定性应按公式（3.4-78）进行验算，双壁钢套箱整体抗倾覆计算简图如图 3.6-20 所示。

围堰结构自重：G_1=10000kN。

壁舱内水与混凝土总重：G'_2=150×(151-139)×24+150×(162-151)×10=59700kN。

封底混凝土总重：G''_2=535×4.8×24=61632kN；

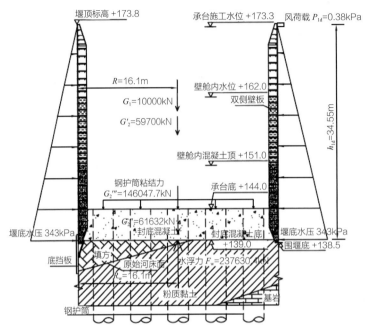

图 3.6-19　工况五抗倾覆稳定性计算简图

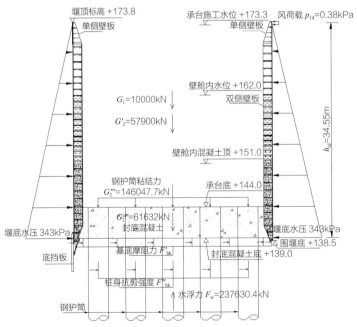

图 3.6-20　工况五抗滑移稳定性计算简图

封底混凝土与护筒间的总粘结力：$G_2''' = 3.14 \times 3.4 \times 4.8 \times 19 \times 150 = 146047.7$kN。

围堰上部其他结构自重标准值：$G_2 = G_2' + G_2'' + G_2''' = 267379.7$kN。

围堰总水浮力（含封底及围堰结构底面）：$F_w = 692.8 \times (173.3 - 139) \times 10 = 237630.4$kN。

风荷载：$F_{1d} = 0.38 \times (173.8 - 173.3) \times 33.2 = 6.308$kN。

把上述各荷载带入倾覆稳定验算公式可得：

$$\frac{(G_1+G_2)R-F_wR_w}{F_{ld}h_{ld}}=\frac{(10000+267379.7)\times16.6-237630.4\times16.6}{6.308\times34.55}=3027.6\gg1.5$$

上面验算了钢套箱的整体抗倾覆稳定性，计算结果表明，本案例钢围堰整体抗倾覆稳定性安全系数远大于技术标准要求。

钢套箱除了验算整体抗倾覆外，还应进一步验算局部抗倾覆稳定性。结合本案例钢围堰情况可以看出，由于基础封底混凝土较厚，对钢围堰而言相当于在堰底设置了刚性角，因此不再考虑局部抗倾覆失稳。

（2）抗滑移稳定性验算

抗滑移稳定性应按公式（3.4-83）、公式（3.4-84）式进行验算，双壁钢套箱整体抗抗滑移计算简图如图3.6-21所示。

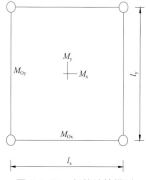

图 3.6-21　板块计算模型

由抗滑移稳定性验算公式可知，抗滑移稳定性安全系数为钢围堰水平抗滑力与水平净推力的比值。在本例中由于围堰两侧水土压力相互抵消，因此水平净推力仅为风荷载作用产生的 F_{ld}，由前面计算结果可知 F_{ld}=6.308kN。由于围堰基底存在钢护筒及桩基，因此基底水平抗滑力与本标准4.5.4条假定存在差别，应分成两部分计算，分别为由基底摩阻力组成的 F'_{hk} 及桩基抗剪强度组成的 F''_{hk}，故本标准4.5.4条中 F_{hk} 应修改为：$F_{hk}=F'_{hk}+F''_{hk}$。按前面的计算所得结果，在不考虑封底混凝土与护筒间的粘结力时，水浮力将大于结构重力，也就是说结构的竖向平衡必须考虑护筒粘结力的下拉作用，显然在这种条件下，钢围堰底部与基底土层不存在摩擦力作用，故 F'_{hk}=0，因此实际上本例中 $F_{hk}=F''_{hk}$。由于本例水平净推力较小相比桩基水平抗剪强度基本可忽略不计，因此必可满足标准要求。

3. 封底混凝土验算

（1）验算工况

根据围堰施工组织设计，需对围堰结构以下两种工况分别进行验算：

工况一：底节围堰在平台下方拼好后整体提升下放至自浮状态，并在其上拼装第二、三节围堰，施工水位 +153.0m，需对围堰提升下放系统及底节壁舱承受对压水头承载能力进行验算。

工况二：封底混凝土浇筑完成，围堰内抽水并施工承台混凝土阶段，施工水位 +173.3m，壁舱内水位 +162.0m，壁舱内混凝土标高 +151.0m，围堰底标高 +138.5m。需对围堰双壁侧板、单壁侧板及封底混凝土承载力进行验算。

根据施工图设计，封底混凝土底标高 +139.0m，厚 4.8m，采用 C30 水下封底混凝土，围堰内抽水完成后需对封底混凝土与护筒之间粘结力、封底混凝土主拉应力及围堰整体抗浮安全系数进行验算。

（2）封底混凝土抗浮验算

1）桩基钢护筒与封底混凝土的摩阻力

$$F_1=\min(G_z,\ \tau_1 S_1)$$

钢护筒直径为 3.4m，共计 19 根。

所有桩基钢护筒与封底混凝土接触面积 $S_1=19\times\pi\times3.4\times4.8=973.7\text{m}^2$。

桩基钢护筒与封底混凝土的粘结力 τ_1 取 150kN/m²。

桩基钢护筒与封底混凝土的摩阻力：$F_1=\min(G_z,\ \tau_1 S_1)=150\times973.7=146048\text{kN}$。

2）钢套箱围堰与封底混凝土的摩阻力

$$F_2=\min(\tau_2 S_2,\ G_g+\tau_3 S_3)$$

钢套箱围堰与封底混凝土粘结力 $\tau_2 S_2$ 计算：

钢套箱围堰周长为 94.5m、封底混凝土的厚度为 4.8m。

钢围堰与封底混凝土接触面积 $S_2=94.5\times4.8=453.6\text{m}^2$。

钢套箱围堰与封底混凝土的粘结力 τ_2 取 150kN/m²。

其中底节围堰及第二、三节围堰自重 G_g：10000kN。

钢套箱围堰不计侧摩阻力。

钢套箱围堰与封底混凝土的摩阻力：

$F_2=\min(\tau_2 S_2,\ G_g+\tau_3 S_3)=\min(150\times453.6,\ 10000)=10000\text{kN}$。

3）封底混凝土自重

$$G_c=\gamma_c V_c$$

钢套箱围堰内封底混凝土总面积：$\pi/4\times30^2-19\times\pi/4\times3.4^2=535.0\text{m}^2$。

封底混凝土体积：$V_c=535.0\times4.8=2568.0\text{m}^3$。

封底混凝土的容重 γ_c 取 24kN/m³。

$G_c=\gamma_c V_c=24\times2568.0=61632\text{kN}$。

4）水的浮力标准值（围堰外水位为实测水位涨潮时 +173.3m，围堰内封底混凝土底标高 +139.0m）

$F_w=\gamma_w h_w A_n=10\times(173.3-(139.0))\times535.0=183505.0\text{kN}$。

5）钢套箱围堰封底混凝土抗浮验算

$$K_f=\frac{G_c+F_1+F_2}{F_w+P_{uc}}=\frac{61632+146048+10000}{183505}=1.19\geqslant1.15$$

结论：封底混凝土抗浮验算满足规范要求。

（3）封底混凝土抗沉验算

1）施工期作用在封底混凝土上的承台自重及施工期最大活载 F_s：

承台底面面积 $A_2=\pi/4\times30^2=707\text{m}^2$，承台混凝土的容重 γ_c 取 25kN/m³。

先浇筑第一层 4.0m 承台自重为 $F_s=707\times4.0\times25=70686\text{kN}$。

2）水的浮力标准值（围堰外水位为实测水位低潮时，即标高 +150.0m，围堰内封

底混凝土底标高 +139.0m ）：$F_w=\gamma_w h_w A_n=10 \times (150.0-(139.0)) \times 535.0=58850.0kN$。

3）钢板桩围堰封底混凝土抗沉验算：

$$K_c=\frac{F_1+F_2+F_w}{G_c+F_s+P_{ut}}=\frac{146048+10000+58850}{61632+70686}=1.62 \geq 1.10$$

结论：封底混凝土抗沉验算满足规范要求。

（4）封底混凝土厚度（强度）验算

封底混凝土板视具体情况可按均布荷载作用下四边简支的单向或双向板进行验算，计算跨度按最大桩距或桩与围堰之间距离确定，也可按有限元进行计算。

将封底混凝土简化为双向板计算，板的支承采用四角点简支的形式。双向板块的计算模型如图 3.6–21 所示。

双向板的最大弯矩根据《建筑结构静力计算手册》（第二版）提供的方法（查表）进行计算：

$$M=K_m \times qL^2 \tag{3.6–11}$$

式中　　M——板边或板中心的弯矩；

　　　　K_m——弯矩系数；

　　　　q——作用于板上的面荷载，$q=\gamma_w(h+t)-\gamma_c t=10 \times 8.7-24 \times 1.5=51.0kN/m^2$；

　　　　L——取 L_x 或 L_y。

封底混凝土最大弯矩区域如图 3.6–22 所示。

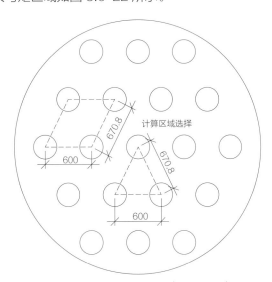

图 3.6–22　计算区域选取（单位：cm）

对于 $L_x/L_y=6/6.708=0.8944$，查询《建筑结构静力计算手册》（第二版），最大弯矩出现在自由边中点处，内插得最大弯矩系数 $K_m=0.0457$，$L=L_y=6.708m$，则最大弯矩为 $M=K_m \times qL^2=0.0457 \times 227.8 \times 6.708^2=468.6kN \cdot m$。

根据本标准 4.6.3 条，钢围堰封底混凝土厚度按照公式（3.4–132）进行强度验算：

$$h_{\mathrm{t}} = \sqrt{\frac{9.09 \cdot M_{\mathrm{pl}}}{b \cdot f_{\mathrm{t}}}} + h_{\mathrm{u}}$$

式中　M_{pl}——每米宽度最大弯矩的标准值（N·mm）；

　　　b——计算宽度（mm），取 1000mm；

　　　f_{t}——混凝土的抗拉强度设计值（N/mm²），按现行国家标准《混凝土结构设计规范》GB 50010—2010（2015 年版）的规定取值，对封底 C30 混凝土取 f_{t}=1.43MPa；

　　　h_{u}——计入水下混凝土可能与围堰底泥土混掺的增加厚度，宜取 300~500mm。

$$h_{\mathrm{t}} = \sqrt{\frac{9.09 \cdot M_{pl}}{b \cdot f_t}} + h_u = \sqrt{\frac{9.09 \times 468.6 \times 10^6}{1000 \times 1.43}} + 300 = 2026\,\mathrm{mm} < 4800\,\mathrm{mm}$$

结论：封底混凝土强度验算满足规范要求。

3.6.3　钢吊箱围堰设计案例

1. 工程概况

江顺大桥 Z3 号主塔为高桩承台，故采用双壁钢吊箱围堰（以下简称钢吊箱）作为承台施工的挡水结构。钢吊箱为两端圆弧的哑铃形结构，长度为 75.452m，宽度为 26.9m，壁厚为 1.2m，侧壁板高度 12.43m，其中 Z3 号墩钢吊箱围堰包含所有附属结构重约 2575t。钢吊箱由侧壁板、底龙骨、底板面板、吊挂系统、内支撑及下放系统等组成。底龙骨为格构式结构，顶面布置底板面板。钢吊箱侧壁板自顶面向下 1.8m 为单壁结构，1.8m 以下至侧壁底部均为双壁结构，侧壁板通过与内支撑焊连形成一个整体以抵抗围堰抽水后的水头侧压力。Z3 号墩钢吊箱总布置如图 3.6-23 所示。

Z3 号墩钢吊箱采用在钢结构加工场分块加工，现场组拼的施工方法。Z3 号墩承台顶标高为 +4.8m，承台底标高为 –1.7m，河床标高约为 –15.0m，该围堰设计为双壁钢吊箱围堰。围堰顶标高取 +8.23m，围堰底标高取承台底标高减封底厚度，标高为 –4.2m。围堰最大设防水位 +8.23m，抽水水位在 +7.23m（二十年一遇之洪水位，最高通航水位），围堰外水位为实测水位低潮水位为 0.33m（最低通航水位）。围堰拟定封底厚度为 2.5m，钢护筒外直径为 3.344m。

2. 封底混凝土验算

（1）验算工况

主墩承台围堰封底采用 2.5m 厚 C30 水下混凝土，封底混凝土一次性浇筑完成。封底混凝土验算以下三种工况：

工况一：封底混凝土抗浮验算

封底混凝土强度满足要求后，抽干围堰内的水，高潮位时，封底混凝土承受底部的浮力，验算封底混凝土的强度和围堰整体抗浮。

工况二：封底混凝土抗沉验算

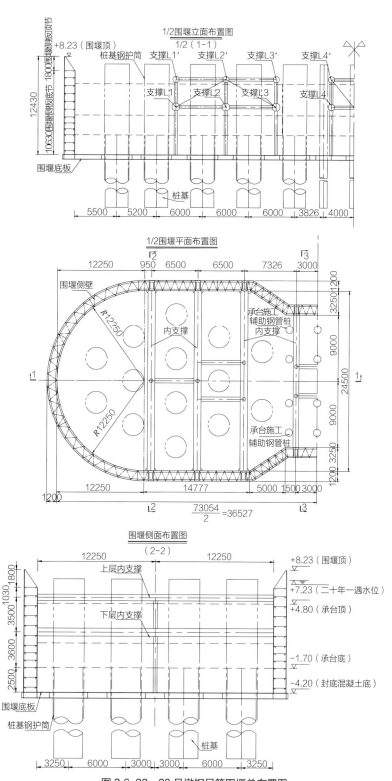

图 3.6-23 23 号墩钢吊箱围堰总布置图

第一层承台混凝土浇筑但未形成强度前，低潮位时，封底混凝土承受第一层承台钢筋混凝土与水压力差的作用，验算地基承载力。

工况三：封底混凝土厚度（强度）验算

钢围堰封底混凝土厚度除应满足抗浮、抗沉验算要求外，尚应对封底混凝土结构进行强度验算。

（2）封底混凝土抗浮验算

1）桩基钢护筒与封底混凝土的摩阻力

$$F_1=\min(G_z,\ \tau_1 S_1)$$

钢护筒直径为3.344m，共计28根；钢管桩直径为1.22m，共计12根。

所有桩基钢护筒、钢管桩与封底混凝土接触面积 $S_1=(28\times3.344+12\times1.22)\times\pi\times2.5=850.4m^2$。

桩基钢护筒与封底混凝土的粘结力 τ_1 取 150kN/m²。

桩基钢护筒与封底混凝土的摩阻力：$F_1=\min(G_z,\ \tau_1 S_1)=150\times850.4=127555$kN。

2）钢吊箱围堰与封底混凝土的摩阻力

$$F_2=\min(\tau_2 S_2,\ G_g+\tau_3 S_3)$$

钢吊箱围堰与封底混凝土粘结力 $\tau_2 S_2$ 计算：

钢吊箱围堰周长为177.9m、封底混凝土的厚度为2.5m。

钢吊箱围堰与封底混凝土接触面积 $S_2=177.9\times2.5=444.8m^2$。

钢吊箱围堰与封底混凝土的粘结力 τ_2 取 150kN/m²。

钢吊箱围堰与封底混凝土的摩阻力：$F_2=\min(\tau_2 S_2,\ G_g+\tau_3 S_3)=150\times444.8=66723$kN。

3）封底混凝土自重

$$G_c=\gamma_c V_c$$

钢吊箱围堰内总面积：1570.0m²。

桩基钢护筒、钢管桩全面积：$28\times\pi/4\times3.344^2+12\times\pi/4\times1.22^2=260.0m^2$。

封底混凝土面积：$S_c=(1570-260)=1310m^2$。

封底混凝土体积：$V_c=(1570-260)\times2.5=3275m^3$。

封底混凝土的容重 γ_c 取 24kN/m³。

$G_c=\gamma_c V_c=24\times3275=78603$kN。

4）水的浮力标准值（围堰外水位为实测水位涨潮时 +7.23m，围堰内水位为抽干水时 −4.2m）

$F_w=\gamma_w h_w A_n=10\times(7.23-(-4.2))\times1310.0=149738$kN。

5）钢板桩围堰封底混凝土抗浮验算

$$K_f=\frac{G_c+F_1+F_2}{F_w+P_{uc}}=\frac{78603+127555+66723}{149738}=1.82\geqslant1.15$$

结论：封底混凝土抗浮验算满足规范要求。

（3）封底混凝土抗沉验算

1）施工期作用在封底混凝土上的承台自重及施工期最大活载 F_s：

承台底面面积 A_2=1570.0m²，承台混凝土的容重 γ_c 取 25kN/m³。

先浇筑第一层 3.25m 承台自重为 F_s=(1570×3.25)×25=127561kN。

2）水的浮力标准值（围堰外水位为实测水位低潮时，即最低通航水位 +0.33m，围堰内水位为抽干水时 –4.2m）：$F_w=\gamma_w h_w A_n$=10×(0.33–(–4.2))×1310.0=59345kN。

3）钢板桩围堰封底混凝土抗沉验算：

$$K_c=\frac{F_1+F_2+F_w}{G_c+F_s+P_{ut}}=\frac{127555+66723+59345}{78603+127561}=1.23\geq 1.10$$

结论：封底混凝土抗沉验算满足规范要求。

（4）封底混凝土厚度（强度）验算

封底混凝土板视具体情况可按均布荷载作用下四边简支的单向或双向板进行验算，计算跨度按最大桩距或桩与围堰之间距离确定，也可按有限元进行计算。

将封底混凝土简化为双向板计算，板的支承采用四角点简支的形式。双向板块的计算模型如图 3.6–24 所示。

双向板的最大弯矩根据《建筑结构静力计算手册》（第二版）提供的方法（查表）进行计算：

$$M=K_m\times qL^2 \qquad\qquad (3.6\text{--}12)$$

式中　M——板边或板中心的弯矩；

　　　K_m——弯矩系数；

　　　q——作用于板上的面荷载，$q=\gamma_w(h+t)-\gamma_c t$=10×11.43–24×2.5=54.3kN/m²；

　　　L——取 L_x 或 L_y。

封底混凝土最大弯矩区域如图 3.6–25 所示。

对于 L_x/L_y=6/7.211=0.8321，查询《建筑结构静力计算手册》（第二版），最大弯矩出现在自由边中点处，内插得最大弯矩系数 K_m=0.0526，$L=L_y$=7.211m，则最大弯矩为：

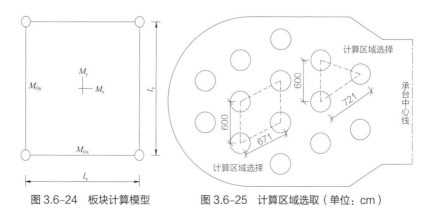

图 3.6–24　板块计算模型　　　图 3.6–25　计算区域选取（单位：cm）

$M=K_m \times qL^2=0.0526 \times 54.3 \times 7.211^2=148.4\text{kN·m}$。

根据技术标准第 4.6.3 条，钢围堰封底混凝土厚度按照公式（3.4–132）进行强度验算：

$$h_t = \sqrt{\frac{9.09 \cdot M_{pl}}{b \cdot f_t}} + h_u$$

式中　M_{pl}——每米宽度最大弯矩的标准值（N·mm）；

　　　b——计算宽度（mm），取 1000mm；

　　　f_t——混凝土的抗拉强度设计值（N/mm²），按现行国家标准《混凝土结构设计规范》GB 50010—2010（2015 年版）的规定取值，对封底 C30 混凝土取f_t=1.43MPa；

　　　h_u——计入水下混凝土可能与围堰底泥土混掺的增加厚度，宜取 300~500mm。

$$h_t = \sqrt{\frac{9.09 \cdot M_{pl}}{b \cdot f_t}} + h_u = \sqrt{\frac{9.09 \times 148.4 \times 10^6}{1000 \times 1.43}} + 300 = 1271\text{mm} < 2500\text{mm}$$

结论：封底混凝土强度验算满足规范要求。

3.6.4　钢管桩围堰设计实例

1. 工程概况

泰州长江公路大桥位于江苏省内长江中段，主桥为 3 塔 2 跨悬索桥，跨径布置为（390+1080+1080+390）m，主塔承台采用哑铃型，分南、北承台和系梁三部分，承台整体尺寸为 77.334m×32.6m×6.0m（长×宽×高），承台顶标高为 +4.3m，底标高为 –1.7m。承台围堰钢管桩平面布置如图 3.6–26 所示。根据水文勘测资料，围堰设计水位为 +5.5m（计入浪高），围堰顶标高为 +6.0m，高出筑岛平台地面 1.0m（图 3.6–27）。

围堰采用 $\phi800 \times 10$ 钢管桩整根打入，钢管总长 19.0m，单根重 3484.8kg，总数量 240 根，总吨位 860.352t，顶标高 +6.0m，封底混凝土下入土深度 7.6m，围堰分别在 +5.0m 和 +1.3m 处设有内支撑。

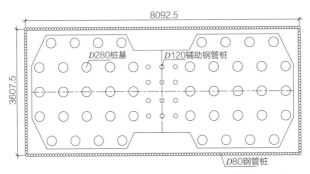

图 3.6–26　承台围堰钢管桩平面布置示意图（单位：cm）

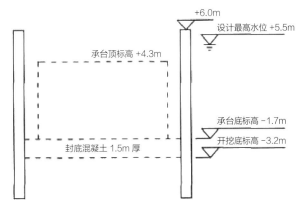

图 3.6–27　承台围堰示意图（单位：cm）

2. 钢围堰稳定性验算

为了保证施工安全，钢围堰结构必须结合施工工序，对最不利工况进行稳定性验算。根据施工工序介绍，本钢围堰施工可分成以下工序：

1）在滩地上回填筑岛平台，平台标高为 +5.0m，施打桩基钢护筒，并施工钢管桩，钢管桩桩顶高程为 +6.0m，钢管桩长 19.0m，桩底标高 –13.0m；

2）机械开挖堰内土方至标高 +4.0m 左右；

3）在高程 +5.0m 位置安装第 1 道围檩及支撑；

4）机械挖泥至标高 +0.3m 处，施作第 2 道围檩及支撑；

5）浇筑封底混凝土，封底混凝土厚度为 1.5m，封底混凝土顶标高为 –1.7m，堰底高程为 –3.2m，并设集水井；

6）待封底混凝土达到设计强度后拆除第 2 道支撑；

7）在承台施工完毕后，拆除围堰管桩（临江侧保留至索塔施土完毕）。

由于汛期长江水位将由较大程度上涨，根据水文地质资料其最大水位高程为 +5.5m（已计入浪高），比现有滩地高程（+2.8~+3.0m）高 2.5~2.7m，因此为了保证围堰安全，要求汛期来临前完成前，封底需完成浇筑，并达到强度，也就是工序①～⑤应在汛期来临前完成。

根据上述工序，本钢围堰计算总体上可分为以下几个工况：

工况一：机械开挖堰内土方至标高 +4.0 左右，挖深 1m。

工况二：在高程 +5.0m 位置安装第 1 道围檩及支撑，并开挖至 +0.3m 处，挖深 4.7m。

工况三：在高程 +1.3m 位置安装第 2 道围檩及支撑，并开挖至围堰底 –3.2m，挖深 8.2m。

工况四：施作封底混凝土，待封底混凝土达到强度后，随承台结构施工，逐层拆除支撑。

从上述 4 个工况可以看出，工况三开挖深度最大，对围堰稳定性影响最大，应作为控制工况考虑，按钢围堰技术标准要求，对于工况三，应进行整体稳定性、抗倾覆稳定性、抗隆起稳定性、抗突涌稳定性验算。工况三计算简图及地质情况如图 3.6-28 所示。

计算条件：

1）稳定性计算中堰内土压力采用朗肯被动土压力，堰外土压力采用朗肯主动土压力。

2）水土压力计算中根据勘察资料，亚黏土、淤泥质亚黏土及粉土采用水土合算，填土采用水土分算。

3）堰外水位，工况三按非汛期考虑，水位标高 +0.72m。堰内水位均取当前工况开挖面标高。水压计算不考虑渗流影响，按静水压计算。

4）地面超载作用在筑岛平台顶面，其值为 20kPa，汛期不考虑地面超载。

5）不考虑桩基对堰底土体的约束作用，偏于安全进行验算。

（1）整体稳定性验算

由于钢管桩穿透了淤泥质亚黏土，进入下层粉土，整体稳定性按技术标准采用圆弧滑动条分法进行验算，验算简图如图 3.6-29 所示，计算时不考虑支撑对整体稳定性的

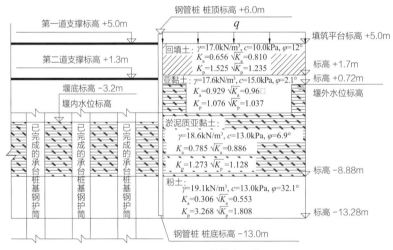

图 3.6-28　工况三计算断面简图

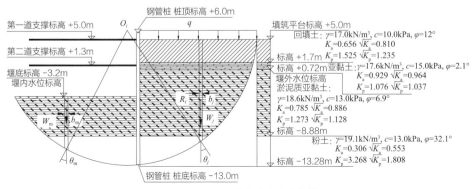

图 3.6-29　工况三整体稳定性计算简图

有利影响。

整体稳定性按本书 3.4.8 节进行验算，具体计算公式按公式（3.4-74）～公式（3.4-77），本实例没有锚杆则采用公式 3.4-74，可简化如下：

$$K_i = \frac{\sum_{j=1}^{n} c_j l_j + \sum_{j=1}^{n} \left[(q_j b_j + W_j)\cos\theta_j - u_a l_j \right]\tan\varphi_j}{\sum_{j=1}^{n}(q_j b_j + W_j)\sin\theta_j + M_p / R_i}$$

经过计算本案例整体稳定性安全系数为 2.764 > 1.35，满足技术标准要求。

（2）抗倾覆稳定性验算

1）堰外主动土压力计算过程与钢板桩例题基本相同，这里仅示出第一层土的详细计算过程，其余各土层计算结果详见表 3.6-4。

第一层亚黏土（标高 +1.3～+0.72m）水土合算：

$\varphi_1 = 2.1°$，$C_1 = 15kPa$，$K_{a,1} = \tan^2(45° - \frac{\varphi_1}{2}) = 0.929$，$\sqrt{K_{a,1}} = 0.964$；

$\sigma_{a1}^1 = 17 \times 3.3 + 17.6 \times 0.4 + 20 = 83.14kPa$，$p_{a1}^1 = \sigma_{a1}^1 K_{a,1} - 2c_1\sqrt{K_{a,1}} = 48.317kPa$；

$\sigma_{a2}^1 = \sigma_{a1}^1 + 17.6 \times 0.58 = 93.348kPa$，$p_{a2}^1 = \sigma_{a2}^1 K_{a,1} - 2c_1\sqrt{K_{a,1}} = 57.800kPa$；

$E_{a1} = (48.317 + 57.800) \times 0.58/2 = 30.774kN$，

$a_{a1} = 1.3 - [1.3 + \frac{1}{3} \times (0.72 - 1.3) \times \frac{48.317 + 2 \times 57.800}{48.317 + 57.800}] = 0.299m$。

堰外其余各层土的主动土压力计算结果见表 3.6-4，其中淤泥质亚黏土、粉土均采用水土合算。

堰外土压力计算结果表　　　　　　表3.6-4

土层编号	土层名称	层顶标高（m）	层底标高（m）	土饱和浮重（kN/m³）	内摩擦角（°）	黏聚力（kPa）	竖向总应力 层顶（kPa）	竖向总应力 层底（kPa）	主动土压力系数	主动土侧压力 层顶（kPa）	主动土侧压力 层底（kPa）	主动土侧压力 合力（kN）	a_{ai}（m）
1	淤泥质亚黏土	0.72	-8.88	18.6	6.9	13	93.348	271.908	0.785	50.242	190.412	1155.139	6.312
2	粉土	-8.88	-13	19.1	32.1	13	271.908	350.6	0.306	68.826	92.906	333.168	12.342

2）堰内被动土压力：

第一层淤泥质亚黏土（标高 -3.2～-8.88m）水土合算：

$\varphi_1 = 6.9°$，$c_1 = 13kPa$，$K_{p,1} = \tan^2(45° + \frac{\varphi_1}{2}) = 1.273$，$\sqrt{K_{p,1}} = 1.128$；

$\sigma_{p1}^1 = 0kPa$，$p_{p1}^1 = \sigma_{p1}^1 K_{p,1} + 2c_1\sqrt{K_{p,1}} = 29.328kPa$；

$\sigma_{p1}^2 = 0 + 18.6 \times 5.68 = 105.648kPa$，$p_{p1}^2 = \sigma_{p1}^2 K_{p,1} + 2c_1\sqrt{K_{p,1}} = 163.818kPa$；

$E_{p1} = (29.328 + 163.818) \times 5.68/2 = 548.535kN$，$a_{p1} = 1.3 - (-6.699) = 7.999m$。

第二层粉土（标高 –8.88m ~–13.0mm）水土合算：

$\varphi_2=32.1°$ ，$c_2=13\text{kPa}$，$K_{p,2}=\tan^2\left(45°+\dfrac{\varphi_2}{2}\right)=3.268$，$\sqrt{K_{p,2}}=1.808$；

$\sigma_{p1}^2=105.648\text{kPa}$，$p_{p1}^2=\sigma_{p1}^2 K_{p,2}+2c_2\sqrt{K_{p,2}}=392.266\text{kPa}$；

$\sigma_{p2}^2=105.648+19.1\times4.12=184.34\text{kPa}$，$p_{p2}^2=\sigma_{p2}^2 K_{p,2}+2c_2\sqrt{K_{p,2}}=649.431\text{kPa}$；

$E_{p2}=(392.266+649.431)\times4.12/2=2145.896\text{kN}$，$a_{p2}=1.3-(-11.110)=12.41\text{m}$。

钢管桩两侧土压力分布如图 3.6–30 所示。

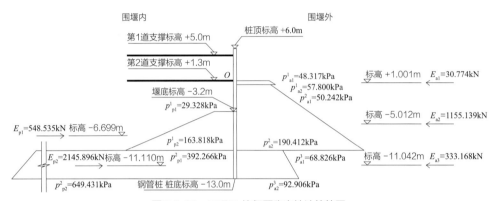

图 3.6–30　工况三 抗倾覆稳定性计算简图

把上述计算结果代入公式（3.4–81），可得：$K=\dfrac{548.535\times7.999+2145.896\times12.41}{30.774\times0.299+1155.139\times6.312+333.168\times12.342}=2.718>1.35$。

根据计算结果本案例倾覆安全系数为 2.718，满足一级围堰抗倾覆标准。

（3）抗隆起稳定性验算

1）采用地基承载力法验算

本案例钢管桩穿透淤泥质亚黏土层，进入较好的粉土层，其下为更好的土层，因此采用地基承载力法验算抗隆起时（图 3.6–31），可仅验算桩底平面。

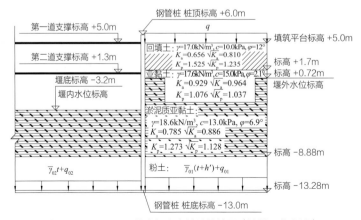

图 3.6–31　工况三抗隆起稳定性计算简图（地基承载力法）

堰外压力：$\overline{\gamma}_{01}(t+h')+q=17\times3.3+17.6\times0.98+18.6\times9.6+19.1\times4.12+20=350.6\text{kPa}$。

堰内压力：$\overline{\gamma}_{02}t=18.6\times5.68+19.1\times4.12=184.34\text{kPa}$。

地基土的承载力系数：$N_{q}=e^{\pi\tan\varphi}\tan^{2}(45°+\varphi/2)=23.451$，$N_{c}=(N_{q}-1)/\tan\varphi=35.79$。

把上述结果代入公式（3.4-95）：$\dfrac{(\overline{\gamma}_{02}tN_{q}+cN_{c})}{[\overline{\gamma}_{01}(t+h')+q]}=\dfrac{184.34\times23.451+13\times35.79}{350.6}=13.657>1.8$。

根据计算结果本案例抗隆起稳定性安全系数为 13.657，满足一级围堰抗隆起稳定性要求。

2）采用圆弧滑动法验算

采用圆弧滑动法（图 3.6-32）验算抗隆起稳定性时，具体计算过程如下：

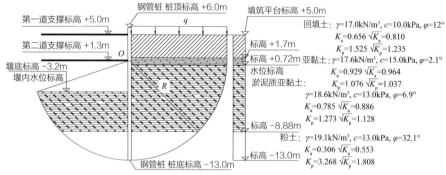

图 3.6-32 工况三抗隆起稳定性计算简图（圆弧滑动法）

①隆起力矩标准值

围堰外地面荷载产生的隆起力矩标准值：$M_{\text{SLkq}}=\dfrac{1}{2}qt'^{2}=2044.9\text{kN·m/m}$，式中 $q=20\text{kPa}$，$t'=14.3\text{m}$。

围堰外最下道支撑以上第 i 层土产生的隆起力矩标准值：$M_{\text{SLk}i}=\dfrac{1}{2}\gamma t'^{2}(h_{\text{B}}-h_{\text{A}})$；

本案例堰外支撑高度以上有两层土，分别为填土和亚黏土，把相关参数代入上式可得表 3.6-5 所列结果。

堰外支撑以上土层隆起力矩计算结果表   表3.6-5

土层编号	土层类别	天然重度γ（kN·m）	层顶埋深h_{A}（m）	层底埋深h_{B}（m）	$M_{\text{SLK}i}$（kN·m/m）
1	填土	17	0	3.3	5735.945
2	亚黏土	17.6	3.3	3.7	719.805

围堰外最下道支撑以下、开挖面以上第 j 层土的隆起力矩标准值：

$$\alpha_A = \arctan\left[\frac{h_A - h_0'}{\sqrt{t'^2 - \left(h_A - h_0'\right)^2}}\right] \quad (3.6-13)$$

式中，$h_0'=3.7\text{m}$，$\alpha_B = \arctan\left[\frac{h_B - h_0'}{\sqrt{t'^2 - \left(h_B - h_0'\right)^2}}\right]$，$M_{SLkj} = \frac{1}{2}\gamma t'^3\left[\left(\sin\alpha_B - \frac{\sin^3\alpha_B}{3}\right) - \left(\sin\alpha_A - \frac{\sin^3\alpha_A}{3}\right)\right]$。

本案例堰外支撑高度以下至开挖面高度以上，有两层土，分别为亚黏土和淤泥质亚黏土，把相关参数代入以上式子，可得表 3.6-6 所列结果。

堰外支撑以下土层隆起力矩计算结果表　　　　　　表3.6-6

土层编号	土层类别	天然重度γ（kN·m）	层顶埋深h_A（m）	层底埋深h_B（m）	层顶夹角α_A（弧）	层底夹角α_B（弧）	M_{SLKj}（kN·m/m）
1	亚黏土	17.6	3.7	4.28	0.000	0.041	1054.168
2	淤泥质亚黏土	18.6	4.28	8.2	0.041	0.320	7158.446

总隆起力矩：$M_{SLk} = M_{SLkq} + \sum_{i=1}^{n_1} M_{SLki} + \sum_{j=1}^{n_4} M_{SLkj} = 16713.264\text{kN·m/m}$。

②抗隆起力矩标准值

偏保守考虑，不计钢管桩抗力。

$$M_{sk}=0\text{kN·m/m}$$

围堰外最下道支撑以下第 j 层土产生的抗隆起力矩标准值：

$$K_a = \tan^2(\pi/4 - \varphi/2) \quad (3.6-14)$$

$$M_{RLkj} = \int_{\alpha_A}^{\alpha_B}\left[\begin{array}{l}\left(q_{1fk} + \gamma t'\sin\alpha - \gamma h_A + \gamma h_0'\right)\sin^2\alpha\tan\varphi + \\ \left(q_{1fk} + \gamma t'\sin\alpha - \gamma h_A + \gamma h_0'\right)\cos^2\alpha K_a\tan\varphi + c\end{array}\right]t'^2\text{d}\alpha \quad (3.6-15)$$

本次计算有三层土，分别为亚黏土、淤泥质亚黏土和粉土，把相关参数代入式（3.6-13）可得表 3.6-7 所列结果。

堰外土层抗隆起力矩计算结果表　　　　　　表3.6-7

土层编号	土层类别	天然重度γ（kN·m）	内摩擦角φ（°）	黏聚力C（kPa）	q_{1fk}（kPa）	层顶埋深h_A（m）	层底埋深h_B（m）	层顶夹角α_A（弧）	层底夹角α_B（弧）	侧压力系数K_a	M_{RLKj}（kN·m/m）
1	亚黏土	17.6	2.1	15	83.14	3.7	4.28	0.000	0.041	0.929	150.981
2	淤泥质亚黏土	18.6	6.9	13	93.348	4.28	13.88	0.041	0.792	0.785	4911.070
3	粉土	19.1	32.1	13	271.908	13.88	18	0.792	1.571	0.306	30659.025

围堰内开挖面以下第 m 层土产生的抗隆起力矩标准值：

$$M_{\text{RLkm}}=\int_{\alpha_{\text{A}}}^{\alpha_{\text{B}}}\left[\begin{array}{l}\left(q_{2\,\text{fk}}+\gamma t'\sin\alpha-\gamma h_{\text{A}}+\gamma h_0'\right)\sin^2\alpha\tan\varphi+\\ \left(q_{2\,\text{fk}}+\gamma t'\sin\alpha-\gamma h_{\text{A}}+\gamma h_0'\right)\cos^2\alpha K_{\text{a}}\tan\varphi+c\end{array}\right]t'^2\text{d}\alpha \qquad (3.6\text{-}16)$$

本次计算围堰内有两层土，分别为淤泥质亚黏土和粉土，把相关参数代入式（3.6-14）可得表 3.6-8 所列结果。

堰内土层抗隆起力矩计算结果表　　　　　　表3.6-8

土层编号	土层类别	天然重度γ（kN·m）	内摩擦角φ（°）	黏聚力C（kPa）	$q_{2\text{fk}}$（kPa）	层顶埋深h_{A}（m）	层底埋深h_{B}（m）	层顶夹角α_{A}（弧）	层底夹角α_{B}（弧）	侧压力系数K_{a}	$M_{\text{RLk}j}$（kN·m/m）
1	淤泥质亚黏土	18.6	6.9	13	0	8.2	13.88	0.320	0.792	0.785	1811.586
2	粉土	19.1	32.1	13	105.648	13.88	18	0.792	1.571	0.306	16108.685

总抗隆起力矩为$M_{\text{RLk}}=M_{\text{sk}}+\sum_{j=1}^{n_2}M_{\text{RLk}j}+\sum_{m=1}^{n_3}M_{\text{RLk}m}=53641.347\,\text{kN·m/m}$。

③抗隆起安全系数

钢围堰按圆弧滑动模式绕最下道支撑点的抗隆起稳定性安全系数如下：

$$\frac{M_{\text{RLk}}}{M_{\text{SLk}}}=\frac{53641.347}{16713.264}=3.210>2.2$$

根据计算结果本案例抗隆起稳定性安全系数为 3.210，满足一级围堰抗隆起稳定性要求。

（4）抗突涌稳定性验算

本实例堰底为淤泥质亚黏土隔水层，应进行防突稳定性验算，具体验算采用公式（3.4-112），计算简图如图 3.6-33 所示。

$$K=\frac{\sum\gamma_i h_i}{P_{\text{wk}}}=\frac{18.6\times5.68+19.1\times4.4}{10\times(0.72-(-13.28))}=\frac{189.688}{140}=1.355$$

经过计算本案例抗突涌稳定性安全系数为 1.355 ＞ 1.1，满足技术标准要求。

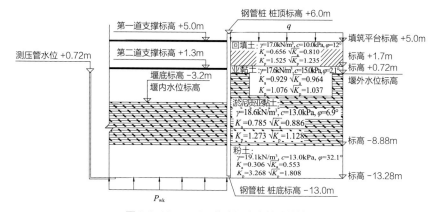

图 3.6-33　工况三抗突涌稳定性计算简图

3. 封底混凝土验算

（1）验算工况

主墩承台围堰封底采用 1.5m 厚 C30 水下混凝土，封底混凝土一次性浇筑完成。封底混凝土验算以下三种工况：

工况一：封底混凝土抗浮验算

封底混凝土强度满足要求后，抽干围堰内的水，高潮位时，封底混凝土承受底部的浮力，验算封底混凝土的强度和围堰整体抗浮。

工况二：封底混凝土抗沉验算

第一层承台混凝土浇筑但未形成强度前，低潮位时，封底混凝土承受第一层承台钢筋混凝土与水压力差的作用，验算地基承载力。

工况三：封底混凝土厚度（强度）验算

钢围堰封底混凝土厚度除应满足抗浮、抗沉验算要求外，尚应对封底混凝土结构进行强度验算。

（2）封底混凝土抗浮验算

1）桩基钢护筒与封底混凝土的摩阻力

$$F_1=\min(G_z，\tau_1 S_1)$$

桩基钢护筒直径为 3.2m，共计 46 根；钢管桩直径为 1.22m，共计 12 根。

所有桩基钢护筒、钢管桩与封底混凝土接触面积 S_1=(46×π×3.2+12×π×1.22)×1.5=762.7m²。

桩基钢护筒与封底混凝土的粘结力 τ_1 取 150kN/m²。

桩基钢护筒与封底混凝土的摩阻力：F_1=min(G_z，$\tau_1 S_1$)=150×762.7=114398kN。

2）钢管桩围堰与封底混凝土的摩阻力

$$F_2=\min(\tau_2 S_2，G_g+\tau_3 S_3)$$

钢管桩围堰与封底混凝土粘结力 $\tau_2 S_2$ 计算：

钢管桩围堰周长为 234.0m、封底混凝土的厚度为 1.5m。

钢围堰与封底混凝土接触面积 S_2=234×1.5=351.0m²。

钢管桩围堰与封底混凝土的粘结力 τ_2 取 150kN/m²。

其中钢管桩围堰自重 G_g 取 84035kN。

钢管桩与入土深度范围内土层的摩阻力 τ_3 取 30kN/m²。

钢管桩围堰入土深度范围外侧接触面积之和 S_3=234×7.6=1778m²。

钢管桩围堰与封底混凝土的摩阻力：F_2=min($\tau_2 S_2$，$G_g+\tau_3 S_3$)=min(150×351，84035+30×1778)=52650kN。

3）封底混凝土自重

$$G_c=\gamma_c V_c$$

钢管桩围堰内总面积 80.925×36.075=2919.4m²。

桩基钢护筒、钢管桩全面积 $46 \times \pi/4 \times 3.2^2+12 \times \pi/4 \times 1.22^2$=384.0m²。

封底混凝土面积 S_c=(2919.4–384)=2535.4m²。

封底混凝土体积 V_c=(2919.4–384) × 1.5=3803m³。

封底混凝土的容重 γ_c 取 24kN/m³。

$$G_c=\gamma_c V_c=24 \times 3803=91274\text{kN}。$$

4）水的浮力标准值（围堰外水位为实测水位涨潮时 +5.5m，围堰内封底混凝土底标高 –3.2m）

$$F_w=\gamma_w h_w A_n=10 \times (5.5-(-3.2)) \times 2535.4=220579\text{kN}。$$

5）钢套箱围堰封底混凝土抗浮验算：$K_f=\dfrac{G_c+F_1+F_2}{F_w+P_{uc}}=\dfrac{91274+114398+52650}{220579}=1.17 \geq 1.15$。

结论：封底混凝土抗浮验算满足规范要求。

（3）封底混凝土抗沉验算

1）施工期作用在封底混凝土上的承台自重及施工期最大活载 F_s：

承台底面面积 A_2=77.334 × 32.6=2521.0m²，承台混凝土的容重 γ_c 取 25kN/m³，先浇筑第一层 2.5m，承台自重为 F_s=2521 × 2.5 × 25=157568kN。

2）水的浮力标准值（围堰外水位为实测水位低潮时，即标高 +1.0m，围堰内封底混凝土底标高 –3.2m）：

$$F_w=\gamma_w h_w A_n=10 \times (1-(-3.2)) \times 2535.4=106486\text{kN}。$$

3）钢板桩围堰封底混凝土抗沉验算：$K_c=\dfrac{F_1+F_2+F_w}{G_c+F_s+P_{ut}}=\dfrac{114398+52650+106486}{91274+157568}=1.10 \geq 1.10$。

结论：封底混凝土抗沉验算满足规范要求。

（4）封底混凝土厚度（强度）验算

封底混凝土板视具体情况可按均布荷载作用下四边简支的单向或双向板进行验算，计算跨度按最大桩距或桩与围堰之间距离确定，也可按有限元进行计算。

将封底混凝土简化为双向板计算，板的支承采用四角点简支的形式。双向板块的计算模型如图 3.6–34 所示。

双向板的最大弯矩根据《建筑结构静力计算手册》（第二版）提供的方法（查表）进行计算：

$$M=K_m \times qL^2$$

式中　M——板边或板中心的弯矩；

　　K_m——弯矩系数；

　　q——作用于板上的面荷载，$q=\gamma_w(h+t)-\gamma_c t=10 \times 8.7-24 \times 1.5=51.0$kN/m²；

　　L——取 L_x 或 L_y。

封底混凝土最大弯矩区域如图 3.6–35 所示。

对于 L_x/L_y=7/7.826=0.8945，查询《建筑结构静力计

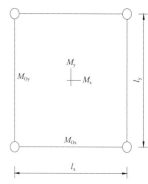

图 3.6–34　板块计算模型

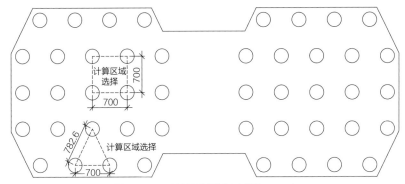

图 3.6-35　计算区域选取（单位：cm）

算手册》（第二版），最大弯矩出现在自由边中点处，内插得最大弯矩系数 K_m=0.0457，$L=L_y$=7.826m，则最大弯矩为 $M=K_m \times qL^2$=0.0457×51.0×7.826²=142.8kN·m。

根据本标准（4.6.3）条，钢围堰封底混凝土厚度按照公式（3.4–132）进行强度验算：

$$h_t = \sqrt{\frac{9.09 \cdot M_{pl}}{b \cdot f_t}} + h_u$$

式中　M_{pl}——每米宽度最大弯矩的标准值（N·mm）；

　　　b——计算宽度（mm），取 1000mm；

　　　f_t——混凝土的抗拉强度设计值（N/mm²），按现行国家标准《混凝土结构设计规范》GB 50010—2010（2015 年版）的规定取值，对封底 C30 混凝土取 f_t=1.43MPa；

　　　h_u——计入水下混凝土可能与围堰底泥土混掺的增加厚度，宜取 300~500mm。

$$h_t = \sqrt{\frac{9.09 \cdot M_{pl}}{b \cdot f_t}} + h_u = \sqrt{\frac{9.09 \times 142.8 \times 10^6}{1000 \times 1.43}} + 300 = 1253\text{mm} < 1500\text{mm}$$

结论：封底混凝土强度验算满足规范要求。

第 4 章　钢板桩围堰施工

4.1　概述

钢板桩围堰适用于水深 4m 以上，河床覆盖层较厚的砂类土、碎石土和半干性黏土，以及风化岩层等基础工程。钢板桩围堰有矩形、多边形、圆形等。钢板桩有直形、Z 形、槽形、工字形等，可做成单层与双层围堰。在一般桥梁工程基坑施工中，浅基多用矩形及木导框，较深基坑多用圆形及型钢。因其防水性能好，多用单层围堰。如用双层围堰时，在双层围堰的夹层中间一般填黏土，特殊情况下，在夹层下部灌注水下混凝土提高防渗能力，在钢板桩围堰的施工中，多用槽形钢板桩。

打桩可分为锤击法、振动法、静压法，城市中施工宜采用静压法。各钢板桩打桩方法具体分类及应用见表 4.1–1。其中锤击法桩锤可采用柴油锤、蒸汽锤、落锤和振动锤。

打桩方法的分类和应用　　　　　　　　　　　　　　表4.1–1

项目	锤击法				振动法	静压法	
	柴油锤	蒸汽锤	液压锤	落锤	振动锤	液压静压机	液压静压机配合钻孔机
工作机理	蒸汽带动活塞循环运转造成桩锤强制下落	蒸汽带动活塞循环运转造成桩锤强制下落	液压带动活塞循环运转造成桩锤强制下落	通过卷扬机使桩锤因自重而自由下落	桩锤的上下振动力	通过液压装置将相连的桩压入	液压产生压紧力
适用的钢板桩类型	所有类型	所有类型	所有类型	所有类型	所有类型	所有类型	所有类型

应依据现场情况及地质条件，对钢板桩打桩机选型。钢板桩可以利用液压锤、振动锤等打桩机具进行施工，但在人口密集区应采用液压锤以避免噪声和对其周围建筑物的损害。在施工过程中，应采用型钢导向架来控制钢板桩位置。

钢板桩施工一般可采用冲击锤、振动锤、静力压桩机，以及挖掘机改装的液压锤振动锤施工。需根据桩长、地质条件、周边环境来选取合适的打桩机械。

虽然钢板桩可打入的最大深度取决于各种因素，诸如地基条件、钢板桩类型和打桩方法等，但根据经验可得到如下准则：

1. 锤击法（表 4.1-2）

可打入的最大深度（锤击法）（单位: m）　　　　　　表4.1-2

钢板桩类型	桩帽状况	松土		好土	
		1桩打	2桩打	1桩打	2桩打
II	好	12~13	16~17	8~10	11~13
	中	12~13	16~17	5~10	6~13
	差	11~13	12~17	4~9	4~9
III	好	15~16	19~20	9~13	13~16
	中	15~16	19~20	6~13	7~16
	差	14~16	14~20	5~11	5~11
IV	好	18~19	23~24	11~15	16~19
	中	18~19	23~24	7~15	8~19
	差	17~19	17~24	5~13	5~13
V	好	20~22	27~28	12~17	18~22
	中	20~22	27~28	8~17	8~21
	差	18~22	18~28	6~13	6~14
VI	好	24~26	33~34	12~20	19~27
	中	24~26	29~34	8~19	9~21
	差	18~26	19~28	6~14	6~14

资料来源:《钢板桩施工指南》，1969，日本港口协会。

2. 振动法

表 4.1-3 限值由经验确定，适用土质为砂土。

可打入的最大深度（振动法）（单位: m）　　　　　　表4.1-3

方法	钢板桩类型	可打入的最大深度	最大N值	平均N值
仅振动锤	II、II_w	10	≤ 20	≤ 8
	III、III_w	17	≤ 30	≤ 12
	IV、IV_w	22	≤ 40	≤ 16
	V_L	27	≤ 50	≤ 20
	VI_L	32	≤ 50	≤ 20
	10H	16	≤ 20	≤ 8
	25H	20	≤ 30	≤ 12

（续表）

方法	钢板桩类型	可打入的最大深度	最大N值	平均N值
振动锤配合高压喷水装置	II、II$_w$	14	≤ 40	≤ 16
	III、III$_w$	21	≤ 60	≤ 24
	IV、IV$_w$	26	≤ 80	≤ 32
	V$_L$	31	≤ 80	≤ 40
	VI$_L$	36	≤ 80	≤ 40
	10H	22	≤ 40	≤ 16
	25H	30	≤ 80	≤ 32

资料来源：《振动锤设计与施工手册》，2006，振动工法技术研究会。

3. 静压法

表 4.1-4 限值由经验确定。适用土层为砂土。

可打入的最大深度（静压法）（单位：m）   表4.1-4

方法	钢板桩类型	最大可打入深度	最大N值	平均N值
静压法	II，II$_w$	10	≤ 20	≤ 8
	III、III$_w$	15	≤ 30	≤ 12
	IV，IV$_w$	20	≤ 30	≤ 12
	V$_L$	25	≤ 30	≤ 15
	VI$_L$	30	≤ 30	≤ 15
	10H	12	≤ 25	≤ 12
	25H	25	≤ 25	≤ 15
静压法配合高压喷水装置	II、II$_w$	12	≤ 40	≤ 16
	III、III$_w$	18	≤ 50	≤ 20
	IV、IV$_w$	23	≤ 50	≤ 20
	V$_L$	28	≤ 50	≤ 20
	VI$_L$	33	≤ 50	<20
	10H	14	≤ 50	<20
	25H	25	≤ 50	<20

资料来源：日本静压法协会。

4.2　施工规定

1. 钢板桩打桩按打桩方法可分为锤击法、振动法、静压法。

2. 钢板桩打桩方法宜根据地层条件和施工条件，按表 4.2-1 选用。

钢板桩打桩方法适用表   表4.2-1

项目		锤击法				振动法	静压法	
		柴油锤	蒸汽锤	液压锤	落锤	振动锤	液压静压机	液压静压机配合钻孔机
地层条件	软黏土	不适合	不适合	不适合	适合	适合	适合	适合
	黏土	适合	适合	适合	适合	适合	适合	适合
	砂土	适合	适合	适合	不适合	适合	适合	适合
	砾石	适合	适合	适合	不适合	适合	不适合	可以
	硬黏土	可以	可以	可以	不适合	可以	不适合	可以
施工条件	设备规模	大	大	大	小	大	中	大
	噪声	大	大	中	中	中	小	小
	振动	大	大	大	中	大	小	小
	耗能	大	大	大	小	大	中	中
	施工速度	快	快	快	慢	慢	中	中

3. 钢板桩围堰施工前准备工作应符合下列规定：

（1）应对钢板桩进行材质检验和外观检验，对焊接钢板桩尚应进行焊接部位检验；

（2）应根据现场情况及地质条件对钢板桩打桩机选型；

（3）钢板桩存放场地宜平整处理；

（4）钢板桩在运输、存放时，应按插桩顺序堆码；

（5）应根据土层地质情况和止水要求，确定钢板桩桩尖形式并加工制作。

4. 钢板桩围堰施工应包括设置打桩定位轴线、安装导向架、插打试桩、钢板桩合拢、抽水挖土、内支撑安装、混凝土封底、主体结构施工、围堰拆除等关键工序。

5. 当土层为黏土、砂土、砾土时，应进行钢板桩施工试桩，并应根据试桩结果选择打桩机型号。

6. 打桩定位轴线设置应符合下列规定：

（1）宜取钢板桩的前边线；

（2）必要时，定位轴线应向围堰外侧偏移；

（3）应设置打桩起始点和终点，定位轴线观察点应设置在其延长线上；

（4）当打桩定位轴线设置在水上时，宜设置临时脚手架或观测台。

7. 导向架安装应符合下列规定：

（1）导向架可分为单边式、夹紧式、整体式等结构形式；

（2）应根据陆地或水域条件、钢板桩截面及长度确定导向架的结构形式；

（3）陆地导向架宜采用夹紧式导向架；

（4）导桩与钢板桩之间应设置导梁，宜采用型钢或格构式，并应有足够的刚度。

8. 钢板桩插打前准备工作应符合下列规定：

（1）插打前应复核围堰尺寸、钢板桩数量、打入位置、入土深度和桩顶高程等；

（2）钢板桩起吊前，钢板桩槽凹部位应清扫干净，锁口应修整；

（3）插打钢板桩之前，应对打桩机、卷扬机及其配套设备、绳索等进行全面检查；

（4）检查导向桩，导向桩应坚固、稳定。

9. 钢板桩插打应符合下列规定：

（1）第一根桩或角桩位置应正确，不得倾斜；

（2）应采用卡板控制插打作业中的移动和转动。

10. 钢板桩施打可采用单桩打入法或屏风式打入法，并应符合下列规定：

（1）水上打桩应设置观测台和简易导向架；

（2）当钢板桩发生倾斜度超标、变形过大、穿透力不足、锁口脱开、沉放缓慢、桩身断裂或锁口开裂时，应采取措施；

（3）水中插打钢板桩应从上游依次对称向下游插打，对受潮水影响的河流，应根据实际情况制订插打方案及安全防护措施；

（4）钢板桩插打前应预设好合拢口位置，在合拢口两侧应根据施打情况提前调整钢板桩的垂直度和合拢口宽度。

11. 钢板桩拼接与异形板桩制作应符合下列规定：

（1）拼接时，两根同型号钢板桩应对正顶紧、夹持于牢固的夹具内施焊，并应焊接牢固；

（2）在围堰的同一断面上钢板桩拼接接头不得大于 50%，相邻桩接头上下错开不应小于 2m。

（3）当采用经过整修或焊接的钢板桩时，应采用同类型的短桩进行锁口通过试验，合格者方可使用。

4.3 场地条件

为了实现顺利打桩，必须对现场场地条件有完全的了解，以便对现场的地形和地质条件作出正确的判断。

地形反映了现场的具体环境情况及工作限制程度，如噪声和振动。每个场地都有其自身的特定限制条件，且这些条件随相邻建筑物、道路、地下建筑、动力供应、材料储存场大小等因素的具体情况和性质而变化。

通常，在勘察阶段就应对场地条件作出评价，而且随着设计的推进，对场地条件的评价也应更完善，现场的地质条件会影响钢板桩的长度，而施工中的事件也会改变钢板桩的长度，甚至在软土中钢板桩可能会被超打。钢板桩可以利用液压锤、振动锤等打桩机具进行施工，但在人口密集区应采用液压锤以避免噪声和对周边建筑物的损害。在施工过程中，应采用型钢导向架来控制钢板桩的位置。

施工现场的上空和地下存在障碍物，如管道、输电线和已有建筑物，可能导致需要采用特殊的施工技术。有些情况甚至需要改变钢板桩墙的排列。打桩对邻近建筑或路堤的影响也不容忽视。

地质条件反映的是土层竖向特性。为了使钢板桩达到所要求的贯入深度，必须进行现场工程勘察，进行现场和实验室试验，以提供以下信息：地下土层分布；粒径，形状分布，不均匀系数；土壤成分；孔隙率和孔隙比；密度；地下水位：土壤渗水率；含水率；剪切系数 – 黏聚力；静态和动态贯入度试验结果，标贯或旁压仪试验结果。

根据贯入器和旁压仪试验结果得出的无黏性土壤密度参数见表 4.3–1。

黏性土壤的 SPT、CPT 和压力试验结果见表 4.3–2。

无黏性土壤密度参数 表4.3–1

DPH[1]	SPT[2]	CPT[3]（MN/m²）	旁压仪试验结果（MN/m²）		密度
N₁₀	N₃₀	q_s			
	< 4	2.5	< 0.2	1.5	很松散
3	4~10	2.5~7.5	0.2~0.5	1.5~5.0	松散
3~15	10~30	7.5~15	0.5~1.5	5.0~15	中等密实
15~30	30~50	15~25	1.5~2.5	15~25	较密实
> 30	> 50	> 25	> 2.5	> 25	很密实

注：1. 动力触探；
　　2. 标准贯入试验（动态）；
　　3. 圆锥贯入试验（静态）。

黏性土壤的SPT、CPT和压力试验结果 表4.3–2

SPT	CPT（MN/m²）	压力试验结果（MN/m²）		相当程度	不排水剪力强度（kN/m²）
n₃₀	q_I	Pl	E^M		
< 2	< 0.25	< 0.15	1.50	很松	20
2~4	0.25~0.5	0.15~0.35	1.50~5.25	松	20~40
				松 – 密实	40~50
4~8	0.5~1.0	0.35~0.55	5.25~8.25	密实	50~75
				密实 – 硬	75~100
8~15	1.0~2.0	0.55~1.0	8.25~20	硬	100~150
15~30	2.0~4.0	1.0~2.0	20~40	非常硬	150~200
> 30	> 4.0	> 2.0	> 40	坚硬	> 200

4.4　钢板桩施打方法

4.4.1　锤击法

锤击法是利用桩锤的冲击克服土对桩的阻力，使桩沉到预定深度或达到持力层。这是最常用的一种沉桩方法。

1. 技术特点

主要为柴油锤，多在海上、荒野等人烟稀少的地方使用，因柴油锤施工振动强烈、噪声大，同时对桩本身的损害大。城市中，该工法受限多，多被其他工法代替。

2. 适用范围

锤击打桩适用于淤泥和泥炭等软土、松散密度的中粗或粗粒砂土和无岩石块的砾土。当用于密实的细砂土、中粗或粗粒砂土或砂砾土、硬土和软性到中硬性岩石层时，可能会较难打桩。相比于湿性土壤、浸水或饱和土壤，干质土壤会增加打桩阻力。

3. 工艺原理

冲击锤：锤重可按锤重与桩重比值选取。锤重与桩重（含桩帽重）一般可取：柴油动力锤或落锤，1:2~1.5:1；液压锤，1:1~1:2，蒸汽锤，1:5。

打桩设备包括桩锤、桩架和动力装置。

桩锤是对桩施加冲击，将桩打入土中的主要机具。桩锤主要有落锤、蒸汽锤、液压锤和柴油锤，目前应用最多的是柴油锤。

（1）落锤。落锤构造简单，使用方便，能随意调整落锤高度。轻型落锤一般均用卷扬机拉升施打。落锤生产效率低、桩身易损失。落锤重量一般为 0.5~1.5t，重型锤可达数吨。

（2）蒸汽锤。蒸汽锤利用蒸汽的动力进行锤击。根据其工作情况又可分为单动式汽锤与双动式汽锤。单动式汽锤的冲击体只在上升时耗用动力，下降靠自重；双动式汽锤的冲击体升降均由蒸汽推动。蒸汽锤需要配备一套锅炉设备。

单动式汽锤的冲击力较大，可以打各种桩，常用锤重为 3~10t。每分钟锤击数为 25~30 次。

双动式汽锤的外壳（即汽缸）是固定在桩头上的，而锤是在外壳内上下运动。因冲击频率高（100~200 次 /min），所以工作效率高。它适宜打各种桩，也可在水下打桩并用于拔桩。锤重一般为 0.6~6t。

（3）液压锤。液压锤是一种新型打桩设备，它的冲击缸体通过液压油提升与降落。冲击缸体下部充满氮气，当冲击缸下落时，首先是冲击头对桩施加压力，接着是通过可压缩的氮气对桩施加压力，使冲击缸体对桩施加压力的过程延长，因此每一击能获得更大的贯入度。液压锤不排出任何废气，无噪声，冲击频率高，并适合水下打桩，是理想的冲击式打桩设备，但构造复杂，造价高。

（4）柴油锤。柴油锤利用燃油爆炸的能量，推动活塞往复运动产生冲击进行锤击打桩。柴油锤结构简单、使用方便，不需从外部供应能源。但在过软的土中由于贯入度过大，燃油不易爆发，往往桩锤反跳不起来，会使工作循环中断。另一个缺点是会造成噪声和空气污染等公害，故在城市中施工受到一定限制。柴油锤冲击部分的重量有 2.0t、2.5t、3.5t、4.5t、6.0t、7.2t 等数种。每分钟锤击次数约 40~80 次。

柴油锤主要由汽缸、活塞（重锤）和在汽缸底部的冲击块组成。对于单作用锤，汽缸顶端为开式，而双作用锤则是封闭的。采用真空锤也可以达到双作用目的。

开始使用单作用锤时，活塞被提升到一定高度，然后自动释放。活塞下落中压缩汽缸压缩室内的空气，触发喷油泵将柴油喷到冲击块的顶部。活塞撞击在冲击块上，使柴油雾化，点燃高压空气。爆炸能量将活塞推动向上. 也使桩板打下，同时开始新的一轮工作。

柴油动力锤特别适用于黏性和非常密实的土层。在通常场地条件下，一般选用 1:2~1.5:1 的撞锤重量与桩帽重量比。打桩时桩帽或砧座是必须采用的，在打桩中保护桩头。

1）柴油锤的结构

①气冷型举例（图 4.4-1）:

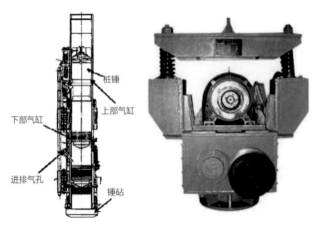

图 4.4-1　柴油桩锤
图片来源：钢矢板施工指针，日本港湾协会，1969 年

②功率选择应考虑以下因素:

钢板桩类型、钢板桩的总长和打入长度、打入土层的硬度（N 值等）、打钢板桩的形式（单打法或复打法）。

考虑钢板桩的强度，桩锤最大尺寸型号见表 4.4-1。

各种打桩方法的特点　　　　　　　　　　表4.4-1

方法	Ⅱ	Ⅲ	Ⅳ	Ⅴ	Ⅵ
单打法	12 型	12 型	22 型	32 型	40 型
复打法	22 型	32 型	40 型	40 型	40 型

2）柴油桩锤的桩帽（图 4.4-2）

桩帽用来保护桩头并保持与桩头垂直。

通常，按照制造厂建议每击 10 次贯入 25mm 应视为柴油动力锤的使用上限。在有些情况下可允许短时间内每次锤击打入 1mm。但如长时间这样工作，则会损坏打桩锤和设备。

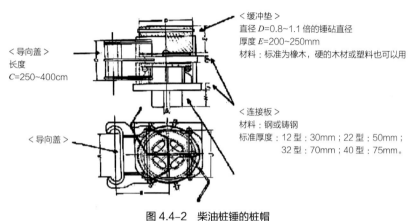

图 4.4-2　柴油桩锤的桩帽
图片来源：钢矢板施工指针，日本港湾协会，1969 年

3）柴油打桩锤工作过程：

①提升活塞。启动柴油打桩锤时，撞锤（活塞）由一释放装置提起，到一定高度后自动放开。

②喷入柴油并压缩撞锤落下时触动喷油泵手柄，使一定量的柴油喷到冲击块顶上当经过排气孔后，活塞开始压缩汽缸内的空气。

③撞击和爆炸。活塞与冲击块的撞击使缸体内的柴油雾化，点燃压缩空气。由此产生的爆炸能量推动活塞向上。

④排气。活塞向上移动时打开排气孔，废气排出，汽缸内压力得到平衡。

⑤扫气。活塞继续向上移动，使新鲜空气通过排气孔进入缸内进行扫气，同时松开喷油泵手柄，使其回复到开始位置，可以重新喷油。

4.4.2　振动法

振动法（图 4.4-3）是利用振锤高频振动，以高加速度振动桩身，将机械产生的垂直振动传给桩体，导致桩周围的土体结构因振动发生变化，强度降低，将桩沉入到指定位置的方法。

1. 特点

（1）因为没有冲击力，桩头不会受到损害，打桩效率很高，打桩和拔桩均适用。

（2）振动法分电动型和液压型两种。由于需要较大的瞬时电流，电动型需要大型的设备。

（3）液压型需要专用装置。

（4）当土质较硬，采用低振动锤很难打入时，可与高压喷水装置一起配合使用。

2. 适用范围

振动法沉桩（图4.4-3）最适合非黏性土、砾石或砂，特别是饱水的非黏性土、砾石或砂。对于混合土或黏性土，只有当它们具有很高的含水量时，才可使用振动锤沉桩。对于干硬性的黏土或经过人工排水的砂中进行振动法沉桩，其沉桩阻力可能很大。

图4.4-3　振动沉桩法

3. 振动沉桩原理

（1）振动锤的组成及其作用

振动锤的组成如图4.4-4所示。通过安装在振动箱内的偏心轮以相同的角速度转动，而两个轮的转动方向相反，如图4.4-5所示。两个偏心轮将产生偏心力，该力的水平分量在同一时间内将相互抵消，而垂直分量则是相加，形成总偏心力，处于振动箱下部的振动体（桩体）被液压夹持器卡牢后向下击或上拔。压箱用弹性件固定在振动箱上，从而消除了振动的传递，重量很大的压箱（重量可附加）可增加向下的振动力。

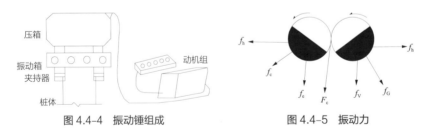

图4.4-4　振动锤组成　　　　　　　　　　　图4.4-5　振动力

（2）振动沉桩原理

通过减少桩与土壤之间的摩擦，用振动暂时扰动桩周围的土壤，使土壤出现轻度液化，从而大大降低土壤对桩的阻力，使得用很小的力即只要用自身的重量加打桩机的重量，就可将桩打入土下。振动沉桩机在振动管内产生振荡。在振动管内偏心重块由一台或数台电动机通过齿轮传动偏心重块以相同的频率转动，但转动方向相反，以此来消除力的水平分量，只剩下垂直分量做功。

振动沉桩机的远动机可用电动机或液压马达，也可两者兼用。在振动管的下方设有液压动作的卡钳，用于保证牢固固定，并将振荡传递给桩。起重机吊住振动沉桩机，用橡胶垫或弹簧与振动管隔离。振动沉桩机的速度可调节，使系统工作频率适合不同的土质情况。另外，这种沉桩机特别适合水下作业。振动沉桩机还是一种很好的拔桩设备。与静拉式设备相比，由于它降低了土壤与桩之间的摩阻力，向上拔桩所需的力就要小得多。

振动沉桩机的标准频率范围每分钟 800~1800 转，离心力高达 5000kN。新推出的高频沉桩机的频率达到每分钟 3 000 转。由于它产生的高频衰减很快，就不会对相邻物体产生影响。它的沉桩性能取决于土质情况。

施打 II 、III 、IV 、VL、III w、IV w、10H、25H 钢板桩前，可依据表 4.4-2 和表 4.4-3 分别对电动型振动锤功率、液压型振动锤功率选择。

钢板桩类型和电动型振动锤功率的选择　　　　　　　　　　表4.4-2

方法		仅振动锤	振动锤配合高压喷水装置	
最大 N 值		$N_{max} < 50$	$50 \leqslant N_{max} < 100$	$100 \leqslant N_{max} \leqslant 180$
打入深度	$L \leqslant 15\text{m}$	60kW		90kW
	$15\text{m} < L \leqslant 25\text{m}$	90kW		
高压喷水装置型号		—	13.7MPa，325e/ 分 ×2 台机器	

钢板桩类型和液压型振动锤功率的选择　　　　　　　　　　表4.4-3

方法		仅振动锤	振动锤配合高压喷水装置	
最大 N 值		$N_{max} < 50$	$50 \leqslant N_{max} < 100$	$100 \leqslant N_{max} \leqslant 180$
打入深度	$L \leqslant 25\text{m}$	224kW（235kW）		
高压喷水装置型号		—	14.7MPa，325e/ 分 ×2 台机器	

4. 振动锤型选择

（1）振动锤沉桩克服动侧摩阻力的估算

首先应根据桩的类型、尺寸和地质勘探资料计算振动锤的激振力是否可以克服桩的侧面动摩阻力，而下沉至要求的深度，满足此关系要求的计算公式如下：

$$P_0 > T_V \qquad\qquad （4.4-1）$$

$$T_V = U \sum_{i=1}^{n} T_{Vi} H_i \qquad\qquad （4.4-2）$$

式中　P_0——为振动锤激振力（kN）；

　　　T_V——下沉至要求深度时，各土层的极限动侧摩阻力之和（kN）；

　　　U——桩横断面周长（m）；

　　　i——表示厚度为 H_i 的土层顺序；

　　　n——下沉至要求深度时土壤总层数；

T_{vi}——第 i 土层的极限动摩阻力（kPa）；

H_i——第 i 层土层厚度（m）。

下沉至要求深度时各土层极限动侧摩阻力之和的计算比较困难，目前我国尚无同类的设计规范，国内外均采用经验公式进行估算。下面介绍的估算方法，供使用者参考。

1）日本建机调查株式会社经验公式：这种方法主要是根据土壤标准贯入度试验所得到的IV值来进行计算的，首先根据各土层IV值计算出各土层的极限静侧摩擦阻力的总和为：

对于砂性土：

$$T = U \sum_{i=1}^{n} H_i \frac{N_i}{5} \tag{4.4-3}$$

对于黏土：

$$T = U \sum_{i=1}^{n} H_i \frac{N_i}{2} \tag{4.4-4}$$

式中 T——各土层的极限静侧摩阻力之和（kN）；

N_i——第 i 层土层的标准贯入击数IV值；

其他符号同前公式。

其次，由 $T/Q_0 = \eta/\mu$ 可以在图 4.4-6 中绘一条斜直线，它与图 4.4-6 中曲线交点的纵坐标值就是对应土层的侧摩阻力 $T = \mu_i$，该土层的极限动摩阻力 $T_{vi} = T_i\mu_i$，那么沉至要求的深度总极限动侧摩阻力 T_v 为：

$$\eta \geq \frac{T}{Q_0} \mu \tag{4.4-5}$$

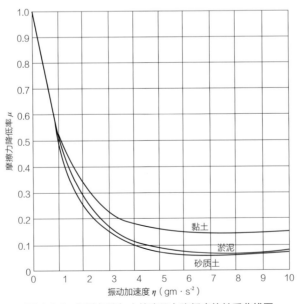

图 4.4-6　振动加速与土的摩阻力降低度的关系曲线图

$$T_{\mathrm{V}} = \sum_{i=1}^{n} T_i u_i \qquad\qquad (4.4-6)$$

式中　η——振动加速度（$\mathrm{m/s^2}$）；

　　　Q_0——振动体系重量（桩的重量＋夹桩器重量＋支承梁重量＋振动锤重量），可预
　　　　　　先假定（kN）；

　　　μ——静侧摩阻力减低率；

　　　T_i——为第 i 层土层的极限静侧摩阻力（kN）；

　　　u_i——第 i 层土层的静侧摩阻力减低率；

　　　其他符号同前公式。

2）法国 PTC 公司的估算：法国 PTC 公司汇集了世界范围内 58 个工程的土壤数据，找出了土壤的标准贯入击数（SPT）N 值与振动构件每平方米（以桩外表面积计算）的动侧摩阻力的关系，该关系如表 4.4-4 所示。参照表 4.4-4 结合工程的土质、桩的类型、尺寸和入泥深度，即可按公式（4.4-2）计算。

土壤标准贯入击数N与动摩阻力关系表   表4.4-4

标准贯入击数（SPT）N（击）		动摩阻力（$\mathrm{t/m^2}$）
非黏性土	黏性土	
0~5 饱和	0~2 很软	0.6~1
5~10 很松散	2~5 软	1.2
10~20 松散	5~10 中硬	1.3
20~30 中密	10~20 硬	1.5
30~40 密	20~30 很硬	1.6
40 以上很密	30 以上极硬	1.7

注：动摩阻力值以外壁单位面积统计的内外壁动侧摩阻力的综合值。

3）美国 ICE 公司的估算美国 ICE 公司通过大量工程测试后得出结论，在高速振动时，桩的周围土壤产生液化效果，使桩侧极限静摩阻力减低率 $u=0.1\sim0.4$，那么根据工程的土质，可在 $u=0.1\sim0.4$ 间选取一个值，即可按公式（4.4-6）计算。

4）欧洲钢板桩技术协会的估算：在振沉钢板桩时，经大量工程的实践总结，认为确定振动锤大小时，振动锤激振力可按下式计算。

$$F=15 \times (L+2M)/100 \qquad\qquad (4.4-7)$$

式中　F——激振力（kN）；

　　　L——为打桩深度（m）；

　　　M——桩质量（kg）。

振幅可按图 4.4-7 选取。

一般认为每分钟 50cm 贯入度应用作振动打桩的最大速度。这样做只是为了防止可能出现的振动对人体的干扰，如长时间超过此限度工作应保持仔细观察。

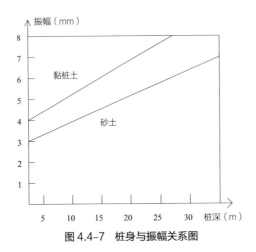

图 4.4-7　桩身与振幅关系图

5）我国用桩静侧摩阻力系数推算动侧摩阻力系数：《桩基规范》JTJ 222—87 通过对振动式沉桩资料的分析，认为随着振动频率的提高，动侧摩阻力系数将随之呈曲线降低。于是，在地质报告没有提供桩动侧摩阻力的情况下，用桩侧静摩阻力系数推算动侧摩阻力。压桩阻力估算方法为：

$$P = U \sum_{i=1}^{n} H_i f_{iy} + R_y F \qquad (4.4-8)$$

$$R_y = (0.9 \sim 1.0) R \qquad (4.4-9)$$

式中　P——压桩阻力（kN）；

　　　f_{iy}——压桩时各土层对桩侧面单位面积上的摩阻力（kPa），其值可参照表 4.2-6
　　　　　　估算；

　　　R_y——压桩时桩尖处单位面积上的阻力（kPa）；

　　　R——单桩极限桩端阻力（kPa）；

　　　F——桩的横截面面积（m²）；

其他符号同前公式。

压桩介于"静"与"振动"之间，从表 4.4-5 明显看出压桩系数大于振动摩阻力降低率，应列入土壤弹性系数，才能更符合振动式沉桩工况，此关系用下式表示：

$$T_{yi} = \xi \chi_0 T_i \qquad (4.4-10)$$

式中　ξ——压桩系数，参照表 4.4-5 选取；

f_{iy} 与 T_i 的关系　　　　　　　　　　　　　　　　表4.4-5

土质情况	f_{iy}
灵敏度为 5 左右的淤泥质黏土或淤泥质亚黏土	$0.17 \sim 0.20 T_i$
中实和较坚实的黏土和亚黏土	$0.30 \sim 0.40 T_i$
轻亚黏土和粉砂	$0.50 T_i$ 左右

注：T_i 和 R 由地质勘测报告给出。

χ_0——土壤弹性影响系数，受加速度的影响变化，对低频（8~20Hz）振动锤取用 0.6~0.8；中高频（20~60Hz）振动锤可取 0.6~0.18（法国 PTC 测试值）；

其他符号同前公式。

那么，由桩静侧摩阻力系数 T_i 计算出动侧摩阻力系数后，即可按公式（4.4-2）计算出总动侧摩阻力 T_{vi}。

（2）振动锤沉桩克服桩端动阻力的估算

在计算出下沉至要求深度的动侧摩阻力后，即可根据公式（4.4-1），可初选或检验拟用振动锤型号，据此锤的性能资料和桩的类型、尺寸和土壤种类，利用以下经验公式估算和检验该锤是否能克服桩端动阻力，下沉至要求的深度，换言之，即振动体系的重量应大于桩端动阻力。

端动阻力：

对于黏性土

$$R_v=8NFe^{-0.0652} \tag{4.4-11}$$

对于砂性土：

$$R_v=4NFe^{-0.0652} \tag{4.4-12}$$

$$I=k\omega/g \tag{4.4-13}$$

$$Q_0 > R_v \tag{4.4-14}$$

式中　R_v——桩端动阻力（kN）；

　　　N——桩沉入深度土层的最大标准贯入击数；

　　　F——桩的横截面面积（cm）；

　　　e——自然对数的底；

　　　I——为振动锤动量（kg）；

　　　k——偏心力矩（kg·m）；

　　　ω——振动锤负荷轴角速度，即频率（1/s）；

　　　g——重力加速度（cm/s）；

其他符号同前公式。

（3）振动锤沉桩振动体系振幅 A_0 的估算

振动体系的振幅 A_0 要能超过桩下沉时所需的振幅 A，桩才能下沉到要求的深度。初选振动锤型号后，据此锤的性能资料以及桩的类型、尺寸和土壤种类，用以下经验公式可计算和检验振动体系的工作振幅 A_0 和把桩振沉至要求深度所必需的最小振幅 A。

$$A_0 = \frac{K}{Q} \tag{4.4-15}$$

$$A = \frac{N}{12.5} + 3 \tag{4.4-16}$$

$$A_0 > A \tag{4.4-17}$$

式中　A_0——振动体系的振幅，又叫工作振幅（mm）；

K——偏心力矩；

Q——振动质量（桩的质量＋夹桩器质量＋支承梁质量＋振动锤振动部件质量）（kg）；

A——振沉桩到要求深度所需最小振幅（mm）；

其他符号同前公式。

关于桩振沉到要求深度所需最小振幅 A，可按经验公式（4.4–16）进行估算，在实际工作中也可用以下经验值直接用公式（4.4–17）式进行检验。

1）美国 ICE 公司认为：各类型的土质对最小振幅要求有所不同。在沙质的土壤里，振动造成的液化程度较高，所以要求比较小，用 ICE 振动锤只要 3.0mm。在黏土里，由于土壤能跟随桩壁运动，振幅要求达到 6mm 才能摆脱土壤。在非常理想的情况下，如在水下的沙质土壤，2.0mm 就足够。

2）法国 PTC 公司根据 30 年的经验，用于评估沉桩的最小振幅列入表 4.4–6。

评估沉桩最小振幅A　　　　　　　　　　　　表4.4–6

标准贯入度（SPT）N／击	在非黏聚性土壤中干振时最小振幅A	在黏聚性土壤中干振时最小振幅A	在有水的情况或借助于其他方法时的非黏聚性土壤中的最小振幅A
0~5	2	3	1
5~10	2.25	3–25	1.50
10~15	3	3.50	2.0
15~30	3.50	3.75	2.50
30~40	4	4.25	2.75
40~50	4.5	4.75	3.75
> 50	≥ 5	≥ 5.75	≥ 4

注：借助于其他方法可以将筒内的土挖出或辅以冲水。

欧美国家计算振幅时为 $2\dfrac{K}{Q}$，即正弦波的波顶至波底，用于公式（4.4–17）时，应将以上美国 ICE 公司和法国 PTC 公司的经验值除以 2 后再进行判断。

（4）选择振动锤型

当根据前述几种经验方法估算的总动侧摩擦阻力 T_v，经综合分析确定 T_v 后所初选的振动锤若满足以下三个基本条件，即可选定振动锤型：①振动锤的激振力 P_0 大于被振沉构件与土的动侧摩擦阻力 T_v；②振动锤系统的总重量 Q_0 大于振沉构件的动端阻力 R_v；③振动锤系统的工作振幅 A_0 大于振沉构件到要求深度所需最小振幅 A。若校核时发现 $P_0 < T_v$ 时，则应减少估计沉入深度，或选取更大功率的振动锤；若 P_0 远大于 T_v，则应增加估计沉入深度或选取功率较小的振动锤。同时在这两种情况下，还分别校核 $Q_0 > R_v$ 和 $A_0 > A$ 的情况。总之反复计算直到三个基本条件均满足时为止。

（5）打桩机选择

打设钢板桩，自由落锤、汽动锤、柴油锤、振动锤等皆可，但使用较多的为振动锤。如使用柴油锤时，为保护桩顶因受冲击而损伤和控制打入方向，需要在桩锤和钢板桩之间设置桩帽。

部分国产及国外振动锤的技术参数如表 4.4-7 和表 4.4-8 所示。

振动打桩机是将机器产生的垂直振动传给桩体，使桩周围的土体因振动产生结构变化，降低了强度或产生液化，板桩周围的阻力减少，利于桩的贯入。

振动打桩机打设钢板桩施工速度快，更有利于拔钢板桩，不易损坏桩顶，操作简单。但其对硬土层（砂质土 $N > 50$；黏性土 $N > 30$）贯入性能较差，桩体周围土层要产生振动，耗电较多。

国产振动锤技术性能 表4.4-7

性能指标		北京580型	北京601型	广东7t型	广东10t型	通化601型	成都C-2型	中-160型	江阴DZ5	江阴DZ37
振动力（kN）		175	250	75	112	235	80	1030~1600	50	271
偏心力矩（N·m）		302	370	76.4	114.5	347	70	3520		
振动频率（r/min）		720	720	939	931	720	730	404~1010	960	900
振幅（mm）		12.2	14.8	5.7	5.7	14	13		7.8	6.3
电机：功率（kW）		45	45	20	28	50	22	155	11	37
转速（r/min）		960	960	980	1460	860	1470	735		
振动箱规格	长（mm）	1010	1010	1180	1095	1010	1460	1630	1000	1500
	宽（mm）	875	875	840	744	875	781	1200	780	1100
	高（mm）	1650	1650	1400	1157	1650	2364	3100	1400	1980
振动锤质量（t）		2.5	2.5	1.5	2.0	2.5	1.5	11.4	0.95	3.3

日本部分振动锤技术性能 表4.4-8

性能指标		VM$_2$-2500E	VM$_2$-4000E	VM$_2$-12000A	VS-400E
振动力（kN）		280~370	379~490	350	271~406
偏心力矩（N·mm）		190~250	280~400	1200	430~300
振动频率（L/min）		1150	1100	510	750~1100
振幅（mm）		5.8~7.7	7.4~10.8	22.1	10~7.0
电机功率（kW）		45	60	90	60
振动箱规格	长（mm）	968	1042	1202	1083
	宽（mm）	1236	1370	1150	1480
	高（mm）	3027	3239	4612	3406
振动锤质量（t）		3.8	4.6	5.44	5.02

选择振动锤时，可根据需要的振幅 A_s 和偏心力矩 M_0 来进行选择。

需要的振幅 A_s，按下列公式计算：

对砂土：

$$A_s = \sqrt{0.8N + L} \ （mm） \tag{4.4-18}$$

对黏性土、粉土：

$$A_s = \sqrt{1.6N + L} \ （mm） \tag{4.4-19}$$

式中　N——桩尖所在土层的标准贯入值；

　　　L——钢板桩长度（m）。

需要的偏心力矩 M_0，按下式计算：

$$M_0 = [\frac{15A_s + \sqrt{225A_s^2 + (1.56 - A_s)225A_s + 1.56A_sQ_p}}{1.56 - A_s}]^2 \ （N \cdot cm） \tag{4.4-20}$$

式中　Q_p——钢板桩自重（N）；

　　　A_s——板桩需要的振幅（mm）。

目前市场上使用较多的挖掘机液压振动锤分为直夹振动锤和侧夹振动锤，具有如下优点：

①液压振动锤是自身携带的动力站进行作业。②频率可调，可以方便地选择低频和高频型号。由于激振力的大小和频率成正比，所以同等大小的液压锤和电动锤振，它们的振激力大小相差甚远。③使用橡胶减振可使激振力最大限度地用于打拔桩作业。尤其在拔桩作业时，可以提供更有效的上拔力。④可以水上和水下作业，不需要任何的特殊处理。

同时具有如下特点：①使用美国派克原装进口液压马达驱动和力士乐油缸，体积小重量轻，可稳定输出高转速动力，坚固耐用。②液压振动锤内置减震器，采用日本进口圆柱滚子轴承，低噪声、调整可靠，使得整机性能更可靠。③设计配备安全装置，当振动作业时安全装置自动夹紧夹头，桩板不松脱，安全高效。④可以左右旋转180°，振动频率及速度可调整，操作简单，可满足不同工况的要求。⑤可以根据土质情况以及桩的材料强度随时调节控制桩锤的冲击力，具有大锤芯、低速率和较长的作业时间。液压振动锤与挖掘机加长臂，挖掘机打桩臂配套使用。

该型设备适用于打桩要求不高、桩长较短的工程。一般情况下，如采用320型挖机改装的可打设6m、9m桩，450型可打12m桩、15m桩，超过15m桩不适合该型设备（图4.4-8）。

4.4.3　静压法

静压法是液压装置通过固定已打入钢板桩而受到反力作用，同时抓握住钢板桩的中部将钢板桩压入土中。

图4.4-8　挖掘机液压振动锤

1. 技术特点

优点：无振动、无噪声、高精度、作业面小，钢板桩施工效果好，止水挡土效果极佳。

缺点：机械设备均为国外进口，价格较高。

打桩机体形小，而且不需要起重机，但吊运钢板桩时需单独使用起重机。可以实现打桩时的低噪声、低振动。当土质较硬，仅用压桩机很难打入时，可与高压喷水装置一起配合使用。

2. 适用范围

静压钢板桩工法，在中国是一种新型的施工方法，是对钢板桩施工方式的革命创新。相对于传统施工工法，该工法不仅仅表现在机械设备小巧轻便，输出功率大，施工时噪声小、无振动这几个方面。在更大程度上，静压工法已颠覆了传统认识中对施工作业的需求，能更大程度解决工程难点，满足客户需求，主要表现在以下三个方面：

（1）无暂设工程 GRB 系统

GRB 系统是一种以反力为基础的系统工法，该工法实现了构筑压入桩连续墙的全部工序（搬运、吊装、压入等），均在完成桩上进行，无须暂设工程。

（2）狭窄地段工法

在目前快速城市化过程中，有些区域因路段狭小或其他因素限制，传统施工机械无法进入，如封锁道路施工会带来很大的影响和很高的成本。采用静压植桩机及狭窄地段工法，施工空间只需机器宽幅即可。

（3）低矮空间作业

在施工场地上部空间有障碍物（如桥下、涵洞内等）的情况，无须损坏、拆除原有建构筑物，可使用专用型号的静压植桩设备，完成此工况施工。

3. 工艺原理

静压植桩机"压入机理"（图 4.4-9）是通过夹住数根已经压入地面的桩（完成桩），

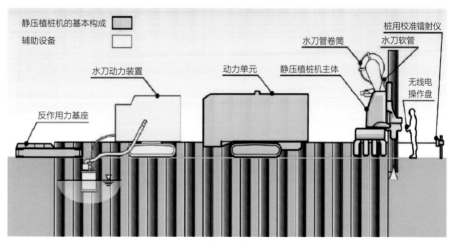

图 4.4-9　静压植桩机压入机理

将其拔出阻力作为反力，利用静载荷将下一根桩压入地面。

　　静压桩机（图 4.4-10）：目前多采用日本的静力压桩机，400mm 宽拉森桩采用 SA100 或 SA150 系列，压桩力分别为 100t 及 150t。500mm 宽拉森桩采用 SW100、600mm 宽拉森桩采用 SW150，压入力分别为 100t 及 150t。压桩力可通过桩土之间的摩阻力、锁口之间的阻力进行计算，据此压桩力选用机械。当压入力不足时，该型机械可选配高压水减阻、安装钻头预钻孔（图 4.4-10、图 4.4-11）。

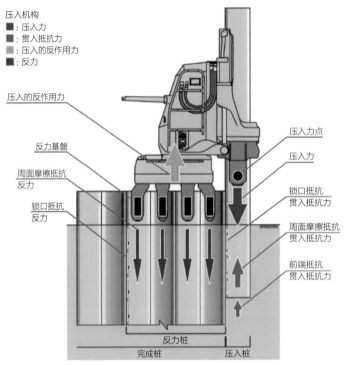

图 4.4-10　静压桩机

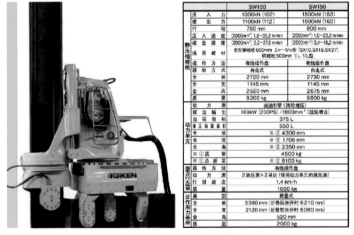

图 4.4-11　静压桩机参数表

4.5 钢板桩施打关键技术

4.5.1 工艺流程

工艺流程如图 4.5-1 所示。

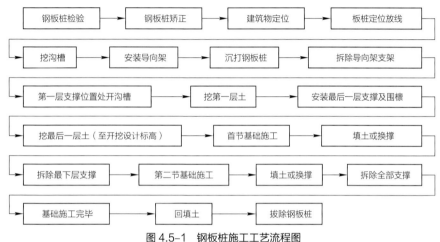

图 4.5-1 钢板桩施工工艺流程图

4.5.2 操作要点

1. 打桩机械选择

钢板桩可采用锤击打入法、振动打入法、静力压入法及振动锤击打入法等施打方法，工程中采用前两者居多。根据不同的施打方法应采用相应的打桩机械。同时在选择打桩机械型号时，应考虑工程地质，现场作业环境，钢板桩形式、重量、长度、总数量等具体条件，以使选用机械适用、经济、安全。

2. 钢板桩的检验及矫正

用于基坑支护的成品钢板桩如为新桩，可按出厂标准进行检验；重复使用的钢板桩使用前，应对外观质量进行检验，包括长度、宽度、厚度、高度等是否符合设计要求，有无表面缺陷，端头矩形比，垂直度和锁口形状等。

3. 打桩围檩支架（导向架）的设置：

为保证钢板桩沉桩的垂直度及施打板桩墙面的平整度，在钢板桩打入时应设置打桩围檩支架，又称导架（图 4.5-2），围檩支架由围檩及围檩桩组成。

围檩可以双面布置，也可以单面布置，一般下层围檩可设在离地约 500mm 处，双面围檩之间的净距应比插入板桩宽度放大 8~10mm，围檩支架一般

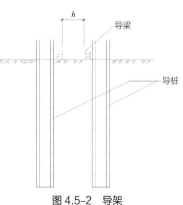

图 4.5-2 导架

用型钢组成，如 H 型钢、工字钢、槽钢等，围檩入土深度一般为 6~8m，间距 2~3m，根据围檩截面大小而定，围檩之间用连接板焊接。

导架的位置不能与钢板桩相碰。导桩不能随着钢板桩的打设而下沉或变形。导梁的高度要适宜，要有利于控制钢板桩的施工高度和提高工效，要用经纬仪和水平仪控制导梁的位置和标高。

通过设置导向架可以确保打桩时的稳定和打桩位置的准确。导向架可分为陆上导向架（图 4.5-3）、水上导向架（图 4.5-4）。导梁设置的位置应比钢板桩顶低 300~500mm，避免桩锤碰到导梁。

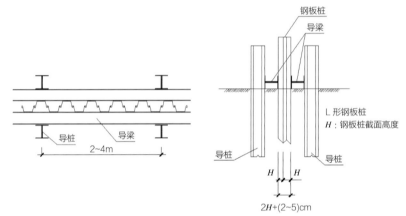

图 4.5-3　陆上打桩作业的导向架

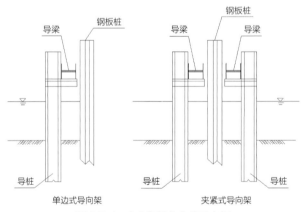

图 4.5-4　水上打桩作业的导向架

4. 钢板桩焊接

拼接时，两根同型号钢板桩应对正顶紧、夹持于牢固的夹具内施焊，并应焊接牢固。钢板桩拼接接头不得在围堰的同一断面上，相邻桩接头上下错开应不小于 2m。

由于钢板桩的长度是定长的，因此在施工中常需焊接，为了保证钢板桩自身强度，接桩位置不可在同一平面上，必须采用相隔一根上下颠倒的接桩方法。

5. 钢板桩的打设方式

（1）钢板桩的打设方式可根据板桩与板桩之间的锁口方式，或选择大锁口扣打施工法及不锁口扣打施工法。大锁口扣打施工法是从板桩墙的一角开始，逐块打设，每块之间的锁口并没有扣死。大锁口扣打施工法设简便迅速，但板桩有一定的倾斜度、不止水、整体性较差、钢板桩用量较大，仅适用于强度较好透水性差、对围护系统要求精度低的工程；小锁口扣打施工法也是从板桩墙的一角开始，逐块打设，且每块之间的锁口要求锁好。能保证施工质量，止水较好，支护效果较佳，钢板桩用量亦较少，但打设速度较缓慢。

（2）钢板桩的打设方法还可以分为单独打入法和屏风式打入法两种。

单独打入法是从板桩墙的一角开始，逐块打设，直到工程结束。这种打入方法简便迅速不需辅助支架，但易使板桩间一侧倾斜，误差积累后不易纠正，适用于要求不高，板桩长度较小的情况。

屏风式打入法是将 10~20 根钢板桩成排插入导架内，呈屏风状，然后再分批施打（图 4.5-5）。这种打桩方法的优点是可以减少倾斜误差积累，防止过大的倾斜，而且易于实现封闭合拢，能保证板桩墙的施工质量。其缺点是插桩的自立高度较大，要注意插桩的稳定和施工安全。一般情况下多用这种方法打设板桩墙，它耗费的辅助材料不多，但能保证质量。

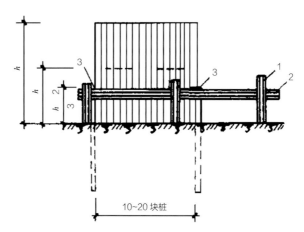

图 4.5-5 导架及屏风式打入法
1—导桩；2—导梁；3—两端先打入的定位钢板桩

屏风式打入法按屏风组立的排数，分为单屏风、双屏风和全屏风。单屏风应用最普遍；双屏风多用于轴线转角处施工；全屏风只用于要求较高的轴线闭合施工。

按屏风式打入法施打时，一排钢板桩的施打顺序有多种，视施工时具体情况选择。施打顺序影响钢板桩的垂直度、位移、板桩墙的凹凸和打设效率。

我国规定的钢板桩打设允许误差：桩顶标高 ±100mm；板桩轴线偏差 ±100mm；板桩垂直度 1%。

6. 钢板桩的打设

（1）选用吊车将钢板桩吊至插桩点处进行插桩，插桩时锁口要对准，插每一块就套上桩帽，并轻轻地加以锤击。在打桩过程中，为保证钢板桩的垂直度，用两台经纬仪在两个方向加以控制。为防止锁口中心线平面位移，同时在围檩上预先计算出每一块板桩的位置，以便随时检查校正。

（2）钢板桩应分几次打入，如第一次由 20m 高打至 15m，第二次则打至 10m，第三次打至导梁高度，待导架拆除后再打至设计标高，开始打设的第一、第二块钢板桩的打入位置和方向要确保精度，它可以起样板导向的作用，一般每打入 1m 就应测量一次。

钢板桩插打平面与侧面如图 4.5-6 所示。

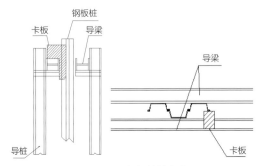

图 4.5-6　钢板桩的安装

7. 钢板桩的转角和封闭

钢板桩墙的设计水平总长度，有时并不是钢板桩的标准宽度的整数倍，或者板桩墙的轴线较复杂、钢板桩的制作和打设也有误差，这些都会给钢板桩墙的最终封闭合拢带来困难。钢板桩墙的转角和封闭合拢施工，可采用异形板桩法、连接件法、骑缝搭接法、轴线调整法等方法进行调整。

（1）采用异形板桩：异形板桩的加工质量较难保证，而且打入和拔出也较困难，特别是用于封闭合拢的异形板桩，一般是在封闭合拢前根据需要进行加工，往往影响施工进度，所以应尽量避免采用异形板桩（图 4.5-7）。

图 4.5-7　异形钢板桩

（2）连接件法：此法是用特制的"ω"（Omega）和"δ"（Delta）型连接件来调整钢板桩的根数和方向，实现板桩墙的封闭合拢。钢板桩打设时，预先测定实际的板桩墙的有效宽度，并根据钢板桩和连接件的有效宽度确定板桩墙的合拢位置。

（3）骑缝搭接法：利用选用的钢板桩或宽度较大的其他型号的钢板桩作闭合板桩，打设于板桩墙闭合处。闭合板桩应打设于挡土的一侧。此法用于板桩墙要求较低的工程。

（4）轴线调整法：此法是通过钢板桩墙闭合轴线设计长度和位置的调整实现封闭合拢。封闭合拢处最好选在短边的角部。轴线修正的具体做法如图 4.5-8 所示。

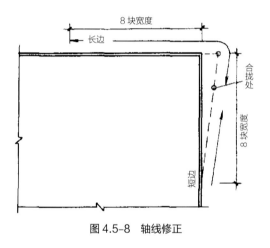

图 4.5-8　轴线修正

1）沿长边方向打至离转角桩约尚有 8 块钢板桩时暂时停止，量出至转角桩的总长度和增加的长度；

2）在短边方向也照上述办法进行；

3）根据长、短两边水平方向增加的长度和转角桩的尺寸，将短边方向的导梁与围檩桩分开，用千斤顶向外顶出，进行轴线外移，经核对无误后再将导梁和围擦桩重新焊接固定；

4）在长边方向的导梁内插桩，继续打设，插打到转角桩后，再转过来接着沿短边方向插打两块钢板桩；

5）根据修正后的轴线沿短边方向继续向前插打，最后一块封闭合拢的钢板桩，设在短边方向从端部算起的第三块板桩的位置处。

8. 打桩时问题的处理

打桩中会发生钢板桩倾斜、已打桩被在打桩拖着一起下沉（带桩下沉）、钢板桩墙与设计长度相比的延长或缩短、穿透力不够（打桩受阻）、连接锁口脱开、扭转等问题，下面一一分析。

（1）钢板桩倾斜

1）钢板桩倾斜的原因（图 4.5-9）

①由于锤击力作用的位置与相邻钢板桩咬合摩擦力作用的位置不同，因而在该处产

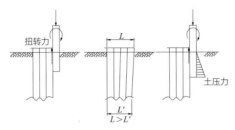

图 4.5-9　钢板桩倾斜的原因

生扭转力，导致钢板桩向桩墙的定位轴线倾斜。

　　②虽然钢板桩在地表面被垂直打入，但在某种程度上有扭转倾向以及底部曲折的倾向。因此钢板桩的顶部比底部更前倾，且钢板桩易于向桩墙定位轴线倾斜。

　　③入土越深，作用于钢板桩的土压力就越大，钢板桩下部宽度就有减小的趋势。但桩顶受锤击影响，其宽度有增大的趋势。因此，钢板桩墙向其定位轴线前倾。

　　2）钢板桩倾斜的解决措施

　　钢板桩的倾斜增加了桩之间的咬合摩擦力，因此当下一根桩打入时，该力将变成很大的抵抗力以阻止桩的打入。

　　①倾斜较小时的解决方案

　　利用绞车等工具将已打入钢板桩的顶部朝倾斜的反方向拉（图 4.5-10）。如采用单桩打入法，应将打桩方法改为屏风式打入法来纠斜。在软土中打桩，由于锁口处的阻力大于板桩与土体间的阻力，使板桩易向前进方向倾斜。纠正方法是用卷扬机和钢丝绳将板桩反向拉住后再锤击，或用特制的楔形板桩进行纠正（图 4.5-11）。

　　②即使采用了上述的应对措施，倾斜度还是超过了一桩宽时的解决方案

　　采用顶部和底部宽度不一的楔形钢板桩来纠斜（图 4.5-12）。因为楔形钢板桩与普

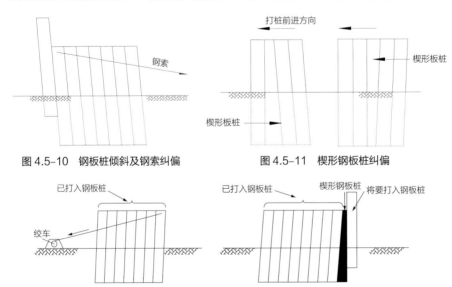

图 4.5-10　钢板桩倾斜及钢索纠偏　　　　图 4.5-11　楔形钢板桩纠偏

图 4.5-12　钢板桩倾斜解决措施

通钢板桩相比截面模量不同，因此有必要校核楔形钢板桩的结构强度。禁止连续使用楔形钢板桩。

当预计需要使用楔形钢板桩时，应快速准备好楔形钢板桩以使打桩过程不中断。

（2）已打钢板桩被在打钢板桩拖着一起下沉

在打钢板桩过程中，相邻的已打桩有时会与在打桩一起下沉。一起下沉的原因如下：

1）在软土中钢板桩发生倾斜或弯曲时，容易出现一起下沉现象。

2）相邻已打钢板桩的承载力由桩侧摩阻力和桩端承载力组成，当在打钢板桩的咬合摩擦力超过相邻已打钢板桩的承载力时，就会认为发生一起下沉现象。

当发生一起下沉现象时，可采取以下有效应对措施：

1）当钢板桩发生倾斜时，应首先进行纠斜。

2）如在软土中，钢板桩应在高于设计位置处停止打入，以预留空间防止一起下沉。如果没有发生一起下沉，应随后将钢板桩打入最终深度。

3）对相邻钢板桩采用现场锁口焊接或螺栓连接的临时连接方法。

（3）与设计长度相比钢板桩墙的延长或缩短

1）为方便打桩作业，设计钢板桩锁口时在宽度上有 2~3mm 的空隙。

2）这就导致已打钢板桩墙长度的延长或缩短。打桩时沿钢板桩墙长度方向处于受压状态，则钢板桩墙容易缩短；反之，打桩时沿钢板桩墙长度方向处于受拉状态，则钢板桩墙容易延长。

3）钢板桩墙长度的增减可能导致钢板桩总需求量的调整。而且，如果在锚拉钢板桩墙的施工中，前面钢板桩的中心和锚桩中心不重合，导致拉杆角度需要调整而给拉杆安装带来困难。

与设计长度相比钢板桩墙延长或缩短的应对措施如下：

1）假如钢板桩墙长度增加，即钢板桩打入时处于受拉状态，那么应将其调整到受压状态下打桩。

2）假如钢板桩墙长度减小，应采取跟上一项相反的措施。

3）原则上，每 20~30 根桩就应检查一次钢板桩的倾斜度。

4）当主要起因被认为是钢板桩墙扭转或蛇形弯曲时，应在钢板桩和导梁之间放入足够的卡板。

5）当上述措施还不奏效时，应采取如下对应措施：

当钢板桩墙长度增加时，应打入宽度比正常尺寸小的特制钢板桩以调整墙长；当钢板桩墙长度减小时，应打入宽度比正常尺寸大的特制钢板桩或多打入一个正常尺寸的钢板桩以调整墙长（图 4.5-13）。

（4）穿透力不够

因穿透力不够会给设计带来麻烦，有必要通过重新检查打桩方法来解决。应对措施如下：

1）应更换一个更大功率的打桩机或者采取其他措施以减小打桩阻力。

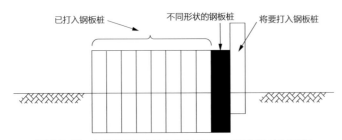

图 4.5-13　与设计墙长相比钢板桩墙延长或缩短的应对措施

2）常用高压喷水装置和钻土机来减小土层的打桩阻力。

（5）锁口脱开

1）从钢板桩墙的力学强度和锁口的止水能力来看必须避免钢板桩锁口的脱开。

2）当钢板桩墙打入颗粒尺寸均匀的砂土层时，由于打桩和接缝摩擦力的影响，已打钢板桩锁口处的砂土因脱水而变硬，且逐渐变得密实。这种现象称为楔现象（堵塞），且可能导致锁口脱开。

应对措施如下：

1）砂土挤入锁口空隙中是引起锁口脱开的一个原因。这种情况下，有效的方法是在锁口下部采用栓帽焊接解决。

2）还应配合喷水，以防止土壤进一步硬化。

3）单桩打入法应改为屏风式打入法，每次入土深度应不超过 2~3m，这样通过减小土壤的脱水而减少打桩阻力。

（6）扭转

锁口铰式连接时容易发生扭转。应对措施：在打桩行进方向用卡板锁住板桩的前锁口；在钢板桩与围檩之间的两边空隙内，设滑轮支架，制止板桩下沉中的转动；在两块板桩锁口扣搭处的两边，用垫铁和木楔填实。

4.5.3　材料与设备

打桩材料钢板桩，打桩设备包括桩锤、桩架和动力装置。打桩锤根据动力特性可分为落锤、蒸汽锤、柴油锤、液压锤和振动锤等。目前使用液压锤和振动锤较多。

国内根据振动锤能够达到的最高频率，分为低频（≤ 15Hz）、中频（15~25Hz）、高频（25~60Hz）、超高频（≥ 60Hz）。根据所产生激振力的大小，分为小型、中型、大型、联动型。目前国内常用的是中频，国外高频较多。

1. 小型振动锤

小型振动锤可分 DZ-45、DZ-60、DZ-90 三种（图 4.5-14），技术参数见表 4.5-1。

2. 中型振动锤

中型振动锤可分为 DZJ-120、DZJ-135、DZJ-150 三种（图 4.5-15），技术参数见表 4.5-2。

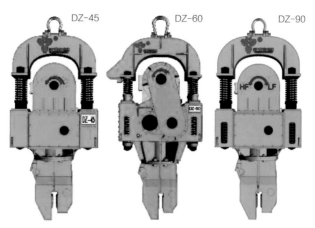

图 4.5-14　DZ-45、DZ-60、DZ-90 型振动锤

小型振动锤技术参数表

表4.5-1

序号	项目指标	型号		
		DZ-45	DZ-60	DZ-90
1	功率（kW）	45	60	90
2	偏心力矩（N·m）	287	487	573
3	激振力（kN）	0~380	0~492	0~579
4	转速（r/min）	0~1100	0~960	0~960
5	振幅（mm）	0~6.2	0~7	0~6.6
6	最大拔桩力（kN）	180	215	254
7	尺寸（长×宽×高）(m)	1.65×1.2×2.3	1.75×1.25×2.4	1.85×1.3×2.8
8	重量（kg）	4000	5000	5800

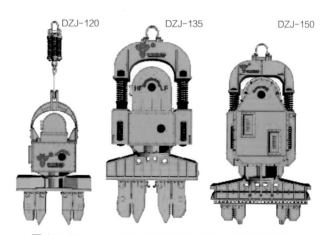

图 4.5-15　DZJ-120、DZJ-135、DZJ-150 型振动锤

中型振动锤技术参数表   表4.5-2

序号	项目指标	型号		
		DZJ-120	DZJ-135	DZJ-150
1	功率（kW）	120	135	150
2	偏心力矩（N·m）	750	806	941
3	激振力（kN）	0~823	0~883	0~950
4	转速（r/min）	0~1000	0~1000	0~1000
5	振幅（mm）	0~7.45	0~8.2	0~8.95
6	最大拔桩力（kN）	392	420	420
7	尺寸（长×宽×高）(m)	2.1×1.4×3.5	2.1×1.4×2.8	2.2×1.5×3.3
8	重量（kg）	7000	7200	8600

3. 大型振动锤

大型振动锤可分 DZJ-180、DZJ-200、DZJ-240、DZJ-300 四种（图4.5-16），
技术参数见表 4.5-3。

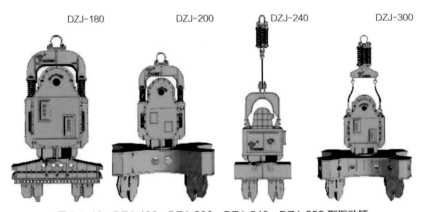

图 4.5-16 DZJ-180、DZJ-200、DZJ-240、DZJ-300 型振动锤

大型振动锤技术参数表   表4.5-3

序号	项目指标	型号			
		DZJ-180	DZJ-200	DZJ-240	DZJ-300
1	功率（kW）	180	200	240	300
2	偏心力矩（N·m）	968	2388	1804	2164
3	激振力（kN）	0~977	0~1592	0~1822	0~2185
4	转速（r/min）	0~960	0~780	0~960	0~960
5	振幅（mm）	0~17.5	0~16.7	0~12.2	0~18.7
6	最大拔桩力（kN）	450	588	588	686
7	尺寸（长×宽×高）(m)	2.2×1.8×3.5	2.2×1.8×3.5	2×2×3.5	2.3×2.3×3.7
8	重量（kg）	11000	12600	15000	18500

4. 联动型振动锤

联动型振动锤可分 DZJ-400、DZJ-480、DZJ-600 三种（图 4.5-17），技术参数见表 4.5-4。

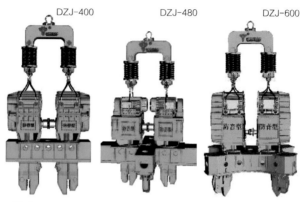

图 4.5-17　DZJ-400、DZJ-480、DZJ-600 联动型振动锤

联动型振动锤技术参数表　　　　　　　　　表4.5-4

序号	项目指标	型号		
		DZJ-400	DZJ-480	DZJ-600
1	功率（kW）	400	480	600
2	偏心力矩（N·m）	4766	3608	4328
3	激振力（kN）	0~3184	0~3644	0~4370
4	转速（r/min）	0~780	0~960	0~960
5	振幅（mm）	0~18.2	0~33.5	0~33.5
6	最大拔桩力（kN）	750	1176	420
7	尺寸（长×宽×高）(m)	2.5×2.5×3.5	2.7×2.7×3.5	2.7×3.0×3.5
8	重量 kg	31000	39000	58000

5. ICE 振锤

ICE 振锤的有关参数见表 4.5-5。

ICE振锤参数表　　　　　　　　　表4.5-5

锤型	最大激振力（kN）	激振力（kN）	偏心力矩（kg·m）	最大转速（r/min）	最大振幅（mm）	最大净拔桩力（kN）	最大液压动力（kW/hp）	最大油流量（L/min）	振动重量（kg）	总重量（kg）
416L	839	645	23	1600	16.2	360	209/284	359	2350	3900
32NF	1242	955	32	1650	27.2	400	203/272	370	2350	4600

4.5.4 质量控制

1. 重复使用的钢板桩检验标准

重复使用的钢板桩应符合表 4.5–6 的规定。

特殊工艺、关键控制点等的控制方法应按表 4.5–7 执行。

重复使用的钢板桩检验标准   表4.5–6

序号	检查项目	允许偏差或允许值		检查方法
		单位	数值	
1	桩垂直度	%	＜ 1	用钢尺量
2	桩身弯曲度		＜ 2%L	用钢尺量，L 为桩长
3	齿槽平直光滑度	无电焊渣或毛刺		用 1m 长的桩段作通过试验
4	桩长度	不小于设计长度		用钢尺量

特殊工艺关键控制点控制   表4.5–7

序号	关键控制点	控制措施
1	材料	桩源材料质量应满足设计和规范要求
2	标高	桩顶标高应满足设计标高的要求
3	嵌固	悬臂桩其嵌固长度必须满足设计要求

打桩的质量检查包括桩的偏差、最后贯入度与沉桩标高，排桩墙施工质量记录和钢板桩排桩墙打桩施工记录。

应注意的质量问题包括钢板桩倾斜，基坑底土隆起，地面裂缝以及对周围环境有无造成严重危害。

2. 质量控制要点

（1）钢板桩应有机械性能和化学成分的出厂证明文件，外形尺寸符合要求。

（2）钢板桩拼接时，两根钢板桩要对正顶紧、夹持于牢固的夹具内施焊；两钢板桩端头间缝隙应不大于 3mm，断面上的错位应不大于 2mm。

（3）钢板桩拼接接头应避免在围堰的同一断面上，相邻桩的接头应上下错开至少 2m；在运输、存放时，按插桩顺利堆码，插桩时按规定的顺序吊插。

（4）钢板桩起吊前，钢板桩槽凹部位应清扫干净，锁口应先进行修整或试插。

（5）插打前应复核围堰尺寸、钢板桩数量、打入位置、入土深度和桩顶高程等参数。

（6）钢板桩打入前，应在设计位置设置坚固的导向桩和足够强度的支撑框架，并将钢板桩的打入位置标示在导向框架上，以确保板桩的稳定和准确合龙。

（7）为保证插桩顺利合龙，桩身应垂直。在施工中加强测量工作，发现倾斜，及时调整。

（8）钢板桩插打时，当钢板桩垂直度较好时，可一次将桩打至要求深度；当垂直度较差时，可进行两次施打，即先将所有的桩打入约一半深度后，再第二次打到要求的深度。

4.5.5 安全管理措施

钢板桩插打施工安全是钢板桩围堰施工安全的一项内容，施工中要将安全工作放在首位，坚持"安全第一、预防为主"的方针。

1.参建单位应建立健全安全生产领导小组，建立各岗位人员安全责任制，明确其安全责任，严格实行逐级安全技术交底。

2.施工单位应对操作人员进行安全教育，提高安全意识；实行持证上岗制度，未经培训或无证者，不得进行上岗作业。

3.插打钢板桩之前，应对打桩机、卷扬机及其配套机具设备、绳索等进行全面检查，确保安全。

4.对所有滑轮和钢丝绳应每天进行检查，特别是要注意滑轮的轴和钢丝绳磨损情况，危及安全的要及时维修、更换。

5.钢板桩起吊应听从指挥，作业前应在钢板桩上拴好溜绳，防止起吊后急剧摆动。

6.吊起的钢板桩未就位前，插桩桩位处不得站人。在桩顶作业，应挂吊篮、爬梯，作业人员应系好安全带。

7.对打桩机主塔架，应设缆风绳固定，防止风大时，桩架摇晃严重发现意外事故。

8.插打钢板桩，应从上游依次对称向下游插打。受潮水影响的河流，应根据实际情况，制订插打方案及安全防护措施。

9.作业人员如需行走在临水导向架上时，应系好安全带，穿好救生衣。

10.钢板桩施工过程中应注意保护周围道路、建筑物和地下管线的安全。

11.基坑开挖施工过程对排桩墙及周围土体的变形、周围道路、建筑物以及地下水位情况进行监测。

12.基坑、地下工程在施工过程中不得伤及排桩墙墙体。

13.施工过程危害及控制措施见表 4.5-8。

施工过程危害及控制措施　　　　　　　　　　　表4.5-8

序号	作业活动	危险源	控制措施
1	打桩	触电、火灾	做好地质勘查和调查研究，掌握地质和地下埋设物情况，如：地下障碍物、电缆、管线等
2	打桩	触电	桩机周围 5m 范围内应无高压线路
3	打桩	机械事故	桩机不得超负荷作业

注：表中内容仅供参考，现场应根据实际情况重新辨识。

4.5.6 环保措施

环境因素辨别与控制措施见表 4.5-9。

环境因素辨识及控制措施　　　　　　　　表4.5-9

序号	作业活动	环境因素辨识	控制措施
1	打桩过程	施工噪声和废气对周围居民生活的影响	调整好打桩机的喷油量、按季节选择柴油标号以减少噪声和废气，在居民住宅区附近施工，早上7：30前、晚10：00后不得打桩作业
2	清理现场	污水、废油、生活污水排放对周围环境的影响	对污水进行处理，对废油进行回收
3	现场整平弃土	弃土及废弃物对周围环境的影响	弃土按甲方指定路线运至弃土场，并不得沿路抛洒，现场不得丢弃快餐盒、饮料瓶等垃圾

注：表中内容仅供参考，现场应根据实际情况重新辨识。

4.6　钢板桩围堰内支撑安装技术

4.6.1　内支撑系统安装规定

1. 钢板桩插打完毕后，应根据设计要求，分步进行围堰抽排水，或分层抽水开挖基坑，并应按工艺要求安装围檩和支撑体系；

2. 钢围堰各构件及支撑体系之间应可靠连接，支撑、围檩、钢板桩之间应贴合紧密，空隙处应采用钢板或垫木块抄垫；

3. 内支撑系统各构件的加工与安装应符合设计要求，安装时应控制各构件平面位置及高程，内支撑系统宜在同一水平面上；

4. 在内部支撑系统安装过程中，应加强对钢板桩桩顶位移、桩身变形和支撑轴力的检测，应及时对监测数据分析反馈。

4.6.2　内支撑系统安装施工

钢板桩插打施工完毕后，根据设计要求，分步进行围堰内抽排水，或分层抽水开挖基坑，逐层安装围檩和支撑体系，如图4.6-1所示。

在内部支撑系统安装过程中，应加强对钢板桩桩顶位移、桩身变形和支撑受力的监测，及时对监测数据分析反馈，以指导安全施工。在内部支撑系统施工过程中，易出现以下问题：内支撑系统各杆件的加工及安装不符合要求，造成受力不均匀；内支撑与钢板桩间不密贴；抽水时发生围堰变形；抽排水时出现渗漏，处理不及时。因此，施工中应注意以下几个方面：

1. 内支撑系统各杆件的加工及安装应该严格控制精度，安装时应测定各构件的平面位置，控制好各部位的高程，尽可能使内支撑系统在同一水平面上，确保均匀受力。

2. 内支撑应自上而下设置，内支撑构件要焊接牢固，避免局部失稳；内支撑与钢板桩间要尽量密贴，有空隙处应用钢板或垫木块抄垫。

3. 钢板桩锁口漏水时，可在围堰外撒大量细木屑、砂等细物，借漏水的吸力附于锁口内堵水；或者在围堰内用板条、棉絮等楔入锁口内嵌缝。

4. 渗漏较严重时，可对钢板桩外侧包裹止水布形成止水帷幕（图 4.6-2），通过抽水过程中的水压力使止水布密贴在钢板桩上。

图 4.6-1　钢板桩围堰内支撑施工　　　　图 4.6-2　钢板桩止水帷幕

5. 抽水或开挖时，应对围堰变形和受力情况进行观测，如发现监测超出允许范围值，则应立即停止抽水，并向围堰内进行注水，防止围堰变形进一步扩大。

6. 内支撑安装过程中，应持续对围堰变形和受力情况进行观测，如有异常变化应及时向主管部门进行汇报，并疏散围堰内施工人员。

4.7　钢板桩围堰渗漏水处理技术

4.7.1　钢板桩围堰渗漏水处理措施规定

1. 当钢板桩锁口漏水时，可在围堰外撒细木屑等细物或在围堰内用板条、胶条、棉絮等楔入锁口内嵌缝或对钢板桩锁口涂抹黄油处理（图 4.7-1、图 4.7-2）。

2. 陆地围堰基坑内可设置集水井，或基坑外采用搅拌桩或旋喷桩止水帷幕或井点降水。

图 4.7-1　钢板桩锁口胶条嵌缝止水　　　图 4.7-2　钢板桩锁口止水用棉絮

4.7.2　钢板桩围堰止水方法

1. 首先保证钢板桩垂直度，利用振动打桩机进行钢板桩的插打，插打过程中钢板桩锁口内设置足够的黄油，保证其锁口质量；

2. 在抽水过程中发现漏水后及时采用级配粗砂、锯末粉、水泥调和后在漏水上方钢板桩外侧设置堵漏导管；

3. 通过堵漏导管将堵漏调和物下放到需要堵漏上方，将粗砂、锯末粉、水泥等吸进漏水的钢板桩锁口缝隙中将其填充密实达到止水效果。

4. 对于要求严格控制渗水的工程，可以采用以下方法进行止水处理：

（1）沥青填充材料（当压强小于 100kPa 时，锁口添加沥青填充材料后的阻漏率 $\rho \leqslant 6 \times 10^{-8}$m/s，国外采用的材料有 Beltan、SIRO 88、Bitumen putty、ADKEA KM 系列等。

沥青止水材料施工应注意如下问题：

1）钢板桩锁口应当保持干燥，但允许锁口中有少量湿气；

2）钢板桩必须放置在非常水平的位置上；

3）推荐采用空气压缩气体，钢刷或者高压水冲洗的方式清理锁口内部，这样可以保证沥青填充材料黏着在锁口上，这些方法也适用于有防腐蚀方法要求的钢板桩；

4）防止加热的沥青止水材料从钢板桩锁口的顶部和底部流出来，所以必须使用乳香把钢板桩锁口两端塞起来；

5）沥青止水产品的最大混合温度见产品规格；

6）将产品和同类物质均匀搅拌；

7）将搅拌好的沥青止水材料源源不断地倒入钢板桩锁口内；

8）沥青填充材料应该考虑施工时打桩方向和钢板桩使用时承受水压力；

9）如果单根钢板桩进行沥青止水材料的施工，在每根桩的一根锁口中填充沥青止水材料，如果多根钢板桩（双根以上）进行沥青止水材料的施工，在扣好的锁口和在一个自由的锁口中填充沥青止水材料。

10）锁口中沥青填充料的高度一般为 8~12mm。

（2）在锁口中使用水溶性聚氨酯膨胀材料（当压强小于 200kPa 时，锁口使用水溶性膨胀材料后的阻漏率 $\rho \leqslant 3 \times 10^{-10}$m/s，国外采用的材料有 WADIT、DBP4427561&EP0695832、ADKEA A30、ADKEA A50、ADKEA P201 等。

遇水膨胀止水材料施工应注意如下问题：

1）钢板桩锁口应当保持干燥，但允许锁口中有少量湿气；

2）钢板桩放置在水平的位置上（没有像沥青止水材料那样严格）；

3）采用空气压缩气体清理锁口内部，这样可以保证沥青填充材料黏着在锁口上；对于有防腐蚀方法要求的钢板桩，必须采用钢刷或者高压水冲洗的方式清锁口内部；

4）采用施工模具（ProfilArbed 专利产品 LU 88397）将遇水膨胀止水材料挤出在布置好的锁口中，该模具可以保证遇水膨胀材料均匀的布置在锁口中；

5）注意采用该模板可以保证遇水膨胀止水材料在锁口中的施工。

6）遇水膨胀材料应该考虑施工时打桩方向；

7）如果单根钢板桩进行止水材料的施工，在每根桩的一根锁口中填充遇水膨胀止水材料；

8）如果多根钢板桩（双根以上）进行止水材料的施工，按照下面两种方法进行：

在扣好的锁口和在一个自由的锁口中填充遇水膨胀止水材料；或者采用密封焊接中间扣好的锁口，在剩余的两个自由锁口中的一个施工遇水膨胀止水材料。在施工时必须考虑以后钢板桩要压边连接或者锁口相扣连接。

（3）环境友好型的蜡和矿物油混合物材料 Arcoseal；

（4）或者整个锁口进行焊接的方法，这样将钢板桩完全与水隔绝，形成密闭隔水的墙体。

5.国内常用的钢板桩止水填充材料有复合胶Ⅰ、复合胶Ⅱ。

复合胶固结体是疏水性的，化学稳定性高，且耐酸碱等有效溶剂的侵蚀，固结体无毒、有良好耐久性，从而生成不坏体。

复合胶主要是用于钢板桩的锁口止水材料，分为复合胶I和复合胶Ⅱ两种。

复合胶I是用于锁口边缝的止水材料，为单组分，出厂前已经调配好，只需开桶把材料涂到两边锁口即可，在 72h 后即能自行固化（因钢板柱在打桩的时候不一定一天打好），可在 5 天内任意拉动（不影响固化质量）。常温 15℃ 60d 后达到固化强度。

复合胶Ⅱ是双组分为 A、B 二组，主要用于中缝锁口的止水，用时需充分拌匀，加上助剂，它的固化时间可任意调配，可依据现场施工情况而定。

复含胶的施工方便，更可以解决油胶等材料环境污染以及冷天和大热天不能施工的问题，它不受任何的环境影响，无须加温，即可自行固化，是钢板桩和其他钢桩锁口止水的理想材料。

4.8 钢板桩围堰封底混凝土浇筑技术

4.8.1 浇筑封底混凝土应符合的规定

1.封底混凝土浇筑前，应清除钢护筒及围堰内壁表面杂质，并严格控制封底厚度。

2.应掌握水下混凝土高度和流动情况，除应在导管和周边特殊位置布设测量点外，其余范围尚应布设测量网格，网格间距不宜大于 3m，在接近封底混凝土顶面时，测点应加密至 1m。

3.测量绳使用前应进行标定，测量铊应使用比重铊，使其能准确测定混凝土面标高。

4.合理布置灌注导管，确保不留盲区，混凝土灌注应符合设计、施工方案要求。

4.8.2　水下浇筑封底混凝土技术要求

1. 混凝土要求

混凝土标号为 C30，坍落度为 180~220mm。选择级配良好的粗细骨料，适当控制水泥和加入粉煤灰数量，确保混凝土和易性好，严格控制混凝土质量。

2. 混凝土浇筑方式

混凝土采用拌合站集中拌合，由混凝土罐车运至现场并通过汽车泵泵送入模，导管灌注，封底混凝土须一次性浇筑完成。

3. 浇筑顺序

封底混凝土的浇筑顺序：先低处，后高处（先将低处混凝土灌高，避免高处灌注的混凝土往低处流，使导管底口脱空而进水或导管埋深过浅）。混凝土的浇筑应先从一侧向另一侧进行，并确保混凝土的表面大致水平。

4. 混凝土浇筑过程质量控制

首批混凝土灌注时，先用 5 方集料斗储料，待储料斗满后，拔球浇筑首批混凝土，首批混凝土浇筑后，导管埋深应不小于 0.6~0.8m。混凝土浇筑前，在每个导管处布置一小型门架，在门架上挂上钢丝绳。混凝土浇筑过程中，导管应随混凝土面的上升而提升，导管的提升由吊车控制。

在混凝土的浇筑过程中，由技术人员负责测量混凝土的浇筑高度和混凝土扩展情况，正确指挥施工人员调整导管的埋深，并及时与实验室联系控制混凝土的坍落度。

混凝土浇筑将近结束时，重点对导管与导管的中心处、护筒四周及钢板桩壁等部位进行高程的测量，确保混凝土面的标高达到设计要求。

由于浇筑水下封底时，混凝土表面无法达到比较平整的要求，所以在混凝土浇筑时，将混凝土顶面标高控制在设计标高下 20cm 左右，待混凝土达到强度，围堰内抽水后，再补浇 20cm 混凝土垫层。

4.9　钢板桩围堰验收

钢板桩围堰质量检验与验收应符合下列规定：

4.9.1　主控项目

1. 钢板桩进场除全数检验合格证和出厂检验报告外，应对其机械性能和化学成分抽样复验。

检查数量：每一批。

检验方法：检查试验报告。

2. 钢板桩外观质量不应有严重缺陷，外形尺寸应符合设计要求。

检查数量：全数检查。

检验方法：观察或尺量。

3. 拼接钢板桩端头间隙不应大于 3mm，断面错位不应大于 2mm。

4.9.2 一般项目

1. 钢板桩围堰几何尺寸应符合设计要求。

检查数量：全数检查。

检验方法：观察或尺量。

2. 钢板桩围堰使用期间不得漏水、涌水，否则应采取相应措施。

检查数量：全数检查。

检验方法：观察或尺量。

3. 内支撑安装质量标准应符合表 4.9-1 的规定。

内支撑施工质量标准 表4.9-1

序号	项目	允许偏差（mm）
1	围檩标高	±30
2	水平支撑允许挠度	L/250
3	两端支座中心位移（加力前）	20
4	两端支座中心位移（加力后）	50
5	侧向弯曲矢高	l/1500 且 < 10.0
6	横撑间允许偏差（高程）	±50
7	横撑间允许偏差（水平间距）	±100
8	支撑安装时间	设计要求
9	开挖超深	< 200

注：l 钢板桩长度。

4.9.3 检验标准

1. 钢板桩施工完成后允许偏差及检验方法应符合表 4.9-2 规定。

2. 围堰封底混凝土施工质量应符合表 4.9-3 的规定。

钢板桩施工完成后允许偏差及检验方法 表4.9-2

项目	测量方法	测量频率	测量单位	测量报告	容许误差
打桩作业	打桩记录	1 根 /40 根		提交打桩记录	
桩墙纵向长度	利用钢卷尺等	打桩过程中适当时候；打桩完成时	10mm	绘制并提交检查表	+：不大于一根钢板桩的宽度 -：0

续表

项目	测量方法	测量频率	测量单位	测量报告	容许误差
与桩墙定位轴线距离	利用经纬仪、钢卷尺	打桩完成时：1根/20根与设计轴线不同的点	10mm	绘制并提交检查表	±100mm
偏离桩墙定位轴线的倾斜度	利用经纬仪、铅垂线、倾斜仪等	打桩过程中；打桩完成时（在端部）	10mm 1/1000	绘制并提交检查表	顶部和底部宽度差小于一根桩；小于等于10/1000
钢板桩顶高度	利用水准仪	打桩完成时1根/20根	10mm	绘制并提交检查表	±100mm
锁口脱开	观察	所有桩		提交观测结果	

封底混凝土施工质量标准   表4.9-3

检查项目		规定值或允许偏差
基础底面高程（mm）	土质	±50
	石质	+50，−200
混凝土强度（MPa）		在合格标准内
厚度（mm）		±50
平整度（mm）		±100

4.10 钢板桩围堰拆除技术

4.10.1 围堰拆除应符合的规定

1. 围堰内支撑拆除应按从下往上的顺序逐层拆除。

2. 每道支撑拆除前，可采用回填、注水或换撑等措施。

3. 拆除时，应首先拆除斜撑，再拆除较短的杆件，最后拆除纵横通长构件。

4. 拆除支撑后，再拆除围檩构件，拔出钢板桩。

5. 应按与打桩顺序相反的次序拔桩。

6. 当遇到拔不动的钢板桩时，应立即停拔检查，采取射水、振动等松动措施，严禁硬拔。

7. 拔除的钢板桩应及时清除土砂，涂以油脂，对变形大的板桩应调直，完整板桩应及时运出工地，堆置在平整场地上。

8. 钢板桩应分层堆放，每层堆放数量不应超过5根，各层之间应垫枕木，枕木间距宜为3~4m，上下层垫木应在同一垂线上，堆放总高度不宜超过2m。

4.10.2 拔桩方法

在进行基坑回填土时，要拔除钢板桩，以便修整后重复使用。拔除前要研究钢板桩拔除顺序、拔除时间及桩孔处理方法。

1. 钢板桩拔除阻力计算

拔除阻力按下式计算：

$$F=F_e+F_s \tag{4.10-1}$$

$$F_e=UL_\tau \tag{4.10-2}$$

$$F_s=1.2E_aBH\mu \tag{4.10-3}$$

式中　F_e——钢板桩与土的吸附力；

　　　U——钢板桩周长；

　　　L——钢板桩在不同土中的长度；

　　　L_τ——钢板桩在不同土层中的静吸附力或动吸附力（用于静力拔桩和振动拔桩），
　　　　　见表 4.10-1；

　　　F_s——钢板桩的断面阻力；

　　　E_a——作用在钢板桩上的主动土压力强度；

　　　B——钢板桩宽度；

　　　H——钢板桩在土中的深度；

　　　μ——钢板桩与土体之间的摩擦系数（0.35~0.40）。

2. 拔桩方法

钢板桩的拔出，从克服板桩的阻力着眼，根据所用拔桩机械，拔桩方法有静力拔桩、振动拔桩和冲击拔桩。

（1）静力拔桩法。静力拔桩一般可采用独脚把杆或大字把杆，并设置缆风绳以稳定把杆，把杆顶端固定滑轮组，下端设导向滑轮，钢丝绳通过导向滑轮引至卷扬机，也可采用倒链用人工进行拔出。把杆常采用钢管或格构式钢结构，对较小、较短的板桩也可采用大把杆。

钢板桩在不同土质中的吸附力　　　　表4.10-1

土质	静吸附力 τ_d（kN/m²）	动吸附力 τ_v（kN/m²）	动吸附力 τ_v（含水量很少时）（kN/m²）
粗砂砾	34.0	2.5	5.0
中砂（含水）	36.0	3.0	4.0
细砂（含水）	39.0	3.5	4.5
粉土（含水）	24.0	4.0	6.5
砂质粉土（含水）	29.0	3.5	5.5
黏质粉土（含水）	47.0	5.5	—
粉质黏土	30.0	4.0	—
黏土	50.0	7.5	—
硬黏土	75.0	13.0	—
非常硬的黏土	130.0	25.0	—

（2）振动拔杆法。振动拔桩是利用振动锤对板桩施加振动力，扰动土体，破坏其与板桩间的摩阻力和吸附力并施加吊升力将桩拔出。这种方法效率高，操作简便，是广泛采用的一种拔桩方法。振动拔桩主要选择拔桩振动锤，一般拔桩振动锤均可作打、拔桩之用。

静力拔桩主要用卷扬机或液压千斤顶，但该法效率低，有时难以顺利拔出，较少应用。

振动拔桩是利用机械的振动激起钢板桩振动，以克服和削弱板桩拔出阻力，将板桩拔出。此法效率高，用大功率的振动拔桩机，可将多根板桩一起拔出。目前该法应用较多。

冲击拔桩是以高压空气、蒸汽为动力，利用打桩机给予钢板桩以向上的冲击力，同时利用卷扬机将板桩拔出。

下面主要介绍振动拔桩法：

（1）与土质有关的振动拔桩参数（表4.10-2）：

振动拔桩机的适用范围   表4.10-2

拔桩机功率（kW）	钢板桩型号和长度（m）	
	砂质土	黏性土
3.7~7.5	轻型 8	轻型 6
11~15	Ⅱ型 12	Ⅱ型 9
22~30	Ⅲ型 16	Ⅲ型 12
55~60	Ⅳ型 24	Ⅳ型 18
120~150	Ⅴ型 36	Ⅴ型 36

1）振动频率：在某一振动频率下，土与板桩间的阻力才会破坏，板桩容易拔出。该频率与土质有关：粗砂在频率50Hz时产生液化；坚硬黏土在50Hz下才出现松动现象。工程中为各类土分层构成，实用的振动频率为8.3~25Hz。

2）振幅：在频率为16.7Hz时，使砂土产生液化的最小振幅约为3mm以上，使黏性土、粉土减少其黏着力的最小振幅约为4mm以上。

3）激振力：强制振动的激振力，亦必须达到一定的数值（kN），才能减弱土对板桩的阻力。

（2）振动拔桩机的选用。振动拔桩机的型号很多，各有其适用范围，要选择得当，才能取得较好的效果。表4.10-2可供初选时参考。

（3）拔桩施工。钢板桩拔除的难易，取决于打入时顺利与否。在硬土、密实砂土中打入时困难，尤其是打入时咬口产生变形或垂直度很差，则拔桩时会遇到很大的阻力。如基坑开挖时，支撑（拉锚）不及时，使板桩产生很大的变形，拔出亦困难。在软土地区，拔桩时由于产生空隙会引起土层扰动，会使基坑内已施工的结构或管线产生沉降，亦可能引起周围地面沉降而影响周围的建筑物、地下管线和道路的安全。为此在拔桩时要采取措施，对拔桩造成的孔隙及时回填，当控制地层位移有较高要求时，宜进行跟踪注浆。

（4）钢板桩拔除时需注意下列事项：

1）作业前详细了解土质及板桩打入情况、基坑开挖后板桩变形情况等，依此判断拔桩的难易程度。

2）基坑内结构施工结束，要进行回填，尽量使板桩两侧土压平衡，有利于拔桩作业。

3）拔桩设备有一定的重量，要验算其下的结构承载力。如压在土层上，由于地面荷载较大，需要时设备下应放置路基箱或枕木。

4）作业范围内的重要管线、高压电缆等要注意观察和保护；

5）板桩拔出会形成孔隙，必须及时填充，否则会造成邻近建筑和设施的位移及地面沉降。宜用膨润土浆液填充，也可跟踪注入水泥浆。

6）如钢板桩拔不出，可采取下述措施：

①用振动锤等再复打一次，以克服与土的黏着力及咬口间的铁锈等产生的阻力；

②按与板桩打设顺序相反的次序拔桩；

③板桩承受土压一侧的土较密实，在其附近并列打入另一根板桩，可使原来的板桩顺利拔出；

④在板桩两侧开槽，放入膨润土浆液（或黏土浆），拔桩时可减少阻力。

（5）拔桩顺序：

对于封闭式钢板桩墙，拔桩的开始点离开桩角 5 根以上，必要时还可间隔拔除。拔桩顺序一般与打桩顺序相反。

（6）拔桩要点：

1）拔桩时，可先用振动锤将板桩锁口振活以减少土的阻力，然后边振边拔。对较难拔出的板桩可先用柴油锤将桩振打下 100~300mm，再与振动锤交替振打、振拔。有时，为及时回填拔桩后的土孔，在把板桩拔至此基础底板略高时（如 500mm）暂停引拔，用振动锤振动几分钟，尽量让土孔填实一部分。

2）起重机应随振动锤的起动而逐渐加荷，起吊力一般小于减振器弹簧的压缩极限。

3）供振动锤使用的电源应为振动锤本身电动机额定功率的 1.2~2.0 倍。

4）对引拔阻力较大的钢板桩，采用间歇振动的方法，每次振动 15min，振动锤连续工作不超过 1.5h。

（7）桩孔处理：

钢板桩拔除后留下的土孔应及时回填处理，特别是周围有建筑物、构筑物或地下管线的场合，尤其应注意及时回填，否则往往会引起周围土体位移及沉降，并由此造成邻近建筑物等的破坏。土孔回填材料常用砂子，也有采用双液注浆（水泥与水玻璃）或注入水泥砂浆。回填方法可采用振动法、挤密法填入法及注入法等，回填时应做到密实并无漏填之处。

4.11 深水逆作法钢板桩围堰技术

4.11.1 技术特点

1. 先期下放的整体钢围檩体系对钢板桩插打过程中的变形有很好的限制作用，钢板桩位移相对更小，整体性相对更好；同时保证了钢围堰的闭合性，防水效果好。

2. 钢围檩体系可在钢板桩施工前在支托系统平台上进行拼装，比常规情况在围堰施工过程中拼装更省时、更容易，节约施工场地。

3. 充分利用已有的钢护筒作为支托，在护筒上搭设吊挂系统，不需要占用其他的起重设备，节约工期和费用。

4. 采用钢板桩曲率来作为施工过程中安全监测的控制指标，而不仅是传统的水平位移数值作为控制指标。

4.11.2 适用范围

本技术适用于水深超过 10m 的水中围堰工程，特别是受地质条件及工期等因素制约、采用钢套箱围堰无法实现成本或工期目标的工程。

4.11.3 工艺原理

1. 充分利用已有的钢护筒作为支托，在护筒上搭设吊挂以及支托平台系统；在支托系统平台上进行钢围檩内支撑体系的拼装，并通过吊挂系统下沉至设计标高；以先期下放的整体钢围檩内支撑体系为依托，紧邻钢围檩内支撑进行钢板桩插打，再完成后续的围堰施工过程（图 4.11-1）。

2. 采用三维有限元分析软件对逆作法钢板桩围堰施工全过程进行动态模拟，并采用钢板桩曲率来作为安全监测的控制指标。

4.11.4 施工工艺流程及操作要点

1. 施工工艺流程

有桩护筒的桩施工完毕后，即可开始进行深水逆作法钢板桩围堰的施工。施工工艺流程如图 4.11-2 所示。

图 4.11-1 吊挂沉放系统示意图

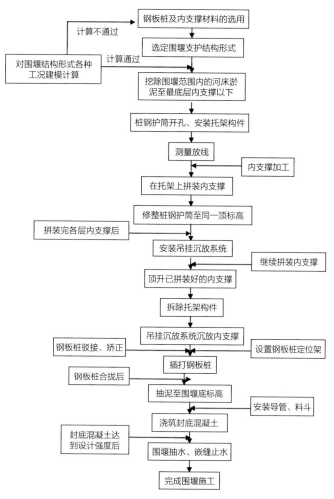

图 4.11-2　施工工艺流程

2. 操作要点

（1）钢板桩及内支撑型号的选用及内支撑层数的设定

钢板桩型号规格的选用要充分考虑其所能承受的最大水压力。每层内支撑系统由围檩、支撑梁、内斜撑梁、竖肋组成，均可由两根同等型号的工字钢双拼组成，工字钢的型号大小由计算确定。内支撑层数应根据围堰水深、地质情况及水文条件等因素确定。

（2）挖除围堰范围内河床淤泥

由于本技术采用的是先沉放所有内支撑体系，再开始钢板桩的插打，因此开始施工前，必须将围堰范围内的河床底淤泥挖除（图 4.11-3）至设计标高，具体用于挖除的机械由现场施工条件决定。可采用长臂挖掘机及船挖机共同施工，长臂挖掘机挖除靠近钢平台位置河床淤泥，船挖机挖除靠近河中心并且长臂挖掘机无法达到位置的河床淤泥。

图 4.11-3　挖除河床淤泥

施工时要挖至最底层内支撑底标高以下，以使内支撑能顺利沉放到位。

（3）桩钢护筒开孔并安装托架

完成河床底淤泥清理工作后，开始进行内支撑托架的安装（图 4.11-4）。先将四个角落的桩钢护筒在水面上同一标高处开孔，孔的大小要满足托架构件能穿过，托架可采用双拼工字钢组成托架构件。开好孔后，将托架构件逐根穿过开孔处，放置在桩钢护筒的孔位中，由桩钢护筒作为受力支点，工字钢与桩钢护筒接触的地方满焊固定，并将托架构件接触位置进行满焊固定，以加强其稳定性。

（4）托架上拼装内支撑

托架安装就位后，将加工好的最底层围檩及内支撑逐件吊放至托架上，按测量线位调整内支撑位置，放置到位后将围檩及内支撑焊接在一起，完成底层内支撑拼装后（图 4.11-5），继续往上拼装其余内支撑。

图 4.11-4　在钢护筒上安装托架系统

图 4.11-5　在托架系统上安装内支撑系统

（5）修整桩钢护筒顶并安装吊挂沉放系统

在拼装内支撑的同时，开始修整桩钢护筒顶至同一标高，然后依次在钢护筒上放置上挑梁、千斤顶、精轧螺纹钢筋挑绳等吊挂工具，每个围堰总共需设置 4 个千斤顶、8

根挑绳。倒数第二层内支撑在托架上拼装完成后，开始设置下挑梁，将各吊挂工具组成一体，挑住倒数第二层内支撑。上下挑梁可由双拼工字钢组成。

（6）内支撑的沉放

在拼装完内支撑后，旋松四组上限位螺帽，单次旋松一定长度，同时千斤顶顶升。随后旋紧上限位螺帽，千斤顶继续顶升，使千斤顶受力。此时内支撑已经顶升，并与托架系统脱离，因此需拆除托架。然后旋松 4 组下限位螺帽，单次旋松一定长度，4 台千斤顶同步回油，内支撑下沉。待 4 台千斤顶回油至下限位螺帽接触上挑梁时，下限位螺帽开始受力，此时千斤顶已解除受力状态。重复上述过程，最终使整个内支撑体系的沉放至设计标高。4 台千斤顶均安装液控单向阀，由总阀控制，保证 4 台千斤顶顶落过程同步进行，每台千斤顶受力相当。在保证同步施顶的同时，注意对吊点、精轧螺纹钢吊绳、挑梁的变形进行观测。

（7）钢板桩的打设

内支撑全部沉放到位后，便可开始插打钢板桩。首根钢板桩插打的质量将直接影响到整个围堰钢板桩的插打质量，因此，首根钢板桩必须采取有效的定位措施。采用在最顶层内支撑处设置定位架，插打时先利用钢板桩自身重量垂直下放，在无法下沉时采用 DZ60A 振动锤辅助施打，慢速插打至设计标高或设计收锤标准。在完成每根钢板桩插打后，立即将钢板桩与最顶层内支撑围檩焊接固定，并设置手动葫芦将其与邻近钢板桩拉结固定，以防止下根钢板桩插打时带动其跑位或倾斜。由于内支撑已先沉放，因此钢板桩围堰在合拢时，两侧锁口往往不尽平行，可能造成正常钢板桩无法合拢，此时需要使用异形钢板桩进行合拢（图 4.11-6）。先对合拢口进行丈量，用两根小木条各自顶紧两边的钢板桩，用铁钉钉死，取出水面，丈量长度，可以得到准确的合拢口的宽度，钢板桩进行调整和丈量尺寸后，根据合拢口的宽度及锁口的形式，制作异形钢板桩。

（8）围堰清底及浇筑封底混凝土

完成钢板桩插打后，由于围堰底高于设计标高，因此必须进行清底工作。本技术采用空气吸泥机进行，空气吸泥机由 $\phi250$ 吸泥管和 22.5m³/min 的空压机组成，由吊车配合吸泥。吸泥时要保持吸泥机下口不低于设计标高，以免吸泥过深，吸泥时注意要多点布置。如围堰底存在胶结层，应先用高压射水扰动破土，再进行正常吸泥。

待围堰完成清底施工后，派潜水员下底检查清底情况并清理钢板桩壁及桩钢护筒壁未清理干净的淤泥，方可进行封底混凝土的浇筑。为了保证封底在围堰内抽水中或后有足够的抗浮能力，封底混凝土要由足够的厚度及强度，用垂直导管法灌注水下混凝土进行围堰封底。一般情况下封底混凝土需一次成型，因此需要设置多根导管同时按规定的顺序灌注混凝土，采用内径为 300mm 的导管同时浇筑，钢板桩顶面搭设浇筑平台，设置数根导管同时浇筑，总的浇筑原则为从低至高逐个进行，并应从周边壁板至围堰中间进行，以免基底浮泥及封底顶面的浮浆集中在壁板边缘。

图 4.11-6 钢板桩的打设

（9）围堰抽水及嵌缝

在等待封底混凝土达到强度的过程中，可先派潜水员进行水下塞缝工作，用棉絮从围堰外逐条塞住钢板桩接缝，必要时可适当抽低围堰内水位，使围堰内外存在水位差，从而能将棉絮压入接缝中。待封底混凝土达到设计强度要求后，方可进行分步抽水。抽水过程中时刻检查钢板桩接缝是否存在漏水，对于大的缝隙由潜水员下水利用棉絮塞缝，对于小的缝隙，利用煤渣、黄油、木屑的混合物在板桩外侧随水流至漏缝处自行堵塞。抽水的同时需对各层内支撑与钢板桩之间进行调正和焊接固定。

（10）承台、墩柱的浇筑及围堰的拆除

分层进行承台施工，并在承台与钢板桩空隙内填砂灌水；然后逐层拆除内支撑并施工墩柱，同时围堰内回灌水；最终完成墩柱施工后拆除钢板桩。由于承台为大体积混凝土施工，因此为防止产生温度裂纹，施工应采用分多次浇筑，并采取相应温控措施。

4.11.5 材料及设备

本技术无须特别说明的材料。采用的机械设备见表 4.11-1 所列。

主要施工设备表   表4.11-1

施工机械设备配置计划表				
序号	设备名称	规格、型号	数量（台）	备注
1	方驳	100t	2	水中施工
2	浮吊	50t	2	水中施工
3	吊车	50t	2	岸上材料吊卸
4	托轮	200匹	2	钢板桩、围笼等运送
5	混凝土输送泵	—	2	混凝土泵送
6	吸泥机	—	8	清淤
7	抓斗	2m³	2	清淤
8	吊车	25t	2	栈桥上材料吊装
9	振动打拔桩锤	DZ60A	4	钢板桩插打

4.11.6 质量控制

1. 工程质量控制标准

（1）深水逆作法钢板桩围堰施工执行《城市桥梁工程施工与质量验收规范》CJJ 2—2008 和《公路桥涵施工技术规范》JTG/T F50—2011。

（2）钢板桩的质量控制要求

1）有严重锈蚀、卷曲破裂等结构缺陷，严禁在本工程使用。

2）每根钢板桩的宽度允许误差为 ±15mm。

3）锁口内外应光泽，并呈一直线。

4）锁口在拼接处的高低偏差包括侧面高差 h_1 及平面高差 h_2 均不得大于 2mm。

5）锁口拼接处应尽量紧密，间隙 S 不得大于 3mm。

6）锁口全长不应有破损、缺陷、扭曲或死弯。

7）全长不得有焊瘤、钢板、角钢或其他突出物，应保持平滑，两端应切割整齐，上端按拔桩需要开圆孔（千斤绳眼）并焊钢板加固圆孔。

（3）对于插打钢板桩过程中的质量要求，应符合下列标准：

1）已插下的钢板桩，对于插桩前进方向的倾斜度：$\dfrac{b}{h} < \dfrac{5}{1000}$。其中 b 为倾斜宽度，h 为插打高度。

2）插打钢板桩必须紧靠内导梁，即要求钢板桩沿内导梁垂直插入桩位，如不能靠近时，其间隙应小于 20mm。

3）每组钢板桩必须按编号插入正确的桩位，每组偏差应小于 ±15mm。

（4）承台质量要求进行的实测项目见表 4.11-2 所列。

承台质量要求的实测项目

表4.11-2

项目		允许偏差（mm）	检验频率		检验方法
			范围	点数	
断面尺寸	长、宽	±20	每座	4	用钢尺量，长、宽各2点
承台厚度		0	每座	4	用钢尺量
		+10			
顶面高程		±10	每座	4	用水准仪测量四角
轴线偏位		15	每座	4	用经纬仪测量，纵、横各2点
预埋件位置		10	每件	2	经纬仪放线，用钢尺量

2. 质量保证措施

（1）搭设内支撑体系的托架时，由于桩钢护筒作为托架的受力支点，因此托架工字钢与桩钢护筒接触的地方须满焊固定，以加强托架系统的稳定性。

（2）内支撑体系沉放时，4台千斤顶均应安装液控单向阀，由总阀控制，保证4台千斤顶顶落过程同步进行，每台千斤顶受力相当。在保证同步施顶的同时，注意对吊点、精轧螺纹钢吊绳、挑梁的变形进行观测。

（3）首根钢板桩插打的质量将直接影响到整个围堰钢板桩的插打质量，因此，首根钢板桩必须采取有效的定位措施。

（4）围堰内清基时，抓泥对应注意控制坑底标高，尽量避免出现超挖现象，同时还要尽量保证基底的平整度。抓泥工作时注意泥面变化，防止周边坍方埋住吸泥机。

（5）为了确保围堰封底混凝土的质量，需采取以下保证措施：

1）为了增加混凝土和钢护筒、钢围堰之间的粘结力，在封底之前要清理干净钢护筒、钢板桩壁上的泥沙和锈迹；

2）为了增加混凝土的抗浮能力，需在钢护筒处进行超挖，保证混凝土和钢护筒的接触面积，从而增加粘结力，增加抗浮能力；

3）封底混凝土浇筑结束后，安排潜水员下水沿钢围堰内壁板四周进行检查，使封底混凝土标高与设计要求一致，从而确保承台整体外观良好。

4）由于河床覆盖层地质为淤泥质黏土层，它们的抗冲能力较差，涨退潮时河流流速在1m/s左右，这种流速对河床由于钢围堰的存在会造成一定的冲刷，围堰施工期间（即封底混凝土未完成前）局部冲刷严重的部位要抛投片石、钢丝石笼和砂袋。

5）在混凝土浇筑过程中，指定专人负责检测封底混凝土标高，检测工具用20cm×20cm底宽，重约4kg铁质测锤进行检测混凝土标高，必要时派潜水员协助，尽量使混凝土标高不超出设计标高10cm。

6）待混凝土浇筑完毕后，拔管时要注意慢提与反插，以保证水下混凝土有足够的密实度，灌注混凝土应连续进行，若有间歇时应经常插动导管，以保证混凝土有足够的流动性。

7）控制好大体积混凝土水化热的措施。

8）抽水时，封底混凝土强度不得小于设计强度要求，硬化时间不得小于7d。如发现箱内出现渗漏现象，可采用小布袋内装水泥，制成水泥肠袋，用木楔将其打入渗漏缝隙，水泥吸水膨胀后即可达到止水效果。

4.11.7　安全措施

1. 安全管理

（1）严格贯彻执行国家和当地劳动卫生工作的有关政策和规定，杜绝和减少事故伤害，实现安全生产，确保职工健康和安全。

（2）建立安全生产岗位责任制，执行谁主管谁负责安全的原则。定期开展安全活动和安全教育。

（3）安检专（兼）职工程师和班组长坚持工人岗前作业安全交底。

（4）严格执行安全生产检查制度，定期进行综合检查和不定期专项检查，通过检查，发现隐患，及进整改，杜绝事故。

（5）严格遵守"安全操作规程"，特种作业人员必须持证上岗，做到管理人员不违章指挥，作业人员不违章操作，工人不违反劳动纪律。

2. 现场管理

（1）施工现场要整洁有序，各种机械物应整齐放置在规定区域。

（2）施工现场道路畅通，路面平坦，保证司机视野开阔，满足消防要求。

（3）施工人员劳保用品穿戴整齐，戴好安全帽，禁止穿拖鞋或光脚进入施工现场。

（4）施工现场树立安全生产标示牌，书写施工安全须知、标语等。

3. 安全用电

（1）执行安全用电制度，加强用电管理，配电箱必须完好，线路绝缘可靠。

（2）安装漏电保护装置，下班时要切断电源，确保用电安全。

（3）施工所用电器线路和用电设施，应采取防触电措施。

（4）作业点距低压线、高压线应分别大于 2.5m、3.0m。

（5）焊机的电源开关应设在监护人附近，便于及时切断电源。

（6）用电设备的外壳应有可靠的接地安全措施，焊接地线应接连到工件上。

（7）过江电缆应采取可靠措施，防止电缆飘浮、被过往船只拖带等现象发生。

4. 防火、防爆

（1）对施工人员进行消防培训，使其清楚发生火灾时所采取的程序和步骤，掌握正确的灭火方法。

（2）确保现场配备的灭火器材在有效期内，注意日常维护，使其处于完好状态。

5. 高空作业

（1）在 2m 以上高度作业时，应采取安全防护措施。

（2）脚手架材料不得有严重锈蚀或变形，保证搭设基础牢固，应设置宽度不小于 60cm 的平台、护栏和步行踏板。

（3）安全爬梯使用前要进行安全检查，保证结构可靠，状况良好。使用时要按 1∶4 的斜度放置，并固定上下端。

（4）高空作业人员必须配备和正确使用安全带和安全绳。安全带和安全绳应无磨损、断股、变质，钩挂有效。

（5）遇大雨天气或六级以上大风天气，应停止高空作业。

（6）传递物件不得抛掷，有可能坠落的物料应拆除或固定，防止跌落。

6. 吊装作业

（1）大件吊装作业时，应详细制订吊装方案，编制吊装作业指导书，吊装前，要对吊机进行检查验收，保证处于完好状态。

（2）大件吊装作业时，技术人员和安全员在现场进行监督，现场人员严禁酒后作业。

起吊人员和现场指挥人员必须经过劳动部门的培训，持证上岗。

（3）吊装要施加保护，不同阶段的吊装要分别制备专用吊具，避免吊装变形并保护构件表面不受损伤。

（4）吊装点严格按设计要求进行，吊装时轻吊轻放，避免变形和碰撞。

（5）吊装作业须鸣警示铃，严禁钩下站人。

（6）汽车吊使用前吊臂要经过试吊检验，四支腿垫实方可作业。

4.11.8　环保措施

1. 成立对应的施工环境卫生管理机构，在工程施工过程中严格遵守国家和地方政府下发的有关环境保护的法律、法规和规章，加强对施工燃油、工程材料、设备、废水、生活垃圾、弃渣及余泥的控制和治理，遵守有防火及废弃物处理的规章制度，做好交通环境疏导，充分满足便民要求，认真接受城市交通管理，随时接受相关单位的监督检查。

2. 将施工场地和作业限制在工程建设允许的范围内，合理布置、规范围挡，做到标牌清楚、齐全，各种标识醒目，施工场地整洁文明。

3. 对施工中可能影响到的各种公共设施制定可靠的防止损坏和移位的实施措施，加强实施中的监测、应对和验证。同时，将相关方案和要求向全体施工人员详细交底。

4. 专用排浆沟、集浆坑，对废浆、污水进行集中，认真做好无害化处理，从根本上防止施工废浆乱流。

5. 定期清运沉淀泥砂，做好泥砂、弃渣及其他工程材料运输过程中的防散落与沿途防污染措施，废水除按环境卫生指标进行处理达标外，尚应按当地环保要求的指定地点排放。弃渣及其他工程废弃物按工程建设指定的地点和方案进行合理堆放和处治。

6. 优先选用先进的环保机械。采取设立降低施工噪声措施并达到允许值以下，同时尽可能避免夜间施工。

7. 对施工场地道路进行硬化，并在晴天经常对施工通行道路进行洒水，防止尘土飞扬，污染周围环境。

4.12　钢板桩引孔技术

引孔辅助施工技术重点在于"引孔"，国内经过较长时间的摸索和实践，"引孔"技术在陆上静压预制管桩方面已经有了比较广泛的应用，它有效地解决了挤土效应过大对周边管线建筑产生不良影响和压桩无法顺利达到预定持力层的问题。但实际的应用并不能代表理论研究的完善，与引孔相关的施工技术仍处于试验探索阶段，在《建筑桩基技术规范》JGJ 94—2008 中，也仅仅就引孔静压桩的施工进行了极为简单的描述，没有给出针对引孔的具体要求和技术要点。实际使用中，施工方仍需要通过多次试桩来确定引孔工艺参数。

目前国内的学者对引孔技术研究较少,针对水上钢板桩围堰引孔辅助施工技术方面的研究则更少。厦门大学硕士黄春满在其发表的《引孔静压桩施工技术难题研究》一文中阐述了陆上引孔静压桩法作业产生的背景。中铁十一局集团第四工程有限公司李成伟在其发表的《拉森钢板桩围堰施工中引孔技术的应用》文章中简单介绍了钢板桩围堰施工中的引孔工艺,并将目前几种不同的引孔工艺进行了适用条件、施工周期及成本费用方面的对比。

初步选出了 5 种机型作为引孔初选方案,分别为长螺旋钻引孔、潜孔锤引孔、水刀并用压入、旋挖钻引孔以及静压植桩机。

1. 长螺旋钻引孔。长螺旋钻杆直径小,用长螺旋钻引孔能大幅减小钢板桩施工区及其附近土体过分扰动,减少地基后期的土体固结沉降量以及相应的负摩阻力。长螺旋钻机的钻孔深度一般在 30m 左右,能满足该项目的长度要求。长螺旋一般采用电动动力头钻孔方式,并且钻机场地转移方便,费用低。本项目长螺旋钻机引完孔后无须清孔及灌浆等后续,操作方便、经济可行。

2. 潜孔锤引。 风动潜孔锤在目前国内引孔技术中应用较多。其工作原理是以压缩空气为动力介质,带动潜孔锤缸体内的活塞作轴向反复运动,使潜孔锤体端部的刀头在旋转的同时,产生冲击效能,对硬岩进行高频率破碎冲击,将岩土粉碎破坏,达到入岩功能。适用于无水或少水情况下的硬质地层,尤其是在坚硬的岩石条件下效率高,具有较大的优势,但不适用于水下引孔施工。

3. 水刀并用压入。"水刀"是在钢板桩底部安装一个特制的高压水枪,利用高压水流提供牵引,高压水通过冲散土粒降低了贯入抵抗力,钢板桩跟进插入。桩压入到指定深度后,收回喷射嘴和水刀软管。"水刀"适用于较软土质,坚硬的岩层效率极低,而且容易出现折断的意外情况。

4. 旋挖钻引孔。旋挖钻钻头直径通常比较大,成孔直径一般为 800mm 以上,旋挖钻机采用液压动力头钻孔,成孔速度快、效率高,可以选取不同种类的钻头,在坚硬的地质条件下成孔效率也很高。施工精度高,工程的质量和进度一般都能得到了充分的保证,费用相比长螺旋钻机引孔略高。

5. 静压植桩机。静压植桩机是由日本研制开发的一种新型压桩设备,其工作原理不同于传统的打桩机。静压植桩机的主机身直接安装在已插打的钢板桩顶部,可以自动走行。工作时,静压植桩机夹住数根已完成的桩,将已完成桩的抗拔阻力作为作用反力压入下一根桩。静压植桩机适应条件较广,在软岩中压桩效率非常高,即使在无工作平台的水中也能正常施工。静压植桩机在我国的围堰施工中也有过成功的应用经验,但目前国内设备数量少,租赁或购买的费用也非常昂贵。

通过专家讨论,分别对 5 种机型就适用条件、工期和成本进行优劣定性描述,采用"优、中、差"三级对比,见表 4.12-1。

钢板桩引孔技术对比表   表4.12-1

对比项目	适用条件	工期	成本
长螺旋钻引孔	中	优	优
潜孔锤引孔	差	中	中
水刀并用压入	差	中	中
旋挖钻引孔	中	优	中
静压植桩机	优	差	差

4.12.1　长螺旋钻引孔工法

1. 工法特点

本技术特点在于通过文献归纳法、专家讨论法和试验比较法确定水中引孔方案，将引孔技术由陆上"引入"到水中。并针对引孔后振锤打入钢板桩的要点进行研究，总结出一套适用于水上钢板桩围堰引孔辅助施工技术的工艺流程。

水中引孔技术为钢板桩顺利打入坚硬岩土层提供了有利条件，减小钢板桩下压阻力。针对水中围堰，引孔施工时仅需将坚硬的岩土层扰动，无须设置水中钢护筒或泥浆护壁等常规防塌孔措施，利用缓慢拔出引孔钻头时，松散土体自然填塞钻孔，施工操作简单可行。

2. 适用范围

本技术适用于通过振拔桩锤无法正常将钢板桩围堰打到设计标高的特殊地质条件。该技术能有效解决钢板桩打入土层时阻力过大，为特殊地质条件下水上钢板桩围堰的施工提供有利条件。通过引孔，能提高特殊地质条件下钢板桩围堰的施工效率，并能有效减小钢板桩材料的损坏率，加快工程进度，其经济效益、社会效益显著。

3. 工艺原理

在水中不利地质条件时，通过引孔设备提前在钢板桩下沉点位进行引孔，将不利的地质土层提前扰动，减小振拔桩锤打入钢板桩时的阻力。本工艺在水中引孔，与常规陆上引孔相比有着其不同的技术控制要点，水中引孔针对的是水中围堰，引孔施工时仅需将坚硬的岩土层扰动，无须设置水中钢护筒或泥浆护壁等常规防塌孔措施。但水中引孔需要对拔钻、压桩、支撑、止水等方面的要点进行严格控制。

4. 施工工艺流程及操作要点

（1）施工工艺流程图（图4.12-1）

（2）引孔方案的确定

本工艺技术为水下钢板桩围堰引孔技术，引孔为水下湿作业，目的在于扰动以常规方法钢板桩无法下沉的坚硬不利地质层（中风化泥质砂岩夹带强风化泥质砂岩），不在乎是否能形成标准桩孔，故无须设置水中钢护筒或泥浆护壁等常规防塌孔措施。为保

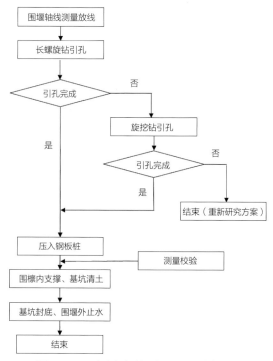

图 4.12-1 水上钢板桩围堰引孔工艺流程图

证后期钢板桩桩底的嵌入稳固性及不透水性，引孔标高设定为围堰钢板桩设计标高以上 0.5~1m，该未引孔段待到打设钢板桩时采用振拔桩锤强行打入。

围堰钢板桩采用 FSPIVa 型密扣拉森钢板桩，宽度 B=400mm，高度 H=170mm，厚度 t=15.5mm。钢板桩组合成的围堰厚度 244mm，拟选引孔直径为不小于 400mm 的钻头。钢板桩尺寸如图 4.12-2 所示。

（3）引孔施工工艺及控制要点

按方案一启用长螺旋钻引孔施工，引孔桩机选用长螺旋 KLB23-600，该长螺旋引孔桩机操作方便，施工高效，转场快捷。设备参数见表 4.12-2 所列。

引孔选用直径 400mm 钻头，采用"跳桩法"施工，先对需引孔孔位进行连续编号，再依次引孔施工 1 号、3 号、5 号、7 号等单数号孔位，之后返回再施工 2 号、4 号、6 号、

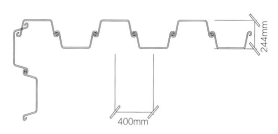

图 4.12-2 钢板桩布置示意图

长螺旋引孔桩机参数   表4.12-2

序号	参数		数值
1	最大引孔深度		23m
2	引孔直径		$\phi300\sim\phi600$
3	输出扭矩		43kN·m
4	回转角度		360°
5	工作地面最大坡度		2°
6	外形尺寸	工作状态	10.7m×5.5m×28.05m
		运输状态	15.9m×2.5m×3.28m
7	整机重量		39t

8 号双数号孔位，相邻两孔中心间距 40cm。引孔布置如图 4.12-3 所示，长螺旋钻设备如图 4.12-4 所示。

当采用长螺旋引孔能顺利完成引孔时，则完成引孔后进行钢板桩的打入。若长螺旋引孔不能顺利完成引孔时，说明河床下土质非常坚硬，可能长螺旋钻输出扭矩不足，且钻头硬度不够，可采用旋挖钻引孔。旋挖钻引孔施工要点：

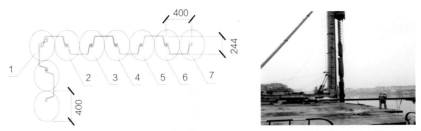

图 4.12-3 长螺旋钻引孔孔位示意图　　　图 4.12-4 长螺旋钻引孔现场施工图

1）施工放样与定位

在钢护筒上面伸出钢托架，安放、拼装焊接好的第一道钢围檩，利用钢围檩外边作为导向架，围檩上每间隔 80cm 作标记，以控制引孔中心孔位。

2）旋挖钻引孔

考虑到旋挖钻需在输出扭矩和钻头硬度上相比长螺旋钻应有较大提升，通过比选，旋挖钻引孔选用 SR150C 旋挖钻机，采用直径 800mm 合金钻头（若选小直径钻头易出现输出扭矩不够和钻头硬度不满足等情况），该旋挖钻机相比长螺旋 KLB23-600，动力头最大输出扭矩及钻头硬度有了明显的提高，旋挖钻机设备参数见表 4.12-3。

为避免钻头钻进时两侧受力不均而发生偏斜，引孔仍采用"跳桩法"施工，先对需引孔孔位进行连续编号，再依次引孔施工 1 号、3 号、5 号、7 号等单数号孔位，之后返回再施工 2 号、4 号、6 号、8 号双数号孔位，相邻两孔中心间距 80cm。桩机引孔时，用经纬仪控制桩机钻杆垂直度，保证桩孔倾斜度不大于 2%，引孔布置如图 4.12-5 所示，

旋挖钻机设备参数   表4.12-3

序号	参数	数值
1	最大引孔深度	44m
2	引孔直径	ϕ1500
3	输出扭矩	150kN·m
4	桅杆倾角左右	±5°
5	整机高度	18.4m
7	工作重量	46t

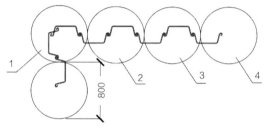 

图 4.12-5　旋挖钻引孔孔位示意图　　　　图 4.12-6　旋挖钻引现场施工图

旋挖钻设备如图 4.12-6 所示。

引孔深度控制在设计围堰底标高以上 0.5~1m。未引孔的 0.5~1m 高度内，利用振拔桩锤强行将钢板桩打入，确保围堰钢板桩底部嵌入岩层的紧密度，以提高围堰的整体稳定性和止水效果。如果围堰底部钢板桩处与原岩土层嵌入不紧密，会存在围堰底部透水的风险。引孔时仅需将钻头缓慢钻至要求深度后再缓慢提钻即可，提钻过程中松散的土体或泥沙自然填塞钻孔。引孔应确保孔体的垂直度及孔位准确度。实践证明，采用该法配合围堰外止水封堵材料的使用，止水效果非常好。

（4）振拔桩锤打入钢板桩技术要求

钢板桩打设应确保精度，应按引孔线位进行。先用振拔桩锤将钢板桩吊至插桩点处进行插桩，插桩时锁口要对准，每插入一块即用振动锤轻轻锤击。在打桩过程中，为保证垂直度，用两台经纬仪在两个不同的方向加以控制。为防止锁口中心平面位移，在打桩进行方向的钢板桩锁口处设卡板，阻止板桩位移。同时在围檩上预先标出每块钢板桩的位置，以便随时检查校正，并应控制如下问题：

1）在插钢板桩前，除在锁口内涂以润滑油以减少锁口的摩阻力外，同时在未插套的锁口下端打入铁楔或硬木楔，防止沉入时泥沙堵塞锁口。

2）振动锤振动频率大于钢桩的自振频率。振桩前，振动锤的桩夹应夹紧钢板桩上端，并使振动锤与钢板桩重心在同一直线上。

3）振动锤夹紧钢板桩吊起，使钢板桩垂直就位或钢板桩锁口插入相邻桩锁口内，待桩稳定、位置正确并垂直后，再振动下沉。钢板桩每下沉 1~2m 左右，停振检测桩的垂直度，发现偏差，及时纠正。

4）沉桩中钢桩下沉速度突然减小，应停止沉桩，并钢桩向上拔起 0.6~1.0m，然后重新快速下沉，如仍不能下沉，采取其他措施。

5）由于进行了引孔，引孔深度范围内阻力较小，可轻易沉入，未引孔的 0.5~1m 范围内，应在保证安全的前提下强行振入，应确保桩端嵌入未扰动的紧密土层一定深度，以提高围堰整体稳定性和止水效果。若钢板桩嵌岩深度小于 0.5m，为保证其稳固性，必要时可在围堰外侧用长导筒抛石防护。

（5）钢板桩围堰止水措施与监测

围堰底部的防水采用封底混凝土，为了保证封底后进行承台施工时有足够的抗浮能力及底部止水能力，封底混凝土厚度应满足方案要求，采用垂直导管法灌注水下混凝土进行封底。

围堰侧壁的防水利用潜水员在围堰钢板桩外侧塞止水材料，通过围堰内外侧的水位压力差将止水材料紧密压入钢板桩间的锁口处，从而达到止水效果。

现场应对基坑围堰进行实时监测，主要监测内容包含基坑围堰的钢板桩桩顶水平位移、桩顶沉降、钢支撑轴力、水平收敛等项目。

通过引孔，扰动了原土层，人为创造了水进入钢板桩端部孔内的通道，为钢板桩下沉提供了有利条件。

（6）引孔后注意事项

引孔的使用，破坏了原河床土层的密实性，特别是旋挖钻引孔孔径较大，更易出现钢板桩与河床嵌固不密实的情况，且基坑清淤时也更易出现基坑内外压差过大，施工时必须严格控制以下施工要点，确保基坑围堰的安全与止水性。

1）引孔深度小于钢板桩嵌固深度 0.5~1m，未引孔深度应以振拔桩锤打入；

2）围檩、内支撑应及时进行，遵循"先支后挖"的原则，严禁"先挖后支"；

3）封底混凝土应及时浇筑，避免内支撑受压过大；

4）加强监测，发现问题及时处理。

5. 材料与设备

（1）材料

用于工程围堰临时支护的钢板桩，宜使用新购进或刚使用的原装 FSPIVa 型密扣拉森钢板桩，转角异型密扣拉森钢板桩，运进工地后应进行外观表面缺陷、长度、宽度、厚度、高度、端头矩形比、平直度和锁口形状等检验、分类、编号及登记。拉森钢板桩应符合《热轧钢板桩》GB/T 20933—2014。

（2）机械设备资源（表 4.12-4）

6. 质量控制

（1）引孔平面孔位与设计围堰布置应一致，并应经测量定位确定。

<table>
<tr><td colspan="5" style="text-align:center">机械设备表   表4.12-4</td></tr>
</table>

序号	机械名称	规格型号	额定功率或容量	数量
1	振拔桩锤	DZ-90A	90kW	1
2	长螺旋钻机	KLB23-600	43kN·m	1
3	旋挖钻机	SR150C	150kN·m	1

（2）确定孔位后，引孔过程应保证引孔的垂直度，可通过经纬仪从两个不同方向上控制桩机钻杆垂直度，保证桩孔倾斜度不大于 2%。

（3）引孔直径不宜太大，宜选用比钢板桩宽度略大的直径。

（4）引孔不能一次到底，应引孔至围堰设计标高上方 0.5~1m 处停止，再缓慢提钻，确保后续钢板桩嵌入未扰动地质的紧密度。

（5）在打入钢板桩的过程中，为保证垂直度，同样以两台经纬仪在两个不同方向加以控制。钢板桩每下沉 1~2m 左右，停振检测桩的垂直度，倾斜度不应大于 2%，发现偏差，及时纠正。

（6）为防止锁口中心平面位移，在打桩进行方向的钢板桩锁口处设卡板，阻止板桩位移，同时在围檩上预先算出每块板块的位置，以便随时检查校正。

7. 安全措施

（1）围檩、内支撑应及时进行，遵循"先支后挖"的原则，严禁"先挖后支"。

（2）封底混凝土应及时浇筑，避免内支撑受压过大。

（3）加强监测，发现问题及时处理。

（4）成立环保、安全及文明施工小组，为工程顺利完成创造良好条件。

（5）设专人进行施工现场安全工作的检查、监督，有权停止存在事故隐患的作业。

（6）严格遵守施工机械操作规程，严禁非专职人员上机。

（7）施工人员进行安全生产知识教育和安全操作规程培训教育。

（8）建立安全事故汇报制度，出现事故必须及时上报。

8. 环保措施

（1）制定环境保护方案，施工废料严禁抛入水中。

（2）现场注意施工噪声，避免影响附近居民日常生活。

（3）加强对噪声、粉尘、废气、废水的控制和治理，保证定期洒水，尽量减小扬尘出现。

（4）围堰内清泥清淤工作应按经监理批准的方案执行，避免污染水源。

4.12.2 潜孔锤引孔技术

1. 技术特点

该技术具有如下特点：

（1）效率高，成孔质量好。使用本技术，引孔质量高，大大避免了需要二次冲孔的次数，且相比于传极钻孔灌注桩等柱列式排桩支护，大大减少了所需混凝土的养护时间，大幅度地缩短了围堰结构的施工工期。

（2）施工安全。将钢板桩底部与岩层紧密结合，提高了围堰整体的稳定性和止水效果。有效地解决了钢板桩应用在深厚富水砂层地区的突涌问题，进一步保障了后续主体结构的顺利施工。

（3）经济效益显著。潜孔锤引孔工艺简单、引孔速度快，且造价较低，是钻孔或静压桩机引孔的30%左右。另外，利用储量丰富、价格低廉、施工工艺相对简单及安全稳定的钢板桩围堰，可以显著缩短工期和降低工程造价，同时钢板桩可回收利用又具有环保功能，符合科学发展观可持续发展的要求。

由此可见，钢板桩围堰是现阶段具有研究推广价值和应用前景的围堰形式，该项目成果的普及将会带来较大的经济和社会效益。

2. 适用范围

便于硬岩层钢板桩打入的辅助引孔施工技术适用范围广，小直径潜孔锤引孔可穿越坚硬岩层（微风化花岗岩、石灰岩等），其上部对于富水地层粉砂、黏性土、粉土、砾石等同样具有较好的引孔效果，并且引孔效率高，工程造价低，可使用于工期安排及施工工期要求严格的项目中。

3. 工艺原理

本技术是采用小直径潜孔锤对硬岩层进行预处理，潜孔锤引孔时，利用高压气动潜孔锤，采用小直径潜孔锤钻进，在完成桩身成孔后回填石粉或砂，然后振动锤打入钢板桩。在潜孔锤钻进过程中，潜孔锤在空压机的作用下，高压空气驱动冲击器内的活塞作高频往复运动，并将该运动所产生的动能源源不断传递到钻头上，使钻头获得一定的冲击功；钻头在该冲击功的作用下，连续地、高频率对孔底硬岩施行冲击破碎（图4.12-7）。同螺旋钻进相比，该工艺是以钻头冲击破碎岩石取代了切削岩石；以动载冲击代替了静载研磨，以硬岩的体积破碎代替了研磨剪切破碎。在潜孔锤钻进的同时，空压机产生的压缩空气也兼作洗孔介质，一部分破碎下来的岩屑被具有一定压力及速度的空气吹离孔底，并排出孔口，减少了硬岩重复破碎的机会，钻进效率较高。

图4.12-7 潜孔锤钻机

4. 施工工艺流程及操作要点

（1）施工工序流程图（图 4.12-8）

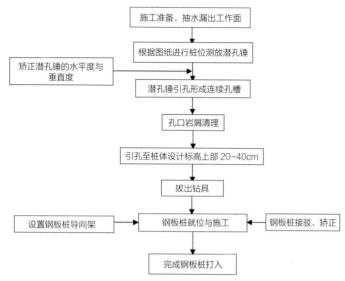

图 4.12-8 小直径潜孔锤引孔施工工艺流程图

（2）总体设计

钻孔需确定其位置和垂直度不偏离导向孔位置。依托工程潜孔锤成孔直径为 220mm，间距 180mm，转速控制在 15~25r/min，按照导向孔布置顺序依次引孔形成连续孔槽。引孔深度比钢板桩设计底部标高高 20~40cm，未经引孔的高 20~40cm，利用 DZ60A 振动锤强行插打，确保钢板桩底部与岩层的紧密结合，提高整体的稳定性和止水效果，每个引孔之间咬合 40cm。

潜孔锤钻进是属于慢回转的一种钻进方法，合理的转速选择，对钻头寿命乃至钻进成本至关重要。它主要与冲击器所产生的冲击功的大小、冲击频率的高低、钻头的形式以及所钻岩石的物理机械性质有关。潜孔锤钻进以冲击碎岩为主，所以无须过快的线速度。转速太快，对钻头的寿命不利，特别在较坚硬的岩层，转速过快将使钻头外围的刃齿很快磨损和碎裂。如果转速太慢，则将使柱齿冲击时与已有冲击破碎点（凹坑）重复，导致钻速下降。另外，潜孔锤钻头的直径过大，会降低钻头冲力效果，当钻头直径过小，破碎岩石的效率低。

所选潜孔锤的转速和钻头直径经现场反复验证，适用于场地施工，现场实施效果良好。

钢板桩导向孔布置如图 4.12-9 所示。

由图 4.12-9 可知，钢板桩导向孔采用 $\phi220@180$ 布置，并沿钢板桩凹槽两两相交，平面呈梅花形，形成宽度 400mm 的孔槽（等于钢板桩宽度），导向孔之间形成的临空

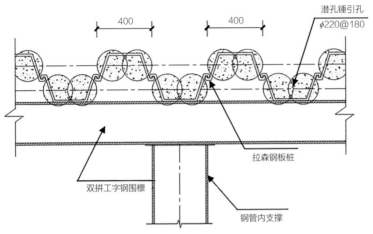

图 4.12-9　钢板桩导向孔布置示意图

面（两钢板桩相互咬合的止水锁口部分）亦会难以自稳，从而使得钢板桩能够有效插入，若钢板桩插入的侧摩阻力仍然较大，可以增加引孔数量，采取在钢板桩锁口处增加钻孔至钢板桩设计标高。

（3）施工要点

1）施工准备

①资料及场地准备。收集引孔区场地岩土工程勘察报告，掌握引孔桩位地层分布；查明引孔区空中、地下管线及障碍物等资料；掌握建筑物场地的水准控制点、建筑物位置控制坐标及引孔桩位坐标等资料。施工前，对施工场地进行平整，对局部软弱部位采用钢板铺垫或换填，保证场地密实、稳固，确保引孔及桩机施工时不发生偏斜。

②施工机具、材料准备。根据地质条件和钢板桩设计选择施工机具；做好引孔机具的配套，保证引孔效果。

③技术准备。掌握钢板桩设计要求，明确引孔技术要求；按设计要求编写引孔方案，并报审批；按桩施工图纸测引孔放桩位，并由监理工程师复核。

④工作面准备。采用钢板桩围堰进行初步封堵，抽干河涌水，漏出引孔作业面。

2）测放潜孔锤

在两端插打木桩确定引孔中心线，然后在木桩上系好施工线，每隔 180cm 系一个彩条节，以此控制每个引孔的中心位置。

3）矫正潜孔锤的水平度和垂直度

钻机应平稳、平正，确保潜孔锤立柱导向架的垂直度偏差小于 1/250。在桩架上焊接一半径为 5cm 的铁圈，10m 高处悬挂一铅锤，利用经纬仪校直钻杆垂直度，使铅锤正好通过铁圈中心。每次施工前必须适当调节钻杆，使铅锤位于铁圈内，把钻杆垂直度误差控制在 0.5% 范围内。钻机定位后，由当班机长负责对导向孔位进行复核，偏差不得大于 10mm。

4）潜孔锤引孔

桩机就位后，首先将潜孔锤钻头（图 4.12-10）对准桩位并调好垂直度。下放潜孔锤，启动空压机，进行潜孔锤钻进。在上部富水淤泥、黏性土或粉砂层土层时，地下水混夹黏土、砂层被挤密或排出；当引孔至硬岩层面时，潜孔锤发出锤击的脆响，并排出岩渣。当硬岩层埋深较浅且硬岩强度大时，孔口则会冒出岩屑粉尘。

图 4.12-10　潜孔锤钻头大样图

引孔过程中（图 4.12-11），控制潜孔锤转速在 15~25r/min，并派专人观察钻具的下沉速度是否异常，钻具是否有挤偏的现象；若出现异常情况应分析原因，及时采取纠偏措施。引孔时，派专人从相交垂直方向同时吊 2 根垂线，校核钻具垂直度；同时，派专人做好现场施工记录，包括：引孔桩号、桩径、桩长、孔底地层情况、施工时间等。

图 4.12-11　潜孔锤引孔图

5）清理孔位周边岩屑

引孔过程中，空压机产生的压缩空气兼作洗孔介质，将潜孔锤破碎的岩屑携出孔内并堆积在孔口。现场派专人不间断进行孔口岩渣清理，清理出的岩屑呈泥沙颗粒状，集中堆放或外运。

6）拔出钻具

引孔深度比钢板桩设计底部标高高 20~40cm，引孔满足要求后，即停止引孔，拔

图 4.12-12 拔出钻具时清理钻具携带泥沙、岩屑

出钻具。拔出钻具时，空压机正常工作，边锤击、边旋转、边上拔，使孔内岩屑顺利排出，同时并清理干净钻具上面携带岩屑及砂（图 4.12-12），防止钻具上拔时卡钻。未经引孔的高 20~40cm，利用 DZ60A 振动锤强行插打，确保钢板桩底部与岩层的紧密结合，提高整体的稳定性和止水效果。

7）钢板桩就位与施工

引孔长度分段进行，当完成一定长度下的引孔施工后即可回填石粉或沙土，继而进行钢板桩的就位与施工（图 4.12-13）。

图 4.12-13 钢板桩实施效果图

5. 材料与设备

便于硬岩层钢板桩打入的辅助引孔施工工法无须特别说明的材料，小直径潜孔锤引孔设备较为简单，主要包括引孔桩架、气动冲击器、钻头、钻杆柱、空压机等。

（1）引孔桩架选择。桩架选择液压步履式 ZJSG-450 钻机桩架，为方便引孔桩机行走、转运，桩机底盘结构选择全液压行走、齿轮转运。桩机移动时，前后 4 个支撑支架顶起，以方便底座调整方向。

（2）冲击器是潜孔锤钻进的主要钻具，其性能优劣直接影响钻进效率。为确保硬岩分布区的引孔效果，选用中高风压冲击器，可满足现场使用要求。

（3）冲击器所产生的脉冲作用是通过钻头破碎岩石的，所以岩石要受冲击和研磨双重作用。这就要求对钻头进行合理的设计、制造和使用，保证钻头的高效、耐磨和长寿命。钻头直径选择与钢板桩截面宽度设计相匹配，在锤击振动、回转的作用下，可以保证引孔直径不小于钢板桩宽度。

（4）空压机的选用与岩层概况、钻孔深度、钻孔直径、钻具与孔壁的环状间隙等有较大关系，空压机风力太小，钻渣、岩屑无法吹出孔外；空压机能力太大，容易造成动力和资源浪费。空压机的选择直接关系到引孔直接成本，施工效率等。经过大量现场试验、改进、研究、总结，得到空压机的最优风量为 15m³/min，可满足冲击器破碎岩石的要求，要求保证了引孔效果。

采用的主要机具设备见表 4.12-5。

机具设备表　　　　　　　　　　表4.12-5

设备名称	规格/型号	单位	数量	备注
引孔桩架	ZJSG-450	台	1	液压步履式
气动冲击器	SPM170	套	1	—
钻头	—	套	1	凹底型
钻杆柱	—	套	1	—
空压机	1150XH	台	1	—
水准仪	北京 TDJ2E	台	1	—
铁锹	—	把	2	清理孔口岩屑、砂
钢板	—	片	5	—
振动锤	DZ60A	台	1	—

6. 质量控制

（1）标准规范

便于硬岩层钢板桩打入辅助引孔施工质量控制，严格按设计文件及管理单位的有关要求进行，并结合《建设工程质量管理条例》《建筑基坑支护技术规程》JGJ 120—2012 及《建筑机械使用安全技术规程》JGJ 33—2012 等国家标准规范严格执行。

（2）质量保证措施

1）推行现代化的技术管理，运用统筹、网络技术编制切实可行的实施性施工设计与施工网络管理计划。在保证工期的前提下，提高资源配置，努力降低成本，严格按网络节点工期要求，分阶段控制，实现均衡生产，为保证工程质量创造条件。

2）加强施工技术管理，坚持技术复核制度。技术人员对施工设计、技术交底书、施工测量数据，均严格执行复核签字制度。

3）加强工序质量控制，把为本工程制定的工序操作标准、工艺标准、检查标准落实到各部门、各环节。施工操作、工艺流程、检测试验进行全过程跟踪，对执行情况作出详细记录，针对存在问题及时整改。

4）认真贯彻 ISO9001 系列标准，实行施工技术、测量、试验、计量、技术资料全过程的标准化管理，做到技术标准、质量标准和管理标准相统一。妥善保管有关进度、质量检验，以及与本工程相关的原始记录和照片。

5）控制桩位偏差和桩身垂直度。由专职测量人员负责测量放线及孔位的定位，经甲方及监理复核无误后方可进行施工。桩机就位区域应铺设路基钢板或者对软弱土层进行换填处理，使桩机做到端正、稳固、水平，另外用经纬仪或线锤校正其垂直度，以保证围护施工的精确度。

6）引孔过程中，控制潜孔锤下沉速度，派专人观察钻具的下沉速度是否异常，钻具是否有挤偏的现象；若出现异常情况应分析原因，及时采取措施。引孔终孔深度如出现异常（短桩或超长桩），及时上报业主、监理进行妥善处理，可采取超前钻预先探明引孔地层分布。在提钻时，由于风压大，对孔壁稳定有一定的破坏作用，此时应控制提升速度，防止引起孔壁坍塌。若孔口为砂性土，引孔容易造成孔壁不稳定，此时可采取重复回填、成孔挤密措施。引孔时，派专人及时清理孔口岩渣，防止岩渣二次入孔，造成孔口堆积、重复破碎，防止埋钻现象发生。

7. 安全措施

（1）认真贯彻"安全第一，预防为主"的方针，根据国家有关规定、条例，结合施工单位实际情况和工程的具体特点，组成专职安全员和班组兼职安全员以及工地安全用电负责人参加的安全生产管理网络，执行安全生产责任制，明确各级人员的职责，抓好工程的安全生产。

（2）坚持执行施工前的安全技术交底会议制度和开工前的安全教育制度，明确本工程的安全目标，落实各个岗位的安全职责。每周召开安全工作会议，进行安全工作的总结和布置。

（3）开展安全活动，在现场布置安全标语、横幅等，积极进行安全知识宣传教育。

（4）施工现场按符合防火、防风、防雷、防洪、防触电等安全规定及安全施工要求进行布置，并完善布置各种安全标识。

（5）施工现场的临时用电严格按照《施工现场临时用电安全技术规范》JGJ 46—2005 的有关规范规定执行。

（6）电缆线路应采用"三相五线"接线方式，电气设备和电气线路必须绝缘良好，场内架设的电力线路其悬挂高度和线间距除按安全规定要求进行外，将其布置在专用电杆上。

（7）机械设备移位、电器检修时必须断电操作，严禁带电操作，并挂上警示牌。移位时，须有专人指挥，专人照看电缆，防止电缆压坏损伤。

（8）认真执行机械设备安全规程和操作要求，严禁违章作业，杜绝各类事故发生。

（9）施工现场所有设备、设施、安全装置、工具配件以及个人劳动保护用品必须经常检查，确保完好和使用安全。

（10）建立完善的施工安全保证体系，加强施工作业中的安全检查，确保作业标准化、规范化。

8. 环保措施

（1）成立对应的施工环境卫生管理机构，在工程施工过程中严格遵守国家和地方政府下发的有关环境保护的法律、法规和规章，加强对施工燃油、工程材料、设备、废水、生产生活垃圾、弃渣的控制和治理，遵守有防火及废弃物处理的规章制度，做好交通环境疏导，充分满足便民要求，认真接受城市交通管理，随时接受相关单位的监督检查。

（2）将施工场地和作业限制在工程建设允许的范围内，合理布置、规范围挡，做到标牌清楚、齐全，各种标识醒目，施工场地整洁文明。

（3）对施工中可能影响到的各种公共设施制定可靠的防止损坏和移位的实施措施，加强实施中的监测、应对和验证。同时，将相关方案和要求向全体施工人员详细交底。

（4）工程施工中产生的岩屑、废渣及时派人清理，并集中堆放和外运。

（5）优先选用先进的环保机械。采取设立隔声墙、隔声罩等消声措施降低施工噪声到允许值以下，同时尽可能避免夜间施工。

（6）严格执行政府有关园林管理方面的政策及规定。保护施工区域的植被及古树名木不遭到破坏，作业范围内的应征求园林管理部门的意见采取移植或其他保护措施，严禁超范围作业。工程完工后及时对现场进行清理，恢复原有的地形地貌，保持生态环境不变。有害物质垃圾要运至指定的地点采取焚烧、掩埋或其他适当的方法进行处理。

（7）工程施工期间，控制噪声对环境的影响，满足国家和有关法规要求。必须符合《建筑施工场界环境噪声排放标准》GB 12523—2011、《城市区域环境振动标准》GB 10070—88 和有关部门对夜间施工的规定。

4.13 工程实例

4.13.1 长江引水三期取水泵房基坑围堰

1. 工程概况

该取水泵房为直径 46m 的圆形结构，所处水深约 5m，是目前长江口规模最大的江中取水泵站，泵房为钢筋混凝土结构，为达到泵房干施工条件，需建造一 50.4m 直径的圆形围护结构。场地现状标高约 –1.0m（吴淞零点，下同）。

2. 水文地质条件

（1）水流

最大水流流速 1.58m/s。

（2）设计水位

设计平均高潮位 +3.25m。

（3）设计波浪

设计波浪参数为 H=1.861m，T=4s，L=21m。

（4）地质条件

表 4.13-1 为相关地层物理力学参数表：

地层物理力学参数表

表4.13-1

土层号	土层名称	含水量W（%）	容重r（kN/m³）	孔隙比e	压缩模量E_s（MPa）	内摩擦角φ	内聚力C（MPa）
①	淤泥	32.9	18.20	0.94	5.47	22.0	14.0
④₁	淤泥质粉质黏土	55.2	16.50	1.53	2.02	6.0	7.0
④₂	黏质粉土夹粉质黏土	41.1	17.50	1.15	3.11	15.0	13.0
⑤₁	粉质黏土	52.80	16.60	1.48	2.24	9.00	10.0
⑤₂	粉质黏土	41.70	17.40	1.18	3.14	12.50	13.0
⑤₃₋₁	粉质黏土	36.30	18.00	1.03	4.01	17.0	17.0
⑤₃₋₂	粉质黏土	24.70	19.50	0.71	6.41	19.0	39.0
⑦₂	粉细砂	26.60	19.20	0.77	6.19	21.50	31.0
⑦₂夹	粉质黏土	28.70	18.60	0.83	9.96	30.0	7.0
⑦₂	粉细砂	27.30	18.80	0.79	12.30	31.5	6.0

3. 基坑围护方案

该工程中钢板桩围护结构内径达 50.4m，挡水高度约 15m，水上无支撑顺作法施工在上海尚无先例。经过方案分析对比，采用圆形单排钢板桩基坑围护方案。

采用 AU25 单排钢板桩作为支护结构，以一道钢筋混凝土顶圈梁和四道环向钢圈梁作为内支撑体系，经围堰内抽水后，进行顺作法干施工。基坑平剖面图见图 4.13-1、图 4.13-2。

图 4.13-1 基坑平面图

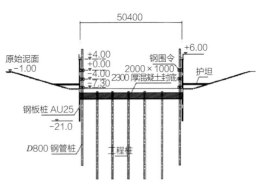

图 4.13-2 基坑剖面图

施工围堰内径 50.4m；基坑开挖底标高 –10.15m，开挖深度 9.15m。围堰采用 AU25 型钢板桩（约 214 根）。钢板桩桩顶标高 +4.00m，底标高 –21.00m，长度 25m。施打前，在钢板桩锁口内灌注柔性止水材料，以有效阻隔长江水，保证取水泵房的干施工顺作条件。钢板桩顶部设置 1 道钢筋混凝土顶圈梁兼作施工期的防浪墙，环向再设置 4 道水平桁架式钢拱圈梁，沿圆形钢板桩底和围堰内侧的坑底以下部分，采用旋喷桩进行局部地基加固。

围堰内抽水挖泥前，在其外侧 15~20m 范围内 –8.00m 标高以上部分抛填护坦，自上向下采用 50~200kg 块石厚 1600mm、袋装碎石层厚 400mm、300g 土工布一层。

施工顺序大致是：水下挖泥至 –8.00m 最下道钢拱圈梁安装所需标高；施打钢板桩定位桩、立柱桩、工程桩；搭设施工平台；在钢板桩顶端浇筑钢筋混凝土圈梁；平台上拼装钢拱圈梁，整体吊装就位；施打围堰钢板桩；地基加固施工；围堰外 15~20m 范围内铺设防冲护底；围堰内抽水、开挖 –8.00m 以下土方至设计标高；浇筑泵房底板和主体结构混凝土；护底施工至设计标高；施工完毕拆除支护钢板桩。

4. 工程实施效果

本工程有效地控制了圆形钢板桩围堰的施工误差、内力分布和变形（最大变形 21mm），在长江口复杂的风浪流条件下成功实施了无内支撑的水上基坑围护，满足了复杂体系的泵站主体结构施工空间、环境、进度和安全要求。

4.13.2 广州猎德大桥钢板桩围堰

1. 工程概况

广州市猎德大桥位于广州市天河区猎德村南，海心沙东，北起临江大道东，横跨珠江，南连磨碟沙，将天河珠江新城和海珠赤岗连成一片。大桥近南北走向，全长为 742m，采用自锚式悬索桥方案。江中共有 5 个桥墩（图 4.13–3）。其中 7 号墩为主墩，由 24 根桩及承台构成，承台尺寸为 16.50m×64.25m×8.00m（顺桥向 × 横桥向 × 承台高），承台下混凝土垫层厚为 0.5m，垫层底面高程为 – 5.575m（广州市政高程，下同）。桥

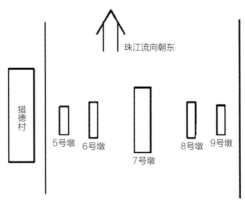

图 4.13–3　猎德大桥桥墩位置示意图

墩所在处河底面高程约为 1.0m，江水位受潮汐影响，水深为 4.0~5.8m，挖土深度为 6~7m，总深度在最高潮位时为 12.4m。

为保证承台开挖施工和浇筑混凝土，必须修筑围堰。通常可用单壁钢板桩围堰、双壁钢板桩围堰、钢吊箱、土石围堰等方法。根据地质情况、现场环境及工期要求，通过比较，考虑到造价和施工条件等因素，选择了单壁钢板桩＋钢支撑形式的施工围堰。5 号、6 号、8 号和 9 号墩为副墩，其平面尺寸及开挖深度均较 7 号墩小。以下主要介绍 7 号墩的钢板桩围堰设计和监测情况。

2. 水文地质条件

（1）水文环境条件

施工场地位于珠江江中，江水位受潮汐影响每日约 2 次涨潮。5 年一遇水位为 6.8m，低潮水位常在 5m 以下。水流特点是低潮位时流速较大，高潮位时流速很小，有时甚至有较小的逆向流动。分析计算时按最不利条件（水位为 6.8m，流速为 0）进行。

根据水位观测数据，江水位在一天的大部分时间低于 5.5m，该高程可作为抽水前的施工作业面控制值。

（2）工程地质条件

根据勘察报告和地形测量，7 号墩河床高程为 0.53~2.22m，基岩顶层高程为 –3.71~–12.46m。钻孔资料揭示 7 号、墩场地分布土层主要为：海陆交互相沉积层（Q_{4mc}）、残积亚黏土层（Q_{el}）、上白垩统基岩（K_2）。

场地地层自上而下分布为：淤泥、淤泥质亚黏土、亚黏土、淤泥质粉砂、中砂、亚砂土、硬塑状残积亚黏土、强风化泥质粉砂岩。图 4.13–4 所示为 7 号、墩承台北侧的一个地质剖面。5 号、6 号、8 号和 9 号墩场地的地质情况与 7 号墩类似。

3. 基坑围护方案

施工场地位于珠江江中，需考虑江水位涨落、水流冲击、施工及航运船只对围堰体系的撞击等不利因素的影响，同时施工期跨越珠江的汛期，考虑留有一定超高，确定围堰顶高程不低于 8 m。围堰内第一层支撑是开始抽水的必备条件，需要在水面以上安装，但从多支撑受力特性方面考虑，高程越低越有效，因此按大部分时间露出水面为准，选择高程为 5.8m。

为防止因嵌固深度不足引起的破坏（踢脚），有 3 种可用方法：①将围堰扩大，内部放坡；②增加支撑层数；③加固钢板桩底。比较 3 种方法，由于围堰本身已经很大，按方法①会导致支撑体系增大造价增加，另外由于 5 个桥墩同时施工，对度汛和行船会有影响；按方法②则在开挖到接近坑底时支撑层数大增，后续浇筑混凝土时换撑过程复杂；方法③加固钢板桩底原则上是可行的，但单纯用它不足以解决问题。

经过反复的研究论证，结合 3 种方法的长处，确定了 7 号墩钢板桩围堰结构体系：①钢板桩墙轴线定在距承台边 3m 处（图 4.13–5），可提供一定的放坡空间，也有利于加固钢板桩底。钢板桩型号为 FSP–IV，桩长为 18m，以振打到岩面或达到 –10m 高程为准，围堰尺寸为 70.67m×22.50m（长 × 宽）；②布置 6 层钢支撑（见表 4.13-2），上面 4 层的层间距为 2m，下 2 层加密到 1.8 和 1.6m；③在岩面高程高于 -7.0m 的地段内紧贴钢板桩钻孔设置长 9m 的钢管桩护脚（图 4.13-4）。

7 号墩钢板桩围堰内支撑高程　　　　　　表4.13-2

支撑层数	高程（m）
1	+5.8
2	+3.8
3	+1.8
4	-0.2
5	-2.0
6	-3.6

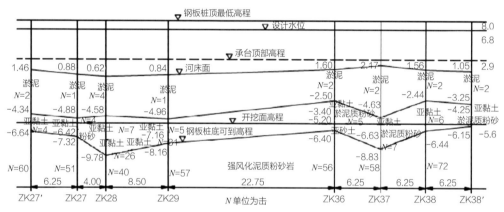

图 4.13-4　7 号墩地质剖面图（单位：m）

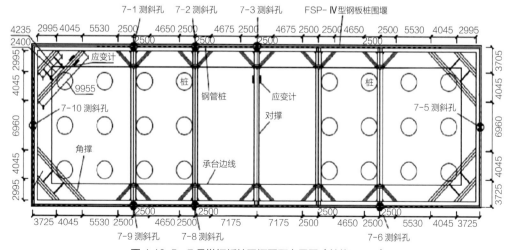

图 4.13-5　7 号墩钢板桩围堰平面布置图（单位：mm）

钢板桩围堰稳定的关键是支撑体系，考虑水位涨落、施工船只停靠挤压等不利因素，一般需要较大安全储备。另外，为了便于施工，支撑不能过密。因此本工程采用较强的围檩（腰梁）和强而疏的支撑。图 4.13-3 为 7 号墩钢板桩围堰平面布置图。围檩和支撑按各层受力不同分别采用：第 1 层围檩用 2[36a 组合梁，支撑用 530mm×8mm 钢管；第 2、3、6 层围檩用 2[56a 组合梁，支撑用 800mm×10mm 钢管；第 4、5 层围檩用 2 根 I 56a 工字钢与 2 条宽为 580mm，厚为 14mm 的钢板组成组合箱梁，支撑用 800mm×12mm 钢管。

护脚的钢管桩直径为 128 mm、壁厚为 5 mm、长度为 9 m，采用钻机钻孔，注浆成桩（图 4.13-6）。其他 4 个墩情况类似，但随挖深减少，其围堰尺寸扩大量、钢板桩长以及钢管桩布置量均相应减少。

4. 工程实施效果

猎德大桥桥墩钢板桩围堰工程已成功实施，设计计算结果与工程实施情况吻合较好，保障了工程的顺利完成。

猎德大桥钢板桩围堰场地局部岩层埋藏较浅，钢板桩不能打入岩层，可能会发生踢脚破坏，设计采用钢管桩护脚的方案，较好地解决了这个问题，使工程能够顺利实施，也为钢板桩围堰在类似地质条件下使用提供了成功的实例。

图 4.13-6　钢管桩护脚结构及计算示意图

第 5 章　钢套箱围堰施工

5.1　概述

　　钢套箱围堰是指水中建筑的临时挡水结构，主要由壁板和内支撑组成，无底无盖设计，框形结构，根据立面几何形状可分为长方形、圆形和其他特殊形状。

　　壁板是套箱水平方向作用力的直接受力部分，分为单、双壁围堰两种形式。单壁钢围堰一侧有壁板，结构形式简单，加工方便，但必须现场进行拼装施工，且只适用于水深较小、流速较小的环境。双壁钢套箱围堰能保证结构整体的刚度，主要应用在较深水域。但其结构复杂，施工难度也较大。套箱刃角部分直接作用深入到河床内一定高度，其壁板会受到土体的压力和河床底部流砂的冲刷作用及流水压力。其表面还会承受波浪引起的外力及风荷载作用。这就对套箱的质量提出了很高的要求，为了保证在大型深水基础中施工的安全性，双壁钢套箱的制造通常都是在岸上分块预制完成再拼装成整体，采用浮运或其他方式运送到墩位处。

　　双壁钢套箱围堰由内外壁板、中间水平和竖向桁架连接底部刃脚组成。沿壁板周围布置水平和竖向加劲肋板、水平弦板。同一平面上的内外弦板间焊接角钢连接，使内外壁组合成为一个整体。在内外壁间还设置隔仓板，分成若干个独立的仓，保证了围堰下水时悬浮阶段围堰的稳定性及沉落至河床时能够分仓灌水，以适应围堰的下沉高度及倾斜度。刃脚做成向内倾斜的三角板，便于围堰在河床中的下沉和固定。双壁钢套箱围堰具有较高的强度和刚度特性，尤其适用于水深超过 5m、水底覆盖层较薄、下卧层为密实的岩层或大漂石及钢板桩围堰无法施工的建筑条件。双壁钢套围堰施工和其他水中基础的施工方法相比，具有施工方法相对简单，结构安全，持续时间较短，物力资源丰富和成本低的优点。随着施工工艺的逐步改善，双壁钢套围堰施工在国内外大深水桥梁基础工程中得到应用。

　　其结构形成由专业的钢材加工工厂制作，钢围堰构件的制作加工质量易得到保证，一般在陆地上进行拼装，完成拼装后再整体下沉到设计标高，能适应水流湍急的河流中承台的施工。安装钢围堰下沉到位后，进行水下混凝土封底，直到混凝土的强度达到规范值后（设计强度的 80%），抽干围堰内的水，形成了干燥的工作环境，从而改变水下施工为陆地上常规施工。

　　与单壁钢套围堰相比较，双壁钢套围堰的应用更为广泛，其强度高，可承受更大的围堰内外水头差所产生的水压力；施工时，在围堰封底混凝土以前的工序简单，其施工时抽水及度洪均不受施工水位限制，任何季节都能施工；同时，双壁钢套箱围堰施工基本上不受桥墩处水深的限制，若配合使用空气幕下沉工艺，还可将围堰下沉到更深的覆盖层内，即双壁钢套箱围堰能在深水、厚覆盖层的条件下采用；双壁钢套箱围堰完全下沉就位后，不仅可作为钻孔桩基础的施工辅助设施，也可作为大面积承载力的直接基础；在同一座桥上，在不同地质条件情况下，也可以用相同的施工方法修建深水基础，这不仅有利于设备的利用，双壁钢套围堰还能重复使用，可充分发挥材料的利用率，降低成本，也便于施工管理。

从技术角度来讲，双壁钢套箱围堰的设计与施工技术已经趋于成熟；从经济角度来讲，同其他施工方法比较，虽然材料上的使用不是最节省的，但在大跨径桥梁深水基础中，特别是跨江河的桥梁深水基础中。可以对钢套箱材料重复利用，从一定程度上也达到了经济合理性。

双壁钢围堰平面尺寸根据承台尺寸及钢围堰下沉误差确定，立面高度根据承台标高及其施工水位确定，壁厚根据制造空间必要尺寸、抽水时受力情况等条件确定，满足强度、刚度要求。

钢围堰由于水深较大，根据承台的形状，采用矩形结构，其长、宽均比承台的长、宽多 1m，壁厚 1.2m，双壁圆形无底焊接结构。为了便于加工制作，将其分节，底节根部设有刃脚，双壁钢围堰由内外壁板、角钢焊接骨架、隔舱板组成，在其顶部、中部两层内支撑架以加强其刚度、强度。壁板采用 6mm 钢板，刃脚用 12mm 钢板加厚，骨架角钢采用 L75×8 角钢，部分位置用 L100×10 角钢加劲。围堰结构要求水密，以适应在施工各种工况的需要。

深水基础由于需满足通航等要求，长江中下游及海中桥梁基础日渐深和大，势必将更多地采用双壁钢套箱围堰结构，双壁钢套箱围堰下水考虑的主要因素有：围堰大小和重量、水深和流速、水面宽度、通航情况、运输距离、起吊装备能力、安全、工期安排与成本的比较等。围堰下水方式须综合考虑以上因素后因地制宜地加以选择。气囊法下水和大吨位吊机整体起吊是今后围堰下水方式的重要方向。下面对各种双壁钢套箱围堰下水方式进行分析。

对先平台后围堰方案施工深水承台方案，当围堰尺寸小，重量轻，有满足起吊所需的吊重设备时，采用起吊入水方式实现围堰下水；如无相应起吊设备或围堰重量超过设备起吊能力，采取在平台上散拼组成围堰整体，接高护筒利用自制起吊下放设施将底节围堰起吊入水，然后在自浮状态下散装法逐节接高完成整个围堰下水。

对平台搭建困难，必须采用先围堰后平台方案时，如无相应的起重设备，围堰可以利用沉船法实现下水，也可在桥位附近先选择有条件的地方搭建临时平台拼装围堰，然后接高起吊钢管桩，利用自制起吊下放设施将底节围堰起吊入水，再水下切割平台钢管桩，将围堰接高后再浮运至墩位。

由于桥梁规模、跨度的增大，基础尺寸也越来越大，随之带来的是基础施工围堰尺寸的相应增大，重量成倍增加。为适应桥梁快速发展和快速施工需要，近年来建桥施工设备能力也在不断进步发展，起重能力方面得到了很大提升，现在国内水上桥梁专用吊装能力具备了 100~400t、900~3200t 等多个级别，数量也在不断增加，应该说深水基础施工用 1000t 级吊船吊装大中型围堰下水是发展趋势。

钢套箱围堰下水考虑的主要因素有：围堰大小和重量、水深和流速、水面宽度、通航情况、运输距离、起吊装备能力、安全、工期安排与成本的比较等。围堰下水方式须综合考虑以上因素后因地制宜地加以选择。气囊法下水和大吨位吊机整体起吊是今后围堰下水方式的重要方向。

对特大型、超大重量围堰，非控制下放的围堰整体气囊法下水技术能解决其快速下水的难题，实现安全、快速施工。

各种双壁钢套箱围堰下水方式的适用条件及优缺点，见表 5.1-1 所列。

双壁钢套箱围堰下水方式的适用条件及优缺点   表5.1-1

序号	围堰下水方式	适用条件	优点	缺点
1	墩位处拼装围堰后起吊入水	1. 通航要求等级低或不通航水域、水面较宽阔，施工期间不影响通航船只交通安全。2. 水流流速较小，吊船及拼装铁驳锚碇系统的设置能确保其稳定和定位准确	无须投入浮运围堰的机械设备相对而言较为经济	拼装时间占用工期，对在关键线路上的基础工程施工要充分考虑工期要求
2	码头或岸边拼装围堰后大中型吊机起吊下水并浮运到墩位	1. 围堰尺寸小、重量轻，有满足起吊所需的起重设备。2. 拼装位置水深符合要求且能浮运围堰至墩位。3. 如围堰尺寸巨大、重量重，应符合本表第4条"整体起吊围堰入水"相关要求	底节围堰可与主体工程同步施工，不占用总工期时间	需同时配备拼装围堰用吊机且投入浮运机械设备
3	码头或岸边拼装围堰并浮运到墩位后大中型浮吊起吊入水	1. 围堰尺寸小、重量轻，有满足起吊所需的起重设备。2. 拼装位置水深符合要求且能浮运围堰至墩位。3. 如围堰尺寸巨大、重量重，应符合本表第4条"整体起吊围堰入水"相关要求	底节围堰可与主体工程同步施工，不占用总工期时间	需同时配备拼装围堰用吊机且投入浮运机械设备
4	整体起吊围堰下水	1. 围堰须在便于浮吊站位起吊的地点事先组拼好，多用于先桩基后围堰施工的场合。2. 各种参数如起吊重量、吊高、吊距满足要求。3. 符合要求的浮吊能够顺利进入作业水域。4. 围堰结构需设内支撑及吊点，满足起吊受力和变形要求，通常需要加设内支撑	整体起吊围堰能缩短现场拼装作业时间，简化施工方案，是快速、高效建造桥梁的一种途径	1. 围堰结构需增设内支撑和吊点。2. 特大型浮吊使用需要提前预约，进出场费用高，造价较高
5	沉船法下水并浮运围堰至墩位	1. 船主同意驳船作沉船使用且船体质量可靠、密封性能好。2. 驳船上高出刃脚将军柱及所有杂物等清理干净。3. 沉船时水流应平缓。4. 沉船位置应选择在砂层或岩面，不能选择在黏土层且覆盖层不得太厚。同时提前对沉船处海滩河床面不平问题加以处理	投入机械设备少，经济实用	1. 对船体质量要求高且船主同意沉船。2. 沉船位置河床有一定要求

续表

序号	围堰下水方式	适用条件	优点	缺点
6	气囊断缆法围堰下水	1. 围堰自身必须有长度足够且能支承自身重可沿直线运动的下水滑道结构。2. 下水坡度要适中，不能过大或过小，通过计算满足下水要求即可。下水口两侧河床的水深需满足围堰下水后的吃水深度，以防围堰搁浅。3. 河岸地基基础能满足气囊支承载力需要且气囊数量和性能良好	1. 适应大尺寸、大吨位围堰下河，下河快速安全。2. 投入机械设备少且能重复使用。3. 可随带桩孔定位设施，节省后续工序施工时间。4. 所需施工配合费用少，节省成本，效益明显	1. 对下水口水深要求高，须事先予以清理。2. 增设的滑道设施，入水后较难打捞

5.2　施工规定

1. 钢套箱围堰按施工工艺可分为现场组拼就位、异位组拼后整体运输吊装就位。

2. 钢套箱围堰施工前准备工作应符合下列规定：

（1）钢套箱围堰的施工方案应与设计方案同时确定，并应按确定方案对套箱围堰在制造、运输、安装及使用过程中的受力情况进行分析计算；

（2）钢套箱围堰制造应编制专项加工制造方案；

（3）钢套箱围堰施工前应实测河床标高，对影响套箱围堰下沉着床的局部河床或其他障碍物应及时清除或整平。

3. 钢套箱围堰应在工厂内分块制造，依次组拼成整体。其加工制造、质量及检验评定应符合现行国家标准《钢结构工程施工质量验收规范》GB 50205、《组合钢模板技术规范》GB/T 50214 的相关规定。

4. 钢套箱围堰块段运输应符合下列规定：

（1）套箱围堰分块尺寸应满足吊装、运输、堆放要求；

（2）当采用陆路运输时，对不能细分的特殊构件运输应进行相应的交通协调工作；

（3）当采用船舶运输时，应按船舶装载要求进行堆放；

（4）先拼装的围堰块段应堆放在上层，结构薄弱的块段应单独堆放，应采取防止围堰块段运输变形的措施；

（5）围堰块段在汽车或船舶上堆放运输时，应采取捆绑措施。

5. 钢套箱围堰现场组拼就位应包括钢套箱分块制作、侧板焊缝水密试验、现场分块拼装、内支撑安装、钢套箱水密试验、吊挂系统安装、底节围堰下沉、围堰分段接高、下沉着床、开挖、封底混凝土浇筑、主体结构施工、围堰拆除等关键工序。

6. 钢套箱围堰现场分块拼装应符合下列规定：

（1）围堰底节拼装支承平台应牢固，顶平面测量应找平；

（2）发生变形的钢构件应在组拼前进行矫正；

（3）围堰侧板应试拼合格后，方可正式焊接块段拼缝；

（4）围堰组拼应分区对称进行，并及时进行测量复核。

7. 钢套箱围堰内支撑安装应符合下列规定：

（1）围堰内支撑安装应按围堰侧板上放出内支撑中心线、安装内框梁和安装内支撑的顺序进行；

（2）当内支撑安装时，应使水平撑杆中心在同一平面内，水平撑杆应顺直，避免偏心受压；

（3）内支撑框梁应与围堰侧板密贴焊牢。

8. 钢套箱围堰吊挂系统安装应符合下列规定：

（1）主吊点应设置在围堰侧板竖向主肋或隔舱板上，通过吊杆与分配梁相连，吊杆可采用精轧螺纹钢筋或其他钢结构吊杆；

（2）当采用液压提升装置整体下放时，液压控制系统应满足多点同步要求。

9. 钢套箱围堰导向结构安装应符合下列规定：

（1）中心线应与钢护筒径向一致，并应与钢护筒间留有空隙，形成滚动摩阻体系；

（2）尺寸应根据护筒实测位置和倾斜度作调整。

10. 钢套箱围堰异位拼装就位应包括分块分段工厂制造、下河滑道或码头处组拼、整节段船运或自浮拖航浮运、围堰分段接高、下沉着床、开挖、封底混凝土浇筑、主体结构施工、围堰拆除等关键工序。

11. 钢套箱围堰异位拼装场地应能满足围堰整体出运要求。

12. 当采用船台滑道整体下水浮运时，钢套箱围堰应符合以下规定：

（1）应对滑道地基承载力进行验算，必要时应对滑道地基加固；

（2）船台小车溜放的最低点水深应比围堰结构自浮时的吃水深度及小车高度之和大于 1.5m；

（3）钢围堰溜放的牵引装置应安全可靠，牵引力安全系数不应小于 1.5。

13. 当采用气囊法坡道滑移入水时，钢套箱围堰应符合以下规定：

（1）钢套箱围堰组拼用的钢支墩的高度不应大于气囊直径的 0.6 倍；

（2）钢支墩间距应根据气囊布置方式进行摆放，并应满足围堰结构局部受力和场地地基承载力的要求；

（3）气囊的工作高度不应小于 0.3m，承载力的安全系数应大于 1.5；

（4）滑道的地基承载力应满足围堰拼装和滑移入水的受力要求；

（5）滑道前沿水深应大于围堰入水后的自浮吃水深度 1.5m。

14. 当采用浮吊装船运输时，钢套箱围堰应符合以下规定：

（1）钢套箱围堰整体拼装场地宜选在能靠泊大型浮吊和运输船舶的码头或大型船舶的甲板上；

（2）围堰整体吊装和运输方案应进行专项设计；

（3）对长边较长的矩形或圆端形围堰，宜选用双主钩浮吊进行吊装。

15. 钢套箱围堰整体浮运应符合下列规定：

（1）围堰整体浮运前应进行浮运航线的规划和调查，必要时可采取增浮措施减小吃水深度；

（2）应对围堰整体浮运时的浮心、重心、定倾中心进行验算；

（3）围堰在内河整体浮运的拖航速度不应大于 0.5m/s，拖轮的配置拖拉力应大于 1.5 倍的围堰拖航总阻力；

（4）围堰在海上的拖航速度及拖轮配置应满足相关的海上拖航要求。

16. 当钢套箱围堰采用船舶整体运输时，应对船舶甲板进行结构验算和加固。

17. 钢套箱围堰下沉定位应符合下列规定：

（1）围堰下沉前，应对围堰平面位置及垂直度进行复测，围堰顶面的定位控制点及标尺应标示明确；

（2）围堰范围裸露岩面或坚硬土层应清理到围堰底口设计标高；

（3）当双壁围堰隔舱内注水或浇筑混凝土时，各舱之间及舱内外的水头差、隔舱内混凝土浇筑速度和高度应控制在设计规定的范围之内；

（4）当围堰采用吊挂系统整体下放时，各吊点之间应同步。

18. 钢套箱围堰封底前，应做好以下准备工作：

（1）应清除钢护筒外壁及围堰内壁表面杂质；

（2）围堰刃脚底口为岩层或浅薄覆盖层时，应先对围堰底口封堵；

（3）围堰封底时围堰内外应无水位差。

19. 钢套箱围堰封底混凝土浇筑应符合本书 4.8.1 节规定。

20. 钢套箱围堰使用期间，应定期对围堰四周河床的冲刷情况进行测量；当冲刷深度超过设计规定时，应进行有效防护。

21. 钢套箱围堰拆除应符合以下规定：

（1）围堰拆除前，应先向围堰内注水或在侧板上开连通孔，内外水头差应为零。

（2）围堰拆除应按从下往上、先支撑后侧板的顺序进行。

（3）围堰拆除时，应采取防止损坏已建主体结构的措施，对水下可不拆除的结构，应保证通航安全。

5.3 钢套箱围堰现场组拼就位技术

5.3.1 工程概况

北江特大桥为珠三角城际轨道交通佛山至肇庆项目 GZZH-4 标的其中一座跨北

江的铁路桥，桥梁全长 3076.43m，为跨越北江航道而设。其中，52~55 号墩位于辅航道，64~73 号墩位于主航道，即有 14 个墩位于水中，属于深水基础，均采用双壁钢围堰施工。桥梁桩基采用钻孔灌注桩，承台除 69 号及 70 号主墩为圆端形外，其余均为矩形。主墩采用 12-ϕ2.2m 群桩基础，承台平面尺寸 15.2m×21m，承台厚度 5m。

5.3.2　双壁钢套箱围堰设计

1. 双壁钢围堰总体布置

北江特大桥 69 号墩双壁钢围堰根据承台结构形状和施工要求进行总体构思设计，钢围堰为矩形结构，围堰从承台边各外扩 10cm，平面最大内尺寸 15.4m（顺桥向）×21.2m（横桥向），平面最大外尺寸 18.2m（顺桥向）×24.0m（横桥向）；总高度 19m，底标高 –13m，顶标高 + 6m。壁体竖向分三节，节段高 6m+6m+7m（从上到下），每节分 14 段。钢围堰壁厚 1.4m，在围堰内外壁板之间设置竖向隔舱桁架作为一级支撑结构；水平设置水平桁架及水平加劲梁作为二级支撑结构；垂直设置竖向加劲梁作为三级支撑结构。双壁钢围堰总体结构平面布置如图 5.3-1 所示，双壁钢围堰总体结构立面布置如图 5.3-2 所示。

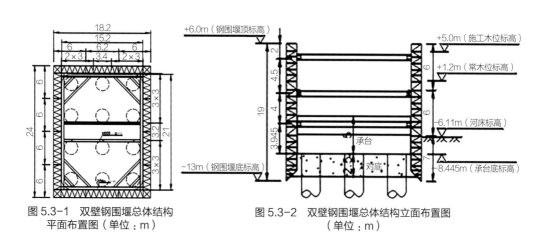

图 5.3-1　双壁钢围堰总体结构平面布置图（单位：m）

图 5.3-2　双壁钢围堰总体结构立面布置图（单位：m）

2. 双壁钢围堰侧板

侧板是钢围堰水平向承受静水压力、流水压力和波浪力的受力构件。钢围堰侧板构造形式一般分为两种：单壁围堰和双壁围堰。单壁围堰的优点是只有一侧壁板，结构简单，加工方便；缺点是必须现场拼装，下沉困难，下沉过程中出现的问题较难处理。双壁钢围堰的优点在于下沉过程中可以充分利用水的浮力，通过调节隔舱内的水来调节围堰的位置，其施工主动性高，缺点就是结构复杂，施工难度大。

经过分析比选，北江特大桥钢围堰采用双壁的形式。69号墩双壁钢围堰竖向分三节，节段高6m+6m+7m（从上到下），其结构构造为：内外侧钢面板厚6mm，竖向加劲肋采用∟75×8等边角钢，间距为50cm；水平桁架间距为80cm，采用∟75×8等边角钢；隔舱板设置在围堰分块的两端，面板采用厚度 $\delta = 6mm$ 钢板，桁架杆件采用∟75×8等边角钢，刃角封口板采用厚度 $\delta = 12mm$ 钢板。

3. 围堰内支撑结构

内支撑由钢围檩和水平撑杆两部分组成。钢围檩设在钢围堰侧板内侧，安装在侧板内壁牛腿上，钢围檩的作用主要是承受侧板传递的荷载，并将其传给水平撑杆。水平撑杆的作用是通过对围堰侧板的支撑减小侧板位移。

北江特大桥69号主墩钢围堰内支撑采用 $\phi600×12$ 钢管，内支撑竖向设置3层，水平设置10道，钢围檩采用 $2 \rlap{\rule[0.5ex]{1.5ex}{0.4pt}}\rule{0.4pt}{2ex}\,56b$ 工字钢。

4. 封底混凝土

封底混凝土采用C30，厚度为2.5m，顶面与承台底齐平。

5.3.3 施工工艺流程

钢套箱围堰现场组拼就位的施工工艺流程宜按图5.3-3执行。

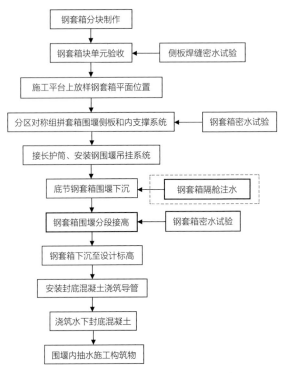

图 5.3-3 钢套箱围堰现场组拼及下放施工流程图

5.3.4 工艺操作要求

双壁钢围堰施工整体思路为：利用钻孔桩钢护筒作为导向装置，在钻孔桩施工平台上分块拼装整节下沉，焊接接高下沉到位。

1. 围堰侧板制作

北江特大桥 69 号主墩双壁钢围堰设计为双壁无底自浮式钢套箱围堰，安装完成后为矩形，四边直角，沿高度方向分 3 节，总重约 350t（不含支撑和围檩），综合考虑起重、运输及安装等因素，将每节分为 14 块，分块重量 8~10t。钢套箱围堰壁体在北江两岸码头加工场地分块制作，然后利用平板车通过钢栈桥运至墩位处，利用 500t 船吊在墩位处分块起吊、安装。

2. 底节钢围堰拼装

（1）拆除钻孔平台及影响钢围堰下沉的钢管桩：

将钻孔平台周边影响底节钢围堰就位及下沉的 ϕ630 钢管桩及钻孔平台进行拆除。为增加钢围堰下沉时导向系统的刚度及下沉时钢护筒的稳定，在已成桩的钢护筒相互间用双[25 槽钢进行连接，如图 5.3-4 所示。

（2）在钢护筒上焊接拼装悬臂梁，作为钢围堰组拼平台：

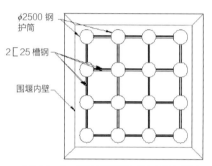

图 5.3-4　钢护筒临时连接加固示意图

在钢护筒距离水面以上 1.3m 处焊接拼装悬臂梁，采用 I 40 工字钢作为拼装悬臂梁，共需焊接 16 根，单根长 4.3m，并利用钢护筒作为钢围堰下沉的定位导向支撑系统，围堰下沉时，围堰所受荷载传递到钢护筒上。

临时平台改造完成后，利用浮吊进行钢围堰的分块吊装，确保吊装安全。底节钢围堰搁置在拼装悬臂梁上进行组拼。在上、下游周边已成桩的钢护筒上焊接 I 40 牛腿形成拼装悬臂梁，悬臂梁共设 16 道，悬臂梁设在实际水面以上 1.3m 处（估计实际水位为 +1.2m，拼装悬臂梁顶标高取 +2.5m），如图 5.3-5 所示。

图 5.3-5　拼装悬臂梁示意图

（3）在组拼平台上分块焊接拼装首节钢围堰，围堰焊接后应进行焊接质量检验及水密试验：

首片钢围堰由浮吊吊起缓缓落置对应的悬臂拼装梁上，经测量校核围堰的定位点及垂直度无误后，挂好倒链并拉紧，再用 [22 槽钢将围堰内侧与钢护筒之间焊接，使其临时固定及限位，浮吊松钩，这样第一片围堰作为定位基准块，浮吊依次吊装其余围堰，依次就位完毕，经测量校核其平面位置及垂直度均合乎要求后，利用 8m 长挂梯（或采用型钢支撑形式）依次满焊 16 条大合龙竖向缝。悬臂拼装梁及竖向缝如图 5.3-6 所示。

图 5.3-6　首节钢围堰拼装示意图

3. 底节钢围堰下沉

利用 16 个性能完好的 10t 手拉葫芦、16 根直径 ϕ32.5 的钢丝绳和 20t 的卡环将围堰吊在钢护筒顶分配梁上，倒链一端固定在钢护筒顶横梁上，一端固定在底节钢围堰底，用倒链将首节围堰提离组拼平台，拆除组拼平台。然后，利用倒链按照每 10cm 一个行程对首节钢围堰进行下沉，下沉过程中辅以侧壁灌水或砂，直至下沉到位，并用倒链进行固定，如图 5.3-7 所示。

图 5.3-7　底节钢围堰下沉图

4. 其余节钢围堰下沉

首节钢围堰下沉就位后，在其上拼装第二节围堰，用同样方法下沉到位，如此重复，将三节钢围堰均下沉至设计位置。

钢围堰下沉控制措施：

（1）钢围堰下沉时围堰内清土，对于淤泥，可采用吸泥方式；对于其他土层可视具体情况采用抓斗、垂直液压抓斗、冲击钻、长臂挖掘机、螺旋钻或爆破的方式。

（2）钢围堰下沉过程中出现不均匀下沉或倾斜时，采用个别隔舱灌水或围堰底局部吸泥调整。

5. 封底混凝土施工

（1）灌注平台及导管布设

采用单个料斗单根导管进行封底混凝土灌注，计划在 20h 内完成封底混凝土的浇筑。

利用钢平台作为封底混凝土灌注平台，一台汽车泵及一台吊机停置在钢栈桥上，利用吊机分吊点进行封底混凝土灌注。

导管在布设时按如下原则进行：导管作用半径按 3m 考虑，布设导管布置点，导管作用范围覆盖整个混凝土浇筑区。导管与围堰内壁保持一定距离，以利于混凝土的均匀扩散。

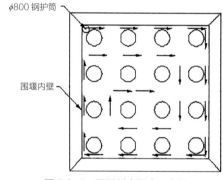

图 5.3-8　围堰封底顺序示意图

采用一根导管同时来灌注封底混凝土，配一个体积为 2m³ 的料斗，导管底部放置一个直径 $D=0.8$m 钢护筒。封底混凝土灌注时，封底混凝土从钢桶口溢出，注意保证导管不漏水，利用吊机分吊点相向对称进行全部的封底混凝土灌注，如图 5.3-8 所示。

（2）首批混凝土方量确定

首批混凝土方量计算如图 5.3-9 所示。

首批混凝土方量按以下公式计算：

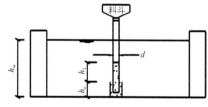

图 5.3-9　首批混凝土方量计算图式

$$V = h_1 \frac{(\pi d^2)}{4} + h_c \frac{(\pi D^2)}{4} \qquad (5.3-1)$$

$$h_1 = h_w p_w / p_c = h_w / 2.4 \qquad (5.3-2)$$

式中　D——导管底部钢护筒直径，按 0.8m 考虑；

　　　d——导管直径，按照直径 0.25m 考虑；

　　　h_c——钢护筒高度，按 1.3m 考虑（导管深入钢桶内 1.0m）；

　　　h_1——围堰内混凝土高度达到 h_c 时导管内混凝土柱与管外水压平衡高度（m）；

　　　h_w——围堰内水面至底部高度；

　　　ρ_w——水密度；

　　　ρ_c——混凝土密度。

224 钢围堰工程技术指南

经计算，首批混凝土约为 0.9m³，采用 2m³ 的料斗可满足首批混凝土封底要求。

（3）封底混凝土浇筑前准备

由于钻孔桩与钢围堰下沉施工时间较长，在钢护筒外壁及钢围堰内壁上会存有其他杂物，为保证混凝土与钢管（围堰内壁）的握裹力，在封底前需要潜水员用高压水枪进行清理。

（4）封底混凝土的浇筑

混凝土采用后场搅拌站集中搅拌供料，封底混凝土在钢围堰下沉到位后即可进行，采用刚性导管法浇筑水下封底混凝土，混凝土坍落度为 16~18cm。混凝土采用搅拌站集中搅拌供料，混凝土搅拌运输罐车通过栈桥运料至现场，汽车泵泵送料斗，砍球，进行封底施工，封底时从承台周边向中心封底（见图 5.3-10）。

预计混凝土浇筑时间 20h，水下混凝土采用 C30 高流动性水下混凝土，配合比缓凝时间 ≥ 36h。封底混凝土灌注完毕，抽水后如图 5.3-11 所示。

图 5.3-10 封底混凝土灌注

图 5.3-11 封底混凝土灌注完毕，抽水后围堰大样

5.3.5 机械设备

主要施工机械设备配置见表 5.3-1。

主要施工机械设备配置 表5.3-1

机械设备	数量
电焊机	5 台
装载机	2 台
吊车	2 台
自卸汽车	6 台
挖掘机	2 台

5.3.6 质量控制

1. 质量控制

（1）双壁钢围堰平面尺寸、立面高度、壁厚；

（2）双壁钢围堰焊接要求密封性能好；

（3）双壁钢围堰浮运、定位、下沉控制；

（4）钢护筒插打施工；

2. 钢套箱围堰节段拼装质量检验应符合下列规定：

（1）主控项目

1）拼装的组对焊缝应作超声波探伤检验，B 级检测 Ⅱ 级合格。

检查数量：不少于 20% 焊缝长度。

检验方法：探伤检验，监理见证检验，检查检验报告。

2）壁板及隔舱板组对焊缝应进行抗渗试验。

检查数量：全数检查。

检验方法：煤油渗透法检验，监理见证检验。

3）上、下隔舱板对齐，各相邻水平环形板对齐上下竖向肋角应与水平环形板焊牢。

检查数量：全数检查。

检验方法：测量、观察。

（2）一般项目

钢套箱围堰节段拼装允许偏差项目、检查数量及检查方法应符合表 5.3-2 规定。

钢套箱围堰拼装允许偏差和检验方法 　　　　表5.3-2

序号	项目		允许偏差	检验方法
1	内侧平面尺寸	长、宽及直径	1/700	尺量检查不少于 4 处
2		对角线	1/500	尺量上、下口
3	顶平面相对高差	井箱相邻点高差	10mm	测量检查
4		全节围堰最大高差	20mm	
5	围堰平面扭角		1°	
6	围堰侧板倾斜度		箱体高度的 1/200	
7	围堰轴线偏差		50mm	
8	双壁围堰侧板厚度偏差		±15mm	尺量检查，每隔舱 1 处
9	壁板对接错台		1mm	全检；测量
10	壁板表面平整度		5mm	2m 靠尺量，每侧板不少于 4 处
11	水平环对接错台		2mm	全检；测量

5.4　钢套箱围堰异位组拼后整体运输就位技术

5.4.1　工程概况

　　舟山大陆连岛工程金塘大桥主通航孔桥为钢箱梁斜拉桥，其中 D3、D4 主墩索塔承台采用实体钢筋混凝土圆端形构造，采用钢套箱施工工艺。钢套箱除满足承台施工过程中的作业需要外，同时需满足主墩承台的使用过程中的防撞功能要求。防撞设计控制船型为 5 万 t 级海轮，设计时将钢套箱侧壁与防撞设施有机结合，融为一体。

5.4.2　双壁钢套箱围堰设计

　　钢套箱平面尺寸为 60.88m×38.12m，高度 9.858m（承台混凝土厚 6.5m，封底混凝土厚 2m），套箱壁体采用双壁结构，厚 2.0m，总重量约 1600t（图 5.4-1）。

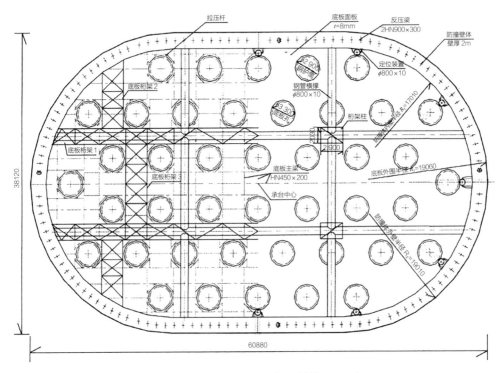

图 5.4-1　防撞钢套箱平面布置（单位：mm）

　　工程特点与难点以及应对措施：

　　1. 工程地处东海海域，根据工程总体施工进度计划，主墩两个钢套箱工期在 9 月～10 月，台风和热带风暴较多，大浪较频繁，必须寻找风暴间歇期进行安装施工。类似工程如杭州湾大桥南航道桥，其承台封底可以干施工，采用了分三大块制作、安装、封底并进行海上拼接的方案。本工程现场墩位处支撑体系虽然较完善，但套箱底板即封底混凝土的底面基本处于水下，同时钢套箱分块拼装以及现场涂装周期均较长，不能很好地规避风暴潮的影响，施工质量也无法保证。因此必须选择一种不受风暴影响的地点进行钢套箱的制作与涂装，再运到现场一次性安装到位的施工方法。

2. 钢套箱整体吊装，单件重量大，对拼装的场地和浮吊的起吊性能均要求较高。选择整体吊装的工艺必须拥有大型加工场地进行整体制作组拼，以及大型起重船进行整体吊装。防撞钢套箱体积巨大，达 60.78m×38.02m×9.858m，如果在岸上整体制作完成后，不利用大型船台滑道将无法下滑至水中进行运输。而金塘水域附近根本没有满足要求的滑道，新建滑道（需要选址和地基处理）则不经济。与本工程相类似的上海长江大桥 1400t 钢套箱则选择在江苏一船厂的滑道上进行整体拼装下水浮运，浮运需要将套箱的隔舱部分密封。考虑在海中浮平台进行整体拼装（制作在岸上场地内分片进行）来解决场地的问题，浮平台用 2 艘平板驳连接成整体形成，通过水舱压载调平船体，利用经纬仪的光学靠尺作用及三点定面原理控制钢套箱拼装。拼装成整体的钢套箱单件重 1600t，纵观业界所有大型施工起重船舶，单船满足吊重同时又满足吊幅要求的（其中 D4 墩需要跨越高度达 +43.5m 的 900t·m 塔吊）大型起重船较少，且档期不一定能错开。而现场主墩纵桥向两侧水深与作业半径均能满足较大的起重船施工，因此考虑两台浮吊进行抬吊安装，降低单船的吊重与吊幅要求，为起重船的选择留有余地。

3. 工况条件恶劣，施工组织难度大。主墩远离陆地，位于主航道处，水深流急，航运繁忙，施工又适逢夏秋季节，受到高温及台风和季风的影响，防撞钢套箱整体运输安全管理压力较大。现场吊装前收集多年的历史潮位、风速、水流等气象资料，选择合适的时机起航浮平台浮运。浮运前，在海事部门办理一切施工手续，并在海事部门的管理与指导下进行运输抛锚定位作业。

5.4.3　施工工艺流程

钢套箱围堰异位拼装就位施工工艺流程宜按图 5.4-2 执行。

5.4.4　工艺操作要求

1. 船机选型

（1）吊高要求

根据历年潮位资料显示推测，2006 年 10 月份最低水位以 -1.5m 计，作为起吊水位进行吊高计算。

以 D4 墩为例，上游侧生活区平台顶标高按 +11m 计算，钢套箱底到吊点的最长距离为 49.858m（起吊钢丝绳高度 40m+ 套箱高度 9.858m），从水面起算的最小吊高：H_{min}=49.958+11-（-1.5）=62.458m。在钢套箱抬吊过程中，一台浮吊需有跨过 900t·m 塔吊的能力，根据现场测算，900t·m 塔吊的塔尖高度可降至标高 +43.5m，

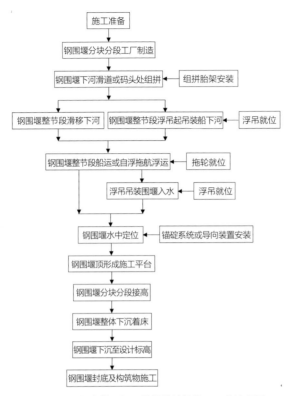

图 5.4-2　钢套箱围堰异位拼装就位施工工艺流程图

跨越高度 H=43.5-（-1.5）=45m<H_{min}=62.458m，无须提高起吊高度。

（2）吊幅要求

为了避开上游侧 900t·m 塔吊，钢套箱需偏离承台横桥向轴线一定距离进行布置，要求其中一台浮吊（1000t）吊幅 = 平台宽度一半 21m+ 生活区塔吊基础宽度一半 2m+ 起吊点至钢套箱长边的水平距离 4m+ 富余 2×2m=31m，另一台浮吊（1200t）吊幅 = 起吊点至钢套箱长边水平距离 6.5m+ 平台走道宽度 2.5m+ 富余 2.5m=11.5m。

（3）吊重要求

钢套箱一次性安装重量达 1400t，附加 1.25 的动载系数，单个浮吊吊重为：1400×1.25/2=875t。综合以上 3 个因素，选定"航工 818"1200t 浮吊和"港机 1 号"1000t 浮吊作为钢套箱抬吊的吊装设备，两艘浮吊的起重性能见表 5.4-1、表 5.4-2。

1200t浮吊起重性能参数   表5.4-1

仰角（°）	60	55	50	45	40
最大起升重量（t）	2×600	2×465	2×361	2×278	2×211
主钩起升高度（m）	64.6	59.4	52.3	43.8	33.6

仰角（°）	68	65	62	59	56	53
外伸幅度（m）	22.5	26.1	29.6	33.0	36.3	39.5
主钩高度（m）	76.8	75.1	73.2	71.2	68.9	66.5
主钩荷载（t）	1000	1000	1000	820	700	590

根据以上起重性能参数，1000t 浮吊在仰角 60°（吊重 910t，净吊幅或外伸幅度 31.9m，主钩高度 71.9m），1200t 浮吊在仰角 55°（吊重 930t，净吊幅或外伸幅度 35.9m，主钩高度 60.4m）时即可满足吊装要求。

2. 吊索吊具选择

根据设计计算，整个钢套箱共布置 8 个吊点，吊点位置如图 5.4-3 所示。每艘浮吊采用 2 个大钩。吊索选用 ϕ120 钢芯钢丝绳，破断拉力总和为 12501kN，单根长 100m 的 4 根（1000t 浮吊使用），单根长 80m 的 4 根（1200t 浮吊使用）。钢套箱起吊角度如图 5.4-4 所示。

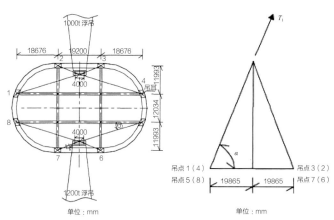

图 5.4-3　钢套箱吊点布置　　图 5.4-4　钢套箱起吊角度示意

为确保起吊时每根吊索受力均匀，起吊时，单艘浮吊的双主钩（T 形平衡钩）每钩分别双挑 2 根钢丝绳，每根钢丝绳的两个琵琶扣分别穿在一个吊耳的销栓上。与之对应的吊耳（点）两两组合是：1 和 3、2 和 4（为 1000t 浮吊 4 个吊点）；5 和 7、6 和 8（为 1200t 浮吊 4 个吊点）。

当钢丝绳长度为 80m 时：

T_1=1400×1.25/16/sinα=109.375/（34.72/40）=126t，安全系数 K=1250.1/126= 10>6，满足规范要求。

当钢丝绳长度为 100m 时：

T_1=1400×1.25/16/sinα=109.375/（45.89/50）=119t，安全系数 K=1250.1/119=
10.5>6，满足规范要求。

3. 吊装准备

吊装前完成护筒区钢平台的拆除工作，塔吊高度降低至 +43.5m 以下，钢套箱移位
路径过程中的所有物体高度控制在 +7.0m 以下。

4. 钢套箱运输

钢套箱制作组拼完成后，用风缆将钢套箱的四角固定在大型浮平台上，然后直接用拖
轮将大型浮平台拖至现场指定位置进行抛锚定位等待吊装。钢套箱的就位时间选择在起吊
之前，必要时在浮平台尾部抛一临时锚，临时固定船位。两艘浮吊抛锚就位方向为船体（桥
梁纵轴线）方向与平台长边（横桥向）方向相垂直。船艏船艉分别抛八字锚，锚头钢缆与
横桥向（上下游）方向呈 15°，锚头钢缆抛出长度为 400m。同时每艘浮吊船艉单抛 1
只领水锚，以便浮吊前进和后退调整船体位置。为防止起吊过程中钢套箱摆幅过大发生碰
撞，起吊时将钢套箱带八字缆固定在 1200t 浮吊的船艏，具体布置如图 5.4-5 所示。

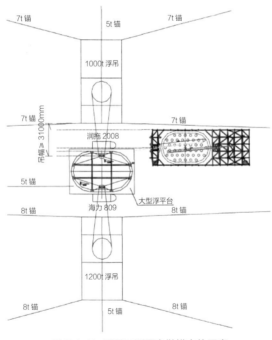

图 5.4-5　浮吊及浮平台抛锚定位示意

5. 吊索安装

由于钢套箱的吊索钢丝绳非常重，靠人力很难完成吊点连接，所以必须通过左右移
动浮吊来实现吊索的安装。同时准备若干 2t 手拉葫芦，用以辅助吊点连接。

6. 起吊

8 个吊点均连接完毕，并检查无任何问题后，浮吊开始起钩，使吊索被张紧。此时，

起重指挥人员再次检查吊点的连接情况和吊索的垂直度，如果不满足要求，浮吊通过绞锚使吊索铅直。同时，各船专职人员检查锚缆情况，均无任何问题后，解除套箱的一切约束，如套箱的风缆等。起吊应分级进行，根据钢套箱的重量，每 100t 为 1 个级别。实际吊装施工时，通过浮吊上自带的测力计进行控制，每增加一个级别，现场负责的技术人员再次检查锚缆松紧、吊索受力、吊索垂直度等事项，无任何问题后施加下一级，直至钢套箱被吊起。

7. 移船就位

当钢套箱被吊起超过生活区平台 50cm 高后，两艘浮吊通过绞锚同时向下游移动。移动时应缓慢进行，幅度不宜过大。幅度过大容易造成两艘浮吊受力不均，而且移动的幅度太大，容易碰撞上游的塔吊，发生危险。

当钢套箱完全越过上游生活区平台后，钢套箱轴线与桥轴线基本重合时，1000t 浮吊后退，同时，1200t 浮吊前进。此过程同样要缓慢进行，避免受力不均。1200t 浮吊前进的动力依靠在平台辅助桩上的前进缆，同时需松开船艉抛的领水锚。1000t 浮吊后退动力依靠开始抛的船艉领水锚。钢套箱起吊立面示意如图 5.4-6 所示。

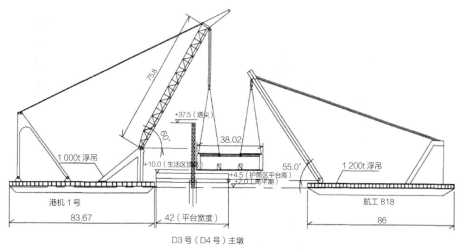

图 5.4-6 钢套箱抬吊移位立面示意（单位：m）

8. 钢套箱下放

当钢套箱的纵、横轴线与平台的纵、横轴线重合时，两艘浮吊同时落钩，直至钢套箱最低点距平台还剩 1m 左右。此时，指挥人员根据预先放好的标志线对钢套箱进行精确对位。对位完毕，两艘浮吊同时缓慢下放，使钢套箱在自身限位及钢护筒顶口焊接的临时导向装置的作用下，缓慢进入预定位置，并经过微调，使钢套箱完全套进钢护筒内。

钢套箱下放至理论位置还有 50cm 时，测量钢套箱的四角高差，并根据测量结果进行高差调整。为抵抗水流力对钢套箱的影响，在套箱短边壁体环板处设置吊耳。当套箱入水后，用拉绳拉住钩挂在两侧平台上。当钢套箱的平面偏位满足设计规定及规范要求时（均按 5cm 偏差进行控制），将钢套箱下放到位。钢套箱下放过程中所有连通管保持敞开状态，以保证壁体内外水位始终一致。

9. 测量控制

用架设在主墩平台加密点上的全站仪，采用极坐标法测量钢套箱顶口的 6 个特征点，并与理论值比较，如偏差较大，进行调整，直至钢套箱顶口偏位符合要求。在进行钢套箱顶口定位的同时，亦进行钢套箱垂直度和底口偏位测量。采用吊垂球或 2m 长的专用靠尺测量钢套箱顶口 6 个特征点相对应的倾斜度，根据其坐标及倾斜度，计算出套箱底口偏位。各项指标符合要求后，固定钢套箱。

10. 浮吊撤离及钢套箱固定

钢套箱下放到位后，立即将钢套箱的内外挑梁限位固定于挑梁的支撑连接材料上，必要时可焊接固定。等挑梁焊接固定完成后，浮吊松钩，使钢套箱的全部重量由内外挑梁承受。当浮吊基本不受力后，再次测量钢套箱的平面位置及高程，满足要求后，浮吊解钩，起锚拖离施工水域。同时为增加承台最外周护筒的整体支撑刚度，将上述护筒两两用 $\phi800\times12$ 平联管进行焊接连接。内外挑梁布置如图 5.4-7 所示。内外挑梁焊接完成后即可以进行拉压杆焊接及封底混凝土施工。

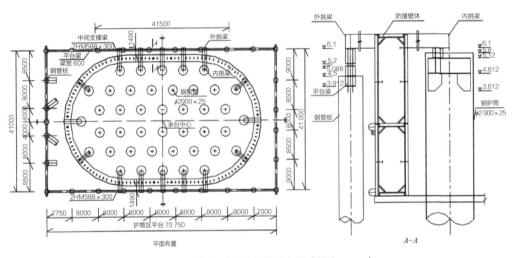

图 5.4-7　防撞钢套箱内外挑梁布置（单位：mm）

11. 实施效果

金塘大桥两个主墩钢套箱分别于 2007 年 10 月 16 日和 11 月 15 日安装到位，安装最后偏位分别是：偏金塘侧 1mm、偏上游 29mm；偏金塘侧 4mm、偏上游 26mm。从整个安装过程及结果来看，两艘浮吊抬吊的工艺是成功的。防撞钢套箱抬吊实况如图 5.4-8 所示。

图 5.4-8　D4 号墩防撞钢套箱跨越塔吊安装

实施抬吊钢套箱的安装工艺，钢套箱的整体拼装及运输宜选择在有动力并自带锚泊系统的船机平板驳船上进行，以减少运输、现场定位等多道辅助环节，为现场安装选择合适的时机赢得时间上的主动。同时安装施工的现场组织必须统一有序，两艘起重船要同步协调指挥，抬吊过程控制必须细致入微。

5.5 钢套箱围堰验收

1. 钢套箱围堰节段拼装质量检验应符合下列规定：

（1）拼装的组对焊缝应进行超声波探伤检验，当达到 B 级检测 II 级为合格。

检查数量：不少于 20% 焊缝长度。

检验方法：探伤检验，见证检验，检查检验报告。

（2）壁板及隔舱板组对焊缝应进行抗渗试验。

检查数量：全数检查。

检验方法：煤油渗透法检验，见证检验。

（3）上下节内外壁板、竖向肋、隔舱板应对齐，并应焊接牢固。

检查数量：全数检查。

检验方法：测量、观察。

（4）钢套箱围堰节段拼装允许偏差项目、检查数量及检查方法应符合表 5.5-1 规定。

2. 钢套箱围堰下沉就位允许偏差和检验方法应符合表 5.5-2 规定。

3. 钢套箱围堰内支撑及封底混凝土的质量检验应符合本书 4.9 节的规定。

钢套箱围堰拼装允许偏差和检验方法　　　　表5.5-1

序号	项目		允许偏差	检查数量	检验方法
1	内侧平面尺寸	长、宽及直径	1/700	矩形每边不少于 2 处，圆形不少于 2 处	尺量
2		对角线	1/500	上、下口	尺量
3	顶平面相对高差	井箱相邻点高差	10mm	矩形每边不少于 3 处，圆形一周不少于 8 处	测量
4		全节围堰最大高差	20mm		测量
5	围堰侧板倾斜度		箱体高度的 1/200	不少于 4 处	测量
6	围堰轴线偏差		50mm	不少于 4 处	测量
7	壁板对接错台		1mm	全检	测量
8	水平环对接错台		2mm	全检	测量

钢套箱围堰下沉就位允许偏差和检验方法   表5.5-2

序号	项目	允许偏差	检查数量	检验方法
1	围堰顶高程	±100mm	矩形四角及每边中点，圆形纵横向轴线点	测量
2	中心位置	箱体高度的1/50	底、顶面各不少于4处	测量
3	倾斜度	1/150	矩形每边2处，圆形纵横向轴线点	测量检查
4	封底混凝土顶面高程	+50mm	矩形四角及每边中点，圆形纵横向轴线点	测量
5	壁板隔舱混凝土填筑高程	±100mm	每隔舱各2处	测量
6	封底混凝土厚度	0~+50mm	矩形四角及每边中点，圆形纵横向轴线点	测量封底前泥面标高和封底后混凝土顶面标高

5.6　浮运施工双壁钢围堰技术

5.6.1　技术特点

1. 利用双壁钢围堰重量轻、浮力大的特点，使钢围堰浮运就位起吊下水后能像船体一样稳定垂直地自浮于墩位处水面上。围堰整个下沉过程不需钢气筒和供气系统、充气机械等，因此减少了大量机械设备，大大降低了工程造价，加快了施工速度。

2. 钢围堰制造、拼装、接高的所有焊缝，质量要求很高。所有焊缝除满足设计要求外，还必须经水密试验确保不漏水。

3. 双壁钢围堰平面为一回形钢环结构，刚度好，施工方便，是刚劲可靠的防水结构。

5.6.2　适用范围

适用于铁路、公路、港口、码头等水深流急、覆盖层厚的深水基础施工。

5.6.3　工艺流程

工艺流程如图5.6-1所示。

5.6.4　工艺操作要求

1. 围堰制造及拼装

（1）钢围堰按设计要求在工厂分节制造，每节又需对称分块做成数个基本单元体，并编号，拼装时对号入座。

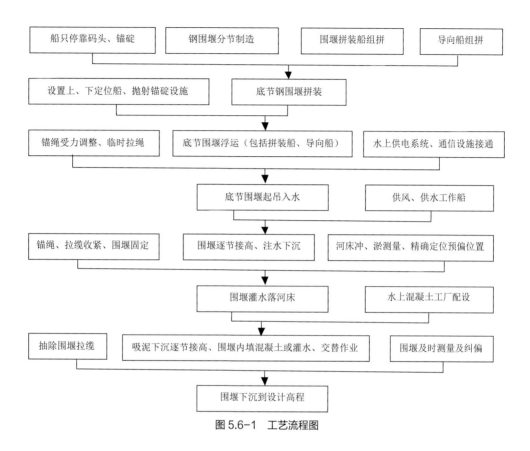

图 5.6-1　工艺流程图

（2）钢围堰底节拼装工作，是在岸边拼装船上进行的，将各基本单元体拼装、焊成一个圆形薄壁钢结构浮体。

（3）底节钢围堰拼装前，事先将两艘铁驳连成一个整体，连接强度以在可能达到的荷载作用下能保持其基准面不致变动为准。在铁驳面上准确画出各单元体轮廓位置，然后沿周边逐件拼装，操作时要随拼随装、随调整，待全部点焊成型后，方可全面焊接。

2. 设置锚碇，备好导向船及起吊设备

（1）底节钢围堰在岸边拼装船上拼装的同时，墩位处和上、下游定位船锚碇设施应按照设计要求基本抛设完成。

（2）抛锚测量一般使用光学经纬仪，锚位误差在 5m 以内即可。

（3）按设计图纸在岸边组拼导向船并把导向船与围堰底节拼装船连成一牢固的整体，如图 5.6-2 所示。

（4）围堰起吊设备系指设在导向船上的主吊点及塔架。如果底节钢围堰一次起吊重量较大时，还可考虑在导向船联结梁上设辅助吊点。起吊设备主要包括吊点塔架、吊点结构、滑车组、卷扬机及电器设备等。起吊设备总起吊能力应大于底节钢围堰及其附加荷载。

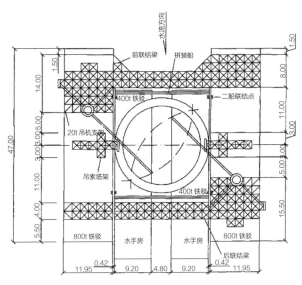

图 5.6-2　浮运船组（单位：m）

3. 浮运就位和起吊下水

（1）底节围堰拼装完毕经检查合格后，将拼装船与导向船组用拖轮拖至上游定位船侧，系好锚绳及拉缆，再将导向船组顺流放至墩位初步定位。

（2）系好钢围堰上层拉缆、临时下层拉缆和下层拉缆。绞紧锚绳和收紧上、下定位船与导向船间的拉缆，如图 5.6-3 所示。

（3）安装水上供电设施和通信设施。

（4）利用导向船上的起吊设备将底节钢围堰吊起，使之离开拼装船船面约 0.10m 左右，观察 10min，如无异常情况则继续提升，至其高度能使拼装船退出时停止提升，如图 5.6-4 所示。之后迅速将拼装船向下游方向退出。拼装船退出后，底节围堰徐徐平稳地落入水中，然后将围堰底部和顶部所有拉缆收紧，使其保持垂直而不被水流冲斜。

（5）底节围堰起吊下水后，通过导向船四角的导向架、锚绳、拉缆共同作用，使底节双壁钢围堰像船体一样稳定垂直地自浮于墩位处。

4. 悬浮状态下的钢围堰接高下沉

（1）底节钢围堰起吊下水后，迅速在围堰内对称注水使之保持在垂直状态下下沉，然后按单元体编号对称拼装接高，注水下沉。

（2）围堰拼装注水下沉过程中，围堰内外水头差、相邻单元体水头差和空腹钢围堰水头差等必须满足设计要求。

（3）随钢围堰接高和围堰内注水压重下沉交替作业，围堰上层拉缆亦需随之拆除、安装交替倒换上移，并随围堰入水深度的增加随时调整拉缆受力状态，使围堰保持垂直。

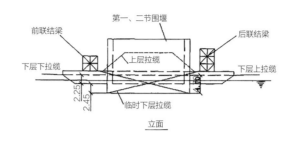

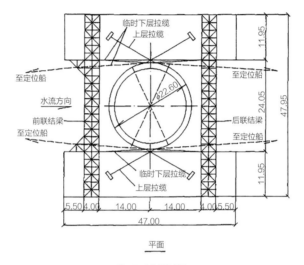

图 5.6-3　围堰与导向船的拉缆（单位：m）

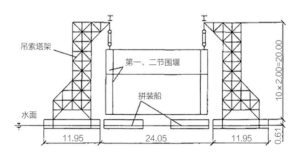

注：尺寸单位以米计。

图 5.6-4　起吊围堰（单位：m）

（4）围堰刃脚接近河床面时，应加强对墩位处河床面的测量，及时掌握墩位处河床冲刷及水位情况，以便选择围堰着床的时机。

5. 精确定位及围堰着床

（1）围堰着床工作应尽量安排在水位低、流速小的时候进行。

（2）围堰着床前对墩位处河床进行一次全面的测量，若与设计不相符，不能满足围堰着床后使围堰进入稳定深度及围堰露出水面的高度时，则应根据实际情况，调整围堰着床时的高度。

（3）围堰着床前，应对所有锚碇设备进行一次全面检查和调整，用调整锚绳和拉缆的办法使围堰精确定位。

（4）纵、横向精确定位的偏差应视河床情况而定。着床时墩位处河床由于冲刷而高差较大时，应视情况抛小片石进行河床调平，使围堰刃脚尽可能平稳着床。

（5）围堰精确定位后，应加速对称在围堰内灌水，使围堰尽快落入河床。围堰入河床进入稳定深度后，解除下层拉缆，如图 5.6-5 所示。

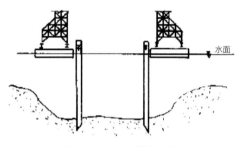

图 5.6-5　围堰进入河床

6. 吸泥下沉

（1）围堰落河床后，继续接高并在围堰钢壳内灌注混凝土或注水，增加钢围堰自重量，并以围堰内吸泥为主，使围堰迅速下沉，直至围堰刃脚到达设计高程。在吸泥下沉过程中，如遇有黏土层下沉缓慢时，还应配合高压射水下沉。

（2）围堰吸泥下沉时应根据围堰位移和倾斜情况调整吸泥位置，以保证围堰在允许范围内下沉。要经常观察围堰内、外水头差，注意随时补水，避免大的翻砂。

（3）为便于围堰接高工作，每次接高前围堰顶面高出导向船顶面约 1.4m。

（4）为加强围堰钢壳强度、增加围堰自重，钢围堰钢壳内按设计要求灌注一定数量的混凝土，混凝土灌注应按预先编制的程序和时间进行。

5.6.5　机械设备

机械设备使用见表 5.6-1 所列。

机械设备使用表　　　　　　　　　　　　　　　　　　　　　　表5.6-1

序号	名称	规格	单位	数量	附注
1	拖轮	1000hp	艘	1	
2	拖轮	500hp	艘	2	
3	浮吊	30t	艘	1	
4	平头铁驳	400~800t	艘	10	3 艘 800t，7 艘 400t

续表

序号	名称	规格	单位	数量	附注
5	救生艇	8t	艘	1	
6	桅杆吊机	rMK20t	台	2	
7	桅杆吊机	IK35t	台	1	
8	电动空压机	4L-20/8	台	3	
9	柴油发电机	50kW、120kW	台	各1	
10	高压水泵	9 级 30kg/cm²	台	2	
11	低压水泵	8BA-12/4BA-6	台	4/2	
12	混凝土拌合机	800L	台	2	
13	电动卷扬机	8~10t	台	4	
14	电动卷扬机	5t 单慢	台	8	
15	交、直流电焊机	500A、600A	台	18	
16	减压舱	7kg/cm²、5m³	个	1	
17	卷板机	20×2000mm	台	1	
18	剪板机	11×2500mm	台	1	
19	自动电焊机	B×2-1000	台	2	
20	吸泥机	φ250	个	4	配吸泥管路和弯头
21	红外线测距仪	DM81	台	1	
22	经纬仪	T2	台	2	
23	流速仪		台	1	
24	测深仪		台	1	
25	万能杆件	N 型	t	325	

5.6.6 质量要求

1. 制造钢围堰的钢料、焊条、焊丝、焊剂等主要材料均应符合设计文件和现行标准的要求并附有出厂合格证，必要时应作力学、化学及可焊性试验。

2. 需要改变材料型号、尺寸时，必须经过技术负责人批准并有设计单位出具变更设计文件后方可变更。

3. 对焊接的要求、焊缝的检查等技术要求应满足现行国家标准《组合钢模板技术规范》GB/T 50214 有关的要求焊缝尺寸除满足设计要求外，还应在焊缝处涂煤油作水密检查，若煤油渗到反面，则应将该处焊缝铲除，重新按规定复焊后，仍需作水密试验，合格后方可使用。

4. 拼装好的钢围堰外形尺寸应与设计相符，每节直径允许误差：顶面 ±20mm，底面为 -20mm。井箱宽度允许误差：±1mm。当误差过大时应当重装。

5. 围堰下沉至设计高程后其位置的允许偏差应满足以下要求：倾斜率不大于 1%。底面和顶面中心在桥墩纵、横向的偏差不得大于 $H/100+0.25m$（式中 H 为围堰高度）。

6. 钢围堰中的清基以及吸泥工作要进行彻底，防止因为基岩面与封底混凝土结合不紧密产生夹砂层，避免钻孔工作中出现漏沙问题．

5.6.7 安全要求

双壁钢围堰施工系大型水上施工多工种联合作业，安全工作必须遵照《铁路桥涵施工技术安全规程》TB 10401.1—2003 办理。

5.7 大型双壁钢围堰气囊法断缆下水技术

南京大胜关长江大桥水中 6 号、7 号、8 号主墩基础均采用双壁钢围堰法施工，在围堰内完成承台和部分墩身灌筑。6 号墩系双壁钢套箱围堰，平面尺寸为 80m×38m，钢套箱底节高 14.5m，重约 2000t。7 号、8 号主墩为双壁钢吊箱围堰，圆端形，平面尺寸为 80m×38m，高 26.5m，壁厚 2m，重约 6000t，分 3 节制造，底节高 14.5m，重约 3100t；中节高 9.3m，重约 2100t；顶节高 3.2m 重约 800t。其主要结构有龙骨底板、侧板、主隔舱、吊杆、内支撑桁架及上、下导环组成。底板龙骨为格构式结构，顶面布置肋板，在底板上沿长度方向设置两组加强桁架，以满足钢吊箱下水过程底板纵向刚度要求。本节以此工程为例介绍大型双壁钢围堰气囊法断缆下水技术。

5.7.1 技术特点

1. 使用的气囊能多次重复使用，施工投入较少，且整个施工过程不需要大型起吊设备配合，经济合理。

2. 从修整坡道、布置气囊到钢围堰下水整个施工过程用时较短，可有效节省施工工期，对基础施工工期紧迫的项目效果明显。

3. 通过合理的下水坡道布置、气囊布置以及双壁钢围堰吃水深度计算、必要的辅助措施安排可有效地控制双壁钢围堰下水过程，安全性高。

4. 结构受力明确，理论计算结果与实际状况吻合较好，安全性高，且施工工艺简单易行，操作方便。

5. 对施工场地及周围环境要求较低，下水滑道进行简单的换填和硬化即可，通用性好，适合多数大型浮式结构物下水施工。

5.7.2 适用范围

本技术适用于大型双壁钢围堰下水施工，也适用于结构类型相似的大型浮式结构物的下水施工。特别是施工工期紧张、缺少大型机械设备且不具备下水轨道条件的情况下，本技术具有较强的优越性。本技术使用的气囊可根据结构物的规格及形态进行合理选择。

5.7.3 工艺原理

双壁钢围堰拼装完成后，气囊充气托起钢围堰，放松或断开后拉缆，使双壁钢围堰在自重作用下，利用气囊滚动，沿坡道加速下滑，迅速到达深水区域，实现安全自浮。

5.7.4 施工工艺流程及操作要点

1. 气囊法下水系统组成

双壁钢围堰气囊法下水系统主要由气囊、下水坡道、后拉缆、地锚及牵引缆组成，具体布置如图 5.7-1 所示。下水系统的作用是保证双壁钢围堰能依靠自身重力下滑前行并安全入水，整体自浮，最后利用拖轮控制双壁钢围堰。

（1）气囊

气囊起到承托双壁钢围堰的作用，沿双壁钢围堰两侧对称布置两排，如图 5.7-2 所示。气囊按对称、分散的原则进行充气，直至达到设计工作高度。当放松或切断后拉缆后，双壁钢围堰在自重的作用下，利用气囊滚动，沿坡道下滑，加速进入水中。

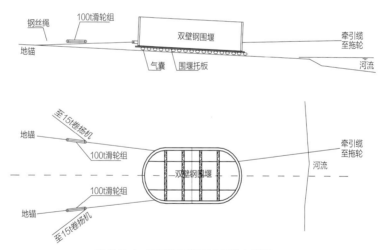

图 5.7-1 双壁钢围堰下水系统布置图

图 5.7-2 气囊布置图

（2）下水坡道

双壁钢围堰由两排气囊承托在下水坡道上滚动下滑入水，因此下水坡道必须按要求进行设计。下水坡道的地基承载力必须满足承载气囊的要求，坡道设计满足双壁钢围堰下水过程气囊受力要求。

坡度设计按照以下原则进行：①根据气囊的承载特性及受力情况；②为其提供足够的入水速度。

（3）后拉缆及地锚

后拉缆及地锚用来保证双壁钢围堰被气囊托起后的稳定。双壁钢围堰初始下滑在后拉缆的控制下进行，其下滑速度及方向均可作调整，保证双壁钢围堰断缆后加速下滑入水过程安全可控。

（4）牵引缆

牵引缆的主要作用是双壁钢围堰下水后由拖轮牵引，防止双壁钢围堰搁浅。

2. 关键技术

通过双壁钢围堰切断后拉缆后的滑动入水速度与吃水深度的计算，确定下水坡道长度、坡度大小；根据双壁钢围堰重量、地基条件及双壁钢围堰入水各工况受力计算结果，确定气囊规格型号、数量及布置方式。

（1）双壁钢围堰入水速度、吃水深度计算。

（2）下水坡道长度、坡度大小确定。

（3）选择合适下水地点，进行清淤、整平、加固。

（4）入水各工况受力计算。

（5）气囊选型及布置。

3. 施工过程及施工要点

（1）施工工艺流程如图 5.7-3 所示。

（2）准备工作

1）下水过程分析

双壁钢围堰断开拉缆后在重力作用下沿坡道下滑，入水后即有浮力作用；入水后悬出部分的重力矩和浮力矩都同时在增加，在重力矩和浮力矩相等时双壁钢围堰达到自浮平衡条件。

2）吃水深度计算

根据双壁钢围堰双壁可提供的浮力面积计算入水后钢围堰的吃水深度，并根据双壁钢围堰入水速度的计算确定双壁钢围堰入水后冲出的距离及下水处河床断面的水深条件，判断双壁钢围堰下水后的稳定情况，是否有搁浅的危险。

双壁钢围堰入水速度的计算作为双壁钢围堰入水后冲出的最远距离的理论依据，还可作为双壁钢围堰入水后拖轮帮靠的依据，事先设计拖轮停靠的位置及帮靠方式。

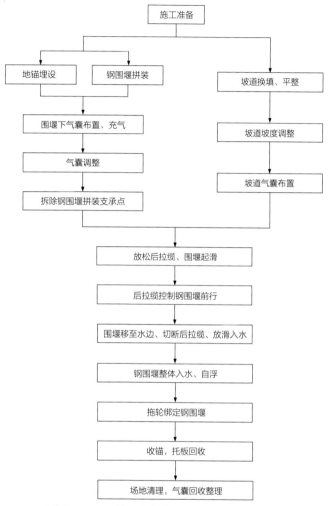

图 5.7-3　双壁钢围堰气囊法下水施工工艺流程图

3）下水坡道长度、坡度的确定

双壁钢围堰下水由两排气囊组承托在坡道上滚动前行，因此要求下水坡道必须平顺、坡度变化匀缓、无横坡，坡道宽度大于气囊长度。

下水坡道的长度及坡度根据双壁钢围堰拼装场地的实际占地情况，通过控制双壁钢围堰入水速度及吃水深度来确定。双壁钢围堰在重力作用下沿坡道滚动下滑，坡道的长度及坡度决定了双壁钢围堰入水时获得的速度及加速度，只要这个速度及加速度让双壁钢围堰入水后吃水深度及入水位置能满足要求即可。

4）入水速度、滑移距离计算

由于断缆时，钢吊（套）箱重心距离江边 50m，钢吊（套）箱前端距江水边线 $S_1=10$m，底部气囊高度为 1.2m，钢吊（套）箱前端开始接触水面时，前端距离江边的水平距离为 S_2。如图 5.7-4 所示。

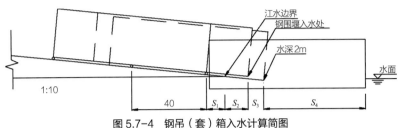

图 5.7-4　钢吊（套）箱入水计算简图

$$S_2 = 1.2 \times \frac{\sqrt{10^2 + 1^2}}{1} = 12.1\text{m}$$

假设在钢吊（套）箱前端吃水深为 2m 时，忽略水流的阻力以及水的浮力影响，此时距其刚接触水面处的水平距离为 S_3。

$$S_3 = 2 \times \frac{10}{1} = 20\text{m}$$

此时钢吊（套）箱的速度为

$$V_t = \sqrt{2g \times \tan\theta \times (S_1 + S_2 + S_3) \times \cos^{-1}\theta} = \sqrt{2 \times 9.8 \times 0.1 \times (10 + 12.1 + 20) \times 1.005} = 9.1\text{m/s}$$

则水平方向速度分量为：

$$V_{水平} = V_t \cos\theta = 9.1 \times \frac{10}{\sqrt{10^2 + 1^2}} = 9.05\text{m/s}$$

假设钢吊（套）箱前端在达到最大吃水深度 7.6m 时速度为 0。

$$水平加速度为 a = -\frac{K\gamma A V^2}{2gm} \tag{5.7-1}$$

式中　K——安全系数，取 0.6；

　　　A——钢吊（套）箱的阻水面积；

　　　γ——水的重度；

　　　V——水的流速（此处为相对速度，即钢吊（套）箱的速度）；

　　　m——钢吊（套）箱的质量。

根据速度和加速度的关系得关系式：

$$V' = -\frac{k\gamma A V^2}{2gm} \tag{5.7-2}$$

$$\frac{V'}{V^2} = -\frac{k\gamma A}{2gm} \tag{5.7-3}$$

$$\int \frac{1}{V^2}\mathrm{d}v = -\int \frac{k\gamma A}{2gm}\mathrm{d}t \tag{5.7-4}$$

$$V = -\frac{1}{-\dfrac{k\gamma A}{2gm}t + c} \tag{5.7-5}$$

$V_{水平}$ =9.05m/s，则 $c = -\dfrac{1}{9.05}$ ，故

$$V = \cfrac{1}{0.056t + \cfrac{1}{9.05}} \qquad (5.7\text{--}6)$$

当 $V \leqslant 0.1$ m/s 时，视钢吊（套）箱处于可控状态。

则当 $V=0.1$ m/s 时，由公式（5.7-6）得 t =177s。

此时钢吊（套）箱距离吃水深 2m 时的水平距离为 S_4 ：

$$则 S_4 = \int_0^{177} \cfrac{1}{0.056t + \cfrac{1}{9.05}} \mathrm{d}t = \cfrac{\ln(0.056 \times 177 + \cfrac{1}{9.05}) - \ln(0.056 \times 0 + \cfrac{1}{9.05})}{0.056} = 80.4\text{m}$$

从钢吊（套）箱起动到处于可控状态时，其水平位移 S 为：

$$S=S_1+S_2+S_3+S_4=10+12.1+20+80.4=122.5\text{m}$$

根据现场水深测量，距水边线 22 m 位置水深达到 8m，故钢吊（套）箱需要滑行的最小安全距离 $<S> = 8 + 22 + 80 = 110$ m

结论：$S = 122.5$ m $> <S> = 110$ m，满足下水要求。

5）气囊布置及数量确定

调查单个气囊的承载力参数，根据双壁钢围堰自重计算气囊的使用数量及布置。

气囊布置的安全系数 K 的计算如下：

$$K = \frac{nP}{G} \geqslant 1.2 \sim 1.4 （常规情况） \qquad (5.7\text{--}7)$$

式中　K——气囊使用安全系数；

　　　P——单个气囊承载力，可按表 5.7-1 取用；

　　　n——气囊使用数量；

　　　G——双壁钢围堰自重。

φ1200×1500单个气囊的承载技术参数表　　　　　　　　　　表5.7-1

H（m）	0.2	0.3	0.4	0.5	0.6	0.7
φ1.2m×15m 气囊承载力（t）	168	151	134	118	100	84

注：表中 H（m）值为气囊的作高度，亦为箱体托板离地面的高度。

气囊的工作高度 H 取为 0.5m，下水的整体重量 $G \approx 3100$ t，取气囊个数 n =60，根据公式（5.7-7）气囊的安全系数 K 为：

$$K=118n/G=118 \times 60/3100=2.28>K_0=1.2\sim1.4 （常规情况）$$

考虑到箱体底部结构气囊受力不均匀，在计算时将单支气囊受力控制在 150t 以内。

6）钢吊（套）箱断缆起动计算

断缆时，钢吊（套）箱重心距江边 50m，位于 1：18.2 坡道上，计算钢吊（套）

箱断缆启动工况。

　　G 为钢吊（套）箱自重 3100t，

　　$\alpha=\tan^{-1}1/18.2 = 3.15°$

　　$F_1=\cos3.15×3100 = 3095.3t$

　　$F_2=\sin3.15×3100 = 170.35t$

　　$F_3=F_1×\mu = 3095.3×0.04 = 123.8t$（滚动摩擦系数 μ 取 0.04）

　　由计算可知 $F_2 > F_3$，即断缆后钢吊（套）箱可以下滑。

　　（3）辅助设施布置

　　1）托板

　　托板在双壁钢围堰下滑过程中的作用是保证气囊工作面平整及使围堰重量均匀传至气囊，拖板一般由钢板制成，为保证其工作性能须作如下处理：

　　① 钢管包边

　　在气囊进出托板时，为不伤及气囊，不影响吊箱下滑，需将外露边用建筑钢管包边并点焊牢靠。

　　② 临时限位

　　托板在双壁钢围堰下滑时须与吊箱水平限位并固定，以避免双壁钢围堰与托板间出现相对滑动。水平限位采用在托板上焊接卡板的形式与底龙骨翼缘卡定，范围为托板两侧双壁钢围堰前半部，在双壁钢围堰入水自浮后端托板因失去气囊的支承而下落，在自重作用下逐个拉掉卡板，最后脱落。此方式有效保证了双壁钢围堰在整体入水自浮后，实现托板的自动脱落。

　　2）地锚及后拉缆

　　为控制吊箱在气囊起顶后下滑运动，以及在滑道下滑的速度和方向，须设置后拉缆，拉缆设计拉力需大于吊箱自重的最大下滑分力。当吊箱入水后，吊箱下的托板需由地锚配卷扬机拉起回收。

　　后拉缆用地锚锚固，地锚布置于双壁钢围堰后侧。地锚为埋置式钢筋混凝土锚，共设2个，顶与地面平齐，预埋钢板锚环。拉缆通过滑车组与地锚相连。双壁钢围堰底龙骨上设置牵引固定点。地锚大小根据计算而定，并验算其抗倾覆稳定、抗滑动稳定及抗上拔力安全稳定。

　　3）牵引缆

　　牵引缆作为防止双壁钢围堰搁浅而设置的一种保险措施，牵引缆的一端连接在拖轮上，另一端固定于双壁钢围堰上。双壁钢围堰入水后由拖轮带力，往水中牵引。

　　（4）坡道处理

　　在布置双壁钢围堰组拼台座前须对下水坡道进行基础换填和硬化处理，以满足双壁钢围堰下水各工况承载力的要求。一般将原有土换填为黏土和碎石，坡道前端作抛石处理。

坡道坡度布置按每段调坡 2%设计，以满足气囊承载特性及受力的要求，2%是根据所选择规格气囊承载特性及受力要求确定的。

（5）双壁钢围堰下水

1）起滑

气囊下河的所有准备工作就绪，具体下河日期要综合考虑当时的天气、风力及潮水位情况，应在风力较小、无雨水的天气下进行，并尽量选择高潮位时段。

当气囊完全托起双壁钢围堰，下滑道必须完全清理，不得有遗漏，地表之上的混凝土、砖等全部清退，专人检查，同时不能有尖锐物遗留，以免戳穿气囊。在边坡换填及平整时，亦应注意类似情况。

清理完成后，慢慢放松后拉缆，必要时在前端不断补充气囊，直至前面气囊到达水边。

2）断缆、下滑入水

双壁钢围堰控制下滑至水边线，切断后拉缆，让双壁钢围堰自由加速下滑，利用其惯性入水并向江中滑行一段距离，使双壁钢围堰后端水深满足自浮吃水深度要求。

3）稳定控制

双壁钢围堰整体入水后，会在惯性、风力、水流作用下继续漂浮，同时底板内进水，双壁钢围堰入水深度增大，达到稳定入水深度，为控制双壁钢围堰不至继续漂浮，待命的拖轮及时靠近并拴绑，控制双壁钢围堰使其稳定。

4）托板回收

托板一端预留起吊钢丝绳和浮漂，在托板沉到河床后利用后钢丝绳拖拉上岸，必要时，可在托板底部设置气囊，方便拖拉。

（6）应急预案

双壁钢围堰自重大，结构不同于船只，气囊法下河会存在许多不确定因素，应准备好应急预案：

1）双壁钢围堰开始不滑移

双壁钢围堰若开始不能下滑，可通过调节气囊压力，来调整气囊的工作高度，从而改变双壁钢围堰的下倾坡度，必要时，可采用装载机或拖轮牵引，直至双壁钢围堰开始下滑。

2）双壁钢围堰下水速度过快，冲滑太远

在双壁钢围堰下水前，设置柔性保险长缆绳，系结在水边准备的铁锚上，保险缆绳长度按照双壁钢围堰安全距离确定，蛇行盘在水边空地上，利用铁锚控制双壁钢围堰，并配备大马力拖轮附近待命。

3）双壁钢围堰在下冲阶段搁浅

搁浅的主要原因可能有江边地基松软，下滑阻力大，无法加速下滑入水，以及江边处的水深不够。应急措施：当双壁钢围堰因气囊滚动不便而停止在江边时，可通过江中的拖轮向江中拖拉，同时用左右摇晃方式，使双壁钢围堰入水自浮。

若上述处理方法无效，则采用在双壁钢围堰前端（冲向水中的一端）注水，使后端翘起，减轻双壁钢围堰后端对边坡的压力，从而减小向江中下滑阻力的办法促使双壁钢围堰入水。

5.7.5　材料与设备

1. 施工主要机械设备情况见表 5.7-2。

机械设备情况表　　　　　　　　　　表5.7-2

序号	名称	规格型号	单位	数量	备注
1	拖轮	3600hp	艘	1	吊箱帮靠
2	汽车吊机	35t/25t	台	2	
3	发电机组	400kW/250kW	台	2/2	
4	卷扬机	15t	台	2	
5	高压气囊	$\phi1200 \times 1500$	条	60	五帘四胶
6	空压机		台	8	
7	滑轮组	100t	对	2	
8	单门滑车	20t	台	5	

2. 劳动力组织情况见表 5.7-3。

劳动力组织情况表　　　　　　　　　　表5.7-3

序号	作业组	主要作业内容	人数		
			技术人员	技工	普工
1	技术组	施工组织设计	3		
2	气囊布置组	气囊布置、充气控制	1	3	10
3	后缆控制组	地锚浇筑、后缆安装控制	1	2	4
4	下水坡道修整组	基础处理、坡度修整	1	4	10
5	钢结构作业组	拖板安装、结构加固	1	4	15
6	临时定位组	双壁钢围堰下水控制、临时定位	1	3	10
7	机动作业组	设备搬运、清理、后勤保障		2	10
8	船舶组	船舶调配组织	1	2	4

5.7.6　质量控制

1. 钢围堰定位锚碇系统设置适当预拉力，有效减小锚绳的非弹性变形，减小流速变化、水位变化对钢围堰平面定位精度影响。

2. 锚碇系统选用大直径锚链和钢丝绳，锚绳单位长度重量较重，其垂度变化受水流变化影响较小。

3. 根据详细的受力分析计算，并进行预拉试验，优化定位设计，合理布置锚碇系统，以进一步缩短锚绳长度，减小弹性变形。

4. 选择低平潮位施加预拉力。在潮位升高时锚碇系统的锚绳将继续绷紧，增大了浮体的整体刚度。

5. 在较长时间段内如水文条件变化较大，可通过调整锚绳和拉缆保证钢围堰的平面位置满足定位精度要求。

6. 根据观察实测的钢围堰平面位置随水文条件的变化规律微调锚碇系统或调整拉缆，将钢吊箱定位于紧靠设计墩位的一理想位置。

7. 调整箱壁内水头高度确保钢围堰平面倾斜满足插放钢护筒要求。

5.7.7　安全措施

1. 项目经理是安全生产第一责任人，全面负责项目的安全生产工作。为了确保安全管理目标的实现，项目部配备足够的安全管理人员，并建立安全管理机构，全面负责项目的安全生产管理工作。

2. 建立、健全各级安全岗位责任制，建立各项安全生产规章制度和安全操作规程，建立相应的内部考核制度，责任落实到人。充分发挥各级专职安检人员的监督作用，及时发现和排除安全隐患。

3. 开工前要制订好安全生产保证计划，根据各施工阶段的特点，开列危险源清单，编制出针对性的安全技术措施。安全技术措施要周密而有针对性，安全措施方案需经单位有关部门批准，并报安全监理审核。

4. 施工前，工地负责人必须向全体施工人员进行安全生产总交底，其内容应做到面广，突出重点。

5. 施工现场要有醒目的安全标语、安全警告标示牌和指示牌、消防器材分布图。大中型机具设备包括船舶要有安全操作规程。

6. 现场作业人员必须经过安全培训和岗前教育，合格后方可上岗，特殊工种人员必须持证上岗。

7. 所有进入施工现场的人员必须戴好安全帽，作业人员必须穿戴与其工作相适应的个人防护用品。高处作业人员必须系好安全带，水上作业人员必须穿救生衣。

8. 施工现场的电气设备必须符合《施工现场临时用电安全技术规范》JGJ 46—2005，输电线路必须采用三相五线制和"三级配电二级保护"。

9. 所有施工机具设备、施工用船舶、压力容器、机动车辆的进场，均要进行认真检查验收，填写验收记录。大型机械的保险、限位装置防护指示器等必须齐全可靠。

10. 高处作业严格按《建筑施工高处作业安全技术规范》JGJ 80—2016 进行施工，搭设施工脚手架时必须持有经批准的专项施工方案，并已进行过安全技术交底。架子搭设完毕应有专人验收,合格签字,挂牌后方可正式启用。

11. 脚手架操作平台等周边要按规定搭设防护栏杆和踢脚板,外侧和底面要挂设安全网。人行通道要满铺行走道板,并绑扎牢固。登高作业要走扶梯,严禁攀爬,严禁上下抛物。进行两层或多层上下交叉作业时,上下层之间应设置密孔阻燃型防护网罩加以保护。

5.7.8 环保、节能措施

1. 严格执行国家铁路局、地方政府及建设单位有关生态环境保护的规定,贯彻"预防为主、保护优先,开发与保护并重"的原则,"三废"按规定排放,确保工程所处环境及水域不受污染,并确保施工中的环境保护监控与监测结果满足业主和设计文件要求及有关规定。

2. 项目经理部接受建设单位环境保护部门对本标段的环境保护的指导、检查和监督。同时对工程队的环境保护工作提出具体要求,监督检查国家有关法律法规的执行情况,对施工现场及施工营地的环境保护工作进行检查监督,确保环保措施得到落实。

3. 做好设备的保养维修,减少对水体的油污排放,控制并收集船上生活污水,不向江中排放。

4. 做到有物必有区、有区必有牌,区、物、牌相符,严格按质量和定置管理的要求进行。

第 6 章 钢吊箱围堰施工

6.1 概述

当承台底面距河床面较高，或承台以下为较厚的软弱土层且水深流急，修建桥梁深水桩基及其承台时可采用吊箱围堰。吊箱围堰就是悬吊在水中的有底套箱，在修建桥梁深水桩基时，可作沉桩导向定位，沉桩完成后，在吊箱内灌注水下混凝土封底，即可浇筑承台混凝土。

这种围堰在高度上被分成若干节，每节根据运输需要又可分为若干块。

吊箱围堰是用钢板、型钢焊制而成，底部应将钻孔桩位留出。由于吊箱围堰并不着床，因此它需有自身的悬吊结构来承受各工况下的荷载。

吊箱围堰构造与钢围堰类似，其构造一般包括底板、侧板、内支撑、悬吊及定位系统五部分。根据水位的高低和施工荷载的大小，选择单壁钢围堰或双壁钢围堰。相对钢围堰来说，吊箱围堰的材料要省得多，且下沉简单、方便，因此，国内外桥梁深水基础高桩承台的施工，绝大多数采用吊箱围堰的施工方法。像南京长江二桥北汉大桥靠近南岸八卦洲的 24 号、25 号、26 号主墩，基础施工采用了双壁有底沉浮式钢箱围堰，封底混凝土厚度为 0.8m；淇澳大桥主塔桥墩基础和泉州大桥主墩基础施工，均采用了有底钢吊箱围堰，封底混凝土厚度为 1.0m；白沙洲大桥 3 号主塔墩基础采用了有底钢吊箱围堰，封底混凝土厚度为 2.0m。国道 102 线公路京哈段拉林河大桥 5 号墩深水基础采用了单壁有底钢围堰；江西省温厚高速公路龙王庙赣江大桥主桥 3 号墩基础采用了单壁钢吊箱围堰；国道聂水公路大桥 3 号墩台础采用了单壁轻型吊箱围堰，封底混凝土厚度为 0.8m；吉林松原松花江大桥 34 ~ 37 号墩基础采用了单壁钢箱围堰，封底混凝土厚度为 0.6m；辽宁省盘海高速公路大辽河特大桥 44 ~ 49 号主墩基础采用了单壁轻型吊箱围堰，封底混凝土厚度为 0.8m。另外，安庆长江公路大桥、澳门西湾大桥、宜昌夷陵长江大桥、渝怀线长寿长江大桥、东海大桥、杭州湾大桥、芜湖长江大桥、孟加拉大桥（图 6.1-1）和苏通长江大桥（图 6.1-2）、武汉天兴洲长江大桥（图 6.1-3）等，均采用了吊箱围堰。

尽管钢吊箱围堰在深水基础施工方面有很多优点，但也有一定的局限性，因为它只适用于高桩承台基础。

使用钢吊箱围堰修建桥梁深水基础桩基，与使用钢板桩围堰一样，可在岸上制造，也可在定位船上拼装成整体后运至墩位下沉，施工方便，防水性能较好，因围堰不进入河床而是悬吊于水中，所以用钢量少且潜水工作量小。但其缺点是结构较复杂，制造精度要求高沉桩时，桩的自由长度大，若施工操作不当，易损坏桩或吊箱又由于吊箱阻水面积大，在有潮水涨落处或强水流冲击时，悬挂吊箱的定位桩易遭损坏。

图 6.1-1　孟加拉 PAKSEYS 桥吊箱围堰

6.2　施工规定

1. 钢吊箱围堰按施工工艺可分为现场组拼就位、异位组拼后整体运输就位。

2. 钢吊围堰施工前的准备工作、制造、拼装、内支撑安装、运输、下放、接高、封底混凝土浇筑、主体结构施工、围堰拆除施工应符合本标准第 6.3 节的相关规定。

3. 钢吊箱围堰底板桩基预留孔的封堵施工应符合下列规定：

（1）当围堰底板桩基预留孔采用弧形钢板封堵时，封堵钢板应根据钢护筒实测外径分块制作，并应采用角钢法兰接头螺栓连接；

（2）应检查钢吊箱底板与钢护筒之间缝隙，封堵前应清理干净钢护筒外壁和钢吊箱底板；

（3）应由潜水员水下安装封堵钢板堵塞缝隙。

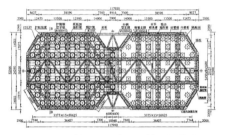

图 6.1-2　苏通长江大桥吊箱围堰总体平面布置图（左图为吊箱下沉到位时平面，右图为吊箱抽水时平面）（单位：mm）

图 6.1-3　武汉天兴洲长江大桥钢吊箱围堰

4. 钢吊箱围堰混凝土封底施工应符合下列规定：

（1）封底前应在围堰侧板上最低水位以下开设连通孔，当混凝土达到 90% 强度后，方可封堵连通孔及围堰内抽水；

（2）封底混凝土应均衡浇筑，局部堆积高度不得超过吊杆的承载力。

5. 封底混凝土达到设计强度后，方可进行钢吊箱体系转换。

6. 当钢吊箱围堰抽水时，应加强对围堰侧板和内支撑系统的观测。当侧板有渗漏时，应及时进行封堵。

7. 钢吊箱围堰拆除应符合本标准第 6.3.21 条的相关规定。

6.3　钢吊箱围堰现场组拼就位技术

以新建铁路福厦线厦门跨海特大桥 126 号～128 号墩单壁钢吊箱围堰为例。

6.3.1　工程概况

福厦铁路厦门跨海特大桥 126 号～128 号墩基础均设计为高桩承台形式，8 根 $\varphi2000$ 钻孔灌注桩布置成双排。126 号、127 号、128 号墩承台设计为上下双层式，承台尺寸相同，承台底标高分别为 -4.466m、-4.101m、-4.383m。下层承台平面呈矩形，长 15.6m、宽 8.5m、高 3m，混凝土体积 V=397.8m³，混凝土等级为 C30 防侵蚀混凝土，混凝土浇筑面积每层 F=132.6m²；上层承台高 1.5m，两端为直径 D=5.3m 的圆弧端，中间直线部分长 5.7m、宽 5.3m，混凝土体积 V=78.4m³，混凝土等级为 C30 防侵蚀混凝土，混凝土浇筑面积每层 F=52.3m²。

福厦铁路厦门跨海特大桥 126～128 号墩位于厦门西海湾主航道上，属于深水区，126 号、127 号、128 号墩海床面标高分别为 -8.5m、-19.1m、-10.7m。西海湾潮位特征值：高潮位 H_1/300=5.0m，H_1/100=4.77m；低潮位 H_1/300=-3.46m，H_1/100=-3.47m。

126～128 号墩承台采取单壁钢吊箱围堰法施工，即采用单壁钢吊箱作为形成干施工环境的临时围堰结构物，同时作为承台混凝土浇筑时的侧面模板。承台混凝土分三次浇筑，即下层 3m 高承台按高度方向分两次浇筑，首次浇筑 1.3m，第二次浇筑 1.7m；上层 1.5m 高承台采取一次浇筑。

钢吊箱施工采取工厂制造，现场组拼成型，再通过在护筒顶口布设下放装置，整体下放吊箱就位，堵塞吊箱底板与钢护筒间缝隙，最后采用多点导管法浇筑水下混凝土封底形成防水围堰。

6.3.2　单壁钢吊箱围堰结构设计

钢吊箱平面为矩形，吊箱内框净长 15.8m、净宽 8.7m、净高 12m，吊箱总重 174.6t。整个围堰由底板龙骨、底板、侧板、内支撑、吊挂系统等五大部分组成。围堰最大防水水位 +4.0m，第一次承台施工水位不高于 +4.0m，承台施工最低水位 +3.0m。

1. 底板龙骨

底板龙骨采用型钢焊接形成的格构式结构，平面尺寸为 9.7m×16.8m，底板龙骨总重 14.9t。纵向龙骨为 4 组 F1，每组 2[36b 槽钢，横向龙骨有 F2、F3、F4、F5、F6 等 5 种规格，均采用 2I28a 工字钢。

2. 底板

底板总体平面尺寸为 16.7m×9.6m，平面上根据桩位预留 8 个 $\varphi2500$ 孔洞以备底板套入桩基护筒，整个底板分 A1、A、B 正、B 反、C、D 等 6 种规格，底板总重

10.6t。底板面板采用厚6mm的钢板，加劲肋采用匚8槽钢。底板开孔直径较桩基钢护筒直径大20cm，底板安装时需根据现场实测护筒直径、倾斜度等计算结果调整孔口尺寸。

3. 侧板

吊箱周边长49m，高12m，长边侧板由5块A板+1块B板组成，短边侧板由1块C正板+1块C反板+1块B板组成。侧板面板采用厚6mm钢板，竖肋为HN500×200H型钢，横肋为匚8槽钢，竖向连接法兰为∟125×125×12角钢，侧板与底板连接采用钢铰连接。侧板总重124.5t，其中单块A板重6.9t，单块B板重5t，单块C板重6.7t，单块D板重8.2t。

4. 内支架

吊箱顶口以下2m处设内支架一道，内支架由纵横内导梁、纵横内支撑组成，导梁采用工40b，支撑钢管采用φ273和φ600两种规格。内支架总重15.2t。

5. 吊挂系统

每根钢护筒上分别在标高+0.62m、+1.0m处设置吊挂分配梁，通过分配梁悬挂4根φ32精轧螺纹钢吊杆将底板吊起。在钢吊箱抽水的过程中要求进行体系的转换，最终在抽水完成后，将其与伸入承台的钢护筒焊接。吊挂系统总重10.45t，单根吊杆长10.5m。

6.3.3　工艺流程

钢吊箱围堰现场组拼就位施工工艺流程宜按图6.3-1执行。

6.3.4　工艺操作要求

1. 准备工作

（1）改装钻孔平台：拆除钻孔平台影响吊箱拼装的中间部分，留下便于吊箱拼装的两侧部分。

（2）钢护筒外围周边情况探测及清除：

1）为保证钢吊箱能顺利下放就位，对钢护筒外围周边情况进行探测，以检查是否还存在妨碍钢吊箱下沉的障碍物。探测内容包括钢护筒的外壁及吊箱沉放范围内的水下情况。

2）钢护筒的外壁探测方法采用圆钢加工成内径较钢护筒直径大5cm的钢圈，套入钢护筒，保持水平下放，检查钢护筒、钢管桩周围有无影响钢吊箱沉放的障碍物。吊箱沉放范围内的水下情况则主要由潜水工探摸。

3）探测到有妨碍钢吊箱下沉的障碍物则及时清除。

（3）准确测量钢护筒的坐标、椭圆度、倾斜度及倾斜方向，根据测量结果调整钢吊箱底板上预留孔。其主要操作方法为：①将各钢护筒理论中心坐标，换算成钢吊箱底板

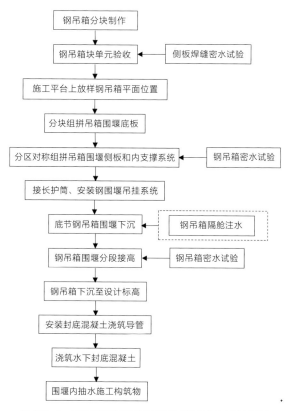

图 6.3-1 钢吊箱围堰现场组拼及下放施工工艺流程图

平面相对坐标 O_1；将钢护筒、钢管桩解除约束之后顶面中心坐标测定成果，换算成各钢护筒、钢管桩顶面中心相对坐标 O_2；根据钢护筒解除约束之后倾斜度及倾斜方向实测成果及沉桩记录，综合考虑，推算吊箱底标高处各钢护筒、钢管桩中心相对坐标 O_3；②在钢吊箱底板上放样各钢护筒中心相对坐标 O_1、O_2、O_3，并用油漆标示于钢吊箱底板平面相对坐标系上；③分别以点 O_1、O_2、O_3 为圆心，按比钢护筒、钢管桩外半径加大 20cm 为半径画圆，按三圆形成的最大包络图切割底板，并加以"修饰"，即为钢吊箱底板预留孔最终成孔。

（4）验收钢吊箱制作质量，重点是控制吊箱侧板质量，吊箱侧板出厂前必须进行预拼，面板需作煤油渗透试验，经检查合格后才可运往现场。

2. 拼装钢吊箱

（1）底板拼装支承牛腿及吊挂分配梁下支承牛腿安装

1）低潮位期间，在护筒 −1.0m 标高处焊接吊箱底板拼桩支承牛腿。

2）在底板拼桩支承牛腿上安装用于拼装底板的分配梁。

3）按要求分别在标高 +0.62m、+1.0m 处将护筒开 4 个洞口（洞口尺寸为 30cm×38cm），再在护筒内壁上焊接吊挂分配梁下支承牛腿。

（2）钢吊箱底板及吊挂系统拼装

1）利用低潮位拼装钢吊箱底板。

2）在拼装底板的分配梁上铺设底板龙骨，再在测量指挥下调整底板龙骨平面位置。

3）安装吊挂分配梁（注意控制分配梁上的吊杆孔与底板的吊杆孔在同一直线上），并焊接吊挂分配梁上支撑牛腿。

4）在龙骨上测量放出承台的纵横中心线。依据纵横中心线在龙骨上按先中央后周边、自中间向两侧顺序对称铺设底板，面板之间预留 2mm 间隙，控制面板平整度不超过 10mm。

5）面板铺设完毕后，面板之间用塞焊焊牢。

6）将底板周边面板（A1 板、B 正反板）的[8 加劲肋与底龙骨 I 28a 接触的地方焊接，其余各板只需在面板四周接触的地方焊接焊牢即可。

7）在一块底板安装完成后、下一块底板安装前应及时将该块底板配有的Ⅳ及钢筋吊杆及时装上，要求底板表面必须上螺帽固定吊杆，吊杆下端伸出锚固螺帽的长度不小于 10cm。

（3）拼装吊箱侧板

1）利用低潮位拼装钢吊箱侧板。

2）在底板上测量放出侧板安放位置。

3）在护筒上对应钢吊箱设计顶部位置设置吊箱下放导向木。

4）拼装吊箱侧板，侧板下端与底板铰接，上端则临时固定在护筒上。

5）侧板拼装顺序：自一侧长边中央 A 板开始拼装，并遵循自中央向两侧对称拼装、沿中线对称拼装两个原则进行侧板拼装，最后在两短边中央合拢。

6）侧板与底板间采取铰接连接，钢铰座在现场焊接在底板上，侧板通过上贝雷梁销轴而与底板连接（底板根部有一定倒角，确保侧板能作一定转动），钢铰座安装误差按 ±5mm 控制。

7）侧板间采用 M22 螺栓连接，拼装时侧板之间的缝隙应加 6mm 止水橡胶皮，拧紧后按压缩 3mm 控制。

8）侧板拼装完毕后，应用型钢在不影响吊箱下放的地方将两侧侧板联结成整体，以保证侧板稳定。

（4）吊箱下放装置安装

1）吊箱下放采用 6 个下放装置，每个下放装置挂两个吊杆，配置一台 50～80t 千斤顶。

2）按设计图在护筒顶口安装下放扁担梁及千斤顶。

3）下放装置吊杆采用接长吊箱悬挂吊杆方式实现。

（5）钢吊箱下放就位

1）在钢护筒上测放标高，定出吊箱安装定位线，并设置限位板。

2）下放装置布置检查完毕后，将下放装置吊杆安装就位，并收紧吊杆使所有吊杆受力均匀一致。

3）在低潮位期间，同步启动 6 台千斤顶，将吊箱提升约 10cm，静待 30min，吊箱稳定后割除吊箱支承牛腿，准备下放钢吊箱。

4）下放钢吊箱：①反向操纵千斤顶，使钢吊箱平稳下落，直至千斤顶行程走完，将吊杆锁定；②顶升千斤顶（此时下放装置吊杆已锁定，钢吊箱不随之上升）顶升到位后，将下放装置吊杆开锁；③重复前面的操作，直至钢吊箱下沉至设计标高；④将所有吊箱悬挂吊杆锁定；⑤拆除下放装置。

5）吊箱沉至设计高程后，复核其平面位置，如不满足要求，可将千斤顶安放在四角的四个护筒外壁与吊箱侧板之间调整吊箱位置，待其满足要求后，在四角的四个护筒与吊箱侧板之间用定位器焊接定位。

（6）吊箱内支架安装

1）在钢吊箱内壁 +1.856m 标高处焊接内导梁支承牛腿。

2）在牛腿上安装吊箱内支架，内支架中心标高 +2.0m。

3）在内支架上搭设作业平台，铺设脚手板。

（7）底板堵漏

1）依据钢护筒实测外径，按直径放大 2cm、周长小 5cm 制作两块半圆环（宽度取 25～30cm）制作堵漏封板，封板采用角钢法兰接头、螺栓连接。

2）钢吊箱调整到位并固定后，由潜水工下水将堵漏封板安装在钢护筒与底板接缝处，要求控制堵漏后缝隙不大于 3cm。

（8）吊箱封底

1）封底混凝土的作用：①作平衡重主体；②防水渗漏；③抵抗水浮力在吊箱底板形成弯曲应力；④作为承台的承重模板。

2）封底前准备工作：

①检查钢吊箱底板与钢护筒之间缝隙的封堵情况。

由于水下操作不方便，极易造成空隙封堵不严、不实，因此在封底混凝土灌注前，潜水员水下检查，发现问题及时处理。

②钢护筒外壁清理。

为保证封底混凝土与钢护筒握裹良好，要求必须对与封底混凝土接触的钢护筒外壁进行清理，剔出钢护筒表面的海蛎、浮锈、海泥等杂物。清理工作由潜水员下水用钢刷完成。

③钢吊箱底板的清理。

由于钢吊箱下沉施工时间较长，钢吊箱底板上可能会沉淀有海泥。为了保证混凝土质量，在钢吊箱底板与钢护筒之间缝隙的封堵之前需要潜水员水下用高压水枪进行清理。

④在侧板上高于封底混凝土顶面以上开 2～4 个连通孔，确保围堰封底时内外水头平衡。

3）在吊箱内支架上搭设封底混凝土浇筑平台。

4）浇筑导管布置：

①封底混凝土导管采用内径 $\varphi250\sim\varphi300$ 的刚性导管。

②封底混凝土采取泵送混凝土法，3 根导管多点快速灌注，导管沿吊箱纵中线等间隔布置，3 根导管的作用半径覆盖全部钢围堰底部。

③导管使用前作水压、水密试验，合格后使用。试验的水压按导管超压力的 1.2 倍取值。

④导管在工作平台上预先分段拼装，吊放时再逐渐接长，下放时保持轴线顺直。导管底口下沉到底板后提升到距离底板 15cm 左右，再固定在工作平台上。

⑤阀门管、漏斗、首灌混凝土储料斗准备：现场至少需配备阀门管、漏斗、首灌混凝土储料斗各一个。漏斗容量不小于 $1.0m^3$；储料斗容量不小于 $3m^3$，且卸料高度不低于 2m；阀门应开放自如。

5）测量点布设：由于围堰面积较大，在围堰内等间距布设 9～10 个混凝土标高测量点。

6）混凝土技术要求：

①混凝土强度等级为水下 C25 级；

②封底混凝土厚为 2m，混凝土方量 $208.5m^3$；

③混凝土初始坍落度 $20\pm2cm$；

④5h 后，混凝土坍落度 $\nleqslant 15cm$；

⑤混凝土初凝时间 $\nleqslant 24h$；

⑥混凝土满足泵送要求。

7）封底混凝土浇筑：

①混凝土采用商品混凝土，混凝土中掺加粉煤灰和高效缓凝型减水剂，以提高混凝土的流动性和延长混凝土的初凝时间。

②配备一台汽车泵泵送混凝土。

③按先周边后中间的顺序逐个拔球灌注水下混凝土。首批混凝土灌注应在导管顶口安装阀门管，并使阀门管处于关闭状态，再接上漏斗，并利用吊机吊装首灌混凝土储料斗放置于待灌导管附近，并将卸料槽对准漏斗。拔球前应将储料斗储满料。

④当某一根导管封口完成后在进行其相邻导管封口时，先测量待封导管底口处的混凝土顶标高，根据测量结果重新调整导管底口的高度。

⑤导管封口完成后，按规定的时间进行及时补料，同一导管两次灌入混凝土的时间间隔控制在 45min 以内。

⑥因封底混凝土厚 2m，为保证导管有一定埋深，混凝土灌注顺利时，一般不随便提升导管，即使需要提管，每次提升的高度都严格控制在 20～30cm。

⑦灌注过程中，根据灌注量，每隔一定时间测一次标高，用以指导导管下料，使混凝土均匀上升。

⑧灌注后期宜适当增加混凝土的坍落度，使混凝土形成较平坦的顶面，封底混凝土的灌注标高一般比设计标高提高 10 ~ 15cm，围堰抽水后再凿除混凝土顶面的松弱层至设计标高。

⑨混凝土浇筑临近结束时，全面测出混凝土面标高，根据测量结果，对混凝土面标高偏低的测点附近的导管增加灌注量，直至所测结果满足要求。

⑩当所有测点的标高满足控制要求后，结束封底混凝土灌注。

（9）围堰内抽水

1）当封底混凝土强度达到规定强度后开始抽围堰内积水。一般在封底混凝土浇筑完成后第 4 ~ 6d 抽水。

2）抽水前，应封堵钢吊箱连通水管。

3）抽水过程中，随时观察钢吊箱结构变形情况。

（10）割除吊杆、钢护筒，清浮浆、凿桩头

1）围堰抽干水后，测量组检查封底混凝土标高。

2）拆除吊箱悬挂装置，将吊杆露出封底混凝土部分与桩头钢护筒连接。

3）割除桩顶以上多余钢护筒。

4）由于封底施工时间不长，钢吊箱内淤积的泥沙不多，清除时，先利用高压水枪冲洗，然后用泥浆泵将泥水抽出。

5）围堰抽水后，人工配合机械凿除桩头。桩头处理完成后，对桩头钢筋进行清理、调整。

6）清理封底混凝土表面，对局部高点进行凿除，对低处进行回填，使钢筋绑扎场地平整。

（11）分三次浇筑承台混凝土

1）绑扎下层承台底板钢筋，预埋施工缝钢筋，干处浇筑第一次 1.3m 高承台混凝土。

2）第一次混凝土强度达 60% 以上后，干处浇筑第二次 1.7m 高承台混凝土并预埋施工缝钢筋。

3）第二次混凝土强度达 2.5MPa 以上后，绑扎上层底板钢筋，预埋墩身钢筋，干处浇筑第三次 1.5m 高承台混凝土。

4）在浇筑混凝土过程中，对渗入围堰的水和混凝土泌出的水要及时排出承台以外。

5）按大体积混凝土施工要求，优化承台混凝土配合比设计，降低混凝土水化热，并对施工过程和养护期（14d）严格进行温度监控，通过冷却水循环，降低混凝土内部温升，严格控制混凝土内外温差，防止水化热温度裂缝发生。

（12）拆除围堰内支架

不需对围堰采取措施，直接拆除围堰内支架。

（13）墩身施工

见相关工艺。

（14）拆除吊箱侧板

1）人工拆卸水面以上部分侧板拼接螺栓，潜水工拆卸水面以下部分侧板拼接螺栓；

2）潜水工下水逐块拆卸侧板根部销轴，逐块拆除侧板。

6.3.5 质量控制与检验

1. 质量控制措施

（1）制定严密的劳动组织，明确分工，责任到人，忙而不乱，严格交接班制度，对所有作业人员进行全面的技术交底。

（2）建立高度统一的指挥系统，以便统一指挥，指导施工，要求通信联系畅通、信息传递快捷，资料真实可靠。

（3）优化施工组织方案，严格施工工艺，加强施工管理，做到各道工序都有专人负责，层层严格把关，严肃施工纪律，加强质量意识。发现问题及时上报处理。

（4）电焊工要进行专门培训，持证上岗。

（5）所有施工机具设备均要事先进行检修，并保持良好状态。加强施工期间的维修和保养，以确保施工正常进行。

（6）钢吊箱应慢速平稳下放，6台千斤顶应做到同步，下放过程中同步打保险。

（7）吊箱下放、水下封底混凝土灌注施工均系大型联合作业，时间长，工种多。开始前一定要做好专项技术交底工作，使每个参加施工人员明确职责，各司其职，不出任何安全质量事故。

（8）做好吊箱封底前的准备工作，确保钢吊箱底板与钢护筒之间缝隙封堵严密、钢护筒外壁清理干净，以保证混凝土与钢护筒间的握裹力。

（9）封底导管的布置要特别注意使混凝土在周围钢护筒和围堰间的流动顺畅。

（10）搞好封底混凝土配合比设计，提高混凝土的流动性和延长混凝土的初凝时间。

（11）封底混凝土应连续供应并在尽可能短的时间内完成灌注，以保证封底质量。

2. 钢吊箱围堰拼装质量检验

（1）钢吊箱围堰吊杆及底板拼装尚应符合表6.3-1的规定。

钢吊箱围堰底板及吊杆拼装允许偏差和检验方法　　　　　表6.3-1

序号	项目	允许偏差	检验方法
1	吊杆在底板处的安装位置偏差	±50mm	尺量不少于4处
2	吊杆垂直度	1/300	测量检查
3	围堰底板平整度	5mm	2m靠尺量，不少于4处
4	桩基预留孔位置偏差	±50mm	测量全检
5	桩基预留孔直径偏差	±30mm	测量全检

（2）钢吊箱内支撑质量检验应符合本标准第 5.6.1 条的规定。

（3）钢吊箱围堰下沉就位及封底质量检验应符合本标准第 5.6.2 条第 2 款的规定。

6.4　超大型钢吊箱围堰水上整体拼装、下放技术

钢吊箱作为承台施工的围堰结构，是整个桥梁深水基础施工中最重要的环节。对于超大规模的钢吊箱，如苏通大桥南塔墩钢吊箱，平面尺寸为 117.35m×51.7m×14.4m（相当于一个半足球场大），重达 5880t，具有相当大的施工难度和技术难度。对于常规尺度的钢吊箱，目前在国内通常采取分节分块散拼及下放工艺。但该工艺对于超大规模的钢吊箱来说，其同步控制显然是不能满足要求的，而且工期及质量都无法得到保证。苏通大桥南塔墩钢吊箱首次在国内实现了在水上施工现场整节由上下游向承台中部对称拼装，实现合拢：在壁板上布置 12 个吊点，采用计算机控制钢吊箱整体同步下放；完成定位后，分 5 区 3 次完成吊箱封底的施工工艺。

6.4.1　技术特点

1. 钻孔平台顶板兼作吊箱底板，方案设计阶段统筹考虑。

2. 吊箱在有资质的钢结构加工厂分块整节加工，生产条件较好，加工质量较传统的水上分节拼装更容易控制。

3. 吊箱在固定的平台（以底板为主）上 15m 左右高度整节拼装，比传统的水上 5m 左右分节拼装更安全、拼装平面准确度和垂直度更容易得到保证。

4. 吊箱拼装以竖向接缝为主，基本无水平接缝；与传统的水上分节拼装工艺相比接缝少、工作量小。

5. 吊箱下放吊点布置于壁板上，靠壁板悬吊底板，和传统的在底板上布置吊点并靠底板悬吊壁板的工艺相比，对底板的刚度要求更高。

6. 吊箱整体下放工艺与传统的在底板上满布吊点的工艺相比，吊点布置少且更为集中。

7. 吊箱整体下放工艺采用计算机对全部 12 个吊点共 40 台千斤顶进行荷载位移同步控制，与传统的人工控制大量千斤顶下放工艺相比，同步性精度高出很多，施工更安全，风险更小。

8. 整个施工过程只有一次下放，较传统分多节（次）下放工艺相比，下放辅助工作量更小，更快捷。

9. 吊箱下放过程中，对结构进行安全检测，适时测试关键部位应力，适应了信息化施工的发展趋势。

6.4.2　适用范围

本技术适用于长江中下游、海上施工水域大型深水桥梁，钢吊箱规模较为庞大，常规大型浮吊无法满足施工要求或因施工不便而不能整体吊装的深水基础施工；对于风浪潮频繁的长江口和近海区域，更具优势。同时，对于其他行业大型水工结构长距离下放入水落床也十分适用。

6.4.3　工艺原理

1. 利用水中桩基为依托和支撑，大型千斤顶采用计算机进行群顶同步控制，整体拼装下放钢吊箱入水，作为深水承台施工的围堰结构，实现水下基础向水上塔身的施工转换。

2. 钢吊箱与永久结构防撞体系相结合，钻孔平台顶板兼作吊箱底板；在吊箱底板上增设桁架，使封底混凝土、吊箱壁板、底板等结构结合为整体；同时增强底板刚度以及壁板悬吊底板的能力，为在壁板上布置吊点靠壁板悬吊底板创造了条件。

3. 在施工现场，下放钻孔平台顶板至水面上一定高度，并固定于护筒牛腿上转换成为吊箱底板；以此为拼装平台，整节拼装钢吊箱壁板等其他构件。

4. 吊箱下放利用已完成的桩基及吊箱外围的靠船桩为支撑，在壁板上布置 12 个吊点，利用 40 台千斤顶整体下放。

5. 通过传感器及计算机集中控制柜对全部的千斤顶位移及荷载进行同步控制，保证荷载均匀分配，避免因个别吊点下放不同步造成荷载不均匀而产生事故的现象。

6. 施工过程中，通过在吊箱结构及支撑桩上布置的应力应变测点，对结构下放过程中的应力、支撑桩不均匀沉降进行实时监控，实现信息化管理，确保了施工安全。

7. 利用吊箱壁双壁箱式结构的特点，合理抽水、加水以克服潮差的影响，调整吊箱在水中的姿态及标高，便于竖向定位。利用内侧钢护筒和外侧钢管桩受力，通过下放吊点位置设置反压杆竖向锁定，通过水平千斤顶可调水平定位系统定位。

8. 利用已完成的桩基作为支撑，通过焊接与吊箱底板与桩基护筒之间的拉压杆，将封底混凝土及吊箱荷载传递至桩基。

6.4.4　工艺流程与操作要点

1. 超大型钢吊箱水上整体拼装下放施工工艺流程（图 6.4-1）

2. 操作要点

（1）钢吊箱构件的加工运输

1）构件的加工主要包括壁板、内支撑及底板桁架，均在有资质的钢结构加工厂分块加工。

2）壁板的加工组装要求在胎架上完成，要保证胎架有足够的刚度和平整度，确保壁体加工质量（表 6.4-1）。

3）壁板的分块充分考虑吊装设备的起吊能力，接头应避开钢箱（龙骨）50cm 左右；

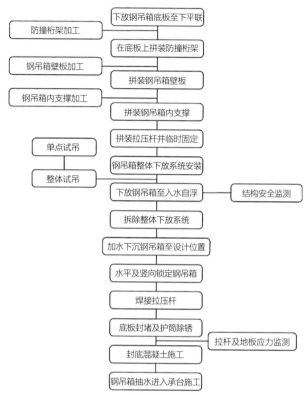

图 6.4-1　超大型钢吊箱水上整体拼装下放施工工艺流程图

壁板加工质量要求　　　　　　　　　　　　　　　表6.4-1

单块长度方向尺寸偏差	± 15mm
壁体厚度偏差	± 2mm
外形对角线偏差	± 20mm
高度方尺寸偏差	0 / +30mm

为保证拼装精度，每块壁板加工时均留有 50mm 的余量，现场定位后切割，从而避免误差累计。

4）内支撑为空间桁架结构，其分块应充分考虑运输便利与吊装能力；拆分成片状平面桁架结构，接头避开节点 20cm 以上；为方便内支撑与壁板的连接，管端采用弧形钢板（哈佛板）连接，便于调整现场拼装偏差；为便于现场操作，内支撑块件之间的连接采用螺栓预连接后焊缝补强的形式。

5）施焊前必须彻底清理待焊区的铁锈、氧化铁皮、油污、水分等杂质；焊接过程中尽量减少立焊、仰焊；焊后必须清理熔渣及飞溅物等。当焊缝高度超过 6mm 时，应分层焊接，每层焊缝 4~5mm，必须严格清除每层焊渣。

6）所有构件的加工应在桩基结束前一个半月启动，以保证现场拼装的连续性。

（2）分区下放底板至下平联，并调平合拢

1）利用钻孔平台顶板作为吊箱底板，钻孔完成后，对平台顶板进行测量、检修并加固。

2）底板须由原钻孔平台位置下放到吊箱拼装标高（吊箱拼装标高应尽可能低，同时高出施工期间高水位 +0.5m）。

3）安装底板下放至壁板拼装高度处的支撑牛腿，顶面统一调平标高。

4）底板下放作为吊箱整体下放的试验工艺，采用计算机控制同步下放技术，分上、下游两次下放完成。

5）在上游底板上安装底板下放系统，包括因底板刚度不够而增设的吊具梁、千斤顶及支撑垫梁等结构。底板下放系统布置如图 6.4-2 所示。

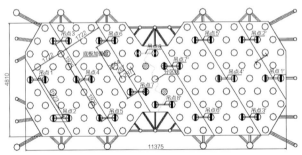

图 6.4-2　南塔墩钢吊箱底板分区下放系统布置图

6）提升底板脱离支撑上平联，锁定下放系统，快速切割完毕后，下放底板至壁板拼装平台高度处的支撑牛腿上。

7）将上、下游底板焊接为整体，并对底板各结构进行补焊，最终完成由桩基支撑平台向钢吊箱底板的转换。

（3）分片区安装底板桁架及拉压杆下铰座

1）底板上设置桁架，伸入承台内 40cm，将水下封底混凝土、承台、底板、壁板等结构连为整体，共同形成防撞体系。

2）防撞桁架在加工场分件加工，并严格编号。

3）在钢吊箱底板上测量、绘制防撞桁架安装后的轮廓线。

4）依据绘制好的轮廓线，分件安装防撞桁架及内支撑支架，拼装顺序为先周边、后中间核心部位。

5）接头应避开交叉点 1m 左右，并尽可能设在直线位置以便于定位和调整，交叉点处的结构可在后场加工成整体，在现场整块安装。

6）将各防撞桁架分件连接为整体，并将防撞桁架与底板（主梁）焊接为整体，完成防撞桁架的安装。

7）弦杆作为主受力构件，要按相关要求连接。

8）防撞桁架拼装就位后，同时作为壁板拼装过程中的内靠架，便于壁板定位和稳定。

（4）水上整节拼装壁板

1）壁板低水位以下的箱体内腔灌注混凝土而作为防撞结构的一部分。

2）壁板在专业加工场平面分块、竖向整节加工，并严格编号。

3）分块原则：分块大小以吊装设备性能控制，并尽可能减少分块，避免在结构转角、竖向龙骨位置分块。

4）加工顺序：与拼装顺序一致即由上下游侧向承台中部纵轴线位置合龙，分 4 个工作面对称进行。吊箱壁板分块布置如图 6.4-3 所示。

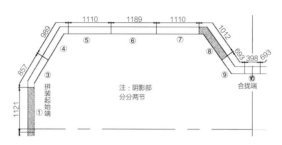

图 6.4-3　南塔墩钢吊箱壁板分块平面布置图（1/4）

5）利用运梁船将壁板从水上运输至现场。

6）采用动臂吊机（或浮吊）吊装壁板，并将其安放于壁板支撑平台上。

7）壁板水上整节拼装稳定工艺：拼装高度在 10～15m 左右，按 8 级风力验算单块及整体稳定性；起始块段拼装阶段，稳定性最差，采用壁板顶端内外拉缆、防撞桁架及时与壁板焊接形成内靠架等形式抗倾覆。

8）每吊装一块壁板，即将其与已安装的壁板焊接为一个整体，并将壁板与底板、防撞桁架焊接为一个整体。

9）拼装误差采用单块测控消除法，即每块壁板安装前，根据测量放样情况，切割余量后安装于设计位置，避免拼装误差的累积。

10）在承台中部纵轴线处对壁板进行合拢焊接，完成壁板的拼装。为保证合拢精度，合拢块两侧均设置 50mm 的余量，在精确测量并切割余量后，进行合拢。

11）壁板安装时的偏差可利用 50t 千斤顶纠正，垂直度偏差利用锚固于底板或护筒的缆风绳，通过 5t 链条葫芦调整。

12）拼装质量要求见表 6.4-2。

（5）安装内支撑

1）在加工场分块加工内支撑，并试拼、编号。

2）加工顺序与拼装顺序一致：即由上下游侧向承台中部，跟进壁板拼装施工形成整体结构。吊箱内支撑分块布置如图 6.4-4 所示。

3）利用甲板驳船将内支撑运输至现场。

拼装质量要求   表6.4-2

外形平面尺寸偏差	0 / +50mm	内口平面尺寸偏差：0/+50mm
外形对角线尺寸偏差	0 / +70mm	内口对角线尺寸偏差：0/+70mm
壁板倾斜度	H/1000	壁板面板平整度：≤ 3mm（3m 尺）
高度偏差	0 / +30mm	

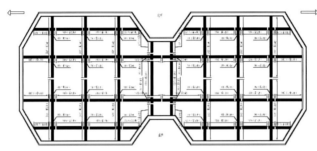

图 6.4-4　南塔墩钢吊箱内支撑分块布置图

4）利用动臂吊机（或浮吊）吊装分块内支撑，并将分块内支撑与已安装的壁板及内支撑焊接为一个整体。

5）内支撑接头离开交叉点 1m，使单件块段形成"十"字形稳定结构，同时现场接头为标准环形截面形式，避免了空间交线。

6）随着壁板的安装跟进安装内支撑，最终在承台哑铃处完成内支撑的安装。

（6）拉压杆的安装

1）拉压杆的工作原理：封底混凝土浇筑阶段，作为"拉杆"，上下端分别与吊箱底板及桩基护筒相连，直接承受混凝土自重，并将荷载传递至桩基；抽水后，作为压杆，在封底顶面与护筒相连，与封底混凝土一起承受水浮力，增强抗浮稳定性。

2）在加工场加工拉压杆杆件、拉压杆上铰座及下铰座等，并严格编号。

3）在底板上焊接拉压杆下铰座。

4）采用动臂吊机安装拉压杆，并临时固定于内支撑上。

5）拉压杆在条件许可时宜做成整节形式，便于临时固定；在与护筒焊接前，不需预拉紧固。

（7）水平定位系统及导向系统的安装

1）导向系统主要是在吊箱下放过程中起平面位置约束作用，随着吊箱的下放以及水流冲击，呈现为动态约束，因此选择球形橡胶护弦，这样与吊箱、护筒弹性摩擦接触，避免了下放过程中出现卡死或局部破坏的现象。

2）定位系统在吊箱下放到位后、封底施工阶段对吊箱平面位置起约束作用，通过刚性结构将吊箱与桩基固结成整体，定位系统结构强度必须足以克服迎水压力和涨落潮竖向力，确保封底过程中，吊箱结构纹丝不动。

3）水平定位系统和导向系统在后场预加工。

4）在现场根据护筒偏位情况，测量安装水平定位系统和导向系统。

5）导向系统安装时，必须确保在钢吊箱下放过程中，导向系统与护筒之间有 5cm 的空隙。

6）水平定位系统预安装与设计位置，与护筒之间的距离以不影响下放为原则；吊箱下放到位并纠偏后，水下利用千斤顶推出定位系统卡紧护筒。

（8）钢吊箱整体下放

1）安装整体下放系统（图 6.4-5），参照支撑桩位置精确安装，其中：悬吊梁安装允许偏差 ±20mm 千斤顶安装允许偏差 ±10mm；吊索（钢绞线）安装垂度，铅垂面夹角小于 3°。

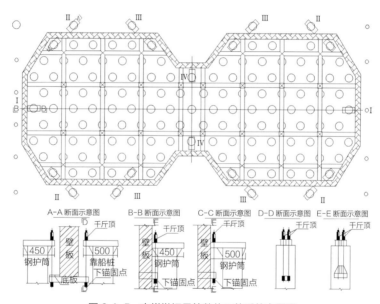

图 6.4-5　南塔墩钢吊箱整体下放系统布置图

下放设备的总体及单点承载能力均应大于理论荷载 2 倍以上。

2）布置下放系统同步监测系统。

3）布置结构安全监测系统。

4）在钢吊箱各构件均焊接完成以后，对各吊点进行单点试提。

5）单点试提无异常，即对钢吊箱进行整体试提。

6）钢吊箱整体试提无异常，正式提升钢吊箱。

7）拆除底板下放的支撑牛腿及平联。

8）下放范围内的障碍物探测、河床探测。

9）下放钢吊箱直至入水自浮，选择下放时机，确保低平潮入水，下放速度控制在 1.5~2.0m/h。

10）拆除悬吊系统。

11）对各箱室独立对称加水以下沉钢吊箱；通过加水，使其在低潮位时在设计标高以下。

（9）吊箱下放过程中的信息化控制手段

1）布置安全监测元件，包括关键结构应力监测元件、支撑桩差异沉降元件及底板变形监控元件。元件的布置以结构仿真计算数据为依据，对称布置于应力较大的部位。

2）群顶同步性监测元件，包括荷载同步性监测元件（压力传感器）及位移同步性监测设施（长距离传感器以及激光测距仪）。仪器布置要求每个吊点、每台千斤顶均处于位移荷载双控状态。

3）结构应力测试，在拼装及试吊阶段，每工班测试一次，下放阶段每 30min 测试一次；同时，在吊箱完全悬空、接近水面、入水 1m 这三种关键状态下必须各测试一次；测试过程中，停止下放，监测结果正常并与计算基本吻合（正负偏差不超过 20%）时再继续下放。

4）同步性监测由计算机控制柜自动适时采集。一旦不同步性超过 5% 时，自动报警，所有千斤顶自动锁死，停止下放以确保安全。

5）下放同步性采用位移荷载双控，具体控制要求为 ±5%。

（10）吊箱竖向锁定

1）选取低潮位时将竖向限位梁安放于壁板上，并安放连接钢管。

2）在高潮位时，壁板上浮至设计位置，焊接连接钢管及原有悬吊梁（图 6.4-6）。

3）对钢吊箱进行抽水，使其在低潮位时也在设计标高处。

（11）吊箱平面纠偏定位

1）在上两层水平定位系统处安放千斤顶，调整钢吊箱的水平位置（图 6.4-7）。

2）钢吊箱调整到设计位置后，由潜水员将楔块安放于最下层水平定位系统处。

3）将千斤顶用型钢替换，完成钢吊箱的水平锁定。

4）将拉压杆上铰座与钢护筒焊接。

5）受涨落潮影响（3m 潮差），竖向水平定位必须相互协调配合，通常先竖向定位，再快速顶升水平调节千斤顶，完成水平锁定。

6）吊箱完成定位后，应及时加固，采用型钢和钢管将壁板和护筒焊接牢固，确保封底过程中

图 6.4-6　南塔墩钢吊箱竖向定位图片

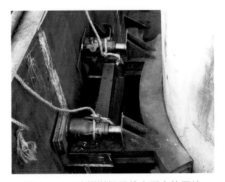

图 6.4-7　南塔墩钢吊箱水平定位图片

吊箱不产生位移。

7）吊箱定位稳定后，及时焊接拉压杆，按先周边后中心的顺序安装拉杆。首先，在护筒上用油漆标明上铰座的准确位置和标高；其次，在拉杆顶端穿上销子与上铰座固定在一起，拉直拉杆，将铰座耳板与护筒焊接牢固。为避免拉杆挂错护筒，拉杆上铰座应按设计院提供的桩位护筒编号统一进行标记，现场焊接时统一对号入座，并便于检查。

（12）底板封堵与清理、封底混凝土浇筑

1）拉压杆与钢护筒焊接完成后，由潜水员在水下用钢丝刷清洗护筒，并清除底板上残留的杂物。

2）底板封堵：采用弧形板及麻袋干混凝土封堵，每个护筒周边的弧形板等分为 4~6 块，单件重 40kg 左右。下放前将各块封堵板分开、后移布置于底板开孔边各处，利用螺栓临时固定；吊装定位后，潜水员水下紧固封堵板贴紧护筒（图 6.4-8）。

图 6.4-8　钢吊箱底板封堵图片

3）以满足导管布点为原则进行封底施工平台搭设，布置导管。

4）水下混凝土浇筑：封底厚度在 3m 以内时，采用全高度推进的形式浇筑，推进过程由两侧向中间，基本对称进行。

结合混凝土供应能力，对封底混凝土进行分仓分区，相对独立施工，降低混凝土供应中断造成的风险。分仓分区应尽量对称，混凝土浇筑时先中间仓后两边仓，逐仓对称进行。

5）标高监控：通过改善混凝土的工作性能和加密导管布置，尽可能使封底混凝土顶面平整；为减小抽水后的凿除量，同时保证有足够的封底厚度，封底混凝土顶标高控制在 [-20cm，+10cm] 以内较合理。

（13）抽水、转换拉压杆。拉压杆转换如图 6.4-9 所示。

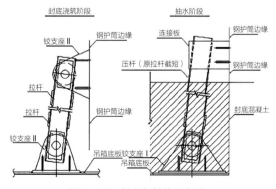

图 6.4-9　拉压杆转换示意图

1）待封底混凝土达到一定强度后，封闭连通管，抽出吊箱内的水。

2）将拉杆与护筒连接位置由水面以上，转换至封底混凝土顶面，最终形成压杆。

3）找平封底混凝土。

至此，吊箱施工完成，干施工环境形成，转入水上承台施工环节。

6.4.5　机具设备

超大型钢吊箱水上整体拼装下放施下工法主要配套设备如表 6.4-3 所示。

大型钢吊箱整体吊装主要施工机具设备表　　　　表6.4-3

序号	名称	规格型号	数量	单位	备注
1	浮吊	60 t（63t）	2	艘	壁板吊装
2	动臂吊机	1200 t·m	2	艘	壁板拼装
3	水泵	4.5 kW	24	台	抽水控制
4	千斤顶	LQY50	30	台	水平纠偏定位
5	千斤顶	200（350）t	40	台	小型构件安装
6	同步监控系统		1	套	下放吊点同步
7	结构应力监测系统		1	套	
8	甲板驳	1200（1800）t	4	艘	内支撑等其他块件运输
9	运梁船	700hp	2	艘	壁板运输
10	混凝土拌合站	75m³/h	4	套	封底混凝土浇筑
11	割炬		20	套	
12	电焊机		10	台	
13	发电机组	400kW	1	台	

6.4.6　劳动力组织

超大型钢吊箱整体吊装施工工法劳动力组织见表 6.4-4：

劳动组合及人员组成　　　　表6.4-4

人员组成	人数	备注
现场总负责	1	施工总协调
技术负责	1	
起重指挥	3	指挥浮吊吊放
船舶调度	2	调度设备抛锚就位
浮吊、动臂吊操作	10	
起重工	30	
电焊工	100	

人员组成	人数	备注
混凝土工	40	
现场施工工人	60	
混凝土拌合设备操作工	20	
现场施工及质量控制人员	6	施工质量控制
测量人员	4	定位监测
安全员	2	施工安全控制

6.4.7　质量要求

1. 遵照行业现行标准《公路工程质量检验评定标准－第一册 土建工程》JTG F80/1—2017（土建工程）的要求执行。

2. 按本工程的招标文件及业主确定的技术质量标准要求执行。

3. 钢吊箱壁板及内支撑委托加工能力强、技术水平高的专业钢结构加工厂制造。钢吊箱加工过程中采用有效措施防止焊接变形。

4. 钢吊箱焊接严格按图纸要求，整个吊箱需作水密检查。

5. 焊缝需进行外观检验、内部质量检验以及煤油渗透试验。

所有焊缝均应在冷却后按表 6.4-5 质量标准进行外观检查，并填写检查记录。所有焊缝不得有裂纹、未熔合、焊瘤、夹渣、未填满及漏焊等缺陷，外观检查不合格的焊接件，在未返修合格前不得进入下一道工序。

焊缝外观检查质量标准　　　　　　　　表6.4-5

编号	项目	允许偏差	简图
1	咬边	$\Delta<1$mm	
2	焊脚尺寸	K（+2，-1）mm	
3	焊波	$h<2$mm（任意 25mm 长度内）	
4	余高	$b<12$mm 时，$h \leqslant 3$mm $12<b \leqslant 25$mm 时，$h \leqslant 4$mm	

外观合格后，对钢吊箱所有关键受力焊缝及试板对接焊缝应沿焊缝全长进行超声波探伤，质量等级为 I 级；检验不合格件，在未返修合格前不得进入下一道工序。

6. 下放系统，包括千斤顶、锚环、悬吊梁的安装需精确放样安装，控制安装偏差。

7. 钢绞线的安装逐根进行，并用 1t 链条葫芦预紧，上、下锚孔用同一根钢绞线严格对齐，不得成麻花状或松紧不一。

8. 严格底板封堵，并实施水下复检制度；经历两个涨落潮考验后，再次检查底板封堵情况，防止混凝土浇筑过程中的渗漏现象。

9. 配备足够的混凝土生产及供应系统，并储备足够的混凝土原材料；开始浇筑后，要求混凝土连续不间断供应，直至该区域浇筑完成。

10. 严格控制混凝土的顶面高程。测量人员应勤于检测，尤其是在接近顶标高时，应每 10min 量测一次，及时掌握混凝土顶面高程，以便采取对应措施。

11. 严格控制混凝土的拌合质量，确保混凝土坍落度及和易性。

6.4.8　安全措施

1. 遵照行业现行标准《公路工程施工安全技术规程》JTG F90—2015 及《公路项目安全性评价指南》JTG B05—2015 的要求执行。

2. 遵照国家颁发的有关安全技术规程和安全操作规程办理。

3. 严格按施工工艺、操作规程及施工组织设计的有关安全条款进行施工。

4. 建立健全各工地、各施工环境下的施工安全规章制度，做好上岗前职工安全培训工作；特殊工种必须持安全考核证上岗，严禁无证操作、违章作业。

5. 对加工区水域航道、水深、流速及流向由拖带船船长按通航安全要求进行确认。

6. 下放系统的千斤顶在安装前均应作对拉试验，确保设计性能。

7. 下放系统及与下放相关的结构、焊缝必须严格检查，确保满足受力要求，安全系数不得小于 2。

8. 成立吊箱施工现场指挥小组，并与协作单位统一，确保专人指挥；吊装整体下放前对参与施工的人员资质进行审查确认，并召开一次专项安全交底和培训，明确相应职责和分工。

9. 下放前由结构设备安全检查小组对起重设备、吊箱关键结构的可靠性及安全性等进行严格检查；吊箱下放应选择风力低于 5 级、潮汐处于相对稳定的时间段进行。

10. 吊箱拼装为交叉作业，应安排足够的起重工在吊箱顶面或具有通视条件的位置进行吊装作业；由于施工场面点多面广，施工现场应保证有 3 名安全员在场。

11. 在封底混凝土浇筑平台上铺设通道、安装栏杆以及挂设安全网，非通道区严格隔离。

12. 吊箱下放过程中，尽可能减少吊箱内的人员数量，并由专人、统一指挥下放作业。

13. 在整个吊箱下放期间，设置明显的警示标志，防止碰撞。

6.5 钢吊箱围堰异位组拼后整体运输就位技术

以武汉天兴洲公铁两用长江大桥 P2 墩主塔基础钢吊箱围堰为例。

6.5.1 双壁钢吊箱围堰设计

1. 双壁钢吊箱围堰的设计特点

钢吊箱围堰采用双壁侧板隔舱、底隔舱，利用双壁侧板隔舱和底隔舱共同提供的浮力，使得重 2150t 的围堰吃水 2.6m，为围堰的整体制造和浮运提供了有利条件，同时充分利用航道条件及浮拖技术，将钢吊箱围堰、钻孔平台、钢护筒定位导向架等大量钢结构由水上散拼改为岸上工厂化制作，减少了墩位处的现场作业量，节约施工工期，同时提高了制作的精度，为钢护筒插打精度提供了有力的保证。钢吊箱围堰采用双壁侧板隔舱，利用双壁侧板隔舱内外水头差提供的浮力，无须加高围堰就能满足不同施工水位的钻孔施工，同时承台施工时只需将围堰双壁侧板隔舱内灌水或填混凝土即可将其整体下放，对深水高桩承台基础施工大大减少围堰的高度，节约了大量钢材。钢吊箱围堰采用底隔舱，围堰分成很多小室，有利于围堰封底混凝土的灌注施工。

2. 双壁钢吊箱围堰结构

双壁钢吊箱围堰如图 6.5-1～图 6.5-3 所示。

3. P2 墩主塔基础施工方案

P2 墩主塔基础采用双壁钢吊箱围堰法施工。围堰在工厂制造成型，下河，水上接高，整体浮运至墩位。围堰初定位后，调整双壁钢吊箱围堰侧板隔舱内水头，使围堰顶面高

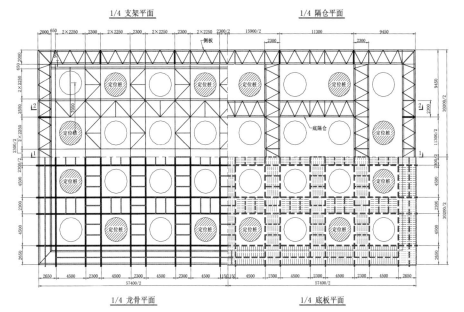

图 6.5-1 双壁钢吊箱围堰平面布置图

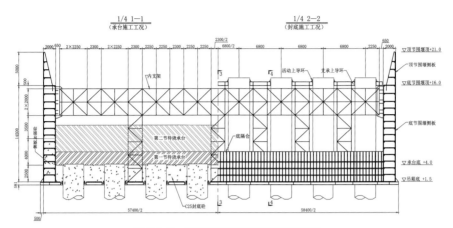

图 6.5-2　双壁钢吊箱围堰纵断面布置图

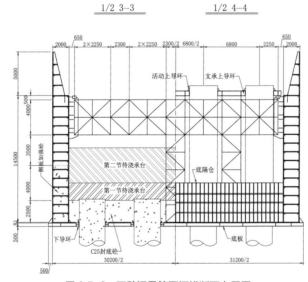

图 6.5-3　双壁钢吊箱围堰横断面布置图

程符合设计要求，重新调整锚墩上预应力钢绞线的锚固索力，实现围堰精确定位。以围堰内支架作导向，利用大型振动打桩机插打钢护筒之后将围堰挂于插打到位的钢护筒上，开始钻孔桩施工。

钻孔桩施工完毕，恢复围堰的锚墩锚固系统，解除第一次挂桩牛腿，在围堰双壁侧板内灌水，使围堰下沉至设计高程，并完成围堰的第二次挂桩。

随后浇筑围堰封底混凝土，待封底混凝土达到设计强度后在围堰内抽水。割除封底混凝土顶的钢护筒和部分吊杆，绑扎承台钢筋，采用大体积混凝土施工方法施工承台。

6.5.2　工艺流程

钢吊箱围堰异位拼装就位施工工艺流程宜按图 6.5-4 执行。

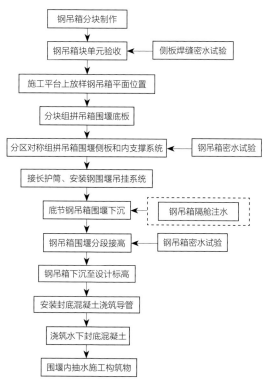

图 6.5-4　钢吊箱围堰异位拼装就位施工工艺流程图

6.5.3　大型钢吊箱围堰制造

1. 围堰结构

P2 墩双壁钢吊箱围堰呈矩形，长 57.60m、宽 31.20m，底节高 14.50m；围堰双壁厚 2.0m，内设底隔舱，底隔舱高 6.50m，浮运总重 2150t。双壁钢吊箱围堰由双壁侧板，底板，底隔舱，内支架，底板吊杆，支承活动上、下导环及甲、乙法兰及兜揽装置组成。其中底板长 58.40m、宽 31.20m、重 77t，由 121 件、共 10 种底板单元铺在龙骨上面而组成。龙骨是由Ⅰ50 工钢纵横交错平铺对接组成，重量合计约 129.7t。底节侧板由内外壁板加上隔舱板加上水平斜撑围成一个长 58.40m、宽 31.20m、高 14.50m 的空心双壁长方体，重约 734.52t，立于底板平面上。内支架和吊杆约重 406.53t，由各种角钢杆件及连接板连接而成，分别连接底节侧板与底板，起着支承导环与侧板的作用，并起工作平台的功能。底隔舱重约 160.7t，纵横向排列，其单件结构与侧板类似，仅以剪刀撑代替了侧板中间的隔舱板。上下导环各 32 件，重约 194.7t，由一个滚筒加上各种加劲肋拼焊而成。附属构件主要有甲类法兰 4 件，乙类法兰 10 件及侧板外围拐角处的 12 个兜揽装置。钢结构制造总量约 2150t。

2. 围堰制造

围堰制造按照下列顺序进行：底板龙骨加工制造→底板的制造→下导环制造、拼装→底隔舱制造、拼装→侧板制造、拼装→内支架制造→上导环拼装→附属构件（法兰、兜揽装置、剪力钉）安装。

（1）底板龙骨加工制造

1）龙骨胎架的搭设

①场地的选择：胎架搭设的位置主要考虑围堰大小及下水方便，胎架安装以离地800mm为基准。

②场地的布置：计算承受荷载，预先在要放龙骨墩的位置铺上碎石和沙包，以分散荷载、确保在制造施工过程中，不发生沉降现象。

③龙骨墩的布置：根据龙骨的结构特征，考虑气囊的布置。在龙骨的交会点处，共布置280个龙骨墩作为龙骨的拼焊平台，龙骨墩抄实，以免在施工过程中发生晃动的现象。

④立板的拼焊：考虑到以后托板的放置，预先在龙骨墩的顶部焊上立板，找平。

2）龙骨的制造

龙骨采用工地直接进料，下料切割，拼装焊接。具体施工工艺如下：

①龙骨的下料：龙骨是由型钢组成，龙骨在工地直接按工艺图尺寸采用氧割下料，在对接的位置，开对接坡口。注意根据龙骨耗料情况确定分段长度，对接位置尽量避开4.5m下导环的节间。每个型钢对接处的两端头的下料放足2mm的焊接收缩余量。

②龙骨的布置与焊接：将已下好料的龙骨按要求布置于拼焊平台上（龙骨墩）找平，按工艺施焊。施焊完成后检查外形尺寸及测量平面度，并把端头的余量切除。

（2）底板的制造

底板在工厂预制各部分零件，发运至工地组拼成底板单元，然后往龙骨上拼装。底板的加劲角钢由锯床直接下料。加劲板半自动切割下料，割刀修整。大底板直线切割下料。

1）放系统线：在龙骨平面上放好底板的系统线，与理论值偏差不得超过规范要求。

2）制作底板单元拼装胎架及焊接胎架：底板一共有10个种类，按最大的底板制作拼装胎架平台，其余胎架都由一个胎架改制而成。拼装胎架由四周的斜度靠位板、底板靠位板及角钢或加劲板位置弹线用的靠位板组成。

3）制作底板单元：底板各零部件发运至工地后，分类堆放。在拼装胎架上，按工艺图把底板预拼成形、点焊、脱胎后转入焊接胎架，按焊接工艺施焊。

4）吊杆吊板的安装由于吊杆吊板的焊接要求较高，要求熔透坡口焊，但是空间狭小，为了保证吊板的焊接质量，要求在底板与龙骨焊接之前，先把吊板焊于龙骨上，合格后方可铺设焊接底板。吊板采用与吊杆拼装成形的方框定位，以便控制整体拼装误差。

5）底板的铺设底板铺设主要由中间向四周按放样线铺设，点焊，检查拼装尺寸，合格后方可施焊。施焊完成的底板整体平面度不得超过15mm。

（3）下导环的制造、拼装

下导环的各零件在工厂下料制造，活动下导环预制部分单元件。发运至工地组拼可以与底板同时作业施工。

1）零部件的制造：异形板采用仿形切割下料，方板采用剪板与半自动切割下料，切角部分直接用割刀辅助下料，中间开圆孔大方板先分成四块对接，而后采用数控下料，圆筒采用卷板机卷制而成。预制完成后发运至工地拼装。

2）固定下导环的拼装

①在底板龙骨上放出拼装系统线。

②制作角度样板作为筋板安装时的靠位，以确保各筋板的角度正确。

③筋板的定位拼焊，将加工好的筋板，按照拼装线，用角度样板靠位，点焊，合格后方可施焊。

④安装卷筒在预制好的卷筒上作一系统线，用卷筒系统线对齐导环拼装系统线。根据卷筒的下边缘在筋板及大方板上划出切割线，切割，重新放入卷筒，整体检查合格后方可施焊。

⑤施焊完成后，根据导环的中心线再次放出整体系统线，在四个角的导环周围对称安装四个立柱，高度以露出水面为准，作出永久性标记，作为今后安装上导环的定位基准柱。

3）活动下导环的拼装根据固定下导环，重新放出拼装系统线。筋板的拼焊顺序同固定下导环，预制结构件可以放到下水之前用螺栓连接即可。

（4）底隔舱的制造、拼装

根据下水方案，底隔舱在横桥方向为通长，顺桥向断开。根据来料情况及考虑起吊能力，横桥向分成 5 段（Z1、Z2、Z3 、Z2、Z1），顺桥向分成 3 段（Y1、Y2、Y1），具体分段如图 6.5-5 所示。

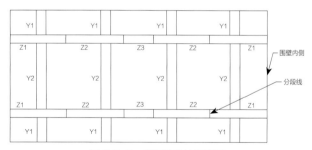

图 6.5-5　底隔舱分块示意图

在工厂预制板单元及各部分连接件，发运至工地组拼。

1）板单元的预制

①角钢采用锯床下料。顶端角钢按图放样氧割。

②壁板及水平加劲板对接：壁板及水平加劲板采用半自动切割下料。根据来料情况，采用水平方向对接，对接位置应错开水平加劲板的焊缝位置以上。对接完后的整体长度、对角线误差应满足规范要求。

③拼装胎架的制造：根据板单元的结构，制作拼装胎架，放出拼装定位线。

④组拼板单元：将下料好的角钢与水平加劲板按照定位线布于壁板上。先布置水平

加劲板，后布置竖向加劲肋，可以直观地观察竖向加劲肋与水平加劲板的拼装间隙，从而能更好地控制焊接变形。施焊将预拼好的板单元脱胎转入焊接胎架。

2）预制零部件

角钢采用锯床下料和砂轮切割机下料两种方式，对于要切斜角的角钢采用后者。小板块采用剪板机下料。

将预制好的板单元及各种零部件发运至工地。

3）底隔舱拼装

①在底板及龙骨上放好底隔舱的拼装系统线。

②拼装顺序：Z3（1件）→Z2（2件）→Y2（4件）→Z3（1件）→Z2（2件）→Z1（4件）→Y1（8件）。具体拼装顺序如下：

a. 先把隔舱板安装于板单元上，烧焊，拼装。

b. 把装好隔舱的板单元按照放的系统线立起，用临时支撑撑住，通过吊线，调整它的垂直度，垂直度控制在要求范围内。

c. 把对称的另一壁板单元立起，步骤及要求同②。

d. 由下至上安装十字剪刀撑。端头开口位置加临时支撑。

e. 检查整体尺寸，包括两侧壁错位、高低倾斜、垂直度、开口尺寸等。

f. 检查合格后，开始按工艺施焊，同时由下至上安装水平斜撑。施焊完成后，再次检查外形尺寸。

g. 对接其余隔舱部分按照前面的施工工序施工，对接处利用临时导向件如图对接壁板。平面方向可制作码子拉齐。壁板对接处外面制作施工平台施焊，里面借助斜撑及水平加劲板，铺设跳板施焊。同时角钢及水平加劲板对齐，烧焊。

h. 横桥与顺桥方向的对接（Y1与Z1、Z2，Y2与Z1、Z2）。检查壁板对接缝隙，将对接角钢吊到位，搭建平台烧焊。

（5）侧板的制造、拼装

钢吊箱围堰是一个14.5m高、厚度2m的双壁结构围成的一个长57.6m、宽31.2m、高14.5m的空心立方体，考虑到起吊及运输方式，将围堰分段，高度方向分成四段，由底向上分别为2.9m、3.0m、4.5m、4.1m，长度方向分成5段，分别为12.000m的4块，9.572m的1块，宽度方向分成3块，分别为11.900m两块，7.372m的1块。

1）侧板预制第一段（AB段）和第二段（CD段）同底隔舱一样，都是先制造板单元及各种零部件，合格后发往工地。

2）顶部两段（EF段、GH段）由于在水上接高，其难度有所增大，为了保证工期，预先在工厂把预制件拼装成单元块，整体发运安装。

3）底节段的拼装。各部件发运至工地后，下两段（AB、CD）在龙骨底板拼装，上两层（EF、GH）待围堰下水后接高。

4）连接围壁和底隔舱。先把底隔舱的角钢及水平加劲板和围壁焊接缝隙过大用码子拉小，而后把竖向角钢吊到位后焊接。

5）吊杆的安装根据工艺，考虑施工方便，必须在下水之前把吊杆安装完毕。吊杆由型钢杆件和连接板通过螺栓组拼而成。杆件和连接板全部于工厂预制完成，杆件和连接板均采用模板钻孔。预制完成后，发运至工地。在工地上，先预拼单元结构件。整体吊入围壁内，到位以后与原来安装的吊板连接在一起。考虑与内支架连接方便，在吊杆与内支架连接部位螺栓先不带紧。

6）法兰连通的安装法兰在工厂制造发运至工地组拼。在底隔舱及围壁的位置画出法兰的位置线，用割刀开孔，安装法兰。

7）水上接高将已拼成整体的底板龙骨及下导环，底隔舱 AB、CD 两段围壁下水，到达正确位置后，用船将 EF、GH 段的单元块送到指定位置通过浮吊对围壁进行接高。

（6）内支架的制造

内支架均为型钢杆件和连接板，通过螺栓组拼而成。杆件和连接板全部在工厂预制完成，杆件和连接板均采用模板钻孔。预制完成后，发运至工地。

在工地上，先预拼单元结构件。然后用船将单元结构件运到指定位置，通过浮吊，先将吊杆结构拼装。内支架的拼装顺序是先拼装围壁与吊杆单元之间的单元结构，再拼吊杆与吊杆之间的单元结构。最后在吊杆上部将内支架连成整体并与吊杆连接成整体。检查尺寸无误后，带紧全部螺栓。

（7）上导环的拼装

根据原先画的 CD 段的水平基准，通过测量在内支架上放出上导环的拼装系统线。同时也可以通过下导环的基准柱进行复核。保证上、下导环的同心度。将工厂发来的预制件按拼装系统线拼装，卷筒先不上，其加劲板都预先放好余量。到精确定位时再确定卷筒的位置。修割加劲板、再把加劲板与卷筒焊接。

围堰主体全部完工后，检查整体尺寸，将长度误差、宽度误差、对角线误差控制在规范允许值以内。

（8）附属构件的安装

围堰的附属构件主要有兜兰装置、锚梁、剪力钉。其中安装在 AB、CD 段及底隔舱的部分剪力钉、部分兜缆装置及锚梁必须在整体下水之前安装完毕。剪力钉的安装预先在围堰和底隔舱上放出剪力钉位置系统线，按照放线进行拼装焊接。兜兰装置预先在围堰外壁拐角处画出兜兰装置的拼装线。用浮吊将兜兰装置吊到位。对位安装：用角尺保证与围壁垂直，上下开档由工厂预制时加临时支撑件，拼装完成后敲掉。锚梁由工厂制造，发运至工地组拼。至此，围堰制造就全部完成（图 6.5-6）。

图 6.5-6　制作完成的双壁钢吊箱围堰

6.5.4　大型钢吊箱围堰的下河

武汉天兴洲公铁两用桥 2 号主塔墩吊箱钢围堰底节段平面形式为一长方形，长57.6m，宽31.2m，下水段高 6.5m（下水部分，包括底板龙骨），总重量约707.2t。吊箱外壁厚2m，纵向底隔舱厚2.55m，横向底隔舱厚2.3m。底隔舱在宽度方向为 4 道厚2.3m 的间断舱壁，长度方向为 2 道厚2.55m 的连续舱壁。以结构的受力特点及结构本身的安全性为前提，采用整体纵向下水。下水地址选在离桥址下游 1 公里左右的华航江南船厂。

1. 基础处理

（1）吃水深度计算

2 号墩底节段钢围堰重 G=707.2t

可提供的浮力面积为 $S=S_{侧}+S_{隔}=$（57.4+26.2）×4+（26.2+22.1）×2.3×4=778.76m²。

$$吃水深度 h = \frac{G}{\gamma \times S} = \frac{707.2}{778.76} = 0.91\text{m}。$$

如加底板高 0.581m，底节围堰吃水高为 1.49m。

（2）水位调查

根据长江航道局调查的 2000 ~ 2002 年三年来 10 月~次年 1 月四个月的武汉关水位情况，江南船厂在 1 月初的水位相对黄海平均为 16.057m，因此，在分析计算中水位定为 15.5m 是比较合适的（图6.5-7）。

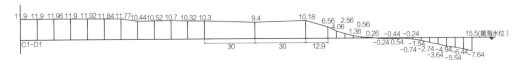

图 6.5-7　黄海水位 15.5m 时 C1-D1 剖面图

（3）下水滑道基础处理

1）下水滑道坡度处理

从地形图中可以看出，江滩在 H1 点（B1-D1，距 C1-D1 140m 处）以上的坡度较为平缓，从 H1 点往下坡度开始变得不规则，故在 H1 点以上的江滩只作局部平整（图6.5-8），坡度基本维持不变，H1 点至 H2 点（两点水平距离为 37.92m）坡度修整为1:13.7，H2 点至 H3 点（两点水平距离为 60m）坡度修整为 1:9，以便于箱体下水。

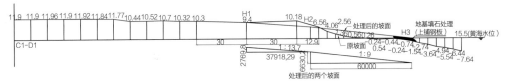

图 6.5-8　下水时处理后的 C1-D1 剖面图

2）滑道路基处理

由于华航江南船厂下水处为长江主航道线，此处泥土长期受长江水流冲刷，因此，河床淤泥较浅，且厂家经常在此处下船作业，故基础较为结实。采取的加强措施：推成坡面后 H1 至 H2 间用碾压机碾实，并用分口石在气囊滚动区域内铺设两道 12m 左右的坚实路基（约 30cm 厚），上用约 10cm 厚的粉末矿渣盖面；从 H2 点至水面 H3 处滑道基础清淤，抛碎石、砂袋填两道宽 15m 左右的坚实路基，上铺 10cm 厚 6% 水泥稳定层，并碾压夯实；从 H2 点向岸上方向路基推平、碾压夯实，气囊滚动区域铺盖粉末矿渣。下水处坡道铺设两道宽 10m、长 20m 的钢板作为滑道路基垫板，填挖土石方量约在 1 万余立方米左右（图 6.5-9）。

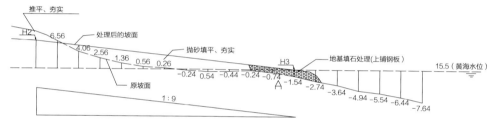

图 6.5-9　地基处理示意图

2. 下水受力分析计算

（1）2 墩围堰下水部分重量

下水部分俯视图如图 6.5-10 所示，重量统计见表 6.5-1。

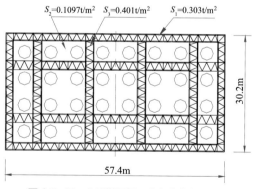

图 6.5-10　2 号墩围堰下水部分俯视图

下水重量统计表　　　　　　　　　　　　　　　表6.5-1

单元件	底隔舱（t）	底板（t）	6.5m高底节侧板（t）	下导环（t）	托板（t）	T型材（t）	合计+1.5%焊缝重量（t）	沿围堰纵向每延米重量（t/m）
重量	178.16	199.8	329.27	85.82	146.7	11.2	965.2	16.815

（2）气囊的受力计算

1）ϕ1200 气囊的单个承载技术参数（表6.5-2）

ϕ1200气囊的单个承载技术参数表   表6.5-2

H（m）	0.2	0.3	0.4	0.5	0.6	0.7
ϕ1200×15000 气囊承载力（t）	168	151	134	118	100	84
ϕ1200×10000 气囊承载力（t）	112	101	90	79	67	56

注：表中 H（m）值为气囊的工作高度，亦为箱体托板离地面的高度。

2）关于气囊用量的计算

以 15m 的气囊为例，气囊的工作高度 H 一般为 0.3m。

2 号墩围堰：取气囊个数 n=18。

则气囊的安全系数 K 为：

K=151n/G=151×18/928.4=2.93>K_0=1.2~1.4（常规情况）

由此可见，气囊有 2.9 倍的富余量，主要是考虑到箱体底部结构局部强度的不均衡，通过更多的气囊来分配箱体的重量，使局部的受力减小。

由以上计算可知，选用上述个数气囊是安全可靠的。

（3）钢围堰悬出部分的重力与水中部分的浮力计算

下水角度按 1:9 计算，气囊受压后的工作高度为 0.3m，底板下龙骨高度为 0.581m，托板厚度为 0.016m，故箱体下部空间高度取 0.9m。

2 号墩悬出岸边部分的重力计算：

如图 6.5-11 所示：G_1=16.815x（t）（x 为伸出岸边的长度）

水中部分的浮力计算：

F_1=0.754（x-8.1）2（t）（$x \geq$ 8.1，x 为伸出岸边的长度）

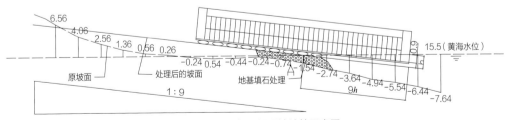

图 6.5-11 围堰下河理论计算示意图

（4）围堰下水各工况的具体分析计算

因围堰底部结构为 4.5m×4.5m 的空格，故托板在承载时局部强度不够，因此考虑托板在空格处加 T 型材，增加局部强度。围堰箱体在下水时必须保持固定的角度，这样才能使各气囊受力均匀，避免因局部受力增大而使气囊破坏。所以箱体悬出部分产生的重力矩必须由岸边支点提供等效弯矩。

说明：计算中 A 作用点指接近水面的气囊的受力点，所求的力矩是指对最后一个气囊的受力点求矩。吃水深度约为 0.994（$h-0.9$）。

1）下水工况一（悬出长度为 8.1m）（图 6.5-12）：

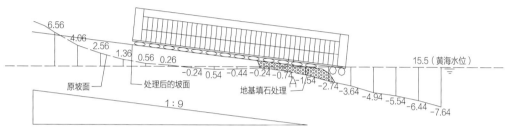

图 6.5-12　围堰下河工况一计算示意图

围堰下河工况一计算结果见表 6.5-3。

工况一时各数据分析表　　　　　　表6.5-3

悬出长度（m）	吃水深度（m）	悬出质量（t）	重力矩（t·m）	浮力（t）	浮力矩（t·m）	A处支反力（t）
8.1	0	136.2	12823.3	0	0	329.6

2）下水工况二（悬出长度为 14.85m）（图 6.5-13）：

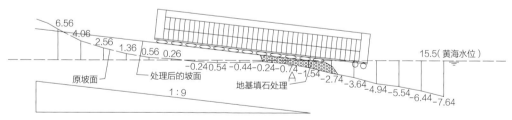

图 6.5-13　围堰下河工况二计算示意图

围堰下河工况二计算结果见表 6.5-4。

工况二时各数据分析表　　　　　　表6.5-4

悬出长度（m）	吃水深度（m）	悬出质量（t）	重力矩（t·m）	浮力（t）	浮力矩（t·m）	A处支反力（t）
14.85	0.75	468.04	18411.6	112.3	4692.4	426.7

3）下水工况三（悬出长度为 23m）（图 6.5-14）：

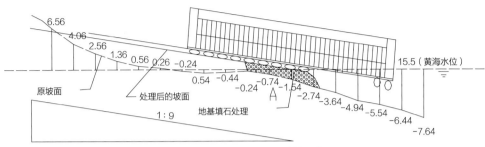

图 6.5-14　围堰下河工况三计算示意图

围堰下河工况三计算结果见表 6.5-5。

工况三时各数据分析表　　　　　　　　　表6.5-5

悬出长度 （m）	吃水深度 （m）	悬出质量 （t）	重力矩 （t·m）	浮力 （t）	浮力矩 （t·m）	A处支反力 （t）
23	1.65	637.97	22512.2	388.3	16218.5	262.2

4）下水工况四（悬出长度为 26.9m）（图 6.5-15）：

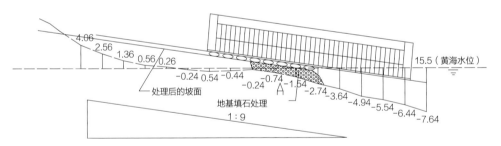

图 6.5-15　围堰下河工况四计算示意图

围堰下河工况四计算结果见表 6.5-6。

工况四时各数据分析表　　　　　　　　　表6.5-6

悬出长度 （m）	吃水深度 （m）	悬出质量 （t）	重力矩 （t·m）	浮力 （t）	浮力矩 （t·m）	A处支反力 （t）
26.9	2.07	718.3	23950.8	592.1	23971.5	0

5）下水工况五（悬出长度为 31.3m）（图 6.5-16）：
围堰下河工况五计算结果见表 6.5-7。

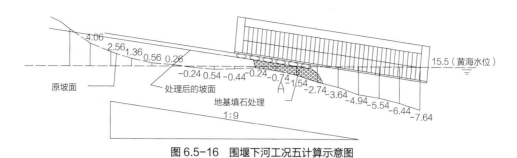

图 6.5-16　围堰下河工况五计算示意图

工况五时各数据分析表   表6.5-7

悬出长度（m）	吃水（m）	悬出质量（t）	重力矩（t·m）	浮力（t）	浮力矩（t·m）	A处支反力（t）
31.3	2.56	1456.2	34015.4	872.86	34062.8	0

6）各工况汇总统计（表 6.5-8）

各工况统计表   表6.5-8

工况	悬出长度（m）	悬出部分重力矩（t·m）	水中部分浮力矩（t·m）	A处需支反力（t）
一	8.1	12823.3	0	329.6
二	14.85	18411.6	4692.4	426.7
三	23	22512.2	16218.5	262.2
四	26.9	23950.8	23971.5	
五	31.3	26251.7	34062.8	

　　由以上分析可得，围堰在下水过程中，浮力与悬出部分的重力相差不大，当悬出26.9m 时，浮力矩基本相当于增加部分的重力矩。在钢围堰下水的瞬间，即岸上最后一组气囊提供支承力时，水中的浮力已基本相当于结构整体重力，即气囊承重是安全状态。当 A 点的支反力较大时，可考虑在围堰前端加气囊以增加浮力（工况一、二、三）；当浮力矩太大时，可注水维持一定角度而利于下水。

　　由以上的计算结果可以得到以下结论：

　　①在下水过程中，围堰吃水深度为 0~3.11m（加上龙骨约为 0~3.7m），而在水位为 15.5m 时，该段河床中相应水深为 2.75~7.64m（从工况一至工况五示意图可知），因此，围堰在江南船厂水位时下水，该段水深可提供足够的浮力，不会因为水浅而使围堰在下水过程中搁浅。

　　②下水过程中点的最大支反力约为 267.1t，而此时两组 $\phi1200 \times 15000$ 的气囊所能提供的支承力约为 600t，故气囊本身是安全的。

③下水过程之前，将对滑道路基及入水处周围路基作处理，以达到承受围堰下水时承重要求。

3. 下水施工工艺

钢吊箱围堰整体制造成型后，用台车从制造场地横移至下水边缘，采用气囊法将整体钢吊箱围堰下放到水中（图 6.5-17），钢吊箱围堰在水中自浮后，利用拖轮将钢吊箱围堰浮运到墩位处。整个下河过程分三阶段进行：

图 6.5-17　钢吊箱围堰下水图

（1）下河前准备

平整场地：使下河坡度控制在 10° 以内，用人工和推土机结合施工。

铺垫路基：场地工程完工后，在靠近水边上 500m² 范围内铺设 δ=10mm 钢板（10m×25m 两条），用于增强软路基面承载力。

挖制岸牛；制作岸牛、水牛各两个，租用气囊 40 个，购置钢丝绳、钢缆、滑轮并布置到位，呈待下河状态，同时对配电设备和卷扬机进行检修和更新，达到安全运行。

气囊布置：围堰顶高拆除辅助工程的构件并降低围堰高度。布置气囊 2 路，每路均布 12 个气囊，并配备各 8 个气囊滚动连接。

检查所有设备，固定装置，滑动装置钢绳到位情况确保安全。

（2）岸上移动

气囊充气：用空压机分别由中心向两头充气，使其保证到额定压力 50kPa。

气囊调整：使围堰达到不大于 5° 的坡度，然后放松首部牵引绳，使其自然下滑移动，并掌握好钢丝绳松紧度，使其缓慢匀速移动，同时根据移动距离增加连接用气囊并迅速将首部移出气囊移到尾部继续连接，形成气囊不间断的连续滚动，使围堰安全平稳到位。

（3）水牛牵引移动

在岸上移动之前，按下河布置图（图 6.5-18、图 6.5-19），将首部及河下水牛、钢丝绳、钢缆、滑轮组等布置到位，处于可立即使用状态。

岸上滚动由于围堰自重和路基影响，围堰自滑力可能下降或者停止，此时立即启动水牛牵引法，用卷扬机带动钢缆和滑轮组，增加围堰滑动力，并控制速度，使围堰安全下水。

4. 大型钢吊箱围堰的浮运及初定位

（1）浮运前的准备工作

1）钢吊箱设计时要充分考虑钢吊箱在浮运拖带施工过程中各个工况的受力、稳定及构造要求研究拖轮合理的布置方式、所需拖轮的总功率、航道条件、水流方向、速度及行航航线等。

2）准备浮运定位所需机具设备，并对用于浮运定位的所有机具设备的工作性能及运行状况进行全面的检查、检修，确保其运转正常，各连接部位安全可靠。

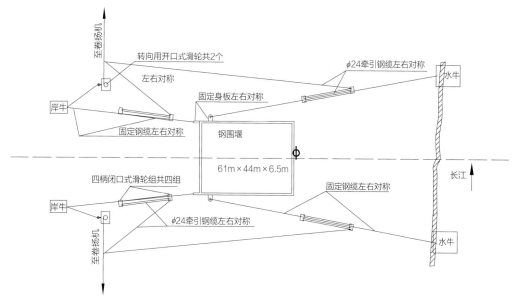

图 6.5-18　钢吊箱围堰下河平面布置示意图

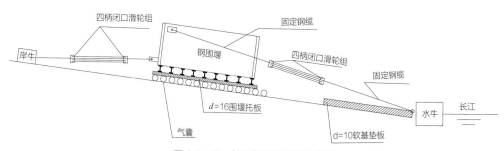

图 6.5-19　钢围堰下河立面布置图

3）在四个锚墩承台上布置好张拉锚定装置，和用于钢吊箱围堰初定位钢丝绳拉缆的连接安装装置。

（2）钢吊箱围堰浮运及初定位

钢吊箱围堰的浮运（图 6.5-20）就是用拖轮组将钢吊箱围堰从工厂停靠码头拖运到墩位处，并要求拖轮组将钢吊箱围堰稳定在墩位附近，迅速在钢吊箱围堰与锚墩之间安装临时拉缆，并利用临时拉缆对钢吊箱围堰进行初步定位。

图 6.5-20　浮运钢吊箱围堰

在围堰到达墩位之前，将两根 $\phi43$ 主拉缆的一个八挂头分别与上游两锚墩上的系缆桩连接好，盘放在上游锚墩附近的工作船上，等待牵引过索。

用拖轮牵引围堰至 P2 墩，当围堰行至墩位上游 30m 时，减小拖轮马力并将围堰大致稳定在此位置。

用两艘机驳分别将围堰上游两台卷扬机上 $\phi21.5$ 的钢丝绳从围堰过到上游侧的两锚墩处的工作船上，各自牵引 $\phi43$ 主拉缆同时从锚墩处至围堰顶面，将 $\phi43$ 主拉缆临时打梢于围堰上，然后连接卷扬机的钢丝绳和滑车组的钢丝绳，用 50t 大卡环将主拉缆的另一个八挂头与滑车组动滑轮连接。

为满足安全、快速的操作原则，要求拖轮将围堰控制住，并将围堰稳定在墩位上游 30m 左右的范围内，直至主拉缆安装完成，如图 6.5-21 所示。

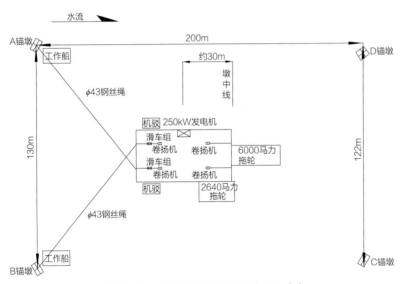

图 6.5-21　钢吊箱围堰初步定位布置图（Ⅰ）

把两根主拉缆分别与围堰和锚墩连接好，经检查无误后，拖轮组再减小马力，让围堰顺流下滑，逐渐将两根主拉缆绷紧。拖轮应控制围堰的下滑速不能过大，尽量减小对主拉缆和锚墩的冲击。主拉缆及滑车组的长度、卷扬机的摆放位置要事先计算好，保证主拉缆绷紧。

主拉缆绷紧后即将拖轮的牵引力转移到主拉缆上了。检查主拉缆的连接点的受力及变形状况，在确保安全的情况下，解除 6000 马力主拖轮与围堰的连接，如图 6.5-18 所示。

围堰与下游锚墩之间采用两根 $\phi28$ 后拉缆连接。主拉缆安装完成后，两机驳分别移到围堰下游侧，分别牵引 $\phi28$ 后拉缆至锚墩处，把钢丝绳的八挂头与锚墩上布置的系缆桩连接，如 6.5-22 所示。

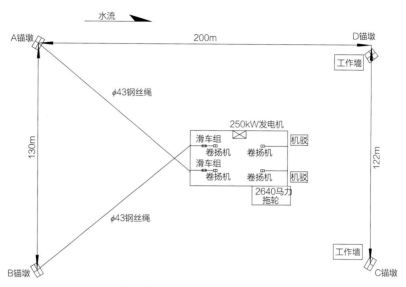

图 6.5-22 钢吊箱围堰初步定位布置图（Ⅱ）

鉴于 P2 墩墩位处水流比较紊乱，流水对围堰有横向力作用，要求 2640 马力拖轮在后拉缆安装完之前不得解除，确保拖轮对围堰的横向稳定有足够的控制能力。

主拉缆和后拉缆安装完成并预收紧后，围堰的锚固体系形成，再解除 2640 马力拖轮与围堰的连接，如图 6.5-23 所示。

测量围堰的位置，根据测量结果，利用围堰顶面的卷扬机及滑车组调整主拉缆、后拉缆，将围堰偏差控制在 50cm 以内。

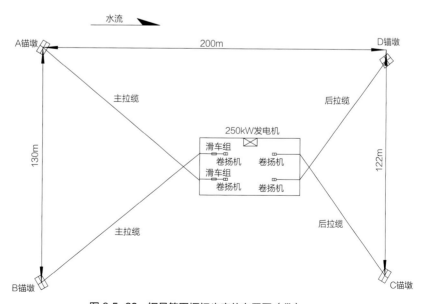

图 6.5-23 钢吊箱围堰初步定位布置图（Ⅲ）

5. 大型钢吊箱围堰的精确定位

（1）锚墩定位系统安装

在四个锚墩上各设一台张拉千斤顶及配套的油泵和压力表等定位系统装置。各预应力钢绞线拉缆的一端通过万向节与拖带系缆装置固定，另一端分别牵引至各锚墩处与张拉牵引杆的牵引端通过连接器连接，然后将牵引杆的张拉端与千斤顶安装固定好，如图 6.5-24 所示。

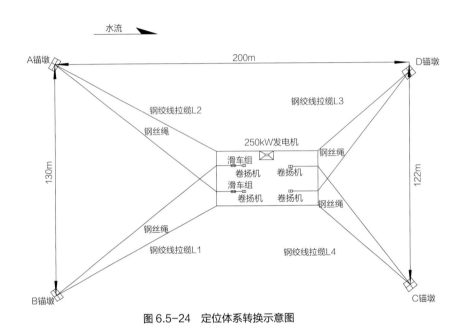

图 6.5-24　定位体系转换示意图

（2）钢吊箱围堰调整

钢吊箱围堰的调整分为以下两个步骤：

步骤一：利用初定位钢丝绳对钢吊箱围堰作初步调整。

1）钢吊箱围堰标高的调整

测量钢吊箱围堰的标高，根据测量结果确定调整方向，通过调节底隔舱水位将钢吊箱围堰顶四角相对高差控制在 3cm 以内。

2）钢吊箱围堰平面位置的调整

利用初定位牵引系统，控制钢吊箱围堰平面位置偏差不大于 30cm。

步骤二：利用锚墩定位系统对钢吊箱围堰精确定位。

根据当时水位、流速，以及所设的预拉力大小等条件计算各拉缆的张拉力大小。

1）临时拉缆定位向张拉锚墩定位系统转换

在四个锚墩上同时对称、均匀地调节上层拉缆到初应力后，放松临时拉缆，将钢吊箱围堰的定位系统由临时拉缆转换为锚墩定位系统控制。

2）钢吊箱围堰精定位调整

①在四个锚墩上同时对称缓慢、均匀地张拉上层拉缆到 0.5 倍设计值，实时监控张拉的过程中钢吊箱围堰的平面位置的变化是否与理论相符；

②根据测量的钢吊箱围堰平面情况，反过来计算相应的各锚墩处张拉千斤顶需要放张的尺寸以及各拉缆所需最终张拉力的大小；

③根据计算结果，对各锚墩处千斤顶，按照先放后张的原则进行控制，直至钢吊箱围堰达到理论定位要求；

④用同样的方法来张拉钢吊箱围堰的下层拉缆来调整钢吊箱围堰的垂直度，直至钢吊箱围堰倾斜度 <1/2000。如图 6.5-25 所示。

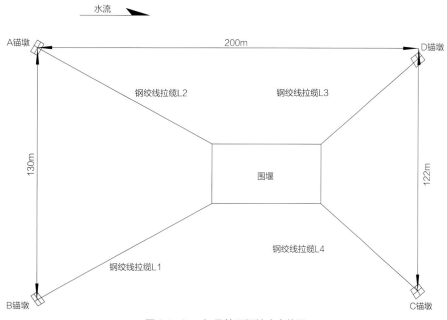

图 6.5-25　钢吊箱围堰精确定位图

6. 钻孔桩及承台施工

（1）钢护筒插打施工。钢吊箱围堰依靠锚墩定位系统精确定位后为浮态结构，应及时插打钢护筒，将钢吊箱围堰的浮态体系转换成固结体系。

首先同时插打钢吊箱围堰两对角的定位钢护筒，插打利用钢吊箱围堰底板上设有的活动下导环及内支架顶面设有的活动上导环等装置组成的定位导向系统，调节钢护筒的平面位置及垂直度，钢护筒坐床前再次检查钢吊箱围堰的平面位置、钢护筒的平面位置和垂直度，钢护筒靠自重快速坐床后采用液压振动打桩机及时将钢护筒插打到设计标高，再次按上述办法插打另外两对角钢护筒。四角的钢护筒插打完成后马上在钢护筒上安装钢吊箱围堰挂桩装置，钢吊箱围堰微量下沉后坐落到钢吊箱围堰挂桩装置上，钢吊箱围堰完成由浮态体体系向固结体系的体系转换，钢吊箱围堰平面定位完成。利用钢护筒定位导向系统继续插打剩余的钢护筒。

（2）钻孔桩施工。利用钢吊箱围堰顶面作为钻孔桩施工平台，平台上布置钻机、空压机、泥浆分离器及泥浆管路等，利用已成桩的钢护筒安设钢吊箱围堰升降系统，实现钢吊箱围堰随水位变化时的标高调整。

（3）承台施工。

（4）钻孔桩完成后，拆除钢吊箱围堰上的不必要的施工载荷，利用钢吊箱围堰升降系统将钢吊箱围堰下放到设计标高。进行水下混凝土封底，钢吊箱围堰内抽干水后施工承台。

6.5.5　锚墩定位系统

1. 锚墩定位系统布置

钢吊箱围堰和锚碇系统定位布置示意图如图 6.5-26 所示。钢吊箱围堰尺寸：L=57.6m，B=31.2m，H=14.5m，壁厚 δ=2m，自浮状态吃水深度为 h=2.5m（不含底龙骨，底龙骨高度 0.5m）。锚碇结构采用钢管桩斜桩基础，钢管桩直径 1.0m，厚 12mm，锚碇承台为钢筋混凝土。

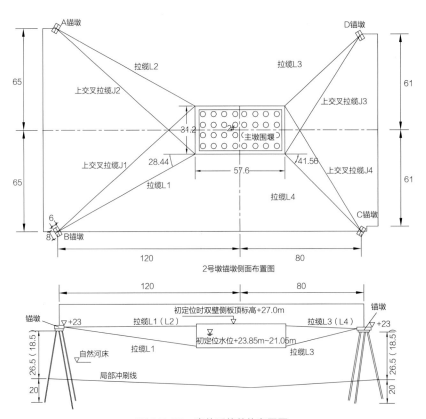

图 6.5-26　定位系统总体布置图

2. 锚墩结构设计

锚墩结构由主体和辅助结构两部分组成（图6.5-27），主体结构包括钢管桩基础和钢筋混凝土承台。辅助结构包括承台上的张拉系统。

为有效地缩短锚墩的施工时间和减小投入，锚墩基础选用了钢管桩基础，为了保证钢管桩基础能很好地共同受力且有较大的刚度，钢管桩基础上采用钢筋混凝土承台，承台顶面标高定在 ±23m。

图 6.5-27　锚墩定位系统图

上游侧锚墩基础（图6.5-28）采用9根直径1000mm、厚12mm钢管桩，呈3×3行列式布置，桩间距分别为2m和3m。钢管桩的斜率分别为1:5（外排桩）和1:11（中间排桩），桩底高程为-28m。承台顶面高程+23m，外形尺寸如下：长 × 宽 × 高 = 8m×6m×2.5m。承台顶设预埋件，与张拉反力梁连接。张拉平台设在承台顶。

下游侧锚墩基础（图6.5-29）采用6根直径1000mm、厚12mm钢管桩，呈3×3行列式布置，桩间距分别为2m和3m。钢管桩的斜率分别为1:5（外排桩）和1:11（中间排桩），桩底高程为-28m。承台顶面高程+23m，外形尺寸如下：长 × 宽 × 高 = 6m×5m×2.5m。

承台顶设预埋件，与张拉反力梁连接。张拉平台设在承台顶。

3. 锚墩施工

（1）锚墩钢管桩的制造

1）钢管桩出厂前应作焊接检查，对接焊缝全部X探伤，发现问题及时补焊。

2）第一节钢护筒要设置两个吊点（上吊点距护筒上口7m，下吊点距护筒上口29.5m），吊点处须加强，且两吊点要设置在同一直线上。第二节钢护筒要设置两个吊点，

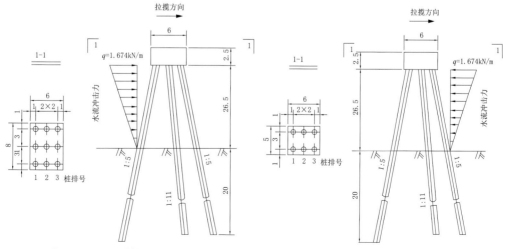

图 6.5-28　上游锚墩结构布置图　　　　图 6.5-29　下游锚墩结构布置图

上吊点距护筒上口 0.5m，下吊点距护筒底口 0.5m。

3）在第一节钢护筒的上口外侧加一道环形劲板，劲板采用 10mm 的 Q235 钢，高度为 500mm。在第一节钢护筒的底口外侧加一道环形劲板作为桩靴，劲板也采用 10mm 的 Q235 钢，高度为 500mm，且在劲板外侧开 10mm×10mm 的坡口。

4）钢桩出厂前，在钢桩上用白油漆做上标尺，以便钢护筒在插打过程中观测。

（2）锚墩钢管桩插打

1）打桩船抛锚定位

①钢管桩的插打采用型 10D 浮运式打桩船，此船自配有下沉导向架、锚固系统、动力供应及自动平衡装置，其主要技术参数见表 6.5-9 所列。

打桩船主要技术参数表　　　　　　　表6.5-9

项目	技术参数
锤重	锤重 22t，桩帽重 4t
最大吊桩能力	桩长 52m，水面以上最大吊桩能力 33m
桩架高度	主塔高 40.5m，导向架高 60m
打桩最大外伸距离	3.5m
打桩最大倾角	1/3（前后倾角度 18.5°）
发电机功率	250kW

②打桩船由拖轮从泊停码头拖运至预定的位置，用全站仪跟踪测量定，抛锚按先上游后下游，先主锚后边锚的顺序进行。抛完锚后，打桩船绞锚收紧，初定位于锚墩位置。

2）打桩所须机具设备见表 6.5-10 所列。

打桩设备表　　　　　　　表6.5-10

序号	名称	规格	数量	用途
1	打桩船	10D	1	锤击沉桩
2	抛锚船	400T	1	打桩船抛锚
3	运桩船	400T	1	运输钢护筒
4	交通船		1	
5	拖轮	540 马力	1	拖运打桩船

3）锚墩钢管桩插打前的测量准备工作

在锚墩钢管桩插打前，要测量锚墩和墩位处河床面的标高、水流速度，并布置好观测点。

4）锚墩钢管桩的插打

① 钢护筒的运输采用运桩船。在码头用吊机起吊至运桩船上，用拖轮运输钢护筒至打桩船处。

② 打桩船在抛锚时已初定于锚墩处，但在起吊钢护筒时须收放锚绳移动打桩船，然后起吊钢护筒安装在导向架上。

③ 首先吊起底节钢桩安装于导向架之上，调整导向架的导向装置，移动打桩船至锚墩处并精确定位。

④ 调整钢管桩的倾角，使钢桩在其受力方向的铅垂面内的倾角满足设计要求。

⑤ 测量钢桩的入水坐标，根据测量结果，如果偏差较大可以先通过调整主边锚索，偏差较小时调整导向装置，使精度控制在设计要求以内。

⑥ 当钢桩下落到与河床接触，在锤击下沉之前，再次检查钢桩的桩位及倾角，钢桩入土的位置要符合设计要求。

⑦ 打桩船采用的是锤击沉桩的方式，依靠桩锤的冲击能量将桩打入土中。在锤击下沉前，将桩帽安装于桩顶，在沉桩时能保证锤击力作用于桩轴线而不偏心。

⑧ 检查桩架、桩锤、桩帽、动力机械和主要机械设备的工作状况是否良好，检查桩锤、桩帽与桩中心轴线是否一致。

⑨ 在锤击开始时，应严格控制桩锤的冲击动能，应采用较低的落距，提锤高度不宜超过 0.5m，严格控制桩位及桩的倾斜度，在沉桩过程中不得采用强行拉、顶桩头或桩身的办法来纠偏，以防止桩身变形。

⑩ 在沉桩过程中，以控制桩顶标高为主，当桩尖达到设计标高而贯入度仍然较大时，应继续锤击，使贯入度接近控制贯入度。如贯入度已达到控制贯入度，桩尖标高比设计标高高得多时，应上报设计部门研究确定。

⑪ 如遇到贯入度突然发生急剧变化，桩身突然发生倾斜、移位，桩不下沉，桩锤有严重的回弹现象，桩顶变形，桩身弯曲现象应立即停止锤击，查明原因，采取措施后方可继续施工。

⑫ 在锤击沉桩时应充分利用打桩船的平衡装置控制船体的稳定，防止船体晃动。对锚索的受力状态经常检查调整，当波浪超过二级（波峰高 0.25~0.5m），流速大于 1.5m/s 或风力超过五级（风速大于 8~10.7m/s）时，不宜沉桩。当其他船舶通过施工区域、行船波浪影响打桩船稳定时，应暂停沉桩。

⑬ 应及时把已沉好的相邻的桩连成一体，加以保护，增强桩的抗冲击能力。

⑭ 做好沉桩记录，沉桩的质量标准应符合《公路桥涵施工技术规范》JTJ/T F50—2011 的要求。

（3）锚墩承台施工

锚墩承台施工工艺流程：搭设施工平台→安装模板→绑扎承台钢筋→安装预埋件→灌注承台混凝土。

6.6　大型钢吊箱围堰整体船运吊装技术

6.6.1　技术特点

1. 工厂化加工，码头拼装，质量可控。整体吊装上船操作简单易行，船运稳定性高。

2. 施工高效、迅速，船运及吊装过程中对航道影响小，减少了因施工期对航道管制产生的经济投入。

6.6.2　使用范围

适用于桥梁水中大型承台钢吊箱围堰整体水运及吊装施工。

6.6.3　工艺原理

双壁钢吊箱是作为桥梁深水高桩承台施工的围堰，加工制作后以整体浮运、船运至施工现场或在施工平台分块拼装后整体吊装下放，通过吊杆系统锚固在钢护筒上，然后经过浇筑封底混凝土抽水、拆除锚固系统等工序来实现承台无水施工。

按照施工进度计划，在桥梁钻孔灌注桩施工的同时工厂化分块加工制作钢吊箱，将加工完成底板分块运输至码头进行拼装成整体，然后将壁体分块运输至码头和吊箱底板进行合拢，完成吊箱制作后采用浮吊和大型驳船通过吊箱起吊、浮吊后移、驳船进位、浮吊前移、吊箱下落固定等工序完成钢吊箱整体装船。完成吊装后利用两艘拖轮采用一绑拖一带拖的方式将驳船拖运至施工现场，然后通过浮吊就位、驳船进位、浮吊前移、吊箱起吊、驳船退位、浮吊前移、测量对中、吊箱下放定位完成钢吊箱整体吊装就位。

6.6.4　施工工艺流程及操作要点

1. 施工工艺流程

双壁钢吊箱围堰船运及吊装施工工艺流程如图 6.6-1 所示。

吊装简易流程如图 6.6-2~ 图 6.6-8 所示。

2. 操作要点

吊箱船运及吊装前对河水一个周期的涨落潮时的水流速进行监测，装船及吊装作业应安排在水流速度较低的时间段进行。

（1）浮吊定位

1）在浮吊进场前，用测深仪对河床进行测量，确保最低水位水深在浮吊吊装吃水深度范围内，浮吊进入施工现场后，首先进行本船抛锚定位。抛前后八字锚，锚长参照装载船有关参数调整，以能实现起吊、移位、停放等作业流程。

2）为保证两船的同步性，两船采用钢绳联结，便于同步前进及后退，且跨中绳不得下垂超过 1.5m。

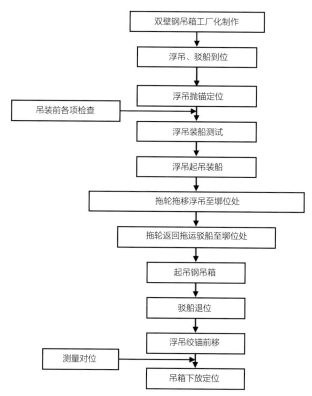

```
双壁钢吊箱工厂化制作
        ↓
   浮吊、驳船到位
        ↓
   浮吊抛锚定位
        ↓
吊装前各项检查 → 浮吊装船测试
        ↓
   浮吊起吊装船
        ↓
拖轮拖移浮吊至墩位处
        ↓
拖轮返回拖运驳船至墩位处
        ↓
   起吊钢吊箱
        ↓
    驳船退位
        ↓
   浮吊绞锚前移
        ↓
测量对位 → 吊箱下放定位
```

图 6.6-1　钢吊箱船运及吊装施工工艺流程图

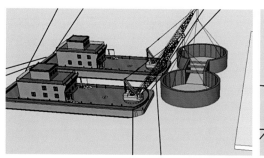

图 6.6-2　起吊钢吊箱

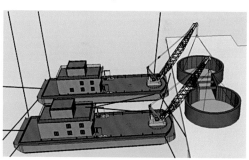

图 6.6-3　绞锚后移

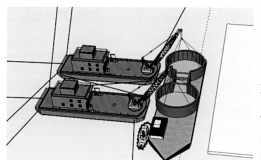

图 6.6-4　驳船就位

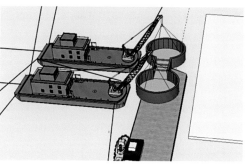

图 6.6-5　下放吊箱

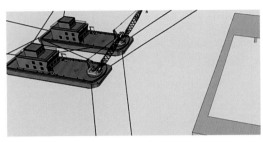
图 6.6-6　浮吊就位

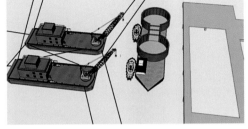
图 6.6-7　托运钢吊箱就位

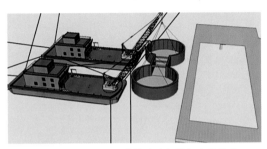
图 6.6-8　起吊钢吊箱拖移出船进行安装作业

3）浮吊抛锚定位后，显示施工标志及信号，并派专人在船艏、艉部值班，并用旗帜指挥、示意过往船舶减速慢行或远离本船。浮吊定位作业选择平潮前的低流速时作业，减小水流的影响。

（2）装船测试

为确保浮吊装吊钢吊箱顺利，需对装船作测试，测试主要目的为验证人员指挥、人员操作的协调性和船舶的使用可行性验证。同时为正式吊装作指导，确保吊装施工。

（3）浮吊装船

1）根据钢套箱自重，选择可满足吊装角度（65°）要求长度的钢丝绳及负载满足要求的卸扣。

2）各钢丝绳系挂完毕后，将两船吊杆的夹角调到 65°，调整船位，使主吊钩与钢套箱的圆心相对后，两船同时起吊主吊钩，使吊装钢丝绳均受力后停止起吊。再检查钢丝绳与吊钩、钢丝绳与吊点的连接是否可靠，浮吊的吊心是否与吊箱的圆形段中心重合，如吊心不重合，浮吊通过绞锚使浮吊吊钩中心与吊箱中心重合。吊点及绳索布置如图 6.6-9 所示。

3）起吊采用起吊重分级（初起 10%、60%，90%）和起高 10cm，最后同步提高方式，确保安全。

4）在起吊完成后用钢绳系挂使钢吊箱与船体位置相对稳定后，绞后锚使浮吊后退，绞锚需要同步，同时观测侧锚绳和前端的锚绳的松弛状态，避免过紧或过松，使浮吊相对稳定。在完成此过程后，下放前锚绳，确保前锚绳处船能进档，在此过程中，设起吊指挥一人，统一发出各分工指令。钢吊箱起吊如图 6.6-10~图 6.6-15 所示。

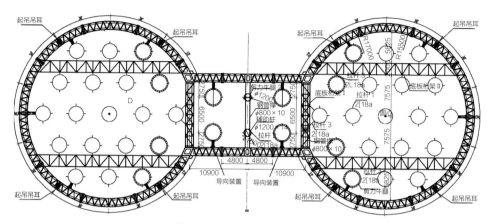

图 6.6-9　吊箱吊点及绳索示意

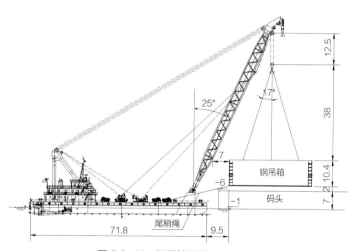

图 6.6-10　钢吊箱起吊立面示意图

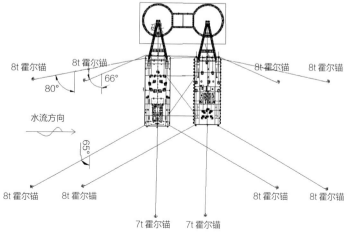

图 6.6-11　钢吊箱起吊平面示意图

图 6.6-12　吊箱整体起吊

图 6.6-13　同步绞锚后移

图 6.6-14　驳船进位

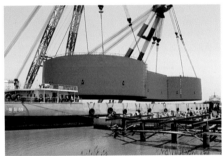

图 6.6-15　浮吊前移装船

5）驳船到位后，浮吊下放钢吊箱，备用支垫用的木楔块，对局部进行支垫。浮吊就位主钩再降离船身 10cm 时刹车并处于静止状态，此时核准钢套箱的摆放点及四周位置，确认可以松钩时浮吊要确保各锚缆都同时上力，浮吊缓缓松钩，将钢套箱放到指定位置上，船与吊箱接触时检查支垫有无松动，如松动，需要塞紧。待钢套箱停放妥当后，采用钢板焊成挡板对钢吊箱的临时平面限位固定。吊箱限位固定如图 6.6-16 所示。

（4）运输

1）拖航时宜选择退潮前 3h 进行，当拖移至墩边时，退潮刚开始，这样有足够时间完成退潮时的起吊。

2）航行尽量走航道中央，根据风流及时调整船位，尽量走上风上流。

3）运输中应保持低航速，拖轮一头一尾缓慢前进，驳船锚机上人员保持在岗，遇到紧急情况，可随时抛锚（图 6.6-17）。

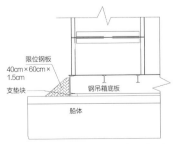

图 6.6-16　吊箱限位固定示意图

图 6.6-17　吊箱水上托运

（5）吊箱吊装

1）吊箱在前移（图 6.6-18）至定位上方时对吊箱平面位置进行跟踪测量，待吊箱对中稳定后方可进行缓慢下放（图 6.6-19），下放必须保持同步。

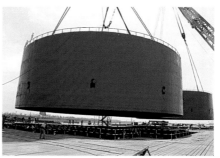

图 6.6-18　吊箱前移对中　　　　　　　　　图 6.6-19　吊箱下放

2）在吊箱底端下放到护筒顶面时，停止下放，人由吊箱顶部进入吊箱，检查对位情况，避免搁置现象发生，同时分别在导向、定位装置下放到护筒顶时均应检查，在导向、调位装置上涂上黄油后，再采用同步慢速下放，以下放力为参考控制，出现下放力陡降和其他异常情况时应停止下放，直到排除问题时方可再下放。

3）根据现场钢吊箱壁体挂腿实际加工的高度推算实际牛腿高度，如有高度差异进行支垫钢板调平处理，确保钢吊箱下放呈水平状态。

（6）定位固定

1）当吊箱在限位装置下沉至距护筒上支承牛腿 50cm 时，此时可根据牛腿与挂腿距离来判断吊箱的水平度，如水平度较大，横桥向采用主钩的升降调平，顺桥向采用浮吊副钩来调平。确保挂腿与牛腿之间距离相差不大，便于精控。

2）当下放至牛腿为 5cm 时，暂停下放，在精定位钢滑板上涂上黄油，并根据先测量计算出的距离量测，如果较小，顶升到要计算的要求值，当所有点都达到要求后，顶紧余下千斤顶，下放吊箱，将挂腿与牛腿焊接。限位装置、挂腿及定位装置如图 6.6-20～图 6.6-22 所示。

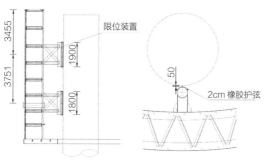

图 6.6-20　钢吊箱限位装置

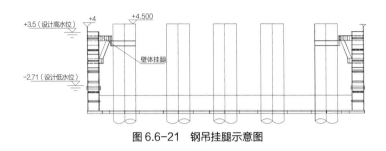

图 6.6-21 钢吊挂腿示意图

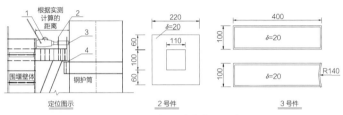

图 6.6-22 钢吊定位装置示意

3）钢吊箱下部在水流作用下变形较大，可在水流速较低的低水位时，利用涨潮和退潮的水流向不同和千斤顶配合进行底部二次定位（图 6.6-23），定位好后将护筒与限位装置焊接。

4）为了保证混凝土质量以及混凝土与钢护筒之间的握裹力，在钢吊箱底板与钢护筒之间缝隙的封堵之前需要潜水员水下用钢刷、高压水枪进行清理。同时观察钢吊箱底板上是否沉淀有淤泥，如果有也应提前冲洗清理。

5）钢吊箱调整到位并固定后，由潜水员水下合拢封堵抱箍，封堵钢护筒与吊箱底板间的间隙，并在抱箍与护筒之间空隙采用麻袋混凝土堵塞。

图 6.6-23 钢吊平面位置微调

（7）吊箱监测

1）在钢吊箱吊装过程中，吊耳处的集中应力最大，并且在吊装定位过程中属于动态状况，受干扰因素较多，吊装定位过程中对吊耳的应力监测是整个钢吊箱施工过程中的关键工序和关键部位，在此设置监测装置进行监控。

2）钢吊箱定位完毕，在浇筑封底混凝土、抽水各工况下，对钢吊箱的封底混凝土、梁桁架中心处竖杆斜杆、中部斜度较大拉杆、支撑环板、中间钢管撑处环板及封底混凝土之上直线段水平横撑等主要受力部位进行静态应力监测。

6.6.5 材料与设备

本工法无须特别说明的材料，所需主要机械设备见表 6.6-1。

机械设备表　　　　　　　　　　　　表6.6-1

序号	材料或设备名称	型号	数量（台）
1	固定式扒杆起重船	600t/700t	2
2	平板驳船	10000t	1
3	拖轮	2670hp	2
4	交通艇		1
5	警戒船	木船	2
6	汽车吊	16t	1
7	电焊机	500A	5
8	切割机		2
9	全站仪	莱卡	1
10	水准仪		1
11	钢丝绳	ϕ120	4
12	卸扣	200t	8

6.6.6　质量控制

1. 施工必须遵守执行《公路桥涵施工技术规范》JTG/T F50—2011、《公路桥涵设计通用规范》JTG D60—2015、《钢结构工程施工质量验收规范》GB 50205—2001等相关标准、规范。

2. 建立健全质量安全管理体系，分工明确，责任到人，及时发现和清除各种质量安全隐患，防患于未然。以项目经理为质量第一负责人，安排 2 名经验丰富的人员负责质量管理方面的工作。

3. 钢吊箱定位后精度要求见表 6.6-2。

钢吊箱定位后精度要求表　　　　　　　　　　表6.6-2

序号	项目	允许偏差（mm）
1	标高	±15
2	内部尺寸	0，+50
3	轴线偏位	10
4	相邻两板表面高低差	2
5	表面平整	5
6	竖向倾斜度	<1/1000
7	平面扭角	0.5°

6.6.7　安全措施

1. 施工必须遵守《建筑施工高处作业安全技术规范》JGJ 80—2016、《建筑机械使用安全技术规程》JGJ 33—2012、《中华人民共和国安全生产法》以及《施工现场临时用电安全技术规范》JGJ 46—2005 等规范。

2. 建立完善的施工安全保证体系，加强施工过程中的安全检查，实现作业标准化、规范化。

3. 加大对安全设施的投入，保障提供足够的符合要求的安全防护用品以及完善各种安全防护设施。

4. 在各工种人员上岗前，结合运输过程中各环节的特点，组织进行岗前安全知识培训和教育，以加强操作工人的安全观念和意识，规范其行为准则，在施工中自觉做到、做好自我防护和对他人的安全保护。

5. 作业船舶严格执行航行、作业规章制度，办妥各种手续，遵守港章、港规及海上交通法规。

6. 按时收听气象预报，发现有恶劣气候及早做好避风工作，确保船舶安全；安排有经验的船长全程协助作业船舶抛锚、定位。

7. 作业中配备足够的救生圈、救生衣，并置挂在作业现场，可随时取用，以防万一。

8. 根据水位变化，合理安排船舶锚位，避免船舶搁浅险情的发生；在大风影响期间，适当加大船舶间距，有针对性地提醒停泊船舶松足锚链，勤测锚位，防止走锚险情的发生。

9. 运输船舶必须严格执行《中华人民共和国内河避碰规则》。不论是航行还是停泊，都应该按规定显示灯号、信号、号型、号旗，以便确保本船和其他船航行和停泊的安全。一定要认真遵守执行当时当地海事、港航部门指令。

10. 船舶在运输过程中，时刻做到船舶的锚机设备和系泊设备处于良好适用状态。靠泊时，船长应按靠泊预案谨慎操作。在桥址卸货作业时，将运输船平行于码头停靠，系好缆绳。

11. 严格遵守各港口，海事部门的规定，按要求填写进出港口船舶动态报告书，随时报告船舶动态，服从海事部门的管理。

12. 水上作业人员必须配备救生衣，做到一人一套，安全施工。

13. 整个施工过程中各施工人员应严格执行以下安全技术规程和安全操作规程《浮吊装卸作业安全操作规程》《趸船水手作业安全技术规程》《高空作业安全操作规程》《起重作业安全操作规程》《电焊作业安全操作规程》。

6.6.8　环保措施

1. 妥善处理施工期间产生的各类污染物，设置专门的废物堆放场地，施工结束后进行集中处理。杜绝随意乱扔垃圾，污染环境。

2. 施工机械船舶严禁在作业平台或向河道内排放废油废物。

3. 施工期间要保持工地清洁，保持经常洒水以控制扬尘；严禁在施工现场焚烧有毒、有害物质，避免有毒、有害气体污染大气。

4. 落实环保法规，完善环保、水保措施，确保工程所处环境不受污染和破坏，防止水土流失及污染、珍惜绿色植被、保护自然资源，达到国家环境保护主管部门环评审查要求。

6.6.9 资源节约

1. 利用当地船厂场地资源拼装后整体运输，减少了分块运输至现场拼装所需的拼装场地，节约成本。

2. 施工周期短，减少了大型起重机械施工台班。

3. 与分块运输至现场散拼吊装相比较，大大节省了小型起重设备的使用和人工的消耗量。

4. 加快了整个工程的施工工期，降低造价成本。

6.6.10 技术应用

1. 工程概况

临海高等级公路 XX 大桥 GH-2 标主桥为双塔双索钢混组合梁斜拉桥（跨径：60.8+117.2+400+117.2+60.8m），塔高 167.5m，属半漂浮体系结构。主桥主 4 号墩承台为哑铃形结构，高度 6m，两端为直径 31m 的圆形结构，中间系梁宽 12.0m，长约 23.0m。承台顶标高为 +2.00m，底标高为 - 4.0m。承台位置河床标高为 -5.5m。结合桥位处的地质情况、承台结构形式、工期要求，本承台采用双壁有底钢吊箱进行施工，即采用钢吊箱作为形成施工环境的临时围水结构物，同时作为承台混凝土浇筑时的侧面模板。

主桥 4 号墩钢吊箱为双壁钢结构，主要作为承台施工时的挡水和模板结构。吊箱内轮廓尺寸即为承台尺寸，为 83.000m×31.000m，外轮廓尺寸为 86.000m×34.000m，壁体厚度 1.5m、外圈周长为 225.6m，壁体总高度 10.0m，内设一层钢管撑。吊装重量为 910t。钢吊箱主要由以下部分组成的：壁体，底板，底板桁架，拉杆，钢管支撑，壁体挂腿，连通器，导向限位装置。

2. 施工情况及结果评价

（1）XX 大桥工程项目采用船运及整体吊装方法完成了主 4 号墩承台双壁钢吊箱围堰施工，通过对 XX 水流速、河床标高、天气情况以及涨落潮差等各方面因素调查，并和同类项目施工方法进行了比选，采用钢吊箱工厂化加工、整体拖轮拖带船运吊装施工工艺，取得很好的效果，大大加快施工进度，为如期完成整个工程提供有力的保证。

（2）该项技术推动了水中大型承台施工的技术进步，具有深远的意义，为同类工程施工提供了丰富的施工经验。

第7章 钢管桩围堰施工

7.1 概述

锁口钢管桩（日本称为钢管板桩）是以带锁口的钢管桩代替钢板桩，通过导向桩下沉到位，并可视作将钢围堰"化整为零"，由各根钢管桩来穿过片石等地下障碍物。锁口钢管桩的新技术广泛应用在岸墙、护岸、防波堤、围堰、挡土墙基础等工程中。

7.1.1 技术特点

相比传统的施工方法，锁口钢管桩围堰具有以下特点：

1. 加工制作简单、快速。钢管采用工厂制成品钢管，能快速购置；钢管和锁口之间的焊接工艺要求不高，工作量少，工地现场或一般钢结构厂家均可加工。

2. 施工工期短。采用振动锤逐根插入锁口钢管桩，施工工序简洁，精度要求不高，人工作业量小，施工速度大大提高。

3. 整体刚度大。锁口钢管桩本身刚度较大且深嵌入承台底以下地层、变形少，桩间通过锁口连接在一起，整体稳定性非常好；围堰内不需要复杂的内支撑体系，为承台施工提供了作业空间和可靠的安全保障。

4. 材料回收利用率高。锁口钢管桩可全部拔除，整个围堰结构的钢材回收率达 90%以上，可用于其他桥梁承台基础围堰施工或上部结构施工的支撑管柱，材料周转利用率高，经济效益明显。

5. 不需要封底混凝土。围堰内承台底只需在抽水后干法铺筑 0.3m 厚混凝土，设积水坑抽水，不需要水下灌注厚重的封底混凝土，缩短了工期和节约了成本。

6. 可根据需要，组装成各种形式的围堰。

7.1.2 钢管桩围堰适用范围

1. 水文条件，水深 0~20m、流速 0~3m/s 范围。

2. 地质条件，钢管桩插入范围内无块石、漂石、硬质岩石之外的所有地层。

3. 工程条件，宽度小于 20m 的桥墩高桩承台。

7.2 钢管桩围堰施工的规定

1. 钢管桩打桩按打桩方法可分为锤击法和振动法，打桩方法的选择宜根据地层条件和施工条件按表 4.2-1 选用。

2. 钢管桩围堰施工前准备工作应符合本书 4.2 节规定。

3. 钢管桩围堰施工应包括设置打桩定位轴线、安装导向架、钢管桩吊运就位、钢管桩插打、钢管桩合拢、锁口防水处理、抽水开挖、内支撑安装、围堰混凝土封底、主体结构施工、围堰拆除等关键工序。

4. 钢管桩的运输与堆放应符合下列规定：

（1）堆放场地应平整、坚实、排水通畅；堆放的形式和层数应安全可靠；堆放顺序、位置、方向和平面布置等应便于后续施工；

（2）吊运时吊点的位置应符合设计规定；

（3）钢管桩运输与装卸不得损伤锁口。

5. 钢管桩施工前试桩应符合本书 4.2 节规定。

6. 导向架安装应符合本书 4.2 节规定。

7. 钢管桩插打应符合下列规定：

（1）钢管桩施打前，应设置测量观测点，控制其施打的定位。

（2）钢管桩在施打前，其锁口宜采用止水材料捻缝。

（3）第一根钢管桩应缓慢打入，桩身的垂直度应控制在 0.5% 桩长以内。其他钢管桩的垂直度应控制在 1% 桩长以内。施打中应检查其位置和垂直度；当不满足要求时，应纠正或拔起重新施打。

（4）锁口钢管桩应由围堰上游分两头插打、到下游合龙。施打完成后所有钢管桩的锁口应闭合。当打桩困难时，可采用辅助措施下沉。

（5）当插打钢管桩的土层中有孤石、片石或其他障碍物时，应与设计人员协商采取措施。

8. 钢管桩接长、异形桩制作和钢管桩与锁口拼装焊接应符合下列规定：

（1）钢管桩桩身接长焊接应进行焊接工艺评定，并应按焊接工艺评定确定的参数焊接；

（2）钢管桩桩身接长应采用桩身内衬套对接焊接，锁口构件连接应采用对接焊接；

（3）对接长的钢管桩，其相邻桩的接头位置应上下错开；

（4）当同一围堰内采用不同类型的钢管桩时，应通过锁口将相邻桩连接；

（5）钢管桩与锁口拼装焊接应在加工场内进行，应按设计要求及现行国家标准《钢结构焊接规范》GB 50661 和《钢结构工程施工质量验收规范》GB 50205 的相关规定进行。

9. 围檩及内支撑安装应符合本书 4.6 节规定。

10. 锁口漏水应采取填塞黏土、锯末、防水袋等材料预防处理或采用防水袋注浆处理。

11. 浇筑封底混凝土应符合本书 4.8 节规定。

12. 钢管桩围堰拆除应符合下列规定：

（1）拆除前，应进行换撑和监测准备工作；

（2）围堰拆除应按从下游到上游，内支撑从下往上、先支撑再围檩，最后拔除钢管桩的顺序进行；

（3）应按拆撑工况分阶段向堰内注水使堰内外的水头差为零；

（4）围堰拆除后，应对河床及时进行复原。

7.3 钢管桩制作

钢管桩的制作有卷制直焊缝和螺旋焊缝两种形式，螺旋焊缝钢管一般采用钢带卷制，但由于大型钢管桩壁厚较大，也有采用钢板拼接后卷制的例子。关于直焊缝和螺旋焊缝钢管，石油天然气工业中曾有过争议。螺旋焊缝钢管起始多用于水管线，质量要求较低，而 20 世纪 80 年代前后加拿大发生的 3 次采用螺旋焊缝钢管输送管线事故，人们认为螺旋钢管质量低、不安全，导致石油天然气工业不愿意在大口径高压输气管线采用螺旋焊钢管。其实这 3 起事故主要是低质量的带钢冶金工艺和焊条选择错误造成的，随着螺旋焊管材质的提高，现代化卷制设备的投入和焊缝检查技术的使用，螺旋焊钢管满足最严格的技术要求，这些高质量螺旋焊管广泛应用于加拿大、美国等大直径输送管线。已经有几千公里的大直径螺旋焊缝钢管用于最恶劣环境下的高压输送管线。

一般来说，直焊缝和螺旋焊缝钢管的特点见表 7.3-1 所列。

直焊缝和螺旋焊缝钢管的特点   表7.3-1

特性	直焊缝	螺旋焊缝
优点	1. 母材超声波无损检测，材质质量得以保证。 2. 没有拆卷、圆盘剪工序，母材压坑、划伤少。 3. 焊接在成型后进行，在水平位置沿直线进行，错边、开缝、直径周长控制好，焊接质量有保证。 4. 消除应力后成品管基本不存在残余应力	1. 由于冲击的各向异性，使其开裂的最大驱动方向避开了最小断裂阻力方向。 2. 由于强度的各向异性，使其垂直螺旋焊缝方向的强度薄弱方向避开了主应力方向

续表

特性	直焊缝	螺旋焊缝
缺点	1. 主应力方向与垂直焊缝的强度薄弱方向一致。 2. 开裂的最大驱动方向与最小断裂阻力方向一致	1. 母材不能无损检验，材质质量难以保证。 2. T 字焊缝存在缺陷的概率较高。 3. 边成型边焊接的动态生产工况易产生错边、开缝、管径变化以及动态工况加上空间曲面上焊点位置的影响，易产生焊缝缺陷。 4. 存在较复杂的残余应力，如成型卷曲过程弯曲应力、扭曲应力以及自由边，递送边被迫变形产生的应力和内外焊接的残余应力等。 5. 焊缝长，为自焊缝的 1.3~23 倍

　　从表 7.3-1 可以看出，螺旋焊缝的缺点主要是制作工艺质量方面的，主要是带钢原材的月牙形、波浪、厚度不匀，造成成型不稳定，而成型的不稳定又造成焊接质量的不稳定，随着高质量原材的使用以及现代化的卷制设备、自动焊接技术和在线超声波自动检测技术的运用，螺旋焊缝管质量得以提高，目前我国已有多个厂家可以制作螺旋焊缝钢管桩，质量优良，可以满足工程的应用。另一方面，螺旋焊缝管的优点是力学性的，由于仅承受正应力的分量，焊缝处合成应力小于直焊缝的应力。

　　钢管桩的受力特征与承受内压为主的输送管线不同，主要承受压拉弯组合和剪力，环焊缝会承受较大的应力，而打桩的冲击也会使直焊缝承受较大的应力，但螺旋焊缝则不同，均只承受应力的一个分量，因此，作为工程的主要受力构件，建议有条件下尽量优先采用螺旋焊缝的钢管桩。

　　锁口钢管桩的材质一般采用 Q235A，钢管优先选用螺旋钢管，也可采用直缝焊接钢管。钢管的质量应符合《公路桥涵施工技术规范》JTG/T F50—2011 中钢管桩制作的相关规定。其加工制作可在一般钢结构加工厂内，也可在施工工地进行。下面详细介绍螺旋钢管制作工艺。

7.3.1　螺旋缝双面埋弧焊钢管制作工艺

　　钢管管节采用国外引进的具有世界先进水平的螺旋缝双面埋弧焊钢管成套机组与检测设备，引进科学的成型焊接工艺自动化生产桩管用的管节，保证产品质量。钢管管节生产工艺流程如图 7.3-1 所示。

1. 钢卷头打开送入下工序

　　（1）原料准备：经复检合格的钢卷才能投入生产。开卷前，对钢卷进行外观检查，钢卷上一切杂物灰尘应清理干净，防止钢卷在机组生产过程中，因杂物等损伤钢管表面。

　　（2）对折卷机各部位进行检查，凡能造成钢卷在开卷过程中损伤钢板表面的部位进行处理后方能开卷。

　　（3）将钢卷吊上托辊后，反复调节左右机架，使钢卷中心和机组中心基本保持一致。

　　（4）启动托辊装置的传动机构使钢卷旋转，配合后面的夹送矫平机的铲刀装置将钢

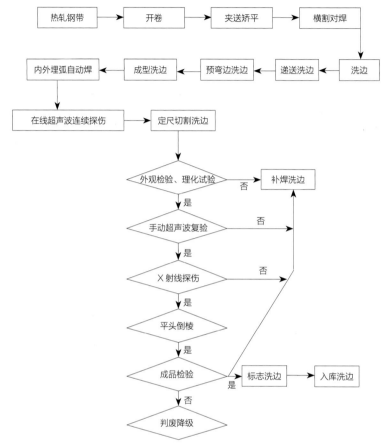

图 7.3-1　钢管桩管节生产工艺流程图

卷头打开。

（5）每个钢卷头中尾各测量一次带钢的宽度和厚度，当带钢宽度、厚度及表面质量不符合标准规定时，应作出明显标记及填写记录，及时向质检部门汇报，待质检部门作出决定后，再开始生产或更换钢卷。

2. 夹送矫平

（1）夹送矫平机工作初始，其上的上夹送辊由液压缸控制全行程打开，铲刀装置贴在由开卷机支撑和对中夹紧的钢卷上，矫平辊装置辊缝调节到位，矫平辊压上油缸打开。

（2）随着开卷机上托辊装置的转动，钢卷"舌头"被铲刀装置铲开，并沿铲刀的"背面"不断引出。随着带头的不断引出，摆动式铲刀头由液压缸驱动逐渐将带头"压进"夹送辊内。对于原弯曲量过大的带头，铲刀装置与一组反弯辊配合使得带头更容易进入夹送辊内。

（3）随着带头进入夹送辊内，该夹送辊装置的上辊，由液压缸驱动控制下，压紧带钢，启动夹送辊装置的传动装置，带钢通过上辊的压下和下辊的转动被送入矫平辊装置内。此时一定要打开开卷机托辊装置的离合器。

（4）随着带头进入矫平辊装置内，压上下平辊的油缸，带钢被不断矫平。观察矫平辊装置出口侧带钢的情况，向上或向下均可用手轮调节下矫平辊两边的相对位置，使得带钢出口更平展。

3. 横割 - 对头焊

将带首尾连接保证机组正常生产。

（1）横割 - 对头焊装置在带头未到之前，压板和焊接紫铜垫应处于松开位置，切割矩和焊头处于待工作状态。

（2）当上一卷带钢尾部快到横割位置时，应检查其宽度和尾部质量，确定合格部位和切割位置，将带钢的切割部分停在切割装置的切割位置上。带钢停止前进开动切割装置的两组液动压板压紧带钢，启动氧 - 乙炔切割矩将带钢尾部切掉。移动切割机使带钢尾部停在对焊位置的紫铜垫上。下卷带钢头部的宽度和表面质量，确定切割位置，并根据带钢头部的直度情况调整电动立辊。当切割装置的两组液动压板，压紧带钢。启动氧 - 乙炔切割矩将舌头切掉，松开压紧板。

（3）将下卷带钢头送入对焊位置的紫铜垫上，根据对头焊焊接工艺评定结果，用手砂轮将带钢的头部和尾部开出焊接坡口。

（4）将下卷带钢头送入对焊位置的紫铜垫上，根据对头焊焊接工艺评定要求调整对缝间隙并开动两组液动压紧板压紧带钢，启动紫铜垫压紧油缸将紫铜垫顶紧在对头缝的下面。

（5）根据对头焊焊接工艺评定确定的焊接规范和焊接参数启动埋弧自动焊机焊接对头焊缝。焊接完成后，已开焊头清理剩余焊剂和焊渣，检查自动焊缝，当发现严重焊接缺陷时应进行修补，一般缺陷下线后修补。焊接完成后，关闭焊机，松开移动压板，清理干净钢板表面，重新启动递送机，使机组重新开始继续生产，对焊工序完成。

4. 铣边

用铣边机将带钢铣成焊接坡口。

（1）根据带钢的宽度、厚度及坡口角度准确调整左右机架间距，使其间距等于带钢工作宽度，并根据焊接工艺评定要求，准确调整好铣削动力头的倾角，检查调整符合要求时，锁死各部位。

（2）带钢铣削时，应检查带钢边缘的铣削坡口质量，当确认能符合焊接要求时才能开车生产。

（3）调整好铣边机的排屑装置，确保铁屑不能飞溅到带钢表面造成带钢表面压坑。

5. 递送

（1）递送机工作初始，其上递送辊应处于抬起位置，传动电机处于停止状态。

（2）当带钢进入递送机时，应先行启动传动机。使上下两个递送辊首先转动，然后在压下上递送辊，此时带钢即被递送辊拖动，递送前进。此时夹送辊装置的传动系统上的电磁离合器打开，上夹送辊由液压缸抬起。

（3）当由于种种原因造成带钢跑偏时，可以调节上递送辊的两个压下油缸的压力，造成一定的两边压力差，以纠正带钢跑偏。带钢在运行过程中不应承受过大的递送压力，否则会造成带钢被轧制，发生变形不利于管子的成型。

（4）不管带钢宽窄，带钢中心线始终与递送机中心线保持一致。

6. 预弯

（1）预弯边装置工作初始，应根据带钢的宽度、厚度、材质、管径等制定的工艺，准确地调整好左右机架的间距，调整好三个辊子的相对位置，即所需预弯的板边宽和弯曲半径。检查无误后锁死，保证在工作中不会发生变化。

（2）一般对于大直径的焊管生产不会出现焊缝处的"竹节"现象，因此不需要使用预弯边装置，对于生产小直径的焊管，才使用该装置。

7. 输入导板

（1）输入导板工作初始，应根据带钢的宽度、厚度、成型角等参数，调整好相互间的间距（导板边缘距带钢边缘 100mm），上下导板间的间隙。检查无误后锁死，保证在工作中不会变化。

（2）整个输入导板系统从递送机出口侧到成型机入口侧均有设置，从而保持带钢在递送过程中不挠曲、不折弯，顺利进入成型机，完成管子的成型与焊接。

8. 前桥

根据带钢的宽度、厚度、管径等参数制定成型角，由液压缸步进式调整好成型角，检查无误后锁死，保证工作中不会发生变化，此工作必须在钢卷吊装前完成，而且在换钢时是固定不动的。

9. 旋转立辊

旋转立辊工作初始，处在比带钢工作宽度稍宽的位置上，管板"咬合"一侧相对固定。一旦带钢被送至此处，立即将另一段立辊靠在带钢边缘，使带钢不得有左右横移，确保成型的稳定。

10. 成型

（1）成型机工作初，应按生产工艺要求，根据带宽、板厚、管径、材质计算出的成型参数，初调整好三组成型辊的成型角及相对成型位置，调整好与管径对应的管内支架的支撑辊的相对位置。检查无误后锁死，保证工作中不会变化。

（2）当带钢被强行递送进入成型机，机组采用以带钢中心线定位，弯板内承式的成型方式，结果三辊弯板被连续卷成螺旋状管筒。此时要检查"咬合"点的焊接间隙及管筒的管径偏差（采用周长法测量），根据实际情况进行必要的调整，反复几次，直到确定生产出合格的落线管筒位置。

（3）成型过程中，用所调规格的样板，对结果成型机弯曲变形而成管筒的带钢曲率进行测量，根据变形情况，调整好 2 号辊子梁的压下油缸的压力。

（4）在管子的成型过程中，对于某些规格的管子，根据其成型质量的情况，要适当地调节使用焊垫辊（1 号、3 号成型辊间的调整块大于 60mm 采用 ）和管子上压力辊装置。

（5）当自由边与递送边在咬合时，用手工电弧焊先对咬合缝点焊，确认成型稳定，钢管直径已控制在公差要求范围内时，开始实施内、外自动焊。

（6）当成型调出时，经内外焊接后应及时检查钢管的几何尺寸，当几何尺寸符合标准规定时方可转入正常生产。

11. 内外自动埋弧焊

（1）根据监理工程师确认的焊接工艺评定所确定的焊接材料（如焊丝、焊剂）焊接参数和焊接规范，采用内外双线焊接方式进行桩用螺旋管的焊接。

（2）对首批生产出来的钢管根据标书规定的技术条件对钢管的几何尺寸、理化性能进行无损检验，外观质量进行全面检验，只要所有检验结果都符合规定，且经监理工程师认可才能进行大批量生产。

（3）经常检查焊接规范，检查焊缝外观质量控制焊缝尺寸在规定范围内，当焊缝外观出现裂纹、气孔、焊缝不规则、烧穿、焊瘤、未熔合和未焊透缺陷时，应及时处理，必要时停车处理。

（4）必须采购按焊接工艺评定且经监理工程师确认的焊接材料，焊接材料即焊丝和焊剂进行入厂检验，不合格的焊丝和焊剂不准投入使用。

（5）焊剂在使用前应按焊剂使用要求进行烘干和保温，应确定焊剂在生产线上循环的周期，当达到循环周期时应下线进行筛选磁选烘干和保温后才能上线使用，不符合的在线焊剂不能投入使用，报废焊剂必须离开生产现场。

12. 连续超声波探伤

13. 定尺切管

切管小车工作初始应位于后桥上靠近 V 形输出托辊位置，其上的顶起气缸位于下极限位置。当需要切割时，先启动顶起气缸使其上的同步顶轮紧顶在焊管上，靠焊管的输出动力带动切管小车行走，然后用氧 – 乙炔割枪开始切割焊管。焊管切割完毕后，反向动作，降下气缸，使其回到下极限位置。

14. 理化性能试验

15. 外观检查

（1）目测焊管外观，不得有任何裂缝、咬边、错边、气孔、焊缝不规则等缺陷。发现外观缺陷及时打标记，以备补焊。

（2）目测管端直径、椭圆度、直度和长度尺寸应满足标准要求。

（3）填写初检表，如实地反映检查情况。

16. 补焊及返修工艺

（1）经外观、超声波探伤和 X 光检查出的有超标缺陷钢管应转入补焊工序修补。由公司专职检验员，对需返修的位置应在钢管上作出明确标识，并填写返修通知单交生产部门，生产部门根据返修通知单返修。返修人员接到返修通知单后按要求返修。返修人员要求必须是经过培训，有上岗资格的人员担当。返修采用手工电弧焊，使用 J427 焊条。

（2）补焊工艺应采用按工艺评定且经监理工程师确认的焊条，按焊接参数和焊接规范进行缺陷修补。

（3）焊条在使用前应按说明书要求进行烘干和保温，焊条从保温箱取出后在使用前应放入保温桶内。未用完的焊条需经过重新烘干，且烘干次数不超过两次。

（4）焊缝在修补前应采用气刨、砂轮等方式将缺陷清理干净，只有在经检查确认缺陷被清理干净后方能施焊。

（5）当环境温度到 0℃时应根据工艺评定中确定的加热温度进行加温后施焊。当环境温度低于 −10℃时应停止施焊。当生产任务急需，并经监理工程师同意，按工艺评定时确定的加热温度进行加温后施焊。

（6）焊缝外观和焊缝高度应符合标书技术规范的规定，焊缝与母材应平缓过渡，飞溅应清理干净。

（7）每个缺陷的最短修补长度应大于 50mm，焊缝高度小于 4mm 修补后的焊缝按规定送无损检验。

（8）补焊完成后报专职检验员检验（包括外观及内部），全部合格后方可进行下道工序。

17. 平头倒棱

（1）按钢管长度调整平头倒棱机的相对工作位置。

（2）钢管端应按合同或相应标准规定要求进行倒坡口角和钝边。

（3）必须倒成坡口角时，以钢管轴线的垂线为基准测量，钝边不允许有毛刺，清除钝边毛刺而形成的内倒角不应大于 7°。

（4）加工管端时，应在距管端约 150mm 范围内，将内焊缝余高去除。

（5）钢管管端应垂直于钢管中心线，切斜量不应超过标准要求的范围。

18. 成品检验

（1）钢管经平头倒棱后进行成品检验。

（2）成品检验应包括外观及几何尺寸的复查，按钢管编号复查该钢管机械性能化学成分超声波和 X 光射线的报告、管端的加工质量，并作出最终判定。

（3）当上述各项均符合标书中技术规范的要求时，即判合格并作终检记录。若其中有一项或几项不合格时，能返修或返工后合格，应返回进行返修或返工，若无法返修或返工即判为废品并作记录。

19. 标志

根据招标文件规定并经监理工程师同意对合格钢管进行标记，以方便钢管转入下道工序以及钢管在使用中出现异议时便于可追溯性检查。

20. 入库

（1）经检验合格的钢管经标志凭检验合格通知单办理入库手续。

（2）入库后钢管要合理摆放以免在储存过程中被破坏。

（3）吊装要采用专用吊具防止管口吊坏和钢管弯曲或碰伤。

7.3.2　钢管桩对接工艺

钢管桩对接工艺采用手工电弧焊（SMAW），先内侧焊完后用碳弧气刨清根，然后焊外侧，WMAW（内）+CAG+SMAW（外）。钢管桩拼装工艺如图 7.3-2 所示。

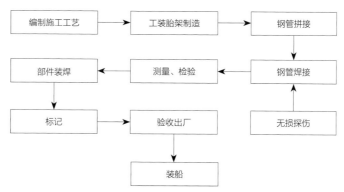

图 7.3-2　钢管桩对接制造工艺流程图

1. 钢管在工厂分段制作后在码头现场拼装，钢桩分段长度按最大运输能力考虑，以减少现场拼装数量。

2. 管节拼装定位，应在专门胎架上进行。胎架应平整、稳定，管节对口应保持在同一轴线上进行。多管节拼装应减少累计误差。

3. 管节对口拼装时，相邻管节的螺旋焊缝必须错开 1/8 周长以上。

4. 管节对口时如管端椭圆度较大，可采用夹具和楔子等辅助工具校正，确保相邻板边高差不大于 2mm。

钢管桩拼装允许误差：

纵轴线的弯曲矢高 ≤ 30mm（每根测量）。

管端椭圆度偏差 ≤ 0.5%D 且 ≤ 5mm。

管端平面切斜 ≤ 4mm。

桩长度偏差 0~+300mm。

5. 管节拼接完成后经监理工程师认可后，方可进行下到环缝对接焊工序。

6. 环缝拼装工艺（SMAW+CAG+SMAW）：

内焊 SMAW+ 碳刨从外清根 + 外焊 SMAW。

（1）内焊 SMAW

焊条：Q235 用 J427 低氢焊条。

焊接电源：J507 直流。

烘干温度：350~400℃。

烘干时间：60min。

烘干后存放时间：4h。

允许反复烘干次数：2。

（2）外焊（SMAW）

内焊完工后，从外壁用碳刨清根，经检查无缺陷清除杂物，开始 SMAW。

（3）SMAW 焊接工艺评定

在成批对接焊接前，先进行焊接工艺评定，评定标准按《钢结构工程施工质量验收规范》GB 50205—2001 中Ⅱ级焊缝的相关条款进行。

（4）焊工具有在有效期内相应焊接的焊工证（持有 1G、2G、3G 焊位）的人员实施焊接，并经工厂上岗考核，合格者持上岗证施焊。

（5）施焊环境

现场拼接焊接时应采取防晒、防雨、防风措施。环境温度低于 –10℃时，停止施工，防止冷裂纹产生。

（6）焊接应满足表 7.3-2 要求。

焊接技术要求   表7.3-2

焊接位置	焊接方法	焊条牌号	焊条直径 φ（mm）	焊接电流（A）	焊接电压（V）	焊接速度（cm/min）	焊接线能量 J（cm）	电源和极性
平焊 1G	手工电弧焊 SMAW	J507	3.2 4 5	120–180 130–190 190–240	24–26	5~20 24~26	20000 ~ 45000	直流反接
立焊 3G			3.2 4	90–140 120–190	24–26	3~10 5~10	15000 45000	
仰焊 4G			3.2 4	90–140 120–170	24–26	3~10 5~10	15000 45000	

7.3.3　钢管桩质量检验

为了保证新建工程钢管桩的制作质量控制在技术规范内，依据《码头结构设计规范》JTS 167—2018、《码头结构施工规范》JTS 215—2018 和《桩用焊接钢管》SY/T 5040—2012，制定以下措施，以确保钢桩的制作质量能够充分满足工程的要求。

1. 材料检验

（1）钢管桩材料采用 Q235C，其材质应满足《碳素结构钢》GB/T 700—2006 的有关规定。原材料进场后按工厂有关规定进行验收，若发现锈蚀、麻点划痕等深度超过标准表面缺陷时，应停止使用，并根据有关部门研究处理。

（2）钢卷原材料按标准对各种厚度的钢板进行化学成分（常规 5 项）、力学性能复验。复验频率按每一炉号取一套试样进行检验。

（3）本工程所用材料应具有材质保证书，并符合产品说明书及工厂有关规定，复印件作为完工后的技术资料提交。

（4）钢卷板的化学成分和物理力学性能应分别满足设计及规范要求。

2. 产品检验

（1）目测焊管外观，不得有任何裂缝、气孔、焊瘤等缺陷。发现外观缺陷及时打标记，以备补焊。测量管端直径、椭圆度、直度和长度尺寸应符合标准要求。每个管节制作过程中都建立跟踪卡，做到一管一卡（此卡制管厂保存），有据可查。

（2）钢管外观质量标准（表 7.3-3）。

钢管外观质量要求   表7.3-3

项目	允许偏差
管端椭圆度	管段椭圆度偏差不大于 4mm
弯曲矢高	不得大于 30mm
管端平面倾斜度	不大于 4mm
管端平整度	不大于 2mm
外周长	不大于 10mm
桩长度	0，+10mm
相邻管节的原有焊缝	必须错开≥1/8 周长
焊缝： 余高 错边 咬边 不允许的缺陷	0.5~3.0mm ≤3mm ≤0.5mm 裂纹，烧穿，弧坑与断弧

7.3.4　锁口钢管桩制造

在平整的场地上制作钢管桩加工胎架，先将钢管对接成设计长度，然后将锁口角钢与钢管定位焊接，最后焊接加劲肋和限位肋（图 7.3-3、图 7.3-4）。

图 7.3-3　锁口钢管桩小钢管加工图

图 7.3-4　锁口钢管桩加工图

　　每根钢管桩上的锁口要对称位于钢管的同一直径线上。钢管桩的对接焊缝按照Ⅱ级焊缝质量标准检查验收；其余的焊缝按照Ⅲ级焊缝质量标准作外观检查，要求饱满、无裂纹、不漏水。钢管桩顺直、不折、不弯。

7.3.5　锁口钢管桩质量验收

　　锁口钢管桩质量检验与验收应符合下列规定：

　　1. 钢管桩进场除全数检验合格证和出厂检验报告外，应对其机械性能和化学成分抽样复验。

　　检查数量：每一批。

　　检验方法：检查试验报告。

　　2. 拼接钢管桩端头间隙不应大于 3mm，断面错位不应大于 2mm。管节对口拼装时，相邻管节的焊接应错开 1/8 周长以上，相邻管节的管径、板边高差允许偏差（图 7.3-5）应分别符合表 7.3-4 规定。

　　3. 钢管桩外观检验应包括表面缺陷、长度、直径、壁厚、垂直度、锁口形状等。对不符合要求的钢管桩经过整修或焊接后，应采用同类型的短桩进行锁口通过试验，合格后方可使用。成品钢桩外形尺寸应符合表 7.3-5 的要求；自制钢管的外形尺寸应符合表 7.3-6 的要求。

相邻管节的管径、板边高差允许偏差　　　　　　　　　　表7.3-4

$D \leqslant 700mm$	管径偏差 ≤ 2mm
$D>700mm$	管径偏差 ≤3mm
板厚 $\delta \leqslant 10mm$	相邻管节对口的板边高差 $\Delta<1.0mm$
板厚 $\delta=10\sim20mm$	相邻管节对口的板边高差 $\Delta<2.0mm$
板厚 $\delta>10mm$	板边高差 $\Delta<\delta/10$，且≤3mm

　　注：D 为桩径。

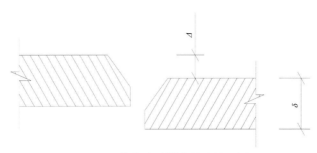

图 7.3-5　管节对口拼接板边高差示意图

　　4. 钢管桩采用多层多道焊缝焊接时，每道焊缝的起焊位置应错开，每道焊缝完成后，应及时清除焊渣，每层焊缝焊接完成后，进行外观检查。焊缝外观的允许偏差应符合表 7.3-7 的规定。

　　5. 锁口应满足通过性试验。

成品钢管桩的质量检验标准　　　　　　　　　　　　　　　　　　　　　表7.3-5

序号	检查项目		允许偏差或允许值		检查方法
			单位	数值	
1	钢桩外径断面尺寸	桩端	±0.5%D		用钢尺量，D 为外径或边长
		桩身	±1%D		
2	矢高			<1/1000L	用钢尺量，L 为桩长
3	端部平整度		mm	≤2	用水平尺量
4	端部平面与桩中心线的倾斜值		mm	≤2	用水平尺量

　　注：L 为桩长，D 为桩径。

自制钢管桩外形尺寸的允许偏差　　　　　　　　　　　　　　　　　　　表7.3-6

偏差部位	允许偏差（mm）
周长	±0.5% 周长，且不大于 10
管端椭圆度	±0.5%D，且不大于 5
管端平整度	2
管端平面倾斜	小于 ±0.5%D，且不大于 4

焊缝外观允许偏差　　　　　　　　　　　　　　　　　　　　　　　　　　表7.3-7

缺陷名称	允许偏差
咬边	深度不超过 0.5mm，总长度不得超过焊缝长度的 10%
超高	3mm
表面裂缝、未熔合、未焊透	不允许
弧坑、表面气孔、夹渣	不允许

7.3.6　钢管桩的储存、吊运

1. 钢管桩的搬运和堆放

（1）钢桩的搬运采用 25t 门式起重机进行吊运，采用专用吊夹具，从钢桩上的吊耳处吊装，防止损伤。

（2）钢桩应堆放在平整、排水流畅、不易碰撞的安全处。

（3）落驳时用 60t 的浮吊进行吊运。

2. 钢管桩的存储

整桩存储场地计有 20m×45m 的 4 块，以满足每次航次出运前的堆放。

钢管桩堆放形式和层数应安全可靠，避免产生纵向变形和弯曲变形。长期堆放应采取防腐蚀措施。堆放不宜超过 3 层。堆放支点布置如图 7.3-6 所示。

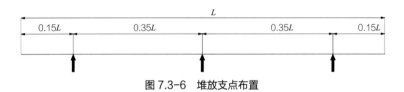

图 7.3-6　堆放支点布置

3. 钢管桩运输

（1）钢管桩在起吊、运输和堆放过程中，应避免由于碰撞、摩擦等原因造成涂料破损、管端变形和损伤。

（2）钢管桩使用水上驳船运输至沉桩现场。为了保证运桩及时，不影响沉桩进度，拟采用 2 艘方驳进行运输。由于钢管桩尺寸长、重量大、易滚动且涂有防腐层，为确保运输安全及钢管桩防腐层不致损坏，须对驳船进行加固改造。在驳船甲板上设置稳桩支架，按 2~3 层布置，支架用型钢制作，其与桩接触处设置橡胶板，桩间用枋木或粗麻绳支垫隔开。钢管桩支点处甲板须进行加固处理，支点间距 8~10m。运桩船上桩的固定方法如图 7.3-7 所示。

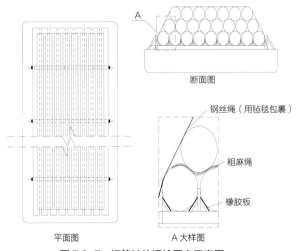

图 7.3-7　钢管桩的运输固定示意图

根据首节和第二节的沉桩顺序，选择运输船并设计装桩落驳图，标明钢管桩分层情况及编号、长度、质检状态等属性。装船过程中，对每根钢管桩进行严格质量检查，指定专人驻厂验收。吊点设置按桩船的要求安装。操作时严禁破坏钢管桩防护涂层。

7.4 钢管桩沉桩

7.4.1 钢管桩围堰施工工艺流程

钢管桩围堰施工宜按图 7.4-1 所示施工工艺流程图执行。

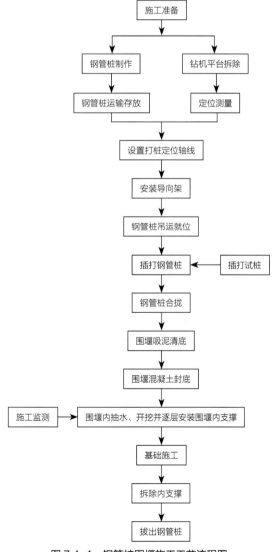

图 7.4-1 钢管桩围堰施工工艺流程图

7.4.2　沉桩方法

1. 根据打桩工法分类

一般常采用冲击法和振动法。由于对噪声和振动的限制，而采用压入和挖掘法的逐渐增多。各种施工法的主要机械和特征见表 7.4-1。

打桩方法的分类　　　　　　　　　　　　　　　表7.4-1

施工方法	特征
冲击施工法	此法主要优点是速度快、费用省、机械设备不大、容易打斜桩、能对承载力作出判断。其唯一缺点是冲击时有噪声
振动施工法	其优点是由于靠振动下沉桩一般不会损坏桩头，在软弱地基上用很短时间就能打入。由于锤在起振时电流大，需要大的供电设备。硬地基不能打穿。噪声虽小，但地基振动大
压入施工法	此法适用于不带硬夹层的连续软土地层沉桩。由于带平衡配重，因此设备庞大，移动不便，其优点是无噪声、无振动、不会损坏桩头
挖埋施工法	此法是预先钻孔，将桩插入孔中，用挖掘机在桩中空部分进行挖土，桩就随之下沉。可以使用螺旋钻、钻孔机、贝诺托钻机、换向旋转钻机等，一直钻到支承层。适用于大直径桩，具有无噪声、无振动的优点
并用施工法	此法系将各种施工法的长处的组合，是更为有利的打桩法； ①喷射和冲击或压入并用。 砂质地基使用冲击或压入施工法打桩有困难时，如并用喷射，就容易打入。主要使用于中空桩，使用喷射的缺点是容易使桩的方向偏移，消耗大量的水，还须做好排水处理。 ②挖掘与冲击、压入或振动并用的施工法。 首先挖掘出比桩外径小一些的孔，在桩的中空部分插入挖掘机。为了打穿硬的中间层，在桩的内部进行挖掘，减少桩尖阻力是最有效的

2. 打桩方法的选定

根据上一节打桩方法分类，结合工程场地具体地质条件、设备情况和环境条件、工期等，要求选定打桩方法。其中关键是打桩设备选的合适与否。

7.4.3　沉桩设备

打桩锤根据动力特性可分为落锤、蒸汽锤、柴油锤、液压锤和振动锤等。钢管桩打桩设备可分为桅杆式、柱脚式、塔式和龙门式等结构形式。沉桩设备一般由打桩机械（水上打桩由打桩船），包括桩锤、打桩架和附属装置（包括桩帽、缓冲垫、送桩用替打）等构成。

1. 打桩机械

（1）桩锤。大致分为冲击式、振动式及压入式

冲击式——柴油锤、蒸汽锤、气锤、落锤。

振动式——振动锤。

压入式——压桩机。

其中柴油锤效率高，构造简单，且使桩可以得到较大的承载力，因此在打钢管桩时广泛使用。

1）柴油锤，可分为杆式和筒式两种。两者的区别是一种以缸筒作为冲击部件；另

一种是缸筒不动而活塞杆作冲击部件。但其原理均与二冲程柴油发动机相同。其工作原理如图 7.4-2 所示。

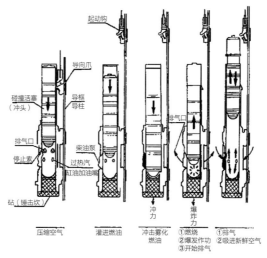

图 7.4-2　柴油锤的工作原理

柴油锤由汽缸、活塞、碰撞部件、燃料泵、吊起装置等构成，如图 7.4-3、图 7.4-4 所示。

对坚硬地层，夯锤的冲击会变大，这是由于爆炸力加大的缘故，但在土质软弱时，有时会由于反弹力太小而熄火，影响打桩效率。针对这一情况可以用较小的夯锤施打，当桩通过软弱土层进入硬土层后，再换用较大的锤，形成大小锤流水作业，以提高打桩效率。

目前使用的柴油锤多数是由日本等国引进的，其性能见表 7.4-2 所列。国产筒式柴油锤性能见表 7.4-3 所列。

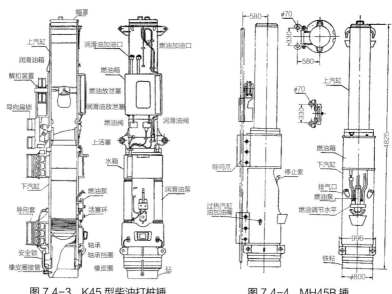

图 7.4-3　K45 型柴油打桩锤　　　　图 7.4-4　MH45B 锤

国外筒式柴油打桩锤性能参数

表7.4-2

制造厂	型号	冷却方式	尺寸（mm）			总重（kg）	上活塞重（kg）	一次打击能量（J）	打击次数（次/min）	燃料消耗（L/h）	润滑油消耗（L/h）	燃油箱容积（L）	润滑油箱容积（L）	水箱容积（L）	备注
			总高	宽度	厚度										
石川岛播磨重工业（日）	IDH-12A	风	4180	470	673	2735	1250	31200	40~60	8	0.8	32	3.5		
	IDH-J23	风	4251	670	768	5100	2300	60000	40~70	14	1.5	50	7		
	IDH-J34	风	4412	850	935	7700	3400	87500	40~70	18	2	80	8		
	IDH-J43	风	4512	930	990	10000	4300	110000	40~70	26	3	80	14		
神户制钢所（日）	K13	水	4050	616	739	2900	1300	37000	40~60	3~8	1	40	5	70	
	K25	水	4550	768	839	5200	2500	75000	39~60	9~12	1.5	40	7	80	
	K35	水	4550	881	934	7500	3500	103000	39~60	12~16	2	48	9.5	140	
	K45	水	4830	996	1074	10500	4500	135000	39~60	17~21	3.5	65	13.5	170	
	KB45	水	5460	996	1074	11000	4500	135000	35~60	17~21	上3.5，下3.5	95	上15，下15	220	上为上活塞下为下活塞
	KB60	水	5770	1135	1301	15000	6000	160000	35~60	24~30	上4，下4	130	上25，下25	350	
	K150	水	7000	1700	2000	36500	15000	306000	42~60	60~75	上9，下5	600	上50，下50	700	
三菱重工业（日）	M14S	水	3951.6	633	751	3300	1350	36000	42~60	5~8	1.2	22	3	60	
	MB22	水	4856.6	744	869	5300	2200	59000	39~60	9~14	2~3	55	10	110	
	M23	水	4056.6	744	869	5100	2300	62000	42~60	9~14	1.8	38	5.5	90	
	M33	水	4526.6	896	1034	7700	3300	88000	40~60	13~20	1.8	55	7.5	100	
	MB40	水	5644.6	990	1267	10900	4100	110000	38~60	15~22	3~4	90	18	170	
	M43	水	4703.6	990	1267	10300	4300	116000	40~60	15~22	2.6	70	10.7	150	
	MB70	水	5951.6	1956	1615	21100	7200	195000	38~60	25~37	5~6	175	25	450	

续表

制造厂	型号	冷却方式	尺寸（mm）总高	宽度	厚度	总重（kg）	上活塞重（kg）	一次打击能量（J）	打击次数（次/min）	燃料消耗（L/h）	润滑油消耗（L/h）	燃油箱容积（L）	润滑油箱容积（L）	水箱容积（L）	备注
	D5	风	3816	385	510	1140	500	12500	42~60	5	0.5	11.5	2		
	D12	风	4245	480	629	2565	1250	31200	42~60	8	0.75	15.5	3		
	D22	风	4320	618	765	4710	2200	55000	42~60	13	1.5	38.5	7		
	D30	风				5270	3000	75000	39~60						
	D44	风	4790	720	950	9500	4300	120000	37~56	17	3	88	18		
	D55	风	5416	770	1050	11956	5400	176000	36~47	21	3	88	18		
	DE-10	风	3710			1410	500	12200	48~52	3.4		34.1	3.8		
	DE-20	风	4040			2440	910	22100	48~52	6.1		56.8	11.4		
	DE-30	风	4570			3690	1270	31000	48~52	7.6		64.8	18.9		半复动式
	DE-40	风	4570			4460	1810	44300	48~52	11.4		71.9	18.9		
	DE-35	风	5180			4540	1270	49100	48	7.6		90.8	41.6		
	DE-35	风	5180			4540	1270	29100	82	10.2		90.8	41.6		
DELMAG（德）	180	风	3430			2060	780	11200	90~95			21.3	7.2		半复动式
DELMAG（德）	3120	风	3275			4710	1750	20700	100~105			34.1	6.1		半复动式
DELMAG（德）	440	风	4425			4670	1810	25200	86~90			49.2	6.8		半复动式
DELMAG（德）	520	风	4115			5690	2300	36400	80~84			41.6	7.6		半复动式
	C-994	水	3825				600	16000	50~60						
	C-995	水	3955				1250	33000	50~60						

续表

制造厂	型号	冷却方式	尺寸（mm）总高	宽度	厚度	总重（kg）	上活塞重（kg）	一次打击能量（J）	打击次数（次/min）	燃料消耗（L/h）	润滑油消耗（L/h）	燃油箱容积（L）	润滑油箱容积（L）	水箱容积（L）	备注
DELMAG（德）	C-996	水	4335				1800	48000	50~60						
	C-1047	水	4970				2500	67000	50~60						
	C-1048	水	5145				3500	94000	50~60						
	Cn-54	水	5300				5000	135000	50~60						

国产筒式柴油桩性能参数

表7.4-3

制造厂	型号	冷却方式	尺寸（mm）总高	宽度	厚度	总重（kg）	上活塞重（kg）	一次打击能量（J）	打击次数（次/min）	燃油消耗（L/h）	润滑油消耗（L/h）	燃油箱容积（L）	润滑油箱容积（L）	水箱容积（L）	备注
上海工程机械厂	D2-1	水	2376	310	220	230	120	2080	50~60	1.1		1.9		5	高压雾化
	D2-6	水	3665	520	662.5	600	600	15000	42~70	3.4		23			高压雾化
	D2-12	风	3830	528	692.5	2750	1200	30000	40~60			21	3		
上海浦沅工程机械厂	D2-18	风	3947	578	790	4000	1800	46000	40~60	9	上1.5，下0.8	37	上6.5，下4		
浦沅工程机械厂	D2-25	水	4780	805	850	5650	2500	62500	40~60	18.5	2~3	46	12	180	
	D2-40	水	4870	880	1060	9150	4000	100000	40~60	23	上2，下1.5	58	上13，下12	200	

2）蒸汽锤与空气锤。这种锤以蒸汽或空气为动力，把夯锤提起，依靠夯锤自由下落能量进行沉桩，此种为单动式；如果夯锤下落过程中还靠蒸汽或空气加速，则为复动式。

这种机械与地基的软硬无关，均可有效地进行施工。因此，在港湾工程等比较软弱的表层土，当使用柴油锤不能提高作业效率时，可以使用这种锤。

气动锤主要性能参数见表 7.4-4 所列。单作用和双作用气动锤作用原理示意图，如图 7.4-5 所示。

荷兰混凝土集团研制成"液压块（Hydroblok）"桩锤。它是由一外壳封闭起来的降落重块锤所组成，如图 7.4-6 所示。装有活塞和冲击头的降落重块锤为中空圆柱形体，在活塞和冲击头之间，用高压氮气形成缓冲垫。用液压方法在高打击频率中，把降落重块锤打下去。而桩头上的打入力则等于氮气压力乘以冲击头面积。同时还能够把打入力调节到适应于所预计的场地土阻力。形成缓冲垫的氮气，使桩头受到缓冲和连续打击，从而防止了在高冲击力下的破损，并且消除了桩上的张力波。

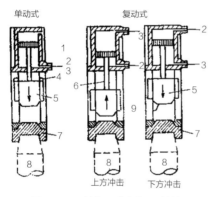

图 7.4-5　单作用式和复用式桩锤
1—活塞；2—吸入口；3—排出口；4—缓冲；5—夯锤；
6—活塞杆；7—锤砧；8—桩；9—壳体

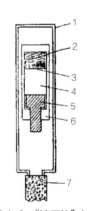

图 7.4-6　"液压块"桩锤
1—外壳；2—油；3—活塞；4—氮气；5—冲击头；
6—降落重块锤；7—桩头

IHI-MFNCK气动锤性能参数表　　　　　　　　　　　　表7.4-4

项目 \ 型号		MRB 1000A	MRB 1500A	MRB 2000A	MRBS 500	MRBS 750	MRBS 1500	MRBS 2500	MRBS 4000	MRBS 7000	MRB 600A
方式		单作用、油缸冲击式、自动冲击式、行程远距离无级调整式									
最大桩径（mm）	无撑挡	1200	1600	1600	—	42″ 标准	54″ 标准	60″ 标准	66″ 标准	72″ 标准	900
	有撑挡	1500	2000	2500							1200
最大桩重量（t）		50	75	100	30	45	90	150	240	420	34
冲击体重量（kg）		10000	15000	20000	5000	7500	15000	25000	40000	70000	6750

续表

项目 \ 型号		MRB 1000A	MRB 1500A	MRB 2000A	MRBS 500	MRBS 750	MRBS 1500	MRBS 2500	MRBS 4000	MRBS 7000	MRB 600A
	最大油缸冲程（m）	1.25	1.25	1.25	1.25	1.25	1.25	1.25	1.25	1.25	1.25
	最大冲击能量（kg/m）	12500	18750	25000	6250	9375	18750	31250	50000	87500	8437
	冲击数（冲击数/min）	35~40	35~40	35~40	35~40	35~40	35~40	35~40	35~40	35~40	35~40
尺寸	全长 A（mm）	4750	5485	5564	—	11840	13700	14880	19800	21855	4515
	全宽 B（mm）	1130	1340	1610	—	2300	2950	3700	4400	5150	970
	C（mm）	900	900	900	—	×2200	×2750	×3450	×4105	×5000	550
重量 全重量（kg）	锤本体	15000	23000	33000	6900	14750	36400	59000	97000	18000	9500
	导向罩	—	—	—	—	11200	17500	28000	47000	85000	—
工作流体	蒸汽消耗量（kg/h）	3000	4200	5000	1400	2100	4200	7000	11200	19600	2000
	蒸汽压力（kg/cm²）	10	10	13	10	10	10	10	10	10	10
	空气消耗量（m³/min）	60	90	—	30	45	90	150	240	420	40
	空气压力（kg/cm²）	7~8	7~8	—	7~8	7~8	7~8	7~8	7~8	7~8	7~8

"液压块"锤的几种规格见表 7.4-5 所列。

3）落锤。这种打桩机，由于是用两根支柱作导杆，因此也叫二支柱打桩机。其靠卷扬机将重锤提升而后脱钩下落将桩打入。这种打桩机一般适用于打 10m 以内的短桩，有的大型落锤也可打 20m 左右的桩，由于落锤可以放在隔声罩内减少打桩噪声，因此近些年来用得又多起来了。

4）振动锤。这种机械有 2 根水平轴，在轴上各装配偏心重锤，同相位相互作逆旋转，使桩进行频率为每秒 15~20 次的上下振动而沉入。

"液压块"锤规格   表7.4-5

型号	打入能量（kN/m）	撞击力（MN）	功能
HBM500	100	1-5	轻至中级打入
HBM1000	200	2-10	重级打入
HBM3000	600	6-30	近海打入
HBM5000	1000	10-50	近海重级打入

当桩作上下振动时，桩四周的土也处于振动状态，因此土也被扰动，从而使桩表面摩阻力降低，使桩能顺利下沉。近年来已研制出高频率振动打桩机。

表 7.4-6 所列为振动锤规格。表 7.4-7 为几种冲击锤比较。

（2）打桩架。打桩架也称桩架，是配合桩锤进行打桩施工的必备设备。其作用是用来完成桩锤的导向，起落桩锤、竖桩，对桩锤启动等。

1）桩架的种类：

按工作条件可分为陆上桩架和水上桩架。按导杆安装方法可分为 3 种：

①无导杆法——采取使桩不致倾倒的支承法，如图 7.4-7（h）所示。

振动锤规格一览表　　　　　　　　表7.4-6

制造公司	型号	外形尺寸			起振机				
		整个高度（mm）	整个宽度（mm）	整个长度（mm）	偏心距（kg·cm）	偏心辐旋转速度（r/min）	偏心轴数	起振力（10kN）	无负荷时振动幅度（mm）
建设机械测查	KM2-170E	1256	720	428	170	1250	2	3	3.9
	KM2-300E	1606	840	527	292	1300	2	5.4	3.9
	KM2-700E	2074	980	657	690	1200	2	11	5.2
	KM2-1000E	2303	1015	677	1000	1100	2	13.5	5.1
	KM2-1280E	2563	1125	783	540 910	1250	2	9.5 16.5	2.4 4.1
					1320			23.2	5.8
	KM2-2000E	2858	1176	1035	2100	1100	2	28.3	6.3
	VM2-2500E	2905	1232	968	1900 2300	1150	2	28、34、37	4.6、5/6、6.1
					2500				
	VM2-4000E	3229	1370	1052	2800 3500	920	2	37.9 47.4	6.3、7.9、9.3
					4100	1100	2	38.8	
	VM2-5000E	3630	1515	1130	2500 3000	1100	2	34 41	4.0 4.8
					4000 5000			54 68	6.5 8.1

续表

制造公司	型号	外形尺寸			起振机				
		整个高度（mm）	整个宽度（mm）	整个长度（mm）	偏心距（kg·cm）	偏心辐旋转速度（r/min）	偏心轴数	起振力（10kN）	无负荷时振动幅度（mm）
建设机械测查	KM2-8000A	2478	1174	1050	8000	500	2	22.4	19.1
	KM2-9500E	2769	1154	1081	9500	480	2	24.5	20
	KM2-12000E	2823	1150	1260	12000	510	2	34.9	22
	VM4-10000A	5495	1286	1316	5000 6000	1100	4	68 81	5.9 7.1
					8000 10000			108 135	9.5 11.8
	VM2-25000A	4600	1701	1391	15000 20000	620	2	65、 86、107	19.8 26.4
					25000				32.9
日本产业	NVA-10SS	2050	810	500	400	1200	2	6.4	5.1
	NVA-20SS	2300	700	610	800	1200	2	12.8	7.3
	NVA-40SS	2580	888	789	1500	1200	2	24.1	8.6
	NVA-60SS	2950	1060	1010	2200	1200	2	35.4	7.9
	NVC-80SS	3270	1060	1090	2400~3100	1200	2	39~50	5.7~7.4
					3100~3700	1000		35~41	7.4~8.8
					3700~4100	800		27~29	8.8~9.8
	NVC-100SS	3450	1150	1244	2700 3400	1000 1200	2	30 54	5.6 7.8
					4000 4500	1200 1000		63 49	8.2 9.3
					4900	800		34	10.1
丰田机械工业	TM-20	1860	1060	1000	1515	680/810	2	11.25	9~250
	TM-40	2311	1060	1000	3030	630/810	4	22.5	9~250
	TM-60	2757	1060	1000	4550	680/810	6	33.75	9~250
	TM-80A	2525	1620	1200	7500	680/810	4	44	9~300

制造公司	型号	外形尺寸			起振机				
		整个高度（mm）	整个宽度（mm）	整个长度（mm）	偏心距（kg·cm）	偏心辐旋转速度（r/min）	偏心轴数	起振力（10kN）	无负荷时振动幅度（mm）
丰田机械工业	TM-80B	2415	2069	1528	7500	680/810	4	44	9~300
	TM-120	3800	2066	1528	11000	680/810	6	65	9~300
	TVM-30	3410	850	860	1183	1100	2	16	7.5
	TVM-50	3770	990	1065	2045	1100	2	28	8.5
					3020	1100		36	9.2
	TVM-80	4080	1100	1125	3750	1100	2	35	11.3
日本车辆制造	IV-80	2680	940	610	845	1100	2	11.4	9
	IV-100A	3457	980	720	1324	1100	2	17.9	7.5
	IV-200A	4105	1000	970	2200	1100/1250	2	29.8/38.4	8.5
	2V-300	4185	1110	979	3280~2160	830~1200	2	16.7/41.9	11.1~7.3
	2V-400	4340	1210	1053	4300~3000	750~1320	2	18.9/58.4	11~8.2
	2V-500A	4635	1340	1130	5500~4100	920~1320	2	38.8/89.6	1.2~8.3
三菱重工业	V-3	4060	1068	1119	6300	535	2	21	15.9
	V-75	4650	1280	1558	11250	560	2	42	25.5
		无卡盘							
	V-120	4980	1405	1540	17000	560	2	60	27.7
		无卡盘							
	V-5	3960	2700	1670	34000	400	2	61	27.3
		无卡盘							

几种冲击锤比较　　　　　　　　　　　　表7.4-7

项目 锤型	落锤	蒸汽锤（空心锤）	柴油锤	振动锤
能力几乎相等的型号	4t 7~8t	油谷 1 号 MRB500 MRB1000	M-22 M-40	V-4（75kW） V-5（150kW）
运输费	非常低	高	低	高

续表

锤型 项目	落锤	蒸汽锤（空心锤）	柴油锤	振动锤
施工安排	备有简单的机架和卷扬机即可	需要打桩机架，吊装的动力，以及蒸汽或空气的供给设备	需要打振机架和吊装的动力	需要大容量的电力，不一定需要打桩机架
施工速度	一般比较慢	不太受土质的影响	硬质地基较为有利	软地基特别有利
保养	不需要	需要检查蒸汽或空气的供给设备	喷射泵的检修很重要	原动机容易产生故障
优点	（1）装置简单； （2）调节落锤重量和落下高度后可简单地改变打入能力	（1）对任何土质适应效率高 （2）精确度高； （3）不损坏桩头 除打斜桩和水下桩外，也可用于拉拔	（1）冲击力大； （2）每小时的冲击次数多； （3）轻型、小型； （4）不损坏桩头	（1）噪声少； （2）也可以用于拉拔； （3）不损坏桩头； （4）容易起落和停止； （5）在软地基上施工速度快
缺点	（1）易损坏桩头； （2）靠桩锤自落，因此能够打入桩的尺寸是有限的； （3）难以确切掌握落下的高度； （4）精确度差	（1）需要大型的机架和锅炉； （2）不能调节落下的高度 （3）不灵活	（1）软地基上效率低； （2）爆炸声大； （3）润滑油飞溅	（1）需要大容量的电力； （2）有不能打穿硬地基、不能贯入的情况

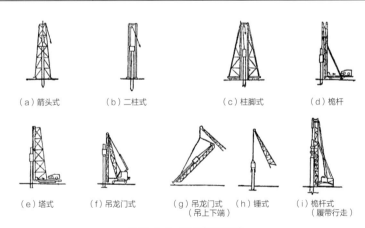

（a）箭头式　　　（b）二柱式　　　（c）柱脚式　　　（d）桅杆

（e）塔式　　（f）吊龙门式　　（g）吊龙门式　　（h）锤式　　（i）桅杆式
　　　　　　　　　　　　　（吊上下端）　　　　　　　　　　　（履带行走）

图 7.4-7　打桩架的形式

②将导杆上下部固定的方法——虽属固定，但用某种方法可使两方或单方面移动，如图 7.4-7（a）～（e）、（i）。

③将导杆吊挂的方法——用某种使桩不倒的支承法，如图 7.4-7（f）、（g）。

其中①和②常用于蒸汽锤。至于柴油锤就一定需要导杆。

方法③是最常采用的方法。可分为起重机式、框架式、桅杆式等。图 7.4-8 为桅杆式（履带行走）桩架实例之一。导杆长度同钢管桩长度关系，如图 7.4-9 及

表 7.4-8 所示。

2）机架的选定标准：

①选定锤的形式、重量、尺寸。

②桩的材料、材质、桩的断面形状与尺寸、桩的长度、桩接头。

③桩的根数、桩的种类（一种或多种）、桩的施工精度、布置（规则的、不规则的、密的、稀的）。

导杆长度和钢管桩的容许长度　　　　　　　　表7.4-8

导杆长度L（m）	锤的种类（级）	锤的必要尺寸A（m）	和地面的空隙B（m）	钢管桩的容许长度C（m）
18	12	4.5	0.3	13.5
	22	5.0	0.3	13.0
	32	5.0	0.3	13.0
	40	5.0	0.3	13.0
21	12	4.5	0.3	16.5
	22	5.0	0.3	16.0
	32	5.0	0.3	16.0
	40	5.0	0.3	16.0
24	12	4.5	0.3	19.5
	22	5.0	0.3	19.0
	32	5.0	0.3	19.0
	40	5.0	0.3	19.0

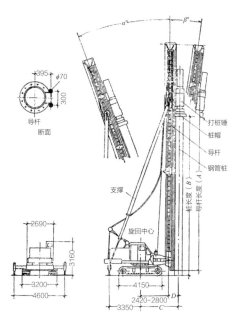

图 7.4-8　桅杆式（履带行走）桩架

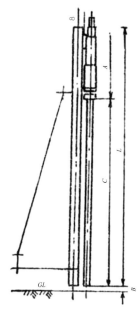

图 7.4-9　导杆和钢管桩的关系

④作业空间（宽、狭、高度的限制）、打入位置（地上、地下等）、导框的形状及作业人员的熟练程度等。

⑤锤的形式、有否通用性（专用或通用）、机架台数。

⑥打桩是连续进行还是断续进行、工期长短。

在打桩机架选定时，也可以采用大小机架流水作业的方法。一般打下节桩时，桩就位要花些时间，但打入容易，所以可用能吊小型锤或者振动锤而就位精度好的机架，在接桩后另外用能吊大型锤的机械进行打入，是比较经济的。表7.4-9为机架型号、桩长及使用锤的大致情况。

按机械结构将打桩机分类，其主要优缺点见表7.4-10所列。

机架的型号、桩长及使用锤的大致情况　　　　　　　表7.4-9

机架形式	柱的大约长度（作为无接头的一根桩）	使用的锤
对称楔形	大约9m以下，特别场合12m左右	落锤
二柱式	大约6m以下	落锤
柱脚机架式	大约15m，有最大30m例子	落锤、蒸汽锤
塔式	有最大40m的例子	落锤、柴油锤
导向支架式	大约10m以下	落锤
桅杆式	大约18m以下	蒸汽、柴油、震动
起重机式	约15m以下	柴油、震动

打桩机架的机械形式与特征　　　　　　　表7.4-10

机械形式	结构特征	优点	缺点
桅杆式（轨上行走）	导杆的桅杆由2根支撑固定，在桅杆下端滑动的同时，容易调换桅杆的角度、方向。台车在轨道上行走旋转。很多场合由1人操作	容易使桩中心位置与锤的中心对起来，能使导杆的角度正确并转向所定的方向，能作打入位置方向的微调整	必须铺设轨道，轨道直角方向移动时费时间，没有其他工种通用的部分
桅杆式（履带行走）	和轨上行走式几乎相同，其不同点是用履带行走代替台车，动力用发动机	行走自由，动力自身能供给	在打入过程中对地表面的下沉敏感，调正位置比轨道式稍难
汽车起重机式	在汽车起重机上安装导杆	移动速度快，可以承担汽车起重机的工作	使外伸支架接地困难，在软弱地基打桩过程中，地面下沉，垂直修正导杆困难。变换方向困难
履带起重机式	在履带起重机上安装导杆	移动速度快，可以承担履带起重机的工作	在软弱地面打桩过程中，地面下沉垂直修正导杆困难
汽车支架式	在汽车后部安装导杆	便于小型桩迅速打入。能自行到现场，立刻着手打桩	不适于打入大型桩，进行微调以提高打桩精度存在困难
塔架式	在桁架式组合的塔架下部安装移动用的车轮等装置。由于没有一般的规格标准，故装置有各种各样	可以做成打长桩的结构，可以做成打大角度斜桩的结构	安装与拆卸比较费工

机械形式	结构特征	优点	缺点
柱脚机架式	是作为打入柱脚桩而开创的机架，所以几乎都是木制的	用同一机架，可打入和拉拔，不必卸下锤就可以进行，能打长桩，可作各向自由移动	修正导杆垂直性有困难，安装拆卸费时间，位置微细调整也有困难
两根柱子组成式	这种机架的形式是在两根起导杆作用的柱间设置锤常为在导杆顶部用 1、2 根支撑固定的木结构用钢制时，不用支撑，可用起重机吊起，使用振动锤	便于打入小型桩，容易安装拆卸	位置及角度调整困难，不能打入大型桩
三脚起重架式	三脚起重架上装备导杆，导杆的下端有固定的，也有活动的。三脚起重架下放入台车，使之能够移动	在同样的位置，可以涉及的范围大，可以转用于其他起重作业	安装拆卸困难，移动性不好

（3）附属设备

1）桩帽。打桩用的桩帽，是装在桩的头部使用，有以下几个目的：

①保护桩的头部。

②使桩头部受到的冲击力均匀分布。

③保持桩的垂直度。

桩帽的形式可分为锅盖式及钓钟式两种，如图 7.4-10 及图 7.4-11 示。

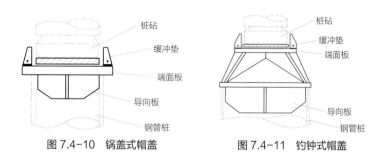

图 7.4-10　锅盖式帽盖　　　　图 7.4-11　钓钟式帽盖

2）缓冲垫。缓冲垫在桩帽的上部、与锤的砧部接触，直接承受锤的强冲击力。在桩帽上直接均匀传递这个力的同时，还具有防止锤本身破损的作用。

缓冲垫的材料，常用橡木、榉树等硬木。近年来有用层板状缓冲垫的。

缓冲垫、端面板尺寸见表 7.4-11 所列。

3）送桩用替打。在工程中，如果是先打桩后进行基坑开挖，则要将桩送到现有地面以下或海面以下一定深度，这就需要"替打"。一般由钢管制成的长钢帽。

对替打的要求是：

①打入阻力不能太大；

②要能将冲击力有效地位递到桩上；

③易于拔出；

④坚固耐用可多次重复使用。

一般"替打"同需送下去的桩具有相同尺寸，如图 7.4-12 所示。

缓冲垫、端面板的标准尺寸

表7.4-11

锤的类型	桩砧直径（mm）	端面板的标准尺寸		缓冲垫的标准尺寸	
		直径（mm）	板厚（mm）	直径（mm）	厚度（mm）
IDH-12A K-13 M-14S	455 485 480	700	60	460 490	50
IDH-J22 K-22 KB-22 MB-22 M-23	590	780	60	600	50
K-3Z KB-32 M-33	700	880	100	710	100
IDH-J4D MB-40 M-43 K-42 KB-42	780 800	980	120	790 810	100
MB-7	980	1100	200	1000	200

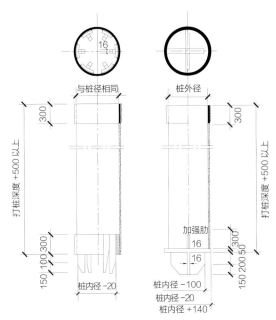

图 7.4-12　钢管桩用的送桩夹钳

2. 打桩船

（1）打桩船的种类

1）专用打桩船。其用途就是水上打桩，船上装备有导杆、机架及其他必要的附属设备，近来许多专用船把机架做成前后倾斜，成为打斜桩的形式。

2）利用起重船作打桩船，这种船是在起重船上装置导杆，改为打桩用途的打桩船。桩和锤的提升及机架俯仰，均靠卷扬机。

3）利用趸船（pontoon）作打桩船。在趸船上临时装备起重机车、打桩机架、三脚转臂起重机中任何一种装置，作打桩用。多数是对机架的旋转和打斜桩有困难。

（2）打桩船的选定。选定打桩船与海象及气象条件、现场作业条件、地基的土质条件，使用钢桩的型号、长度、重量，锤的能力以及其他因素有关。搞清各种因素可选择经济性最好的打桩船。

1）海象、气象条件。根据打桩船的干舷、复原性能、船上的机械能力，在风速、潮流、浪高等达到某种程度以上时，就不能工作。能否工作的界限，根据打桩船的类型、尺寸而异，其标准如下：

标准工作界限：风速 7~8m/s，潮流 2 海里（≈ m/s）1m/s

浪高 0.3~0.5m。

2）打桩船吃水，根据船的种类以 0.8~2.5m 为宜。

3）不妨碍其他船舶的航行，特别是在航道上工作时，不能妨碍船舶航行。根据情况，可采取夜间作业措施。

必须设安全标志、浮标等表明作业区域范围，如图 7.4-13 所示。

4）根据锤型、打桩能力、地基条件，参照本书 7.4.2 作出决定。

5）钢管桩的长度，受打桩船机架高度限制。设计上要求长桩时，必须用二根、三根连接。接头要在海上进行对焊。此外，还有钢管桩的重量，应按卷机的卷扬能力及打桩船的扬重能力来决定。

钢管桩的长度限制，如图 7.4-4 所示。

6）考虑一根桩的长度、水深、打桩装置的长度、机架的可倾角度及外伸范围等，决定机架。

打桩船与导框之间如果没有间隔，打桩船的船首就有可能与导框相撞，如再受到波浪影响时，就会引起波浪的乱反射，会使船体摇晃，特别对外伸范围（从船艏的前面到吊挂位置的移动长度）必须作充分考虑。

7）打桩船的规格。我国常用起重船及打桩船规格，分别见表 7.4-12 及表 7.4-13 所列。

日本目前具有代表性的打桩船规格见表 7.4-14 所列。

图 7.4-15 为通用大型打桩船规格之一例。

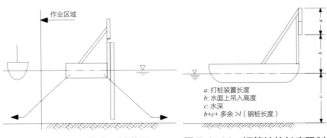

图 7.4-13 作业区域范围   图 7.4-14 钢管桩的长度限制

a: 打桩装置长度
b: 水面上吊入高度
c: 水深
b+c+ 多余 >l（钢桩长度）

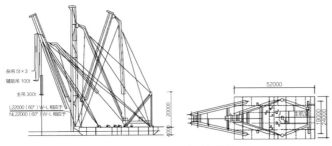

图 7.4-15 通用大型打桩船

我国常用起重船规格   表7.4-12

| 船名 | 主要尺寸（m） | | | 吃水（m） | | 排水量（t） | 总重（t） | 能力（t） | 扒杆形式 |
	长	宽	深	船艏	船艉				
起重 1	35.0	14.0	2.7	1.9	2.04	615	431.3	500	固定
起重 2	33.0	12.0	2.46	2.07	0.47	450	366.5	80	固定
起重 3	42.0	18.0	3.5	2.0	2.0			200	变幅
起重 4	24.82	11.45	2.0	1.8	1.3	374	201.6	40	固定
起重 5	21.0	9.7	2.6	1.4	0.7	217.2	215	25	固定
起重 6	35.0	13.0	2.7	1.8	1.2	270	460	100	固定
起重 7	45.0	20.0	3.75	2.9	2.9	1795	183	130	旋转
起重 8	45.0	19.0	3.3	0.7	2.02	1086		130	旋转
起重 9	18.75	12.0	1.95	1.4	0.8		231	25	固定
起重 10	42.0	18.0	3.5	2.0	2.0			200	变幅

我国打桩船规格   表7.3-13

| 船名 | 主要尺寸（m） | | | 吃水（m） | | 排水量（t） | 总重（t） | 架高（m） | 吊重（t） |
	长	宽	深	船艏	船艉				
打桩 4	42.0	14.0	3.2	1.9	1.9	906	653	42	70
打桩 5	42.0	14.0	3.2	1.9	1.9	906	653	42	70
打桩 6	43.8	20.0	3.6	2.0	2.0	1422	899	51.5	80
打桩 7	43.8	20.0	3.6	2.0	2.0	1422	899	51.5	80
打桩 8	45.0	19.5	3.75	2.0	2.0	1454	1106	52.1	80
打桩 9	38.0	16.0	3.2	1.5	2.0			43	50
打桩 10	33.0	11.0	2.7	1.56	1.58	560	237	28	60
打桩 11	32.0	8.5	2.5		1.58	350	203	25	18

日本打桩船规格　　　　　　　　　　　　表7.4-14

| 船名 | 排水吨数（t） | 船体主要尺寸（m） | | | | 主机功率（kW） | 夯锤重量（t） | 冲击力（t·m） | 形式 | | 机架高度（m） | 卷扬能力（t） | 卷扬扬程（m） |
		长	宽	深	出水				锤	打桩机架			
柏神号	2500	52	24	4	2	883	7.2,15	21.5 18.75	D.E.S	斜动式	67	70	65
第一大都丸	2420	45	22	4.3	2.5	515	7.2	21.5	D.E	斜动式	69	120	52
第5芳飞	1906	50	24	4.5	2.3	484	—	—	—	斜动式	76	160	56
CP-2003	1716	40	18	3.6	2.35	515	7.2	21.5	D.E	斜动式	51	60	45
建隆丸	2112	48	22	4	2	405	7.2	21.5	D.E	斜动式	68.5	50	58
第10大成丸	2000	44	22	4.3	2.3	390	20	25	S	斜动式	56.3	100	46
第13不动丸	1930	40	24	3.2	2	500×2	7.2	21.5	D.E	直动式	70	100	65
第10杭打丸	1600	45	19	3.75	2	530	7.2,15	21.5 18.75	D.E.S	斜动式	50	80	—
黑狮子一号	1870	40	20	4	2	450	15	18.75	S	斜动式	40	100	12.5
浮岛	3200	60	24	4.5	2.6	600×2	7.2	21.5	D.E	斜动式	40	30	35
柏和丸	1800	45	20	3.7	2	750	15	18.75	S	斜动式	54	80	47
第10大王丸	380	35	15	2.5	1.3	320	6	16	D.E	斜动式	40	40	38
杭打船51号	300	28	13.5	2.4	1	210	4.6	14	D.E	斜动式	39	10	38
隅田	236	26	12	2.25	1	250	4.6	14	D.E	直动式	30	40	30
神岛号	430	24	1.5	2.5	1.4	150	4.1	12	D.E	斜动式	30	5	28.5
第102山问号	540	30	12	3	1.5	220	4.1	11	D.E	直动式	40	26	32
No.3爱盐号	600	25	12	2.2	0.8	75	3.2	9.6	D.E	斜动式	40	50	34
第11须山丸	175	22	10	2	1.05	195	2.3	6.6	D.E	直动式	23	5	17
第25天神丸	227	21	12	2.7	0.95	100	2.2	5.9	D.E	斜动式	35	10	30
No.269	245	23	11	2.25	0.97	60	2.2	6.7	D.E	斜动式	28.5	3	28

7.4.4　桩锤的选定

在充分掌握上一节各种桩锤特性的基础上，再结合钢管桩的形状、尺寸、重量、埋入长度、结构形式以及土质、气象（海象）等条件进行桩锤的选定。

　　根据不同土质，可以选定一种以上的锤配合使用，效果会更好些。

　　打入钢管桩，无论什么情况，都必须使用效能超过桩打入阻力的锤。桩的打入阻力，包括桩尖阻力、桩侧摩阻、桩的弹性变形产生的能量损失等。

　　如果桩锤选择的不合理，没有同钢管桩的尺寸、长度、重量相匹配，若形成"轻锤重打"则容易形成桩头部压曲，若形成"重锤轻打"则影响打桩工效。

　　此外还必须考虑社会环境和动力源等施工条件的同时，考虑经济性及施工速度等，然后决定打桩施工方法。

　　桩锤选定流程如图 7.4-16 所示。图 7.4-17 为桩外径和桩锤的适用范围。

1. 柴油锤

在选定柴油锤时应调查以下情况：

（1）打入钢管桩的结构形式。

（2）钢管桩全长、外径、重量及埋入长度。

（3）由标贯试验得出的桩尖端 N 值及平均 N 值。

（4）打入时发生的冲击力使桩受到的应力间的关系。

选用最大压应力 200MPa 左右，即可防止桩破损，并做到高效率施工。

图 7.4-18 为根据经验得出的各种柴油锤使桩产生的冲击压力和断面积的关系，可据此对使用的桩选择恰当容量的桩锤。各种柴油锤的冲击力是参考打入时的应力测定和用打桩公式计算的值决定的。

由锤冲击产生的压缩力，见表 7.4-15 所列。柴油锤的规格如图 7.4-19 所示。

当夯锤落高为 H（m）时，应力度 σ' 按下式计算：

$$\sigma' = \sqrt{\frac{H}{2} \cdot \sigma} \qquad (7.4-1)$$

式中　σ'——夯锤落下高度 H 时的应力度；

　　　σ——夯锤落下高度 2m 时的应力度。

2. 落锤

通常落锤的重量有 0.5~5t 几种，以落锤重为钢管桩重量的 2~5 倍为宜。

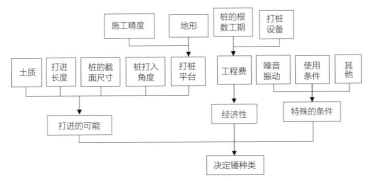

图 7.4-16　桩锤选定流程图

钢管桩

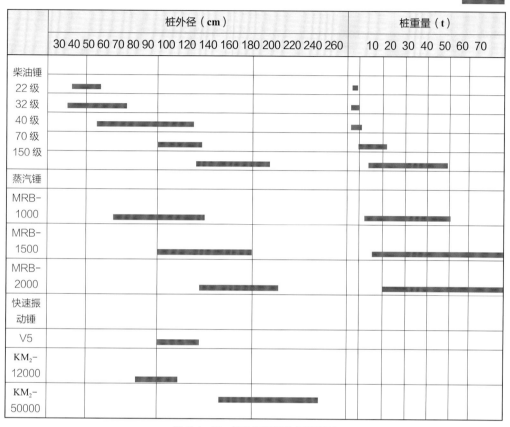

图 7.4-17　桩外径和锤的使用范围

由锤冲击力产生的压缩力　　　　　　　　表7.4-15

锤	对桩施加的压缩力（t）
D-12	90~130
D-22	180~260
D-32	300~380
D-40	400~600

　　在坚硬地基上，如落下高度过高，可能破坏桩的头部。一般下落高度为 1~3m，但一般是使用重锤，用低落距打桩比较好。

　　落锤一般不宜用来施打太大直径的钢管桩，但如桩外径为 600mm 左右，打入根数较少时可使用。

3. 振动锤

　　选定振动锤需要调查的事项，几乎和柴油锤相同，但特别重要的是地基的土质和贯入阻力。

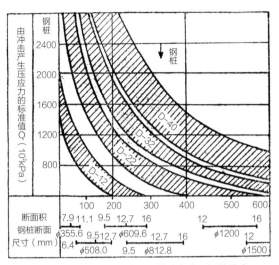

图 7.4-18　由冲击产生的桩的应力度和锤的选定

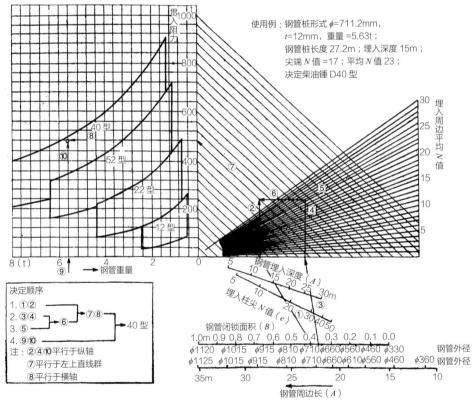

图 7.4-19　柴油锤规格

在硬黏土层、砾土混合层一般不适宜用这种锤。特别是不能穿透中间层 N 值 30 以上的硬层。

附加了特别冲击力的机构，即便是 N 值为 60 左右的地基，仍可能打入。选定机种，进行试打，根据桩径与长度，一般以 5min 以内完成一次打入为宜，如超过 5min，应以作业效率太低、容易加快机械磨耗等为理由，要求使用高一级的机种，如果达到 15min 以上时，就会使马达发热以致烧坏，需要频繁修理，因此造成作业效率急剧低落。为此，就要求改变打入方法，或是与其他方法一起使用。

无论在什么情况下，要进行机种变换时，也必须更换起重机、变压器、电缆等附带设备，所以对振动锤的选定，应参考过去的经验，慎重考虑。

振动锤及起吊设备选型配套。

（1）振动锤选型。

为了保证施工时锁口钢管桩能够打入到设计入土深度，事先要对用于沉桩的振动锤规格进行计算选择，要求振动锤的激振力 P 大于钢管桩的贯入摩阻力 Q，即 $\frac{P}{Q}$ >1.1。

$$Q=\lambda_s u \Sigma \tau_i l_i \qquad (7.4-2)$$

式中 Q——单根钢管桩贯入摩阻力（kN）；

λ_s——土壤振动液化系数，λ_s=0.3~0.6；

u——桩周长（m）；

τ_i——桩周第 i 层土的极限侧阻力标准值（kPa）；

l_i——桩周第 i 层土的厚度（m）。

（2）起吊设备选型。

有栈桥钻孔围堰施工平台的，采用汽车起重机直接行驶到平台上起吊振动锤及钢管桩；没有栈桥时，一般采用浮吊。起吊设备的规格根据振动锤的大小选择，一般按表7.4-16 配置。

起吊设备选型参考表

表7.4-16

序号	振动锤规格	起吊设备规格	序号	振动锤规格	起吊设备规格
1	DZ45	25t	3	DZ90	50t
2	DZ60	35t	4	DZ120	80t

7.4.5 钢管桩施打

1. 打桩准备

为保证钢管桩按设计图纸要求的位置、深度、垂直度或倾角要求等打入，应注意以下事项：

（1）在钢管桩上应弹出中线和尺寸线，以便于对中和掌握打入深度。

（2）海上作业，依靠导框，从两个方向用经纬仪来决定打桩位置。

（3）准备好有充分起吊能力的起重设备。

（4）在钢管桩打设位置的地下，事先应做好是否有障碍物的调查。

打桩顺序应研究整个工程、打桩作业部分的面积及周围情况、桩的形式与位置、工程采用机械的种类等，然后决定打桩顺序。

由于桩的打入，会使土受到挤密。对软弱土来说会由于打桩使孔隙水压急剧增高因而造成土的侧向或向上的流动和涌出，对此应事先予以重视并采取有效措施，其中调整打桩顺序即属措施之一。当挡土墙、护岸等和打桩场地邻接时，当打桩场地的桩群周围受到由挡土板桩柱、柱列组成的挡土设施以及地下连续墙限制时，由于桩的打入，会使这些东西移动或变形，因此，希望先在周围打桩，后往内部打桩。

打入闭口桩或者桩的布置过密时，如把中央部分的桩留到后打，因地基被挤密，打到预定深度有困难，同时也会使其周围的桩受到有害的弯曲应力，为避免这种情况，采用从桩群的中央部位向四周打的方法，或者根据现场的作业情况，从一面开始打入，平行前进。再有由于桩的打入，使周围的土移动或隆起，可能扰动桩群周围的地基时，应并用挖掘形式的施工方法（使用螺旋钻等）。

此外，根据打桩机的种类、台数、桩的堆放场地，去决定打桩效率高、对其他没有影响的打桩顺序。

2. 打桩工艺

打桩工艺流程如图 7.4-20 所示。

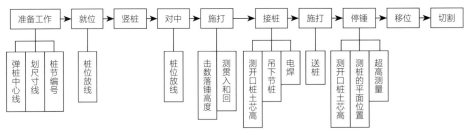

图 7.4-20　打桩工艺流程

3. 打桩作业

（1）桩就位。在桩就位之前，将导杆修正使之垂直，在打入过程中用经纬仪等校核，使之保持垂直。

导杆修正幅度很大时，则需修整打桩机的放置位置。

桩的打入精度在相当大的程度上取决于下桩的就位及角度控制。要将桩的中心安装准确。当桩埋入不深发现中心偏移时，应即时修正。

把桩正确地安放于桩位点的方法有：

1）一般以桩位中心点为圆心用石灰画出与桩外周同形的圆周，就位时将桩对准此圆周。

2）用人工挖出与桩同形的孔，将桩就位时放入该孔中。

3）使用工具式定位装置，如图 7.4-21 所示。

4）以放线木桩（桩中心点）为心，浇筑留有与桩底面圆形孔洞的混凝土块，固定桩外周，如图 7.4-22 所示。

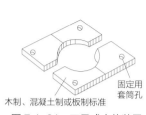

图 7.4-21　工具式定位装置

图 7.4-22　浇筑混凝土块定位

5）采用螺旋钻、钻机等成孔法，形成桩的插入孔。

6）用导向架固定桩中心，使不发生偏移。

上述各种方法中，陆上打桩一般采用第一种法，用栈桥和船打桩时多采用第六种法。

这样将桩的中心位置决定下来，在所定的位置安装打桩机架，但应在就位之前，先将导杆修正，使之垂直，然后使桩就位。把桩尖放到所定位置之后，调整桩锤、桩帽及桩轴，使之与打入方向成一直线，再将钢丝绳从桩上解去。

在打入过程中修正桩的角度有困难，因此在就位时就必须安放正确。当打直桩且自沉量不足 1m 时，应将吊桩钢丝绳和吊锤钢丝绳解去后，在直角两方向用经纬仪等使导杆垂直，桩也就随同导杆而垂直，但这时只能用导杆的旋转、滑动及停留来调整，这很重要。因为旋转和滑动大时，会使导杆发生倾斜，就有必要做导杆的再校正。如为自沉大的场合，就要在桩和锤吊着的情况下进行上述作业，但桩尖必须始终固定。不管什么情况下，均要重视垂直度，如果不重视导杆的垂直度，桩就会倾斜地打入。因此，桩和导杆相互配合进行打入非常重要。旋转调整如图 7.4-23 所示，滑动、停留调整如图7.4-24 所示。

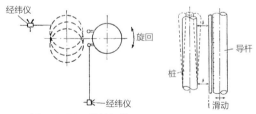

图 7.4-23　旋转调整　　　　　图 7.4-24　停留调整

角度的调整按上述方法进行，但打桩机架平台倾斜或者不稳定时，不仅调整困难，而且安全方面也令人担忧。

再有，对于不能进行旋转、滑动及停留调整的打桩机架，就必须移动打桩机架本身来进行调整。

打斜桩时与直桩不同，修正左右倾斜有困难。但使打桩机架与桩的斜角成直角或者平行，如同直桩一样，使导杆垂直后将桩就位，就可以用停留、滑动来调整所定角度。在这种情况下，打桩机架不能进行旋转调整，因此，对打桩机架的设置要十分注意，使它不左右倾斜，当左右倾斜 2°~3° 时，可用停留来调整。斜桩就位时，也就是放好了所定角度，但在打完后，由于地基关系，可能比所定角度变大或变小，因此在打入数根后，要进行检查，以便未打入的桩就位时调整其角度。

打斜桩，如果打桩机架选择错误，要获得所定角度很困难，由于打桩平台和地质关系，有可能发生翻倒事放，应予以重视。

使用经纬仪（打直桩时）和角度计（打斜桩时）测定角度，应在观测前架设好，并应放在不受打桩机移动及作业影响的地方，必须经常与导杆成直角移动。

（2）打桩

1）打桩要领。桩打入初期要先作试打，在确认桩的中心位置及角度后，再转入正式打入。将桩打入时，桩锤放在桩上后，会在锤重作用下将桩压入土中，此时桩锤并未点火面是处于空打状态（指柴油锤）。若为斜桩且倾角又较大时，如果开始很快打入，会引起打桩机架的重心急剧移动，甚至造成打桩机架倒塌事故。因此开始进行空打同时桩锤轻放是很重要的。至于进行连续打击，应在桩的角度得到正确调整后实施。

在桩打入初期（2~3m）桩发生倾斜，可将桩帽取下进行修正，或拔出重打。为防止桩沿原来倾斜方向打入，则要用坚固的导向装置定位。

打入长桩时，如在导杆上装配可以升降的防震装置，在桩发生横向震动时，可以防止桩的弯曲变形，能高效率地进行作业。

2）中间层的穿透。在桩未打设到支承层以前，有时会遇到比较硬的中间层。能否顺利穿透应预先有所估计，若用单纯打入穿不过硬夹层，则要采取辅助措施。

黏性土及砂质土时，穿透层的厚度和桩径的关系如图 7.4-25 所示。

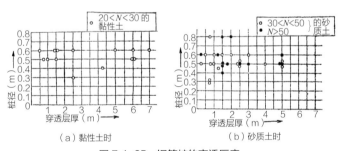

图 7.4-25　钢管桩的穿透厚度

一般 N 值 50 以上的砂层厚度在 3~5m 时，多数难于穿透。但如图 7.4-25（b）所示，有可能穿透到 5m 的。这是因为标贯试验时对砂砾层的 N 值判断过高。反之，对黏性土的 N 值有判断偏低的倾向。一般对粒径均匀的细砂和中砂，由于随着打桩容易产生容积变化，N 值虽然比较大，但桩容易贯入。不过在颗粒级配较好的情况下，由于震动等原因反而会加密，即使是同样的 N 值，也会难于穿越。在有黏性土情况下，N 值 30 以上，多数打入困难。影响能否穿透的因素中除地基状况外，尚有打入顺序、桩排列等，因此应综合考虑。

一般来说，对开口铜管桩判断能否打穿中间硬夹层的情况是：

①厚度 5m 以上 N 值 50 以上的砂砾层，一般难于穿越；

② N 值 30 以上的黏土层，虽然与下卧层的强度有关，如果厚度在 2~3m，则多数难于穿过。若 N 值在 30 以下穿透 5~6m 的中间层尚有可能；

③中间层在深度 20m 左右时容易穿透，但在 25~30m 深度时，就难于穿越；

④砂质夹层中，级配良好的难于穿透；

⑤如果硬夹层下而有较弱下卧层，则易于穿过；

⑥若中间硬夹层穿不过，辅助措施可采取预钻孔，施震或射水助沉。但这样对桩周摩阻力影响较大。如果桩端就以中间硬夹层作支承层，则应验算下卧土层的沉降。

（3）打桩机械的管理。打桩时使用各种机械，必须阅读该机械的说明，了解其性能，注意操作与保养。

对一般使用的柴油锤操作要点如下：

1）打桩过程中桩锤所出现的故障，几乎都发生在燃烧泵上，如垫衬的磨损、破损、孔眼堵塞以及活塞环的磨耗等。结果造成夯锤的落距降低，或者不发火。

2）夯锤的最大落距为 2.3~2.6m。落距过高不仅气缸、夯锤、砧座等有破损可能，而且会导致桩上产生过大的应力。夯锤上升过高，是由于燃料喷射量多，可根据对燃料的调整，使夯锤的落距得到调整。一般夯锤落距以 1.8~2.2m 左右为宜。

3）排烟是依据燃料喷射量和地基条件而定，当排烟为青白色时，说明燃烧良好，如果燃烧不好，就带黑烟。

4）连续打入时间应注意不要超过 15~20min，打入时间超过 20min 时，对下部气缸的润滑油注入口应进行加油（过热气缸油）。夯锤的排油口，如没有润滑油出来时，应立刻补给。连续运转超过规定时间以上时，因为锤过热，使发火时间加快，燃烧就比夯锤的落下要快，因此使夯锤冲击时的速度及冲击力降低。只要注意观察夯锤动作、声音及排出的烟色就不难发现夯锤的这种状态。

5）若为水冷式锤，应注意冷却水的减少。

6）燃料油应使用规定的油料，应注意燃料油中别混入水及其他不纯物。

7）用起重装置将锤吊上时，应使止动铁销并用箍圈固定于正规位置，确认箍圈固定于上部气缸的吊座以后，再吊上。

再有，起初装置的磨耗及破损与锤的落下有关，应予注意。

8）燃料泵等容易发生故障的部位，应有备件以便及时更换。

（4）接桩。在接桩时下节桩的打剩高度，除应留出使接桩容易就位的接续高度外，为了能有最好的接头及便于焊接作业，希望能提供良好的焊接作业位置和操作姿势，一般下节桩的打剩高度以 50~80cm 为宜。

下节桩打入后，应检查下节桩的上端是否变形，如有损伤，用千斤顶及其他适当方法加以修复，同时应将锤上飞散出来的油污等对焊接有害的附着物除掉并清扫。在上节桩就位之前，要扫除上节桩接头开口部在搬运及吊入作业中附着的泥土，有变形的应修正后再就位。

此外，现场接头焊接完毕后，应留有大约 1min 的焊口冷却时间，然后进行打入作业。

（5）打桩时的注意事项：

1）用打桩机打入到可能打入的程度，即打到不可能再往下打的程度。

2）不能达到持力层时，将管内土砂挖除，使桩能打入持力层，后在管中灌注混凝土。

3）柴油锤和振动锤产生的噪声和震动在市区受到限制时，可采用中掘工法等施工。

4）打入大直径桩时，由于冲击可能产生局部压曲，应采取相应措施。

5）打桩时尽可能避免使用送桩"替打"，因为同桩断面有差异时，会使桩受到相当大的冲击应力，严重者会造成局部压曲。另外是送桩"替打"和桩存在不连续面，会使冲击效率大为降低，此外还是发生偏心和倾斜的原因。

6）桩的接头尽可能是工厂接头，应尽量减少现场接头。

7）桩的打入过程中，尽量避免长时间的中断。

4. 打入精度和停打标准

（1）打入精度

所谓打入精度是指平面位置、桩的方向（倾斜）、桩轴的垂直度等的精度而言。

桩的打入精度很大程度上取决于作业人员的精心程度、技术熟练程度、桩的制作误差、机械、放置打桩机架的平台及导框等，同时也受到地基、风浪及水流等客观条件的影响。

桩顶平面位移一般规定对靠承台边的边桩要求小于 $D/5$，对中间桩小于 $D/4$ 并不超过 10cm。

桩顶标高偏差小于 $D/10$（D 为桩径）。

桩的倾斜度应小于全长的 1/100。

（2）停打标准

一般控制停打，主要从三个方面去判断，即桩打入深度、最后 10 击平均贯入度和总锤击数与最后 1m 的击数。

由于地质条件的因地制宜，另外桩的尺寸长度等差异，不可能规定固定的统一停打标准，只有根据现场具体情况进行判断。

需要提醒注意的是，对于已打完的桩，要及时做好桩头标高测量。因而在邻近的桩打入时有可能使已打入的桩发生浮起、沉下的现象，因此要判断再打入或修正的必要性。特别是闭口桩更有浮上来的现象，应予以注意。

另外也有根据地质资料，从桩入土深度判断桩端进入持力层深度作为停锤标准（表 7.4-17）。

根据实际工程统计出的停止打桩时土层的 N 值及停止打桩时贯入度的关系如图 7.4-26 所示。

（3）打桩公式

利用打桩公式判断桩的承载力是一种比较快捷的办法，通过现场打桩时对几个参数

停止打桩标准   表7.4-17

持力层种类	停止打桩的判断
持力层较薄	能满足设计要求的承载力，桩打入到持力层厚度的 1/3~1/2 时，即可停锤
持力层较厚	桩尖进入持力层 2D（D 为桩径），最后 10 击平均贯入度为 2mm 时，即可停锤
坚固的持力层	桩尖贯入到坚固持力层（1~2）D 深度时即可停锤
一般性持力层	桩尖贯入到持力层（5~10）D 深度时即可停锤

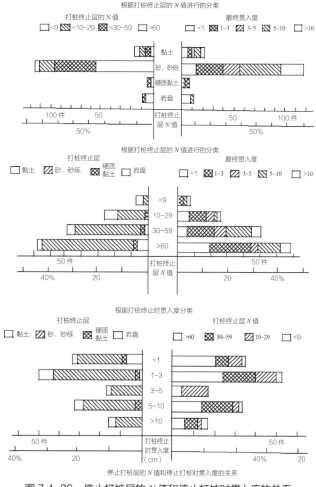

图 7.4-26　停止打桩层的 N 值和停止打桩时贯入度的关系

的测定即可查图表或代入公式求出桩的承载力，再与要求的承载力作比较，如满足要求，则可停打。

打桩公式种类较多，但均有局限性，不过日本还保留使用希利（Hiley）公式，它适用于支承桩，而不太适宜于摩擦桩，希利公式的具体表达式为：

$$R_{u} = \frac{e_{f}H\left[1 - \dfrac{W_{P}}{W_{H}+W_{P}}(1-e^{2})\right]}{S+\dfrac{C}{2}} = \frac{e_{f}H}{S+\dfrac{C}{2}} \cdot \frac{W_{H}+e^{2}W_{P}}{W_{H}+W_{P}} \qquad (7.4\text{-}3)$$

式中　R_{u}——桩的动力极限承载力（kN）；

　　　e_{f}——锤的效率，相当于机械效率，柴油锤为 0.7，落锤为 0.5。

　　W_{H}——锤或夯锤的重量（kN）；

　　W_{P}——桩的重量（kN）；

　　　H——锤的落下高度，柴油锤为 2H/（cm）；

　　　C——贯入量（cm）；

　　　S——回弹量（cm），即由地基和桩本身的弹性使桩头的回弹；

　　　e——恢复系数，即锤与桩之间的冲击效率，钢桩为 0.8，当采用送桩"替打"时，
　　　　　可按此值的 80% 计算。

公式（7.4-3）用图表示，如图 7.4-27、图 7.4-28 所示。

假定恢复系数 e=1，希利公式可简化为

$$R_{u} = \frac{e_{f} \cdot W_{H} \cdot H}{S + \dfrac{1}{2}K} \qquad (7.4\text{-}4)$$

式中　e_{f}——取 0.5；

　　　K——回弹量（cm）。

其他符号意义同前。

极限承载计算可查图 7.4-29。

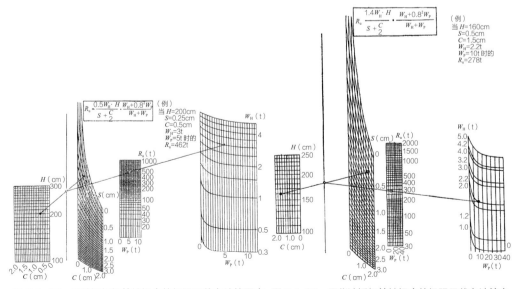

图 7.4-27　用落锤打钢管桩场合的极限承载力计算图表　图 7.4-28　用柴油锤打管桩场合的极限承载力计算表

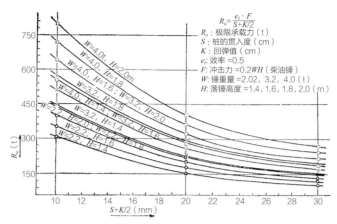

图 7.4-29　希利式的简化式的极限承载力计算表

7.5　打桩问题及对策

7.5.1　锁口漏水的预防及处理

锁口止水是锁口钢管桩围堰防水的关键的措施和工序，采用锁口内填筑和防水布整体围护相结合方式。

1. 锁口内填筑。

用棉布缝制比锁口略大的长条形布袋；将布袋放入锁口中，用 $\phi48$ 钢管（灌浆导管）穿入布袋将其插到河床面。砂浆用注浆泵通过灌浆导管从孔底向上灌注，边灌边提升导管，直至孔口溢出砂浆为止；导管埋入砂浆不小于 2m。砂浆采用 M2.5、坍落度 180~200mm（图 7.4-30）。

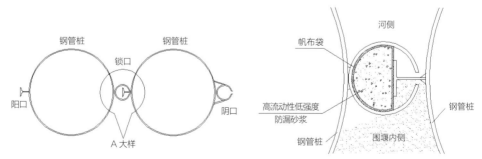

图 7.4-30　注浆防水布袋在锁口内平面图

2. 防水布整体围护。

用双层彩条布缝制成环状布带，其宽度为围堰顶到河床面的高度加 7m、最小周长为围堰周长的 2 倍。全部锁口钢管桩插打完成后，将布袋从围堰顶套下，上口与围堰顶齐平，下口用潜水工摊铺到河床上、用砂袋压实。

3. 锁口漏水处理。

（1）抽水过程中或抽水后发现个别锁口漏水，可派潜水员下水检查漏水处防水布破损位置并用防水布贴补。

（2）抽水后如发生锁口漏水较大或漏水处较多、贴补无效和不易抽干、影响围堰内基础施工时，要停止抽水、让水回灌入围堰，重新铺设防水布，然后再抽水。

（3）围堰转角部位受力复杂，容易出现渗漏水，应在其钢管桩外侧预埋注浆管或通过施作旋喷桩等措施，对围堰转角部位进行加固。

7.5.2　打桩施工中的异常情况

1. 打入到设计深度遇到困难。

2. 桩体发生了破损。

3. 虽然桩端已打至设计深度，但不能停打。

4. 桩偏移及倾斜太大

5. 桩的打入状况与地基调查或与试验桩的记录比较起来有异常。

造成上述异常的原因大致有：

1. 对于桩的形状、桩的断面或者地基状态来说，锤的重量选用不当。

2. 对桩帽、缓冲垫的选定与使用有错误，致使能量损失太大。

3. 由于桩锤的配备不好引起故障。

4. 由于就位不好产生偏打等施工管理不良的情况（注意桩的旋转与倾斜）。

5. 由于对地基调查不充分，忽视了沉桩路径中孤石、障碍物、硬夹层的存在。

6. 由于桩对土的挤密再加上桩的间距过小，使地基土的密度增加太多，桩周摩阻力变大。

7. 桩贯入时排挤开的土，在冲击后，又向桩压了回来，形成如同缓冲垫那样的情况（闭口桩的情况）。

8. 送桩"替打"与桩头的接触面不好，或其脱落时。

无论哪种情况，当打桩不能顺利进行时，都要停下来进行处理，费事误时。有的不得不作善后处理，如变更承台构造尺寸等。因此在打桩前强调做好事先调查与充分的施工管理，就显得十分重要。

7.5.3　桩打入困难时的对策

当桩无法打入时，应针对上述原因采取相应措施，首先应改善"打入技术或者桩的设计"。

桩未破损而不能打入，可能是由于设备条件，柴油锤一次冲击为 0.5mm，气锤也大致如此。振动锤是每分钟贯入 25mm 以下，或者振幅跌落到额定的 1/3~1/5 以下时。

打桩过程中，应详尽地做好打入记录，这样便于分析事故原因。例如下述情况的判断：

1. 使用柴油锤，当碰到不可能打入的硬地基时，夯锤落距应超过 2~2.2m。若以小于该值的落距不能打入时，则是由于送油状况不佳，或缓冲垫选用不合适所致。

2. 几根桩的记录偏差非常大，是由于地下有障碍物。

3. 回弹量大、桩内的土砂量少时，是桩尖破损或地下有障碍物。

有时采取以下对策：

1. 更换比现用锤大一级的锤。

2. 是否可以终打。

3. 变桩尖与桩断面，使闭口桩变为开口桩以减少打桩阻力。

7.5.4　桩体破损时的对策

在打入作业中，遇到桩有破损，原则上可采取以下措施：

1. 在吊入中破损，虽然根据破损情况可作处理，但还是先更换另一根。

2. 在打入终了时桩头发生破损，有的破损只限于头部，对桩身没有妨碍。当长度余裕时，根本不存在问题。若长度不充裕，当破损部分长度为 1m 左右。可以挖出头部，加进补强箍，浇上混凝土。不过当破损过大时，也只有打入新桩了。还有接桩时，下桩的头部破损是致命的弱点，所以必须重新打。

3. 在打入中桩本体破损，原则上要打入新桩。但桩已打完，而其破损程度又不太严重，设计方面也认为可以使用，则可在钢管桩内灌注混凝土进行补强。

施工中桩发生压曲时的对策见表 7.5-1 所列。

桩压曲时的对策　　　　　　　　　　　　　　　　表7.5-1

入土深	内容	对策方法	优缺点
按照原设计时	材质方面	变更材质	换成高拉力钢，但往往工程上难于实现
	施工方面	换锤	换成小锤或将冲程改小使冲击应力小
		增厚缓冲垫	会使能量受到损失，降低贯入能量
		防止偏心	更换符合桩径的桩帽，不使用过长的送桩器
		减低反射应力	桩尖就是在软土层中，也会产生压曲的情况，效果不大
		预钻孔	会使工期大幅度推迟
	桩的断面形状	壁厚增大	希望如此，但如桩已进场则就不可能了
		头部加固环	如桩尖已达到持力层后，加固头部，也会引起压曲
		头部扩大桩	与上述相同
		加劲杆补强	可在现场加工，形状与尺寸根据试验决定，需加工费
缩短桩长度时	承载力		能充分达到设计承载力时有效
	桩的下沉		要探讨对下沉量和上部结构的影响
	水平阻力		如作为无限长处理，则埋入长度 $L \geqslant \frac{\pi}{\beta}$ 即可

7.5.5　承载力不足时的对策

根据打桩记录等的判断，认为承载力不足时，原则上应该接桩使桩尖打到能得到规定承载力的地方。当大直径桩的尖端闭塞效果成问题时，可考虑在桩尖端设置十字加强肋等以谋求增加尖端闭塞效果的方法。

7.5.6　打桩作业的中断

从开始打桩到停止打桩这段时间内，应尽可能避免长时间的中断，由于打桩设备不够充分引起中断，或者由于公害问题、要遵守作业时间引起中断。在打桩过程中，将作业留到第二天，这种不得已的长时间中断总会有的，这样长时间中断，虽根据地基性状不同而有差异，但随着中断时间的增加，会使桩周摩擦力恢复，往往使桩难于继续打入。因此，除了制订不产生中断的计划外，在对设备、动力源等进行检修的同时，还要有应付由于摩擦力增大也能照样把桩打下去的设备。

在接桩或用送桩器打入，而不得已长时间中断的情况下，对下桩、中桩的停打深度应从地基的状态和桩的长度等方面进行探讨决定。不过，如为桩周摩擦恢复少的地基，只打入下桩，待到第二天再打接桩也能顺利打下。

7.6　围檩及内支撑安装

7.6.1　围檩安装

围堰合龙后，根据施工水位度量并在钢管桩上标志出围檩水平位置；在支撑附近将型钢托架焊接在钢管桩上，作为围檩安装的支承。将岸上下料并连接好的围檩型钢用浮吊吊放到托架上，紧贴钢管桩并与其焊接；不能紧贴钢管桩的，在两者之间加小钢板焊接。图 7.6-1 为围堰内支撑安装示意图。

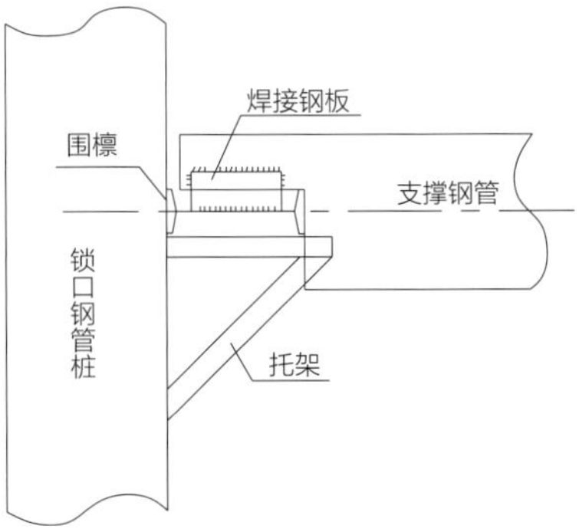

图 7.6-1　围堰内支撑安装示意图

7.6.2　内支撑安装

1. 在围檩上测设出支撑的安装位置，并准确测量出每根支撑两端围檩间净距；根据净距对支撑钢管下料并将其两端切割成企口。为使支撑钢管达到轴心受压计算条件，企口切割时要保证钢管轴线和围檩水平中线重合。

2. 用吊机将支撑吊放到对应位置安装，围檩与支撑钢管端头直接焊接牢固、围檩顶面与支撑钢管间用连接钢板焊接连接，最后安装围堰转角处三角支撑。围堰内支撑安装构造如图 7.6-1 所示。

7.7 基坑开挖和围堰内回填、封底

7.7.1 抽水开挖

1. 围堰底地层透水性较小、稳定性较好的低桩承台，采用抽水开挖方法。

2. 抽水开挖可选用人工开挖、小型挖掘机开挖、爆破开挖等方法，用扒杆、吊机等提升吊斗出碴。

3. 开挖时在围堰内四周设排水沟、转角处设积水坑抽水，根据抽水量多少，配备足够数量的抽水机进行围堰内抽水。抽水机选择宜离心泵与潜水泵结合，大小搭配。

4. 开挖过程中要观测围堰钢管桩、围檩、内支撑等结构的应力、应变和变形情况，出现应力应变超过设计容许值的情况，要停止抽水，查明原因，采取相应加固措施后方可重新抽水开挖。

7.7.2 不抽水开挖

1. 围堰底地层透水性较大、稳定性较差有可能产生涌砂或涌泥地层的低桩承台，宜采用不抽水开挖方法。

2. 不抽水开挖可选用水力吸泥机、水力吸石筒、空气吸泥机等，以上各种方法如在较紧密土层中，可用射水方法配合松土，以加快挖基进度；亦可采用抓泥斗、挖掘机等水下挖基方法。

3. 开挖基本完成时，吊线锤测量基底标高，潜水员下水检查基底平整度并辅助平整基底。

7.7.3 围堰内回填

1. 对于高桩承台的围堰，则用砂卵石或废砖碴等将堰内填筑到封底混凝土底面标高。砂卵石填筑数量计算时注意扣除桩身、桩头破除和铺底混凝土所占的体积。

2. 填筑物可通过栈桥用汽车运输，亦可采用驳船运到围堰边、用抓沙船的抓斗放入。

7.7.4 封底混凝土施工

1. 对于不抽水开挖的围堰基坑，采用水下混凝土进行封底，施工方法同沉井封底，封底混凝土的厚度需要计算确定。

2. 对于抽水开挖或堰内填筑的基坑，抽水后破除桩头、整平基坑底，采用普通混凝土浇筑方法封底，封底混凝土厚度 0.3~0.5m。

7.7.5 堰内基础施工

1. 堰内承台、墩身施工的各工序施工方法同陆上桥墩基础施工。

2. 承台混凝土灌注完成 7d 后，为减少抽水工作量，宜将围堰内水位回灌到比承台顶略低然后才施工墩身。

7.7.6 拆除围堰

1. 墩身施工出水面后，即可拆除围堰。围堰拆除按从下游到上游、由低到高、先支撑再围檩最后拔除钢管桩的顺序进行。

2. 拆除位于水面下的支撑时，先部分停止抽水，使围堰内水位恢复到待拆除的支撑下，部分平衡围堰内压力差，然后才能进行内支撑、围檩拆除施工。

3. 钢管桩拔除时，先用振动锤轻击桩顶，将桩周土体及锁口内砂浆振动，再进行拔除作业。

4. 拔除的钢管桩应清刷干净，修补整齐，除锈涂刷防锈油漆；在运输、存放时，防止变形损坏。

7.8 钢管桩围堰成型后施工验收

钢管桩围堰几何尺寸、位置应满足承台基础施工要求。钢管桩围堰成型后施工验收应符合表 7.8-1 的规定。

钢管桩施工质量检验   表7.8-1

序号	项目	允许偏差	备注
1	首节桩身垂直度	0.5%L	打入到设计深度一半时检测
2	桩身垂直度	1%L	用尺量
3	钢管桩桩位	±15mm	入桩位的钢管桩应紧靠内导向架，如不能紧靠时，其间隙小于20mm
4	桩顶标高	≤ 100mm	水准仪量测
5	齿槽平直度及光滑度	无电焊渣或毛刺	用 2~3 m 长桩段作通过试验
6	桩长度	不小于设计长度	用尺量

注：L 为桩长。

7.9 工程实例

1. 工程概况

连云港市海滨大道跨海大桥是连云港市海滨大道中跨海部分，位于田湾核电站外围海域，路线总长 4482.4m，其中海上桥梁长 4358.7m，陆上桥梁长 123.7m，由北向南依次分为北引桥、主通航孔桥、中引桥、辅通航孔桥、南引桥，桥面宽度 34m，双向六车道，设计车速 60km/h，其中主通航孔桥为 70m+125m+70m=（265m）三跨连续刚构桥。主通航孔桥 24 号、25 号主墩（图 7.9-1）围堰采用钢管桩围堰。

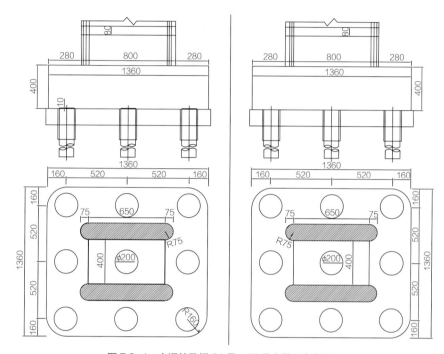

图 7.9-1 主通航孔桥 24 号、25 号主墩承台布置图

2. 水文地质条件

（1）水文气象

连云港市海滨大道跨海大桥所处海湾潮汐类型为正规半日潮，据附近海洋站统计实测资料，潮汐特征值如表 7.9-1 所示（按 85 国家高程基准）。

潮汐特征表　　　　　　　　　　　　　　　　　表7.9-1

平均海平面	+0.11m	最低潮位	−3.25m
最高潮位	+3.41m	平均低潮位	−1.57m
平均高潮	+1.99m	平均潮差	3.38m
最大潮差	+5.8m	海床高程	0~−2m

（2）工程地质

桥址区土层相对较稳定，表层主要土层有：1-2 层淤泥、2-1 层可塑状粉质黏土、2-1a 层粉质黏土、2-1c 层粉砂，其中 1-2 层淤泥力学强度较差，厚达10~16m（图 7.9-2）。

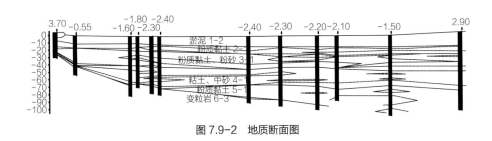

图 7.9-2 地质断面图

3. 钢管桩围堰方案

钢管桩围堰在部分内河静水深基坑围堰中已有实施，然而在海洋超厚淤泥层深基坑中成功实施尚无先例，且钢管与钢管之间的连接较难处理，处理不当，在海洋潮汐涨落潮影响下，钢管之间连接始终处于拉压变化状态，围堰阻水较难，漏水严重。本项目创造性提出 CO 型锁口钢管桩围堰平面、剖面图（图 7.9-3、图 7.9-4），取得良好的效果，形成了一种新型的海洋环境下深基坑围堰施工工艺。

CO 锁口钢管桩提前在工厂或者施工现场加工场地完成，场地不需太大，加工前做简易加工支架，在支架上加工，确保钢管及锁口的顺直度，一次加工完成可重复周转使用，钢管桩规格为 820mm×10mm，定制标准长度 20m，CO 锁口长 19m，C 型锁口采用 $\phi152×8$ 钢管，开口 80mm，O 型锁口采用 $\phi133×4.5$ 钢管，分别焊接在钢管桩的两侧，钢管顶底口设置 25cm 钢抱箍，确保钢管桩在插打或者拔除时，顶底口不易损坏，提高钢管桩重复利用率，构造图、加工图如图 7.9-5、图 7.9-6 所示。

4. 实施效果

CO 型锁口钢管桩围堰，一次加工，可重复利用，施工成本低，不需要较大加工场地及大型运输起吊设备，安装拆除简单，工效高，止水效果好，整体刚度大，稳定

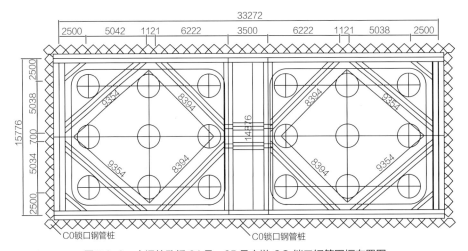

图 7.9-3 主通航孔桥 24 号、25 号主墩 CO 锁口钢管围堰布置图

性好，可根据需要做成各种形状的围堰，适用性强，较板桩围堰，适用深度范围更广，因刚度大可减少围檩支撑的数量，确保安全的前提下，提高了工效，节约了成本（图 7.9-7）。

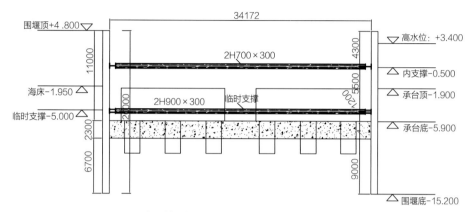

图 7.9-4　主通航孔桥 24 号、25 号主墩 CO 锁口钢管桩剖面图

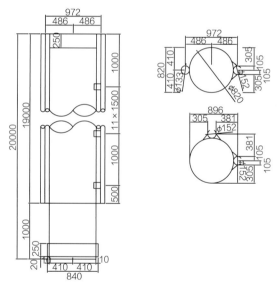

图 7.9-5　CO 锁口钢管桩构造图

图 7.9-6　CO 锁口钢管桩现场加工

图 7.9-7　合龙后的钢管桩围堰

第8章　钢围堰监测

8.1　概述

施工监控的目的，一方面检验施工工艺的效果和设计的合理性，为今后改进同类工程设计和施工方法提供依据，另一方面及时掌握钢围堰的受力和变形情况，通过监测可及时发现围堰和围檩、支撑可能出现的异常情况，以便及时采取应急措施。

监测时应遵循下列原则：

1. 钢围堰使用中应进行监测，应采用巡视检查和用仪器设备观测。

2. 钢围堰监测应结合围堰设计、施工组织设计编制专项监测方案。

3. 应根据工程特点和可能存在的主要安全问题设置监测项目，应能反映围堰的工作状况。监测断面和部位选择应具有代表性。

4. 钢围堰在度汛期间应加强巡视检查。

5. 当发现变形破坏、漏水严重、底部翻砂鼓水等异常情况时，应及时处理。

8.2　监测内容与方法

1. 变形观测基准点、观测点应在钢围堰施工前布设。

2. 钢围堰基准点位置应稳定、安全、可靠，且基准点数量不应少于 2 个。

3. 钢围堰布设支撑前应测读所有变形观测和水位观测的初始值，且初始值应采取不少于 3 次的测回。

4. 监测宜采用相同的观测路线和测试方法。

5. 现场使用的测量仪器精度应满足要求，并应经专业计量部门检定合格。

6. 钢板桩围堰及钢管桩围堰监测项目应按表 8.2-1 选择。

钢板桩与钢管桩围堰监测项目　　　　　　　　　　　　　表8.2-1

监测项目	钢围堰的安全等级		
	一级	二级	三级
平面位置监测	应测	应测	应测

续表

监测项目	钢围堰的安全等级		
	一级	二级	三级
桩身倾斜及变形	应测	应测	宜测
立柱竖向位移	应测	宜测	可测
支撑（拉锚）轴力	应测	宜测	可测
支撑挠度	应测	宜测	可测
支撑温度	应测	宜测	可测
围堰内部水位	应测	应测	应测
围堰外部水位	应测	应测	应测
周边地面沉降	应测	应测	应测
周边建（构）筑物沉降	应测	应测	应测
周边管线沉降	应测	应测	应测

7. 钢套箱围堰监测项目应按表 8.2-2 选择。

钢套箱围堰监测项目　　　　　　　　　　表8.2-2

监测项目	钢围堰的安全等级		
	一级	二级	三级
平面位置监测	应测	应测	应测
围堰结构垂直度	应测	应测	应测
堰壁变形	应测	应测	应测
立柱竖向位移	应测	宜测	可测
支撑轴力	应测	宜测	可测
支撑挠度	应测	宜测	可测
壁板或支撑温度	应测	宜测	可测
围堰内部水位	应测	应测	应测
围堰外部水位	应测	应测	应测
周边地面沉降	应测	应测	应测
周边建（构）筑物沉降	应测	应测	应测
周边管线沉降	应测	应测	应测

8. 钢吊箱围堰监测项目应按表 8.2-3 选择。

钢吊箱围堰监测项目　　　　　　　　　　表8.2-3

监测项目	钢围堰的安全等级		
	一级	二级	三级
平面位置监测	应测	应测	应测

续表

监测项目	钢围堰的安全等级		
	一级	二级	三级
控制点高程测量	应测	应测	应测
侧向位移、倾角	应测	应测	应测
壁板变形	应测	可测	可测
吊杆应力	应测	可测	可测
支撑挠度	应测	应测	可测
支撑轴力	应测	应测	可测
壁板、吊杆、支撑温度	应测	应测	可测
围堰内部水位	应测	应测	可测
围堰外部水位	应测	应测	宜测
周边建（构）筑物沉降	应测	应测	可测

9. 钢围堰周边建（构）筑物、地下管线的沉降监测及预警值应符合国家现行标准《建筑基坑支护技术规程》JGJ 120 和《建筑基坑工程监测技术规范》GB 50497 的规定。

10. 钢板桩与钢管桩围堰监测项目、监测方法、测点布置、监测频率和预警限值应符合表 8.2-4 的规定。

钢板桩与钢管桩围堰监测项目、监测方法、测点布置、监测频率和预警限值要求　表8.2-4

监测项目	位置或监测对象	监测方法	测点布置	监测频率			预警限值
				一般阶段	汛期阶段	抽水及拆撑阶段	
桩顶水平位移	钢板桩顶部	全站仪	矩形围堰角点及中点，圆形围堰测点均布并不少于 4 点	1 次 /2d	1 次 /1d	1 次 /1d	设计值
桩顶竖向位移	钢板桩顶部	水准仪		1 次 /2d	1 次 /1d	1 次 /1d	设计值
桩身水平位移	钢板桩桩身	测斜管、测斜仪	围堰长边中点，测点竖向间距 0.5~1m	1 次 /2d	1 次 /1d	1 次 /1d	设计值
支撑轴力	内支撑杆件	钢弦应变计	轴力较大处	1 次 /2d	1 次 /1d	1 次 /1d	设计值
支撑挠度	内支撑杆件	水准仪、全站仪	内支撑 1/2、1/4 处	1 次 /2d	1 次 /1d	1 次 /1d	设计值
支撑温度	内支撑杆件	温度计	轴力较大处	1 次 /2d	1 次 /2d	1 次 /1d	设计值
堰外水位	河流水位	水位标尺	选 1 根桩	1 次 /1d	2 次 /1d	2 次 /1d	—
堰内水位	围堰内水位	水位标尺	选 1 根桩	1 次 /1d	2 次 /1d	2 次 /1d	—
立柱竖向位移	立柱顶部	全站仪	立柱顶部	1 次 /2d	1 次 /1d	1 次 /1d	设计值

11. 钢套箱围堰监测项目、监测方法、测点布置、监测频率和预警限值应符合表8.2-5 的规定。

钢套箱围堰监测项目、监测方法、测点布置、监测频率和预警限值要求 表8.2-5

监测项目	位置或监测对象	监测方法	测点布置	监测频率			预警限值
				一般阶段	汛期阶段	抽水及拆撑阶段	
堰顶水平位移	钢围堰顶部	全站仪	矩形围堰角点及中点，圆形围堰测点均布并不少于 4 点	1 次 /2d	1 次 /1d	1 次 /1d	设计值
堰顶竖向位移	钢板桩顶部	水准仪		1 次 /2d	1 次 /1d	1 次 /1d	设计值
支撑轴力	内支撑杆件	应变计	轴力较大处	1 次 /2d	1 次 /1d	1 次 /1d	设计值
支撑挠度	内支撑杆件	水准仪、全站仪	内支撑 1/2、1/4 处	1 次 /2d	1 次 /1d	1 次 /1d	设计值
壁板温度	内外壁板	温度计	水温及内壁板水面以上 1/2 高度处不少于 3 点	1 次 /2d	1 次 /2d	1 次 /1d	设计值
堰外水位	河流水位	水位标尺	围堰长边中点处或圆形围堰任意一点处	1 次 /1d	2 次 /1d	2 次 /1d	—
堰内水位	围堰内水位	水位标尺		1 次 /1d	2 次 /1d	2 次 /1d	—
立柱竖向位移	立柱顶部	全站仪	立柱顶部	1 次 /2d	1 次 /1d	1 次 /1d	设计值

12. 钢吊箱围堰监测项目、监测方法、测点布置、监测频率和预警限值应符合表8.2-6 的规定。

钢吊箱围堰监测项目、监测方法、测点布置、监测频率和预警限值要求 表8.2-6

监测项目	位置或监测对象	监测方法	测点布置	监测频率			预警限值
				一般阶段	汛期阶段	抽水及拆撑阶段	
堰顶水平位移	钢围堰顶部	全站仪	矩形围堰角点及中点，圆形围堰测点均布并不少于 4 点	1 次 /2d	1 次 /1d	1 次 /1d	设计值
支撑轴力	内支撑杆件	应变计	轴力较大处	1 次 /2d	1 次 /1d	1 次 /1d	设计值
支撑挠度	内支撑杆件	水准仪、全站仪	内支撑 1/2、1/4 处	1 次 /2d	1 次 /1d	1 次 /1d	设计值
壁板温度	内外壁板	温度计	水温及内壁板水面以上 1/2 高度处不少于 3 点	1 次 /2d	1 次 /2d	1 次 /1d	设计值
吊杆应力	吊杆	应变计	设计拉力最大的吊杆且不少于 3 根	1 次 /2d	1 次 /1d	1 次 /1d	设计值
堰外水位	河流水位	水位标尺	围堰长边中点处或圆形围堰任意一点处	1 次 /1d	2 次 /1d	2 次 /1d	—
堰内水位	围堰内水位	水位标尺		1 次 /1d	2 次 /1d	2 次 /1d	—

8.3 数据处理与应用

1. 现场的监测资料应符合下列规定：
（1）应使用正式的监测记录表格；
（2）监测记录应有相应的工况描述；
（3）监测数据应整理及时；
（4）对监测数据的变化及发展情况应及时分析和评述。
2. 当观测数据出现异常时，应分析原因，必要时应进行重测。
3. 监测项目数据分析应结合其他相关项目的监测数据和自然环境、施工工况等情况及以往数据进行，并应对其发展趋势进行预测。
4. 应绘制围堰位移（应力、水位）—时间曲线，并应符合下列规定：
（1）当位移（应力、水位）—时间曲线趋于平缓时应进行回归分析；
（2）当位移（应力、水位）—时间曲线出现反常急骤变化或位移超过预警值时，应分析原因，并应采取必要的安全措施。

8.4 监测管理

1. 技术成果应包括当日报表、阶段性报告、总结报告。技术成果的内容应真实、准确、完整，并宜采用文字阐述与绘制变化曲线或图形相结合的形式反映。技术成果应按时报送。
2. 应定期编写监测分析报告。
3. 监测数据的处理与信息反馈宜利用专门的基坑工程监测数据处理与信息管理系统软件，实现数据采集、处理、分析、查询和管理的一体化及监测成果的可视化。

8.5 监测实例

8.5.1 工程概述——广州新造珠江特大桥主墩双壁钢围堰监测

广州新洲至化龙快速路位于广州市东南部，起点与新港东路对接，跨越珠江后航道之官洲河新造水道，穿越大学城、长洲岛，终点于番禺金山大道（规划广明高速公路）与广珠高速公路（化龙至坦尾段）连接。新造珠江大桥连接大学城、长洲岛和新造镇，是新化快速路的重要组成部分。该工程于 2008 年开工建设。

珠江大桥起点桩号为 K5+427.400，终点桩号为 K7+407.400，全长 1980m，其中引桥长 1222m，斜拉主桥长 758m，珠江大桥桥跨组合为 6×（3×41.3）m + 2×41.3m +

（64+140+350+140+64）m ＋（2×48m+40）＋ 2×（4×32.5）m（图 8.5-1）。主线按双向六车道，设计行车速度为 80km/h；主桥桥宽 31m，引桥标准桥宽 28.5m。

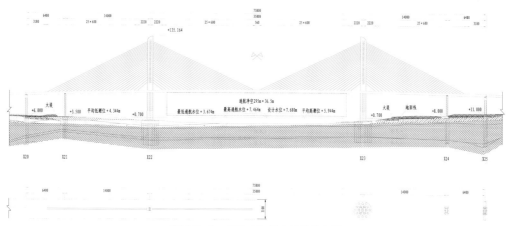

图 8.5-1　新造珠江特大桥总体布置

主桥结构：主桥跨径布置为（64+140+350+140+64）m，主桥长 758m，采用双塔单索面预应力混凝土斜拉桥。主桥墩身采用双薄壁实心墩，主墩基础采用 19 根 φ3000 钻孔灌注桩基础，过渡墩和辅墩均采用悬臂式盖梁配矩形实心墩，每个墩身基础采用 6 根 φ2200 钻孔灌注桩基础。水中主墩承台施工包括 22 号、23 号墩，承台为整体式承台，承台直径为 29.0m，承台厚度为 5.0m。主墩承台采用双壁无底钢围堰施工方案，承台施工采用 C30 混凝土，单个承台混凝土方量约为 3300m³。

8.5.2　钢围堰概况

1. 围堰结构

考虑该承台为下卧式底桩承台，设计通航水位 +7.464m，承台底标高为 -6.300m，围堰承受的水压力较大。围堰第一、二层采用双壁空腔钢结构形式、第三层采用单壁钢结构形式（图 8.5-2）。围堰面板为 5mm 钢板制作，所背龙骨分别为 Ⅰ 12 型钢，围堰堰顶高度为 8.5m，内径为 29.4m，外径为 32.05 m。

2. 围堰竖向分层情况

第一层：由刃脚（高度 1.5m）以及底节（高度 6.0m）组成。第一层总高度为 7.5m，内外均采用 5mm 钢板作为面板、Ⅰ 12 作为竖向贴面加劲，按照 1.5m 高度布置水平型钢桁架形成双壁空腔钢结构。

第二层：由围堰中间节组成。第二层总高度为 6.0m，内外均采用 5mm 钢板作为面板、〔 8 作为竖向贴面加劲，按照 1.5m 高度布置水平型钢桁架形成双壁空腔钢结构。

第三层：由围堰顶节（高度 3.0m）以及放浪段（高度 1.5m）组成。第三层总高度为 4.5m，仅外堰壁采用 5mm 钢板作为面板。均采用 ∟ 50×32×4 角钢作为竖向加劲，

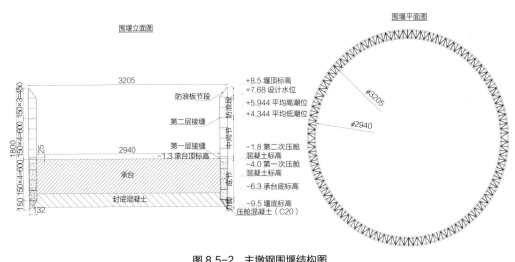

图 8.5-2　主墩钢围堰结构图

按照 1.5m 高度布置水平型钢桁架形成单壁空间钢结构。

8.5.3　钢围堰施工监控方案编制依据

1.《广州新洲至化龙快速路工程新造珠江特大桥施工图设计》；

2.《广州新洲至化龙快速路工程施工总承包招标文件》；

3.《公路桥涵施工技术规范》JTJ 041—2000；

4.《钢结构设计手册》（第二版），中国建筑工业出版社；

5.《公路桥涵钢结构及木结构设计规范》JTJ 025—86；

6.《结构力学》，人民交通出版社；

7.《公路桥涵地基与基础设计规范》JTJ 024—85；

8.《公路工程质量检验评定标准》JTG B01—2003；

9.《路桥施工计算手册》，人民交通出版社；

10.《实用土木工程手册》，人民交通出版社；

11.《公路桥涵设计通用规范》JTG D60—2004；

12.《钢结构设计规范》GB50017—2003。

8.5.4　施工控制的目的与意义

施工监控就是通过对双壁钢围堰各施工阶段（或者称施工工况）的内力（应力）、变形的实际测试，并将实测值与理论计算结果进行对比，来实现以下三个目的：

1. 分析实测结果的真实性，判定理论计算结果的真伪（即数据真实性评估）；

2. 通过分析理论计算与实际受理之间的差异，归纳、分析、评定结构的实际承载能力（即结构的可靠度的评估）；

3. 及时建立结构的预警系统，确保双壁钢围堰在施工过程的安全性。

8.5.5 施工控制的原则与方法

1. 控制原则

施工控制的目的是要针对钢围堰设计目标状态，根据实际情况进行钢围堰的修正计算，并进行有效的施工全过程监控，确保钢围堰的使用安全性。

2. 误差调整理论和方法

双壁钢围堰在加工、拼装、下沉以及最终封底抽水等阶段的细节较为复杂，存在较多的难题。导致结构实际受力与理论计算之间存在较大的差异。主要存在以下影响因素：

（1）结构刚度。主要包括：钢材实际弹性模量、结构实际尺寸、结构各构件的实际连接形式（构件之间的相互约束条件）。

（2）拼装温度。因该钢围堰为双壁圆形结构，与拱桥主拱圈合龙有所相似，所以拼装"合龙"温度的影响较大，应选择在气温较低的夜晚进行拼装"合龙"。

（3）焊接残余应力影响。

在施工控制初期理论计算时，都取这些参数值为理想设计值。为了消除因设计参数取值的不确切所引起的施工中设计与实际的偏差，在施工过程中通过检测对这些参数进行识别和正确估计。对于重要的设计参数有较大的偏差时，应及时通报监控领导小组和设计方，及时协商处理，对于常规的参数误差，通过优化进行调整。具体流程如图 8.5-3 所示。

8.5.6 施工控制主要工作内容

1. 理论计算

复核设计计算所确定的钢围堰使用状态和抽水施工阶段状态。按照施工和设计所确定的施工工序，以及设计所提供的基本参数，采用 MIDAS 与 ANSYS 两种空间结构计

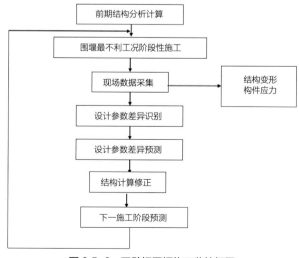

图 8.5-3 双壁钢围堰施工监控框图

算软件进行复核计算，并确定钢围堰各施工阶段的变形、应力分布情况。

2. 围堰结构垂直度、平面位置控制

因该钢围堰要经过珠江水系洪水季节，施工过程中，应根据各阶段监测围堰结构的平面坐标的变动，以便及时采取相应的调整措施，确保围堰结构安全度汛。

3. 堰壁变形控制

围堰在各施工阶段将在外部水压力（包括静水压力、动水压力以及波浪力）、土压力的共同作用下，产生一定的变形。变形与应力是相互对应的，施工过程中应密切关心结构的变形。按照理论计算的临界变形进行变形控制可以起到结构安全预警的作用。

该围堰在上述荷载作用下，主要变形是沿直径方向的收缩变形，产生"缩径"现象。通过测试控制截面环向应变，反算周长收缩量，最终推算出直径收缩值。根据实测直径收缩值与理论计算的直径收缩值对比，进行结构安全预警。

4. 堰壁应力控制

围堰在各施工阶段将在外部水压力（包括静水压力、动水压力以及波浪力）、土压力的共同作用下，各构件以及面板将按照荷载传递的主次、先后关系，产生一定的应力。按照理论计算的构件应力与实测应力进行对比，可以有效地起到结构安全预警的作用。

应力测试原理——弦振动理论。

常用的振弦式应变计是利用弦振动理论来进行应变数据采集的。

弦振动频率公式：

$$f = \frac{n}{2L}\sqrt{\frac{T}{\rho}} \qquad (8.5-1)$$

式中　　n——弦的自由振动频率的阶数，n=1，2，3…；

　　　　T——弦的张力；

　　　　ρ——弦单位长度的质量；

　　　　L——有效弦长；

传感器制作假定：

（1）有效弦长 L 假定不发生变化；

（2）通过改变弦的材料、截面以及约束条件，改变弦的自由振动频率的阶数，使得自由振动频率的阶数 n=1。

控制截面采用长沙金码公司的 JMZX-206 型焊接式振弦式钢结构表面应变计（安装于钢结构表面）和 JMZX-215 型振弦式混凝土应变计（埋置于压舱混凝土内部）进行应力、应变测试。所有的应变计均有可靠的标定数据，并采用金码自动化综合测试系统（JMZX-256 型）（图 8.5-4）

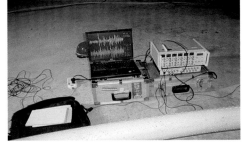

图 8.5-4　金码自动化综合测试系统（JMZX-256 型）

全天候进行数据采集、数据分析。

5. 外部水位观测

钢围堰主要外部荷载是静水压力，而外部实际水位是表征静水压力的直接参数；而且，桥位处水位受潮汐影响较大（最大平均潮差 1.6m，极端 4.24m）。因此，堰内抽水施工时，同步观测外部水位显得至关重要。

6. 封底标高测试

封底混凝土顶面是围堰计算时，假定边界条件的起始点。因此，确定封底混凝土顶面的真实标高，是从边界条件的角度修正计算模型的直接手段。

7. 压舱混凝土标高测试

压舱混凝土不仅仅是考虑抗浮作用，而且参与围堰结构受力是本桥钢围堰的设计特点之一。在分析计算过程中，压舱混凝土按照实体单元参与受力，实体单元的大小直接影响钢围堰其他构件受力的分配。因此，在进行施工监控模型修正之前，必须探明压舱混凝土与围堰的相对标高关系。

8. 实际流速测试

外部水流流速是产生围堰外壁动水压力的直接原因，因此根据测试时段平均流速对计算荷载进行修正，有助于更好地分析、把握外荷载的实际影响效应。

8.5.7　施工控制计算分析

1. 计算方法

采用空间软件 MIDAS 与 ANSYS 分别建立钢围堰的整体模型，设定相同的外荷载、相同的边界条件对整个结构进行复核性计算。按照施工和设计所确定的施工工序以及设计所提供的基本参数，先对施工过程进行一次正装计算，从而得到各施工状态以及最终状态下的结构堰壁变形、堰壁应力等控制数据，并与设计计算结果进行详细的对比分析，确认无误后作为钢围堰施工控制的理论依据。

2. 计算阶段划分

计算阶段的划分参照了主墩施工工艺、施工图文件相关流程图以及相关施工细节，将 22 号墩钢围堰从底节整体吊装下水至堰内承台施工完成之间，划分为 10 个施工阶段（表 8.5-1）；23 号墩钢围堰从底节整体吊装下水至堰内承台施工完成之间，划分为 11 个施工阶段（表 8.5-2）。

3. 计算模型的修正

本桥钢围堰的施工控制方法拟采用自适应施工控制法。所谓自适应施工控制是控制开始时，控制系统的某些设计参数与实际情况不完全相符，系统不能按设计要求得到符合实际的输出结果，但是，在系统的运行过程中，通过系统识别或参数估计模块，不断地修正设计参数，使设计输出与实际输出相符，然后对实际问题进行控制，这样就可以使实际输出达到设计要求，因此，控制系统自动地适应了实际控制问题。

22号墩施工阶段划分   表8.5-1

阶段号	主要工作内容	主要测试内容	备注
1	底节整体拼装	各传感器初始值、围堰实际直径	埋设传感器
2	底节整体吊装	应力、变形、实际直径	试吊过程测试
3	中间节吊装、对接	应力、实际直径	实际直径向上传递
4	顶节吊装、对接	应力、实际直径	实际直径向上传递
5	围堰下沉、着床	偏位、垂直度、应力、实际直径	全天候、选择性测试
6	围堰内抽水之初	应力、变形、实际直径	抽水前初始值测试
7	围堰内抽水过程	应力、变形、实际直径	全天候、连续测试 抽水速度≯50cm/h
8	高潮位观测	应力、变形、实际直径	选择每日高潮位、持续测试15d
9	较大波浪观测	应力、变形、实际直径	选择偶然大浪进行测试、持续5d
10	围堰偏位观测	水平偏位	围堰就位后，1次/10d 洪水季节1次/3d

23号墩施工阶段划分   表8.5-2

阶段号	主要工作内容	主要测试内容	备注
1	底节整体拼装	各传感器初始值、围堰实际直径	埋设传感器
2	底节整体吊装	应力、变形、实际直径	试吊过程测试
3	中间节吊装、对接	应力、实际直径	实际直径向上传递
4	顶节吊装、对接	应力、实际直径	实际直径向上传递
5	围堰着床	偏位、垂直度、应力、实际直径	全天候、选择性测试
6	搭设钻孔平台	应力、变形、实际直径	过程测试1次/15d
7	围堰内抽水之初	应力、变形、实际直径	抽水前初始值测试
8	围堰内抽水过程	应力、变形、实际直径	全天候、连续测试 抽水速度≯50cm/h
9	高潮位观测	应力、变形、实际直径	选择每日高潮位、持续测试15d
10	较大波浪观测	应力、变形、实际直径	选择偶然大浪进行测试、持续5d
11	围堰偏位观测	水平偏位	围堰就位后，1次/10d 洪水季节1次/3d

基于上述的施工控制思路，在本桥钢围堰施工控制的计算模型修正方面，主要分以下三个步骤进行施工控制工作。

（1）对与施工控制有关的基础资料、试验进行收集，主要包括以下几个方面：

1）封底、压舱混凝土龄期为7d、14d的弹性模量试验以及按规定要求的强度试验。

2）气象资料：晴雨、气温、风向、风速。

3）实际工期进度安排。

4）实际施工荷载在围堰堰壁上分布位置与数值。

（2）对以下设计参数进行误差分析和识别（参数敏感性分析）：

1）结构实际加工尺寸误差对围堰受力、变形的影响；

2）结构材料非标误差对围堰受力、变形的影响；

3）压舱混凝土性能（弹性模量、收缩等）对结构的影响；

4）施工荷载变动对结构的影响；

5）温度的影响；

6）实际流速影响；

7）实际波浪力影响；

（3）结合实测数据，及时进行跟踪计算，并同步修正计算模型各参数的取值。

每施工一个阶段（围堰进行堰内抽水施工阶段，按照每抽水 1m 作为一个子施工阶段），根据反馈数据分析对计算模型进行一次系统修正，并定期向监控指挥部进行施工控制阶段汇报，并对理论数据进行了全面修正。

8.5.8　施工控制的实施与数据采集

1. 围堰平面、垂直偏位测量

该项测量属于常规结构测量，遵照测量规范标准执行。

2. 围堰结构变形测量

（1）围堰顶口缩径变形采用在钢护筒顶口焊接长臂、结合磁性表座、CCD 精密数显千分表（即电子位移计，JMCD-42XX）进行 6 点测试。测点对称布置于围堰顶节（+8.000m 标高处）。

（2）由于围堰最大变形发生在围堰中间节，在未进行围堰堰内抽水施工之时，尚无法采用常规的高精度全站仪测量或则电子位移计进行测量。该围堰采用在控制截面环向、均匀对称设置 6 根焊接式弦式应变计（JMZX-206）测试其环向应变，进而推算相应的周长变化量（ΔL），再推算其相应的直径收缩量（ΔD，即结构径向变形）。

具体计算步骤如下：

1）围堰下沉之前，测量控制截面实际周长 L；

2）按照不同施工阶段，测试设置在控制截面上的 6 根焊接式弦式应变计（JMZX-206），求出环向平均应变 ξ；

3）求解实际 ΔL：

$$\Delta L = L \times \xi \qquad (8.5-2)$$

4）求解实际 ΔD：

$$\Delta D = \Delta L / \pi \qquad (8.5-3)$$

（3）辅助测试方法：

在堰壁对称固定 6 根测斜管（可以自己采用 PVC 管制作），底端固定于围堰底节顶口（第一层接缝）内堰壁（图8.5-5）。通过测试管内液面倾斜角度、控制截面与测斜管的位置关系，推算其变形。

　　传感器对称布置于1号、2号、5号、6号、9号、10号围堰中间节标准弧段、控制截面内壁环向钢板中点（图8.5-6）。所有数据通过金码自动化综合测试系统（JMZX-256型）自动跟踪采集、处理。

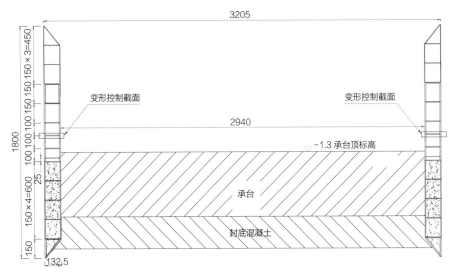

图8.5-5　传感器立面布置图

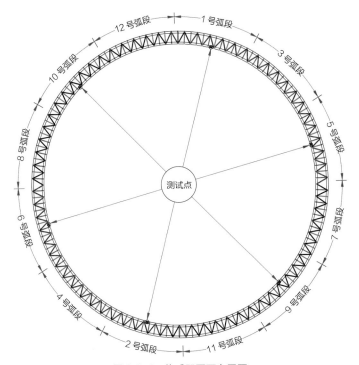

图8.5-6　传感器平面布置图

3. 围堰结构应力测试

结合该围堰的结构特点、受力特点以及传感器工作环境（长期浸泡于水中），传感器主要分为两类：

（1）埋入式混凝土应变计（JMZX-215）（图 8.5-7），埋置于压舱混凝土内部，测试混凝土在各阶段的应力、应变分布。具体布置于压舱混凝土顶面往下 3.0m 处，对称在 1 号、2 号、7 号、8 号围堰底节标准弧段中点各布置 1 根，共计 4 根。传感器为竖直方向布设。

（2）焊接式弦式应变计（JMZX-206）（图 8.5-8），焊接于控制截面相应构件表面，测试钢构件应力、应变分布。此类传感器与围堰变形测试传感器可以共用，此处仅仅增加 6 根传感器测试竖向加劲型钢应力。6 根传感器对称布置于 1 号、2 号、5 号、6 号、9 号、10 号围堰中间节标准弧段控制截面中点处竖向加劲型钢表面，共计 6 根。传感器为竖直方向布设。

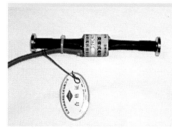
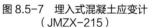

图 8.5-7　埋入式混凝土应变计　　　图 8.5-8　表面点焊式应变计
（JMZX-215）　　　　　　　　　（JMZX-206）

所有数据通过金码自动化综合测试系统（JMZX-256 型）自动跟踪采集、处理。

各传感器布置如图 8.5-9~ 图 8.5-17 所示。

单个围堰仪器、传感器汇总见表 8.5-3 所列。

图 8.5-9　各传感器立面布置图

图 8.5-10　环向加劲肋应变测点

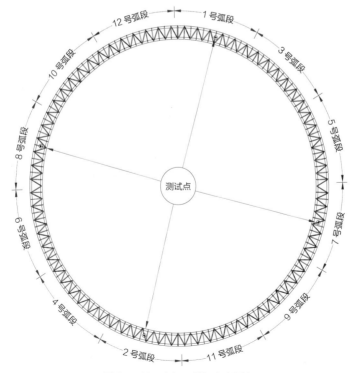

图 8.5-11　直杆、斜杆应变测点

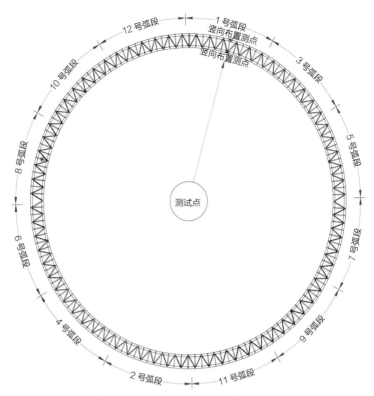

图 8.5-12　竖向肋焊接式传感器平面图

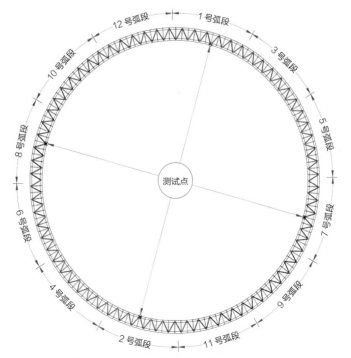

图 8.5-13　压舱混凝土埋入式传感器平面图

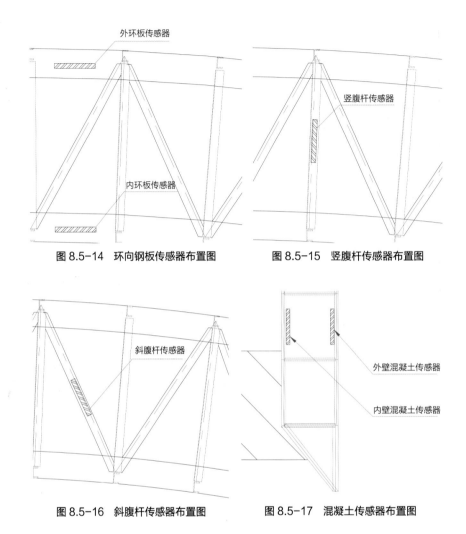

图 8.5-14 环向钢板传感器布置图   图 8.5-15 竖腹杆传感器布置图

图 8.5-16 斜腹杆传感器布置图   图 8.5-17 混凝土传感器布置图

单个围堰仪器、传感器汇总表   表8.5-3

设备名称	设备型号	数量
自动化综合测试系统	JMZX-256 型	1 套
焊接式弦式应变计	JMZX-206	12 根
埋入式混凝土应变计	JMZX-215	4 根
CCD 精密数显千分表	JMCD-42XX	6 根
磁性表座	—	6 个

4. 围堰外部水位测量

外部水位直接通过常规水准测量观测获得。

5. 围堰结构封底混凝土实际标高测量

采用测绳、沿围堰环向进行多点测量，绘制实际封底混凝土顶面高程曲线。

6. 围堰结构压舱混凝土实际标高测量

采用测绳、沿围堰环向进行多点测量，绘制实际压舱混凝土顶面高程曲线。

7. 水流流速测量

因水流流速产生的动水压力荷载值较小（$P<1$kPa），对围堰结构而言，属于次要荷载，可以采用现场简单的测试方法进行测量。亦可采用各施工阶段的近期平均流速代替。主要是进行外部波浪力影响的观测、修正。

8. 数据实测值

抽水过程中，对所埋测点进行了实时监测，但由于钢围堰下放、压舱混凝土浇筑等原因，有个别元件损坏，其他能正常工作的元件所测结果见表 8.5-4 所列。

钢围堰测点实时应变/应力测试值、理论值对比表（时间：2008-12-12　22：58）　　表8.5-4

测点编号	位置描述	堰内实时水位（m）	堰外实时水位（m）	内外水位差（m）	应变计初读数（με）	测试读数（με）	应变增量（με）	测试应力（MPa）	理论应力（MPa）
1	竖腹杆	5.08	5.74	0.66	−90.5	−87.9	2.6	0.55	0.64
2	竖腹杆				4.5	4.5	0	0.00	0.09
3	竖腹杆				11.4	10.8	−0.6	−0.13	−0.24
4	内环板				−157.8	−163.7	−5.9	−1.24	−2.91
5	外环板				−252.1	−259.9	−7.8	−1.64	−3.27
6	外壁竖向加劲				52.4	45.9	−6.5	−1.37	−1.51
7	内环板				−65.9	−76.3	−10.4	−2.18	−3.57
8	竖腹杆				27	34.5	7.5	1.58	2.17
9	竖腹杆				80	80.6	0.6	0.13	0.05
10	斜杆				111.4	115	3.6	0.76	−0.13
11	外环板				−211.3	−223	−11.7	−2.46	−4.02
12	外环板				−100.7	−111.1	−10.4	−2.18	−3.98
13	外环板				52.4	52.4	0	0.00	0.05
14	外环板				180.1	168.1	−12	−2.52	−3.28
15	竖腹杆				−12.8	−10.7	2.1	0.44	0.72

8.5.9　施工控制数据处理

选定 1 号、5 号、6 号测点测点绘制应力实时监测值与理论值随围堰内水位变化如图 8.5-18~ 图 8.5-20 所示，理论计算时考虑了围堰外侧水位的变化，同时考虑了流水压力等，对钢围堰所用材料也根据实际情况进行了处理。

测试值系根据所测应变反算的，其钢材弹性模量取 $E=2.1\times10^5$MPa、混凝土弹性模量取 $E=3.0\times10^4$MPa。

所有测点测试结果显示，测试结果与理论预测结果基本一致，测试值小于理论值，没有出现超应力现象，结构处于线弹性工作状态，安全可靠。

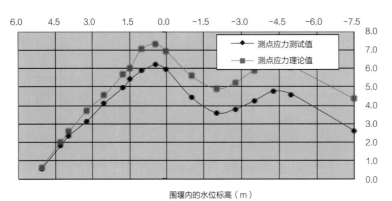

图 8.5-18　1号测点应力的实测值、理论值随围堰内水位的变化图形

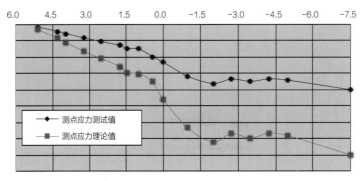

图 8.5-19　5号测点应力的实测值、理论值随围堰内水位的变化图形

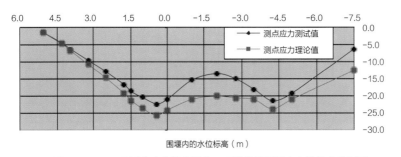

图 8.5-20　6号测点应力的实测值、理论值随围堰内水位的变化图形

参考文献

[1] 《建筑结构静力计算手册》编写组．建筑结构静力计算手册 [M]．第 2 版．北京：中国建筑工业出版社出版，1998．

[2] 北京市市政工程研究总院．给水排水工程钢筋混凝土水池结构设计规程：CECS 138：2002[S]．北京：中国建筑工业出版社，2002．

[3] 符一波．钢板桩静压技术在航道工程中的应用研究 [J]．科技创新与应用，2015（11）：53-54．

[4] 国家环境保护总局．城市区域环境振动标准：GB 10070—88[S]．北京：中国标准出版社，1988．

[5] 国家能源局．桩用焊接钢管：SY/T 5040—2012[S]．北京：石油工业出版社，2012．

[6] 国家铁路局．铁路桥涵地基和基础设计规范：TB 10093—2017[S]．北京：中国铁道出版社，2017．

[7] 胡启升．桥梁基础双壁钢围堰施工技术的应用与发展研究 [D]．成都：西南交通大学，2005．

[8] 季英俊，孙士辉，王宜钰，跨海大桥超厚淤泥层中深基坑 CO 锁口钢管桩围堰施工工艺 [J]．中国水运，2014，14（8）：245-247．

[9] 金刚．深水桥梁桩基础钢吊围堰施工技术研究 [D]．西安：长安大学，2011．

[10] 李成伟．拉森钢板桩围堰施工中引孔技术的应用 [J]．铁道建筑技术，2014（S1）．

[11] 刘爱林．浅谈我国双壁钢套箱围堰几种不同的下水方式 [J]．企业技术开发．2011，30（17）：88-90．

[12] 刘宝河，边强，袁孟全．振动沉桩锤的选型及应用 [J]．中国港湾建设，2008，155（3）：38-41．

[13] 刘杰文．大型钢吊箱围堰整体浮运锚墩定位施工技术研究 [D]．成都：西南交通大学，2006．

[14] 欧领特（中国）编．钢板桩工程手册 [M]．北京：人民交通出版社，2011．

[15] 欧洲钢板桩技术协会 钢板桩施工 [J]．陈强译．造船工业建设，2001（2）：28-42．

[16] 潘泓，曹洪，尹一鸣．广州猎德大桥钢板桩围堰的设计与监测 [J]．岩石力学与工程学报．2009，28（11）：2242-2248．

[17] 上海市勘察设计行业协会 等．基坑工程技术规范：DG/TJ08—61—2010[S]．上海，2010．

[18] 深圳市住房和建设局．深圳市基坑支护技术规范：SJG 05—2011[S]．北京：中国建筑工业出版社，2011．

[19] 深圳市住房和建设局．深圳市深基坑支护技术规范：SJG 05—2011[S]．

[20] 天津市城乡建设和交通委员会 . 天津市建筑基坑工程技术规程：DB29—202—2010[S]. 天津，2010.

[21] 谢李 . 锁口钢管桩围堰施工工法 [J]. 杨凌职业技术学院学报，2012，11（1）：45-48.

[22] 新日本制铁株式会社，同济大学 . 钢板桩施工指南手册 [M]. 上海：同济大学出版社，2010.

[23] 徐成双 . 双壁钢围堰技术在北江特大桥深水基础施工中的应用 [D]. 广州：华南理工大学，2011.

[24] 杨光华 . 深基坑支护结构的实用计算方法及其应用 [M]. 北京：地质出版社，2005.

[25] 俞振全 . 钢管桩的设计与施工 [M]. 北京：地震出版社，1993.

[26] 张峰 . 双壁钢围堰施工桥梁基础在不同条件下若干问题的处理办法 [D]. 成都：西南交通大学，2007.

[27] 中国地质大学（武汉）. 顶管施工技术及验收规范（试行）[S]. 北京：人民交通出版社，2007.

[28] 中国钢铁工业协会 . 热轧钢板桩：GB/T 20933—2014[S]. 北京：中国标准出版社，2015.

[29] 中国钢铁工业协会 . 碳素结构钢：GB/T 700—2006[S]. 北京：中国标准出版社，2007.

[30] 中国工程建设标准化协会贮藏构筑物专业委员会 . 给水排水工程钢筋混凝土沉井结构设计规程：CECS 137：2015[S]. 北京：中国计划出版社，2015.

[31] 中华人民共和国工业和信息化部 . 干船坞设计规范：CB/T 8524—2011[S]. 北京，2011.

[32] 中华人民共和国国家质量监督检验检疫总局，中国国家标准化管理委员会 . 建筑施工场界环境噪声排放标准：GB 12523—2011[S]. 北京：中国环境科学出版社，2012.

[33] 中华人民共和国建设部 . 钢结构工程施工质量验收规范：GB 50205—2001[S]. 北京：中国计划出版社，2002.

[34] 中华人民共和国建设部 . 建筑桩基技术规范：JGJ 94—2008[S]. 北京：中国建筑工业出版社，2008.

[35] 中华人民共和国建设部 . 施工现场临时用电安全技术规范：JGJ 46—2005[S]. 北京：中国建筑工业出版社，2005.

[36] 中华人民共和国交通部 . 公路桥涵地基与基础设计规范：JTJ 024—85[S]. 北京：人民交通出版社，1985（作废）

[37] 中华人民共和国交通部 . 公路项目安全性评价指南：JTG/T B05—2004 [S]. 北京，人民交通出版社，2004.（作废）

[38] 中华人民共和国交通运输部 . 板桩码头设计与施工规范：JTS 167—3—2009[S]. 北京：人民交通出版社，2009.

[39] 中华人民共和国交通运输部 . 防波堤设计与施工规范：JTS 154—1—2011[S]. 人民交通出版社，2011.

[40] 中华人民共和国交通运输部 . 港口与航道水文规范：JTS 145-2015 [S]. 北京：人民交通出版社，2016.

[41] 中华人民共和国交通运输部.公路工程质量检验评定标准（土建工程）：JTG F—80/1—2017[S].北京：人民交通出版社，2017.

[42] 中华人民共和国交通运输部.公路桥涵设计通用规范：JTG D60—2015[S].北京：人民交通出版社，2015.

[43] 中华人民共和国交通运输部.公路桥涵施工技术规范：JTG/T F50—2011[S].北京：人民交通出版社，2011.

[44] 中华人民共和国交通运输部.码头结构设计规范：JTS 167—2018[S].北京：人民交通出版社，2018.

[45] 中华人民共和国交通运输部.码头结构施工规范：JTS 215—2018[S].北京：人民交通出版社，2018.

[46] 中华人民共和国交通运输部.港口工程荷载规范：JTS 144—1—2010[S].北京：人民交通出版社，2011.

[47] 中华人民共和国交通运输部.公路工程施工安全技术规程：JTG F90—2015[S].北京：人民交通出版社，2015.

[48] 中华人民共和国水利部.水工挡土墙设计规范：SL 379—2007[S].北京：中国水利水电出版社，2007.

[49] 中华人民共和国住房和城乡建设部，中华人民共和国国家质量监督检验检疫总局.《建筑基坑工程监测技术规范：GB 50497—2009[S].北京，中国计划出版社，2009.

[50] 中华人民共和国住房和城乡建设部.沉井与气压沉箱施工规范：GB/T 51130—2016[S].北京：中国计划出版社，2016.

[51] 中华人民共和国住房和城乡建设部.城市桥梁工程施工与质量验收规范：CJJ 2—2008[S].北京：中国建筑工业出版社，2009.

[52] 中华人民共和国住房和城乡建设部.地铁设计规范：GB 50157—2013[S].北京：中国建筑工业出版社，2014.

[53] 中华人民共和国住房和城乡建设部.钢结构焊接规范：GB 50661—2011[S].北京：中国建筑工业出版社，2012.

[54] 中华人民共和国住房和城乡建设部.钢结构设计标准：GB 50017—2017[S].北京：中国建筑工业出版社，2018.

[55] 中华人民共和国住房和城乡建设部.钢围堰工程技术标准：GB/T 51295—2018.北京：中国计划出版社，2018.

[56] 中华人民共和国住房和城乡建设部.混凝土结构设计规范:GB 50010—2010（2015 年版）[S].北京：中国建筑工业出版社，2015.

[57] 中华人民共和国住房和城乡建设部.建筑边坡工程技术规范:GB 50330—2013 [S].北京：中国建筑工业出版社，2014.

[58] 中华人民共和国住房和城乡建设部.建筑地基基础设计规范：GB 50007—2011[S].北京，

中国计划出版社，2012.

[59] 中华人民共和国住房和城乡建设部.建筑机械使用安全技术规程：JGJ33—2012[S].北京：中国建筑工业出版社，2012.

[60] 中华人民共和国住房和城乡建设部.建筑基坑支护技术规程：JGJ 120—2012[S].北京：中国建筑工业出版社出版，2012.

[61] 中华人民共和国住房和城乡建设部.建筑施工高处作业安全技术规范：JGJ 80—2016[S].北京：中国建筑工业出版社，2016.

[62] 中华人民共和国住房和城乡建设部.组合钢模板技术规范：GB/T50214—2013[S].北京：中国计划出版社，2013.

[63] 中铁二局集团有限公司.铁路桥涵施工技术安全规程：TB 10401.1—2003[S].北京：中国铁道出版社，2003.

[64] 周小亮.深水承台双壁钢套箱围堰结构的力学特性数值分析 [D].武汉：湖北工业大学，2012.

[65] 《公路工程质量检验评定标准》JTG B01—2003[S].北京，2017 查不到这个标准号

[66] 桩基规范：JTJ 222—87[S].1987（作废）

[67] 干船坞水工结构设计规范：JTJ 252—87 [S].北京，1986.（作废）